utb 8421

Eine Arbeitsgemeinschaft der Verlage

Böhlau Verlag · Wien · Köln · Weimar
Verlag Barbara Budrich · Opladen · Toronto
facultas · Wien
Wilhelm Fink · Paderborn
Narr Francke Attempto Verlag / expert verlag · Tübingen
Haupt Verlag · Bern
Verlag Julius Klinkhardt · Bad Heilbrunn
Mohr Siebeck · Tübingen
Ernst Reinhardt Verlag · München
Ferdinand Schöningh · Paderborn
transcript Verlag · Bielefeld
Eugen Ulmer Verlag · Stuttgart
UVK Verlag · München
Vandenhoeck & Ruprecht · Göttingen
Waxmann · Münster · New York
wbv Publikation · Bielefeld

Christiana Nicolai

Betriebliche Organisation

3., überarbeitete Auflage

UVK Verlag · München

**wisu
texte**

WISU-Texte sind die Lehrbuchreihe
der Zeitschrift WISU – DAS WIRTSCHAFTSSTUDIUM
(www.wisu.de)

Prof. Dr. Christiana Nicolai ist Professorin für Personalmanagement und Organisation an
der Frankfurt University of Applied Sciences.

Online-Angebote oder elektronische Ausgaben sind erhältlich unter www.utb-shop.de.

Bibliografische Information der Deutschen Nationalbibliothek
Die Deutsche Nationalbibliothek verzeichnet diese Publikation in der Deutschen
Nationalbibliografie; detaillierte bibliografische Daten sind im Internet über
http://dnb.dnb.de abrufbar.

2. Auflage 2018
1. Auflage 2009

© UVK Verlag 2020
– ein Unternehmen der Narr Francke Attempto Verlag GmbH + Co. KG
  Dischingerweg 5 · D-72070 Tübingen

Internet: www.narr.de
eMail: info@narr.de

Einbandgestaltung: Atelier Reichert, Stuttgart
Coverbild: © anyaberkut – Fotolia.com
Druck und Bindung: CPI books GmbH, Leck

UTB-Nr. 8421
ISBN 978-3-8252-8757-3 (Print)
ISBN 978-3-8385-8757-8 (ePDF)

Vorwort zur 3. Auflage

Auch diese Auflage wendet sich an Studierende, die sich in ihrem Bachelor- oder Masterstudium mit den Themen Organisation, Management und Unternehmensführung befassen. Sie ist außerdem für Fach- und Führungskräfte gedacht, die die Aktualisierung ihres Wissenstandes zum Ziel haben und Ideen für die Lösung praktischer Probleme suchen. Wie bislang liegt der Schwerpunkt auf der praxisorientierten, kompakten Darstellung und weniger auf der Theorievermittlung.

Die bisherige Grundstruktur und die thematische Ausrichtung wurden beibehalten. Allerdings habe ich aus didaktischen Gründen die Kapitel 8 und 9 getauscht. Es schien mir logischer, nach den Ausführungen zur formalen Aufbau- und Prozessorganisation zunächst auf die informale Organisation, die durchaus ebenfalls eine starke strukturierende Wirkung hat, einzugehen. Erst im Anschluss werden dann neue organisatorische Konzepte und der geplante organisatorische Wandel betrachtet.

Zahlen und Fakten sind überarbeitet und alle Kapitel inhaltlich auf den neuesten Stand gebracht worden.

Auch weiterhin freue ich mich über kritische Fragen, Anregungen und Anmerkungen von Studierenden, Kollegen und Praktikern.

Christiana Nicolai

Frankfurt am Main, im September 2020

Vorwort zur 2. Auflage

Die Neuauflage wendet sich wie die vorherige an Studierende von Bachelor- und Masterstudiengängen mit Modulen zu Organisation, Management und Unternehmensführung. Es ermöglicht ihnen, ein fundiertes Wissen zu erwerben und sich systematisch auf ihre Prüfungen vorzubereiten.

Auch Fach- und Führungskräfte, die sich theoretische Grundlagen verschaffen möchten, gehören zur Zielgruppe.

Die inhaltliche Konzeption der vorherigen Auflage wurde im Wesentlichen beibehalten. Die Gliederungsstruktur habe ich jedoch aus Gründen der besseren Übersichtlichkeit und Verständlichkeit überarbeitet. Alle Kapitel wurden auf den neuesten Stand gebracht und entsprechend ergänzt.

Kritische Fragen und Anmerkungen von Studierenden, Kollegen und Praktikern haben mir dabei wertvolle Hinweise für Ergänzungen und Verbesserungen gegeben.

Für diese Anregungen bin ich auch weiterhin dankbar.

Meiner studentischen Hilfskraft Katharina Mezler danke ich herzlich für ihre Unterstützung bei der Überarbeitung bzw. Erstellung der Abbildungen.

Christiana Nicolai

Frankfurt am Main, im Oktober 2017

Vorwort zur 1. Auflage

Die Organisation eines Unternehmens hat entscheidenden Einfluss auf seine Wettbewerbsfähigkeit. Sie hat Auswirkungen auf Kosten, Produktivität und Qualität sowie auf das Verhalten und die Motivation der Mitarbeiter. Organisatorische Aufgaben stellen sich nicht nur bei der Unternehmensgründung, auch die Prozesse und Strukturen bestehender Unternehmen müssen immer wieder neu gestaltet werden, sollen sie erfolgreich bleiben. Die zahlreichen Reorganisationen in den letzten Jahren belegen, dass die Bedeutung der Organisation erkannt wurde. Sie wird heute überwiegend als strategische Managementfunktion und wesentlicher Baustein bei der zielorientierten Steuerung und langfristigen Erfolgssicherung verstanden.

Dieses Lehrbuch behandelt die zentralen organisatorischen Aufgaben „Aufbauorganisation" und „Prozessorganisation" und gibt einen Überblick über neuere und praxisrelevante Konzepte. Neben den bewusst geschaffenen organisatorischen Regelungen wird auch auf die informale Organisation eingegangen, die sich ungeplant aufgrund der Ziele und Wertvorstellungen der Mitarbeiter entwickelt. Die Themen „organisatorischer Wandel" und „Zukunftstrends" werden ebenfalls aufgegriffen. Bei all dem steht die praxisorientierte, kompakte Darstellung und weniger die Theorievermittlung im Vordergrund.

Studierende können sich anhand des Buches einen systematischen Überblick über organisatorische Aufgaben, Problembereiche und Zusammenhänge verschaffen. Es richtet sich aber auch an Fach- und Führungskräfte in der Wirtschaft, die Anregungen für die Lösung organisatorischer Probleme suchen.

Sven Schmitt, M.A. danke ich für die Anfertigung der Abbildungen.

Christiana Nicolai

Frankfurt a. M., im September 2009

Zu Gunsten des Leseflusses wird auf die Nennung verschiedener Geschlechtsformen verzichtet, ohne dass damit eine Wertung verbunden wäre. Es sind, sofern nicht ausdrücklich benannt, sowohl männliche als auch weibliche und diverse Personen gemeint.

Inhaltsverzeichnis

Abbildungsverzeichnis

Abkürzungsverzeichnis

AC	Assessment Center
AGG	Allgemeines Gleichbehandlungsgesetz
CNC	computerized numerical control
CoP	Communities of Practice
DIN	Deutsche Industrie-Norm
EDI	Electronic Data Interchange
F & E	Forschung und Entwicklung
FpMM	Fehler pro Million Möglichkeiten
ISO	International Standardization Organisation
IuK-System	Informations- und Kommunikations-System
KVP	Kontinuierlicher Verbesserungsprozess
MbD	Management by Delegation
MbE	Management by Exception
MbO	Management by Objectives
MIT	Massachusetts Institute of Technology
NPO	Non Profit Organisation
OE	Organisationsentwicklung
PEP-Software	Personaleinsatzplanungssoftware
ppm	parts per million
PPS	Produktplanungs- und Steuerungssystem
RFID	Radiofrequenzidentifikationstechnologie
SBU	Strategic Business Unit
SGE	Strategische Geschäftseinheit
TQM	Total Quality Management

1 Grundlagen der Organisation

1.1 Begriffsbestimmung

1.1.1 Ausgangsüberlegung

In der Unternehmenspraxis und ebenso im täglichen Leben spielen organisatorische Fragen eine wichtige Rolle. Immer dann, wenn einzelne Personen Aufgaben nicht alleine erfüllen können und Ziele nur gemeinsam erreichbar sind, muss man sich Gedanken darüber machen, wie man bei der Arbeitsteilung vorgehen will.

Jede arbeitsteilige Erfüllung von Aufgaben muss sinnvoll strukturiert und sich ändernden Situationen angepasst werden. Organisation ist also eine **bewusst geschaffene** Ordnung.

Viele Unternehmen setzen sich derzeit mit ihrer Organisation auseinander oder planen, ihre Organisation zu verändern. Die zielorientierte Gestaltung der betrieblichen Strukturen und der Prozesse – die Organisation – wird als bedeutender Erfolgsfaktor angesehen.

Sowohl im allgemeinen Sprachgebrauch als auch in der Theorie wird der Begriff „Organisation" allerdings uneinheitlich verwendet.

So wird Organisation umgangssprachlich häufig mit Improvisation gleichgesetzt. Man spricht etwa von einem „Organisationstalent", womit eine Person gemeint ist, die sich in unvorhergesehenen Situationen, in denen es keine bestehenden Regeln gibt, schnell zurechtfindet, Lösungen entwickelt und damit Improvisationstalent beweist. Ist jemand in der Lage, „etwas gut zu organisieren", wird damit meist ausgedrückt, dass er bestimmte Dinge schnell, möglicherweise auch auf nicht ganz legale Weise, beschaffen kann. Wenn eine Person „organisiert ist", versteht man darunter in der Regel, dass sie Mitglied eines Verbandes oder einer Gewerkschaft ist.

Andererseits wird eine logische und zielorientierte Struktur zur Aufgabenerfüllung ebenfalls Organisation genannt. Doch nicht nur dieses Gefüge, auch die Gestaltungsmaßnahmen selbst werden als Organisation bezeichnet. Bei einer systematischen Änderung der bestehenden Ordnung spricht man beispielsweise von „Neuorganisation" oder „Reorganisation". Das Ergebnis dieser Organisation ist wiederum eine (neue) Organisation.

Zum Teil wird Organisation auch als Synonym für den Terminus Institution verwendet, wie es sich zum Beispiel bei der Non Profit Organisation (NPO) zeigt. Dabei handelt es sich um einen Betrieb, der nicht gewinnorientiert ausgerichtet ist, etwa Ärzte ohne Grenzen oder Green Peace.

Die **Mehrdeutigkeit des Organisationsbegriffs** im wissenschaftlichen Sprachgebrauch ist entstanden, weil Organisationsforschung von vielen Wissenschaftsbereichen betrieben wird, die sich mit sehr unterschiedlichen Fragestellungen beschäftigen. Für jedes Untersuchungsziel wird ein anderer, jeweils zweckmäßiger Organisationsbegriff gewählt. Es existiert deshalb **keine allgemeingültige Definition**. Organisation ist sowohl eine Tätigkeit als auch eine soziale Gemeinschaft als auch ein Zustand. Der methodische Zugang zum Begriff der Organisation erfordert somit eine genauere Betrachtung.

Im Wesentlichen lassen sich, wie die Abb. 1-1 zeigt, **drei Richtungen** unterscheiden, wie Organisation gesehen wird,

- die funktionale,
- die institutionale und
- die instrumentale

Sichtweise der Organisation.[1]

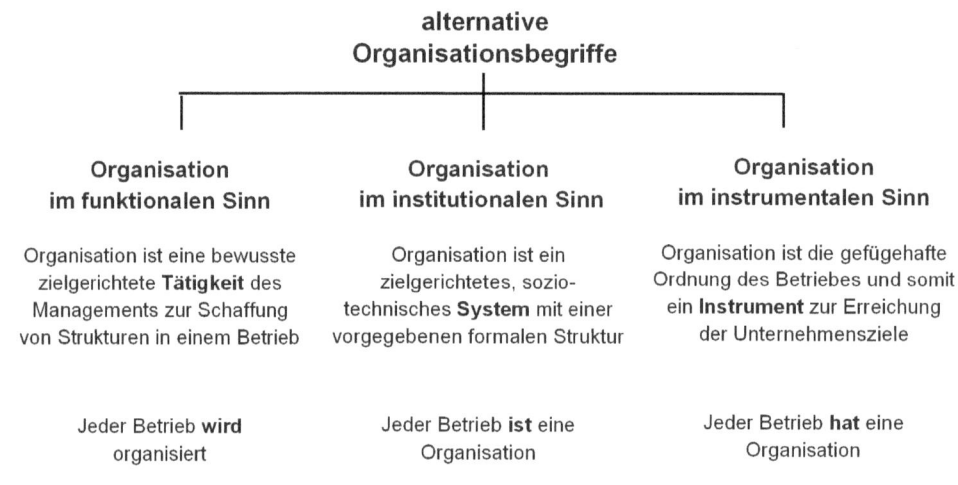

Abb. 1-1: Alternative Sichtweisen der Organisation

1.1.2 Funktionaler Organisationsbegriff

Beim funktionalen Organisationsbegriff wird Organisation als eine Tätigkeit angesehen, die dazu dient, menschliche und maschinelle Handlungen ökonomisch effizient zu gestalten. Das Betrachtungsobjekt ist gewissermaßen die **Tätigkeit des Organisierens**.

Es handelt sich um

- ein bewusstes und zielorientiertes Strukturieren,
- durch dazu legitimierte Entscheidungsträger.
- Sie legen verbindliche Regeln fest,
- wie bei der Erfüllung der Aufgaben und der Erreichung der Ziele vorzugehen ist.

---

[1] Vgl. Schulte-Zurhausen (2013), S. 1 ff.; Krüger (2005), S. 140 f.; Schreyögg/Geiger (2016), S. 5 ff.; Breisig (2015), S. 1 f.; Bühner (2004), S. 1 ff.; Schwarz (1983), S, 17 ff.; Grochla, (1983), S, 13.

Bei dieser Definition wird die Organisation als Aufgabe der Entscheidungsträger des Unternehmens – insbesondere der Manager und der Eigentümer – angesehen. Sie stellen eine verbindliche Ordnung her und schaffen für die Mitarbeiter Rahmenbedingungen, an die diese sich halten müssen. Damit reduzieren sie die Komplexität der Situationen und geben den Mitarbeitern Sicherheit bei der Aufgabenerfüllung.

1.1.3 Institutionaler Organisationsbegriff

Beim **institutionalen Organisationsbegriff** wird die Organisation als **zielgerichtetes sozio-technisches System** interpretiert.[2]

Von anderen Institutionen unterscheiden sich Organisationen im institutionalen Sinn dadurch, dass sie nicht von selbst entstehen, sondern bewusst von Menschen geschaffen werden. Die Organisation nach dem institutionalen Organisationsbegriff ist also eine **besondere Art von Institution**. Sozio-technisch bedeutet in diesem Zusammenhang, dass es sowohl um die Integration von Menschen als auch von Sachmitteln geht.

Organisation hat nach dieser Sichtweise folgende **Merkmale**:

- ein von Menschen geschaffenes künstliches System,
- das offen, komplex und dynamisch ist.
- Aufgaben, Aufgabenträger, Informationen und Sachmittel sind die Elemente des Systems.
- Zwischen diesen Elementen bestehen festgelegte Beziehungen,
- die sich an den Zielen der Entscheidungsträger orientieren und
- eine formale Struktur aufweisen.

Unter einem **System** ist dabei eine Summe von Elementen zu verstehen, die in einer geordneten Beziehung zueinander stehen.

Die Organisation ist kein natürliches, sondern ein **künstlich geschaffenes System**. Die Entscheidungsträger haben es ganz bewusst entworfen, um damit ihre Ziele erreichen zu können. Beispiele für künstlich geschaffene Systeme sind ein Unternehmen mit der Absicht, Gewinne zu erzielen oder eine Behörde, die bestimmte staatliche Aufgaben erfüllt oder eine Umweltorganisation, die sich für die Erhaltung der Ursprünglichkeit eines Gebietes einsetzt.

Im Gegensatz zu künstlichen Systemen entwickeln sich natürliche Systeme im Laufe der Zeit von selbst, ohne dass dahinter ein bestimmter Zweck steht und ohne dass Menschen absichtlich eingreifen. Ein Beispiel ist ein Ökosystem in unberührter Natur.

Das System Organisation ist **offen, komplex und dynamisch**. Offen heißt, dass das System Beziehungen nach außen hat, z.B. zu Kunden, Lieferanten, Forschungseinrichtungen oder Kreditgebern. Im Gegensatz dazu haben geschlossene Systeme keinen Bezug zur Außenwelt.

---

[2] Vgl. Bea/Göbel (2019), S. 28 f.; Kirchler/Meier-Pesti/Hofmann (2005), S. 20.

Komplexität bedeutet, dass diese Beziehungen sehr vielfältig und umfangreich sind. Dynamisch ist das System Organisation, da sich seine Ziele, Beziehungen, Elemente und Strukturen ändern können.

Die **Elemente** Aufgaben, Aufgabenträger, Informationen und Sachmittel sind die kleinsten Einheiten innerhalb dieses Systems.

Ihre **Beziehungen** werden durch die Ziele der Entscheidungsträger bestimmt. Die sinnvolle, strukturierte Verknüpfung der Elemente ermöglicht die Zielerreichung.

Ziele sind ein wesentlicher Bestandteil der institutionalen Sichtweise des Organisationbegriffs. Sie sind der zentrale Grund für die Notwendigkeit einer geordneten Beziehung der Elemente. Um diese zu verwirklichen, wird diese Organisation überhaupt erst errichtet. Damit die Ziele erreicht werden, bedarf es einer bewusst geschaffenen, d.h. einer **formalen Struktur**.

Die Verwendung des institutionalen Organisationsbegriffs ist besonders in der Organisations- und Arbeits**soziologie** sowie in der Organisations- und Arbeits**psychologie** und im anglo-amerikanischen Sprachraum weit verbreitet.

Im Mittelpunkt steht die **Betrachtung des Sozial- und des Individualverhaltens von Menschen** innerhalb einer Institution und nicht die Strukturierung dieser Institution. Es geht um den Sinn und die Art und Weise des Miteinanders in sozialen Gruppen. Betrachtungsbereiche sind z.B. die folgenden Fragen:

- Wie wird Macht in Gruppen ausgeübt?
- Wie entstehen Möglichkeiten der Einflussnahme auf andere Gruppenmitglieder?
- Wie entwickelt sich ein Gemeinschaftsgefühl?
- Wie kommt es zu Zielen in einer Gruppe?

1.1.4 Instrumentaler Organisationsbegriff

In der betriebswirtschaftlich orientierten Organisationslehre wird der instrumentale Organisationsbegriff bevorzugt.

Organisation ist dann das **Resultat** der Managementaufgabe Organisieren. Wesentlich ist nicht die Schaffung von Regeln an sich, sondern deren sinnvolles Ergebnis, die Struktur. Man spricht in diesem Zusammenhang auch von der Organisation als der **gefügehaften Ordnung des Betriebes**. Es handelt sich um ein von den Entscheidungsträgern bewusst geschaffenes und eingesetztes **Führungsinstrument**, das dazu dient, die Ziele des Unternehmens zu erreichen.[3]

Organisation wird als generelles, dauerhaftes und zielgerichtetes System betrieblicher Regelungen definiert, das einen möglichst kontinuierlichen und zweckmäßigen Betriebsablauf sowie den Wirkzusammenhang zwischen den Trägern betrieblicher Entscheidungsprozesse gewährleisten soll.[4]

---

[3] Vgl. Bea/Göbel (2019), S. 27 f.

[4] In Anlehnung an Schwarz (1983), S. 18; vgl. auch Kosiol (1976), S. 21 ff.; Grochla (1983), S. 13.

Eine schriftliche Festlegung ist nicht unbedingt notwendig, aber umso sinnvoller, je vielfältiger, komplexer und verzweigter die Aufgaben sind.

Die Organisation im instrumentalen Sinn weist somit diese **Merkmale** auf:

- **System betrieblicher Regelungen**: System verdeutlicht, dass die einzelnen Regeln der Organisation nicht isoliert bestehen, sondern aufeinander abgestimmte Teile eines Ganzen sind.

- **Generell**: Als generell werden Regelungen bezeichnet, die für gedachte Aufgabenträger und nicht für konkrete Personen geschaffen werden. Die Aufgabenkomplexe werden versachlicht und entpersonalisiert. Man legt z.B. die Entscheidungsbefugnisse der Leitung des Controllings oder die Liefer- und Zahlungsbedingungen beim Wareneinkauf fest, unabhängig davon, welche Personen diese Aufgaben im konkreten Fall wahrnehmen sollen oder derzeit wahrnehmen.

- **Dauerhaft**: Regeln sind dauerhaft, wenn sie so lange gelten, wie sich die Situation, für die sie geschaffen wurden, nicht verändert. Wandelt sich die Situation, müssen die Regeln überprüft und ggf. der neuen Konstellation angepasst werden. Nur so ist gewährleistet, dass die Zielorientierung der Organisation erhalten bleibt.

- **Zielgerichtet**: Organisation muss darauf ausgerichtet werden, die Ziele des Unternehmens bestmöglich zu erreichen. Diese basieren auf den Zielen der Entscheidungsträger und werden von ihnen in einem formalen Prozess zu Unternehmenszielen entwickelt.[5] Inwieweit neben den Eigentümern und Führungskräften auch einzelne Mitarbeiter bzw. Mitarbeitergruppen, z.B. wichtige Experten und der Betriebsrat, auf die Zielfindung Einfluss nehmen, hängt von den Machtverhältnissen ab, die sich im Laufe der Zeit entwickelt haben oder von den Rechten, die ihnen aufgrund von Gesetzen eingeräumt werden. Neben unternehmensinternen beeinflussen auch externe Entscheidungsträger wie Kreditgeber oder Kunden die Ziele eines Unternehmens und damit die Organisation.

- **Kontinuierlicher und zweckmäßiger Betriebsablauf und Wirkzusammenhang zwischen den Entscheidungsträgern**: Die sinnvolle Aufgabenerfüllung soll durch Regelungen zur Aufgabenteilung, Abstimmung zwischen den einzelnen Teilaufgaben, Übertragung von Entscheidungs- und Weisungsbefugnissen, die Festlegung einer Hierarchie und die Strukturierung von Prozessen erreicht werden.

- **Träger betrieblicher Entscheidungsprozesse**: Jedes einzelne Mitglied des Unternehmens hat Entscheidungen in seinem Aufgabenbereich zu treffen. Allerdings sind sie unterschiedlich umfangreich, von unterschiedlicher Bedeutung für das Unternehmen und dessen Ziele sowie mit unterschiedlich weitreichenden Konsequenzen verbunden. Die wichtigsten Träger betrieblicher Entscheidungsprozesse sind Manager und Eigentümer.

- **Schriftliche Fixierung**: Für das Vorliegen einer Organisation ist es **nicht zwingend** notwendig, dass die Regelungen schriftlich festgehalten werden. Sie müssen lediglich

---

[5] Vgl. Breisig (2015), S. 3 f.

den betroffenen Stelleninhabern und allen weiteren Beteiligten bekannt sein. Damit der Überblick über die Zusammenhänge nicht verloren geht, bedarf es jedoch – außer in sehr kleinen Betrieben – einer Verschriftlichung. Es empfiehlt sich deshalb, ein Sammelwerk, ein **Organisationshandbuch**, zu erstellen, aus dem alle Regelungen übersichtlich geordnet hervorgehen. Indem es den Mitarbeitern ausgehändigt bzw. über das Intranet zugängig gemacht wird, stellt das Unternehmen sicher, dass die darin enthaltenen Informationen allen Unternehmensangehörigen zur Verfügung gestellt werden. Dann kann sich bei Fehlern niemand auf Unkenntnis berufen und behaupten, er hätte die Vorschriften nicht gekannt.

Organisation regelt die Beziehungen zwischen diesen Elementen:

- Aufgaben
- Aufgabenträger
- Sachmittel
- Informationen

Diejenigen organisatorischen Regelungen, welche bewusst von den dazu autorisierten Entscheidungsträgern geschaffen werden, bezeichnet man als formale Organisation. Die Organisation eines gewachsenen Unternehmens besteht jedoch nicht nur aus formalen Regelungen.

Auch informale Regeln, die nicht fremdorganisiert bzw. nicht bewusst von konkreten Personen geschaffen werden, sondern aufgrund von Verhaltensmustern und Zielen einzelner Mitarbeiter oder Gruppen im Laufe der Zeit weitgehend von selbst entstehen, sind ebenfalls Bestandteil der Organisation. Sie ergänzen die formale Organisation.[6] Zwischen beiden besteht eine Wechselwirkung. Unternehmen versuchen, die informale Organisation deshalb im Sinne der Unternehmensziele zu beeinflussen. Die informale Organisation wird im Kapitel 9 ausführlich behandelt.

Organisation im instrumentalen Sinn besteht demnach aus den beiden Komponenten

- **formale Organisation** und
- **informale Organisation**.

In diesem Buch wird der herrschenden Meinung in der betriebswirtschaftlichen Organisationslehre gefolgt und der Organisationsbegriff im instrumentalen Sinn verwendet. Die klassische, sehr stark an der **formalen** Struktur orientierte **Definition** wird jedoch **erweitert**, indem die strukturierende Wirkung der informalen Organisation miteinbezogen wird. Oft findet man anstelle der Bezeichnung Organisation auch die Begriffe Unternehmensstruktur, Betriebsstruktur oder einfach nur Struktur sowie organisatorische Regeln oder Regelungen. Sie werden **synonym** verwendet. In den weiteren Ausführungen wird ebenso verfahren.

---

[6] Vgl. Bea/Haas (2017), S. 384, Schreyögg (2016), S. 18; Macharzina/Wolf (2017), S. 479 ff.

1.2 Ziel, Aufgaben, Anforderungen und Umfang

1.2.1 Ziel der Organisation

Die Organisation hat das Ziel, geeignete **Rahmenbedingungen zur Erreichung der Unternehmensziele** zu schaffen. Sie ist also **ein Instrument zur Unternehmenszielerreichung**.

Wenn man dieses Instrument gestaltet, muss man drei Aspekte bedenken:

- Ziele des Unternehmens
- Effektivität der Organisation
- Effizienz der Organisation

In der Praxis werden die Unternehmensziele selten von einer einzigen Person allein bestimmt. Stattdessen kommt es zu einem **multipersonalen Aushandlungs- und Entscheidungsprozess**, bei dem verschiedene Gruppen ihre Ansprüche anmelden, die sie an das Unternehmen stellen.

Man unterscheidet zwischen internen und externen Anspruchsgruppen, die die **Unternehmensziele** beeinflussen. Einen Überblick gibt die Abb. 1-2.

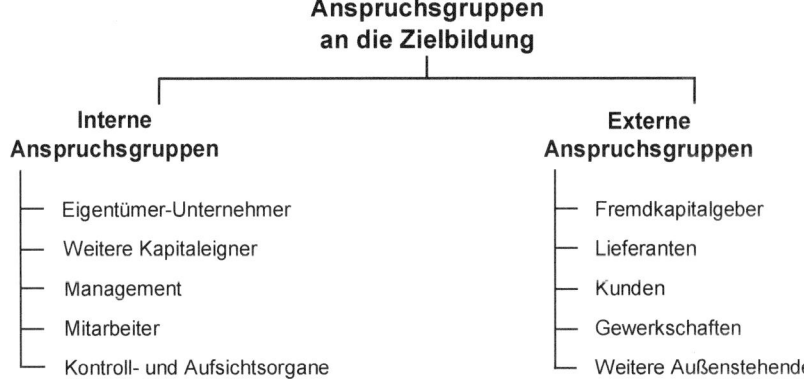

Abb. 1-2: Bedeutsame Anspruchsgruppen im Zielbildungsprozess

Eigentümer-Unternehmer und weitere Eigenkapitalgeber sind die **Shareholder**. Die nicht am Eigenkapital beteiligten Anspruchsgruppen werden als **Stakeholder** bezeichnet.

Bei den **internen Anspruchsgruppen** spielen die Anteilseigner die größte Rolle bei der Zielbildung. Ökonomische Zielgrößen wie Gewinn, Rentabilität, Qualität, Produktivität, Erhaltung der Wettbewerbsfähigkeit sind für sie von besonderer Bedeutung. Häufig wird auch zwischen Leistungs-, Erfolgs- und finanziellen Zielen bzw. lang-, mittel- und kurzfristigen Zielen unterschieden.[7]

---

[7] Vgl. Schierenbeck/Wöhle (2016), S. 76 ff.

Wenn es sich um eine Non Profit Organisation handelt, geht es bei den Zielen um die Bereitstellung eines Leistungsprogramms, das den vorgegebenen finanziellen Rahmen nicht überschreitet, Gewinne sollen nicht erwirtschaftet werden.

Bei den **Anteilseignern** unterscheidet man diejenigen, die aktiv im Unternehmen mitarbeiten, und die **weiteren Kapitaleigner**, die finanziell beteiligt sind, aber nicht selbst mitarbeiten. Die Interessen dieser beiden Gruppen müssen sich nicht decken. So sind Eigentümer-Unternehmer oft eher an einer langfristigen Sicherung des Unternehmenserfolgs bzw. an einer nachhaltigen Steigerung des Unternehmenswertes interessiert, während für die weiteren Kapitalgeber häufig die kurzfristigen Rentabilitätschancen und Wertsteigerungen im Vordergrund stehen.

Manager-Unternehmer sind selbst keine Anteilseigner, agieren aber wie Eigentümer in deren Auftrag und wirken aufgrund ihrer Stellung im Unternehmen ebenfalls an der Zielfindung mit. Ihre Vorstellungen und Ziele unterscheiden sich teilweise deutlich von denen der Anteilseigner. Da sie nicht dauerhaft an ein bestimmtes Unternehmen gebunden sind, berücksichtigen sie bei der Zielbildung zusätzlich persönliche Interessen, wie Macht und Prestige sowie die Entfaltung eigener Ideen, die auch bei einem Wechsel in ein anderes Unternehmen von Bedeutung sein könnten (Principal-Agent-Problem).

Je nach Rechtsform greifen ferner verschiedene **Kontroll- und Aufsichtsorgane**, z.B. Aufsichtsrat oder Vollversammlung, in den Zielfindungsprozess ein.

Mitarbeiter erwarten vom Unternehmen insbesondere, dass ihre finanzielle und soziale Sicherheit sowie der Wunsch nach einer sinnvollen Aufgabe und die Realisierung von Aufstiegschancen Berücksichtigung finden. Sie sind normalerweise nicht direkt, sondern über ihre Interessenvertretung, z.B. Betriebsrat oder Personalrat, an der Zielfindung beteiligt.

Bei den **externen Anspruchsgruppen** spielen die **Fremdkapitalgeber** eine große Rolle. Sie sind vor allem daran interessiert, dass ihr eingesetztes Kapital sicher angelegt ist und sich gut verzinst.

Für die **Kunden** und **Lieferanten** sind insb. langfristige Geschäftsbeziehungen zu guten Konditionen und Verträge, auf deren Einhaltung sie sich verlassen können, von großer Bedeutung.

Die Beziehung zu den **Gewerkschaften** kann positiv, aber auch konfliktbeladen sein. Sie hat häufig direkte Auswirkungen auf den Erfolg des Unternehmens.[8] Im Mittelpunkt des Interesses der Gewerkschaften stehen weniger die Ziele der Mitarbeiter eines ganz bestimmten einzelnen Unternehmens, sondern eher die vermuteten Ziele der Arbeitnehmerschaft an sich innerhalb ihres Einflussbereichs.

Weitere Außenstehende sind **Staat** und **Gesellschaft**. Sie erwarten beispielsweise, dass die Sicherung von Arbeitsplätzen, die Einhaltung von Rechtsvorschriften oder die Erhaltung der Umwelt in die Ziele des Unternehmens einfließen.

---

[8] Vgl. Jones/Bouncken (2008), S. 93.

Unternehmensziele sind also **Kompromisse**, die von den Anspruchsgruppen ausgehandelt werden. Inwieweit sich deren Interessen tatsächlich in den Unternehmenszielen wiederfinden, hängt von den **Machtverhältnissen** zwischen den Entscheidungsträgern ab.

Sind die Ziele des Unternehmens definiert, muss eine **dazu passende**, effektive und effiziente **Organisation** geschaffen werden. Eine Organisation ist **effektiv**, wenn sie die richtigen Ziele anstrebt und erreicht („to do the right things"). Sie ist **effizient**, wenn es ihr gelingt, die richtigen Mittel einzusetzen, um die Unternehmensziele zu erreichen („to do the things right"). Dabei geht es um den Grad der Zielerreichung und das Verhältnis der eingesetzten Ressourcen zum erzielten Ergebnis.

Inwieweit eine Organisationsstruktur in der Realität tatsächlich effektiv und effizient ist, lässt sich nur sehr schwer bestimmen. So vergleicht etwa Frese den Versuch, verschiedene Organisationsstrukturen im Hinblick auf eine gewinnsteigernde Wirkung zu untersuchen, mit dem Bemühen, „die Auswirkungen eines Regenschauers in Minnesota auf die Niagarafälle"[9] zu ermitteln.

Der Wissenschaft ist es bisher nicht gelungen, ein allgemein anerkanntes Verfahren zur exakten **Messung von Effektivität und Effizienz einer Organisation** zu entwickeln.[10] Es ist deshalb so schwierig einen **direkten** Zusammenhang zwischen Erfolg und Organisation herzustellen, weil der Erfolg von sehr vielen verschiedenen Größen abhängt. Erfolge, die sich nach einer Änderung einer Organisationsstruktur einstellen, können auch andere Ursachen haben, die nicht unbedingt etwas mit der neuen Organisation zu tun haben müssen. Wie soll beispielsweise ermittelt werden, ob und wie viel besser die Einführung einer objektbezogenen Organisation gegenüber der Beibehaltung der vorherigen funktionsorientierten Struktur ist?

Der Unternehmenserfolg hängt stets von mehreren Determinanten ab, von denen die Organisation nur eine von vielen ist. Als problematisch erweist sich in diesem Zusammenhang auch, dass sich die Wirkung einer neuen Organisation oft erst mit einer erheblichen zeitlichen Verzögerung einstellt.

Um den **Erfolg einer verbesserten Organisationsstruktur festzustellen**, behilft man sich in der Praxis mit **Indikatoren**, bei denen vermutet wird, dass ihre positive oder auch ihre negative Veränderung vor allem auf eine Umgestaltung der Organisation zurückzuführen ist.

Bea/Göbel schlagen hier z.B. eine Differenzierung in unternehmens- und umweltbezogene Kriterien vor.[11]

Sie untergliedern die **unternehmensbezogenen Indikatoren** weiter nach dem Anwendungsbezug in:[12]

---

[9] Frese (2005), S. 305.

[10] Vgl. Klimmer (2016), S. 27 f.

[11] Vgl. Bea/Göbel (2019), S. 34.

[12] Vgl. ebd., S. 34 f.

- Aufgabenorientierung mit den Aspekten:
    - Effizienz der Ressourcennutzung
    - Nutzung von Synergieeffekten
    - Verringerung des Koordinationsbedarfs
    - Steigerung der Entscheidungsqualität
    - Verbesserung des Informationsmanagements
- Mitarbeiterorientierung mit diesen Aspekten:
    - Stärkung der Motivation
    - Verringerung des Konfliktpotentials
    - Steigerung der Innovations- und Lernbereitschaft

Die **umweltbezogenen Indikatoren** differenzieren Bea/Göbel in:[13]

- Marktorientierung
    - Verstärkung der Kunden- und Mitarbeiterorientierung
    - Erhöhung der Flexibilität
- Stakeholderorientierung
    - Grad des Einbezugs der Stakeholder an den Entscheidungen
    - Qualität der Entscheidungen an Stakeholder

Die logischere Handhabung von Konflikten wird z.T. als weiterer Indikator herangezogen.

Ziel der Organisation ist also das Schaffen **geeigneter** Regelungen, welche als Rahmenbedingungen dazu beitragen sollen, dass die Unternehmensziele erreicht werden. Es muss allerdings dahingestellt bleiben, ob es sich auch tatsächlich um die **bestmöglichen** Regeln handelt.

Trotz des ungelösten Messproblems wird die Organisation von vielen Unternehmen als eine sehr **wichtige Einflussgröße auf den Unternehmenserfolg** betrachtet. Umfangreiche organisatorische Veränderungen und neue, geeigneter erscheinende Regelungen gelten als sinnvolle Maßnahmen, um für die globalisierte Wirtschaft gewappnet zu sein und/oder einer schwachen Konjunktur begegnen zu können.

Vahs berichtet von mehreren Studien, die zeigen, dass die Einführung neuer Organisations- und Führungsstrukturen sowie die Reorganisation mit großem Abstand zu den häufigsten Veränderungsmaßnahmen in deutschen, österreichischen und Schweizer Unternehmen gehören.[14]

---

[13] Vgl. Bea/Göbel (2019), S.35 f.
[14] Vgl. Vahs (2019), S. 2 f.

Peters und Waterman gingen bereits in den 1980er Jahren in ihrem 7-S-Modell davon aus, dass die **Organisationsstruktur eine der wesentlichen Erfolgskomponenten** eines Unternehmens ist. Sie bezogen sich dabei auf langjährige Erfahrungen erfolgreicher großer amerikanischer Unternehmen sowie auf ihre eigenen Erkenntnisse als Unternehmensberater.[15]

Neuere Untersuchungen in den USA kommen bzgl. der Unternehmensstruktur zu entsprechenden Ergebnissen.[16] Auch die regelmäßigen Studien der Beratungsgesellschaft Capgemini Consulting zeigen immer wieder die große Bedeutung der Organisationsstruktur auf den wirtschaftlichen Erfolg.[17]

1.2.2 Aufgaben der Organisation

Organisation hat das Ziel, geeignete Rahmenbedingungen für das Erreichen der Unternehmensziele zu schaffen. Daraus leiten sich ihre **Hauptaufgaben** ab (s. Abb. 1-3):[18]

- **Gestaltung der Unternehmensstruktur**
- **Gestaltung der Unternehmensentwicklung**

Zunächst geht es um eine zweckmäßige **Gestaltung der Unternehmensstruktur**. Aufgaben, Aufgabenträger, Sachmittel und Informationen sind die Elemente, welche so kombiniert werden sollen, dass damit die Ziele des Unternehmens bestmöglich erreicht werden können.

Die Aufgaben der Organisation sind jedoch nicht damit erfüllt, dass man einmalig eine sinnvolle Struktur geschaffen hat. Das Unternehmen muss auch in der Lage sein, sich auf die Zukunft einzustellen und sich an veränderte Umweltsituationen, z.B. neue Konkurrenten, neue Märkte, neue Technologien, neue Gesetzte, neue ökologische Richtlinien, neue Vertriebswege, neue Fertigungsstoffe usw. anzupassen.

Deshalb sind die Gestaltung der Unternehmensentwicklung und damit die **Sicherung der Entwicklungsfähigkeit des Unternehmens** ebenfalls eine Hauptaufgabe der Organisation. Sie muss den Wandel einleiten und unterstützen und neue Regelungen zur Zielerreichung aufstellen. Dazu muss die **Organisation selbst gemanagt** werden, d.h. es bedarf einer zielgerichteten „Organisation der Organisation".

Durch die Organisation wird der Handlungsspielraum des einzelnen Unternehmensmitglieds bewusst eingeschränkt und der **Leistungsprozess entindividualisiert**. Generelle, dauerhafte Regelungen verpflichten die Mitarbeiter zu einer weitgehenden Gleichartigkeit bei der Aufgabenerfüllung. Damit reduzieren sie die Komplexität der Situation und den Umfang möglicher Konflikte. Sie legen die Befugnisse fest und erleichtern den Mitarbeitern ihre Aufgabenerfüllung.

---

[15] Vgl. Peters/Waterman (1984), S. 32 ff.

[16] Vgl. Neilson/Pasternack (2006), S. 12 ff.

[17] Vgl. Capgemini Consulting (2018).

[18] Vgl. Bea/Göbel (2019), S. 40.

Hauptaufgaben der Organisation

– Gestaltung der Unternehmensstruktur

– Gestaltung der Unternehmensentwicklung

Regelungen schaffen zur

- Gewährleistung eines effizienten Arbeitsvollzugs
- Reduzierung des Konfliktpotenzials
- Verteilung, Legitimation und Sicherstellung von Macht
- Entfaltung der Mitarbeiter
- Selbstorganisation der Mitarbeiter
- Festlegung der Grenzen des Unternehmens
- Einheitlichkeit des Auftretens nach innen und nach außen
- Sicherung der Entwicklungsfähigkeit des Unternehmens

Abb. 1-3: Hauptaufgaben der Organisation

Organisation bildet, verteilt und koordiniert die anfallenden Aufgaben. Mit dieser **Koordinationsfunktion** soll sichergestellt werden, dass die Qualität der Leistung den Vorgaben entspricht und gleichzeitig der **Aufgabenvollzug** zügig vonstattengeht. Dazu werden beispielsweise Organisationseinheiten wie Stellen, Abteilungen, Sparten etc. geschaffen und Prozesse mit Arbeits- und Verfahrensanweisungen versehen.

Regelungen, welche die Arbeits- und Entscheidungsprozesse festlegen, Über- und Unterstellungsverhältnisse, Entscheidungsbereiche, Weisungsbefugnisse sowie Informations- und Berichtspflichten bestimmen, führen dazu, dass **Konflikte** unter den Mitarbeitern bzw. zwischen Mitarbeitern und Vorgesetztenverringert bzw. **vermieden werden**.

Entstehen dennoch Spannungen, geben die organisatorischen Regeln Hilfestellung bei der Konfliktbewältigung, womit sie eine **verhaltenssteuernde Funktion** im Unternehmen übernehmen.

Die Organisation schränkt zwar einerseits die Handlungsspielräume der Stelleninhaber ein, vergrößert aber auch gleichzeitig ihre Entscheidungsautonomie. Indem sie Grenzen festlegt, Ermessensspielräume zuweist und Vollmachten erteilt, können die Mitarbeiter erkennen, welche Vorgehensweisen erwünscht und welche Handlungen unerwünscht sind. Innerhalb dieser Grenzen haben sie die Möglichkeit, **eigenverantwortlich und selbständig** zu entscheiden und zu handeln.

Die Mitarbeiter können ihre **Kreativität** innerhalb des vorgegebenen Rahmens **entfalten** und werden auf diese Weise in die Lage versetzt, sich **selbst zu organisieren**. Organisation hat also auch die Aufgabe, **zu motivieren, zu steuern und zu disziplinieren**. Sie lenkt die Aktivitäten und den Einfallsreichtum der Mitarbeiter in eine von Unternehmensseite **gewünschte Richtung**.

Durch die Festlegung eines **einheitlichen Musters für das Auftreten** nach außen und innen fördert Organisation die **Vertrauensbildung** bei Kunden, Lieferanten, Kreditgebern und anderen Außenstehenden. Nach innen schafft sie Sicherheit für die Stelleninhaber, die ihre Handlungen anpassen und ein Zugehörigkeitsgefühl zu ihrem Unternehmen entwickeln können.

In diesem Zusammenhang ist z.B. zu klären,

- ob die Organisationsaufgaben zentral nach einheitlichen Standards erfüllt oder ob sie dezentral bei den Führungskräften angesiedelt werden,
- welche Stelle welche Organisationsaufgaben übernimmt,
- wie organisatorische Prozesse einschließlich der Reorganisationsprozesse ablaufen sollen,
- auf welcher Hierarchieebene über welche organisatorischen Regelungen entschieden werden soll,
- welche Stellen für Kontrollen und für die Funktionsfähigkeit der Organisation zuständig sind,
- welche Erhebungs-, Auswertungs-, Analyse-, Planungs- und Darstellungstechniken bei der Organisationsarbeit eingesetzt werden sollen.

Die Abb. 1-4 gibt Beispiele für Regelungsbereiche und organisatorische Regeln und zeigt, wie vielfältig diese sind.

1.2.3 Anforderungen an die Organisation

Um ihren Aufgaben gerecht zu werden, muss sich die Organisation den Anforderungen der Unternehmensumwelt stellen. Die Regeln sollen einerseits **Stabilität** bei der Aufgabenerfüllung gewährleisten und dazu beitragen, die **Komplexität** des Unternehmensgeschehens auf ein überschaubares Maß zu **reduzieren**. Andererseits verlangt die Dynamik des wirtschaftlichen Geschehens, dass die Organisation **schnelles Agieren und Reagieren** fördert und **Flexibilität** im Handeln ermöglicht.

Unter **Stabilität** versteht man die nachhaltige Fähigkeit eines Unternehmens, auf gleichartige oder ähnliche Situationen in standardisierter Form zu reagieren. **Flexibilität (Elastizität)** bedeutet, dass ein Unternehmen wechselnden und unterschiedlichen Situationen differenziert begegnen kann.[19]

---

[19] Vgl. Schmidt (2014), S. 27 f.

Beispiele für organisatorische Regelungen

Regelungsbereich	Beispiel
Stellenbildung	Übertragung von Kompetenzen, z.B. Entscheidungsfreiheit innerhalb eines vorgegebenen finanziellen Rahmens
Leitungssystem	Festlegung der Über- und Unterordnungsbeziehungen, z.B. direkte Unterstellung der Controlling-Leitung unter den Vorstand
Informationssystem	Festlegung der Informationsrechte und -pflichten, z.B. die Controlling-Leitung berichtet direkt an Vorstandsvorsitzenden
Sachmittelsystem	Auswahl und Einsatz adäquater Sach- und Hilfsmittel, z.B. Auswahl der Software für das Kennzahlensystem des Unternehmens
Kommunikationssystem	Festlegung der Kommunikationsbeziehungen, z.B. Festlegung von regelmäßigen Besprechungen bestimmter Führungskräftegruppen
Unverzweigte Folgebeziehungen von Aufgaben	Festlegung, welche Schritte nacheinander zu erfüllen sind, z.B. nach der Durchsicht der Bewerbungsunterlagen folgt zunächst ein Telefoninterview mit den ausgewählten Kandidaten, dann ggf. ein persönliches Vorstellungsgespräch
Verzweigte Folgebeziehungen von Aufgaben	Determinierung der Aufgaben, die parallel oder alternativ zu erfüllen sind, z.B. **parallel** zu den Vorstellungsgesprächen, werden die abgelehnten Bewerber per E-Mail informiert **oder** (heutzutage sehr selten) Absageschreiben an die abgelehnten Bewerber verfasst und die Unterlagen per Post zurückgesandt
Verknüpfungen von Teilprozessen	Mehrere Teilprozesse werden zusammengefasst, z.B. nachdem im Controlling die Kennziffern für den Einkauf und gleichzeitig die Kennzahlen für die Produktion ermittelt wurden, erfolgt die Verknüpfung der Ergebnisse und die Auswertung der Informationen
Rückkopplungen	Ein Prozess wird in Schleifen und nicht „von oben nach unten" abgearbeitet, z.B. stellt die Einkaufsabteilung bei der Entscheidung über den Kauf von Fertigungsmaterial fest, dass preisgünstige Alternativen nicht berücksichtigt wurden. Der Prozess wird daraufhin zunächst nicht weiter fortgeführt, sondern man kehrt stattdessen zur Phase der Alternativenbewertung zurück und beginnt dort von vorne

Abb. 1-4: Beispiele für organisatorische Regeln[20]

Bei der Organisationsgestaltung entsteht also der **Konflikt**, einerseits für Stabilität sorgen zu müssen, andererseits aber die notwendige Flexibilität zu gewährleisten. Zu viel Stabilität wird als **Überorganisation** bezeichnet, in der Praxis spricht man häufig auch von **Bürokratisierung**. Zu hohe Flexibilität ist das Kennzeichen der **Unterorganisation**. Beides gilt es zu vermeiden.[21]

---

[20] Vgl. Schmidt (2014), S. 12.

[21] Vgl. Schreyögg/Koch (2014), S. 206 f.

Neben der Aufgabe, das **Gleichgewicht zwischen Stabilität und Flexibilität zu schaffen**, muss die Organisation weiteren Ansprüchen gerecht werden, die Krüger als **außengerichtete und innengerichtete** Anforderungen bezeichnet.[22]

Die Abb. 1-5 gibt einen Überblick.

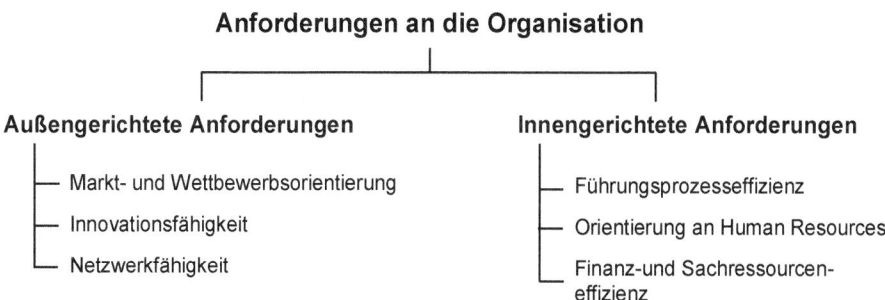

Abb. 1-5: Außen- und innengerichtete Anforderungen an die Organisation

Mit der **Markt- und Wettbewerbsorientierung** wird die Organisation an den Bedingungen von Markt und Wettbewerb ausgerichtet und insbesondere Nähe zum Kunden erreicht.

Innovationsfähigkeit ist die Aufgeschlossenheit gegenüber neuen Produkten, Prozessen und Strukturen, was ihre Entwicklung und Einführung begünstigt.

Netzwerkfähigkeit der Organisation ermöglicht, dass neue Kooperationen, z.B. strategische Allianzen oder Joint Ventures, eingegangen werden können.[23]

Führungseffizienz hilft dabei, Prozesse zielgerichtet, schnell und kostengünstig zu planen, umzusetzen, zu steuern und zu kontrollieren.

Die Organisation soll auch ermöglichen, dass **Human Resources** optimal eingesetzt werden und das Mitarbeiterpotenzial bestmöglich ausgeschöpft wird. Außerdem soll sie dabei unterstützen, Mitarbeiter für derzeitige und künftige Aufgaben weiterzuentwickeln und ein Klima zu schaffen, in dem Kreativität, Verantwortungsbewusstsein und Eigeninitiative gedeihen.

Zudem wird der sorgfältige Umgang mit den anderen Ressourcen, den **Sachmitteln** und den **finanziellen Ressourcen**, durch geeignete organisatorische Regelungen begünstigt.

Mit der zielgerichteten **Gestaltung der Geschäftsprozesse** soll die an den Kundenwünschen orientierte Aufgabenerfüllung sichergestellt werden.

---

[22] Vgl. Krüger (2005), S. 150.

[23] Vgl. Bea/Haas (2017) S. 436 ff.

1.2.4 Umfang organisatorischer Regeln

Gutenberg hat für das Spannungsverhältnis zwischen zu viel und zu wenig Organisation das **Substitutionsprinzip der Organisation** formuliert. Danach gibt es ein **organisatorisches Gleichgewicht** mit einem ausgewogenen Verhältnis zwischen Stabilität und Flexibilität, also ein Optimum organisatorischer Regelungen. Man bezeichnet es als den **optimalen Organisationsgrad**.[24] Diesen zu finden, erweist sich in der Praxis als großes Problem. Den Zusammenhang verdeutlicht die Abb. 1-6.

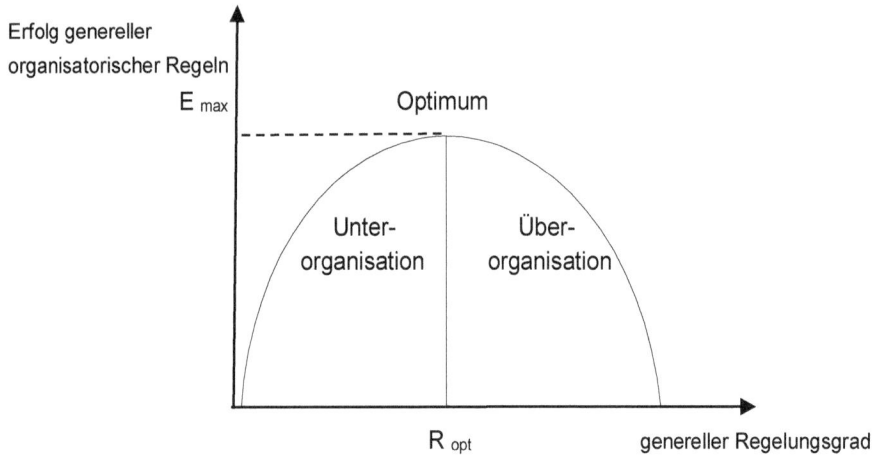

Abb. 1-6: Optimaler Organisationsgrad nach dem Substitutionsprinzip

Bei gleichartigen, häufig wiederkehrenden Aufgaben werden tendenziell mehr generelle Regeln festgelegt. Dann muss nicht immer wieder neu überlegt werden, wie man vorgehen soll. Die fallweisen Vorgehensweisen werden durch generelle Vorschriften substituiert, und die Mitarbeiter erhalten dauerhafte Vorgaben für die Aufgabenerfüllung. Damit wird ihr Verhalten auch für andere Unternehmensmitglieder und für Außenstehende vorhersehbar. Einzelfallbezogene Weisungen des Vorgesetzten erübrigen sich in diesen Fällen weitgehend, und die Aufgaben können schneller erledigt werden. Der Mitarbeiter weiß, „was er wie, wann und wo zu erledigen hat".[25]

Die Zunahme genereller Regelungen ist jedoch nicht immer vorteilhaft, denn das System büßt dadurch Flexibilität ein. Schnelles Agieren und Reagieren auf neue Gegebenheiten wird durch zu viele Vorschriften behindert.

Das **Optimum an Organisation** ist dann erreicht, wenn eine zusätzliche generelle Regel keinen weiteren Nutzenzuwachs bringt und die Unternehmensziele dadurch nicht besser erreichbar werden. Jede weitere Regel würde dann dazu führen, dass das Unternehmen unflexibler

---

24 Vgl. Gutenberg (1983), S. 238 f.; Schreyögg (2016), S. 17.
25 Vgl. Schreyögg/Koch (2014), S. 206 f.

wird und auf Veränderungen nicht mehr problemlos und schnell reagieren kann. Der Nutzen der Organisation würde also abnehmen.

Es handelt sich beim **organisatorischen Gleichgewicht** eher um eine **theoretische Vorstellung** als um eine praktisch realisierbare Größe, da es ein allgemeingültiges, bestmögliches Verhältnis zwischen Stabilität und Flexibilität für alle Unternehmen in allen Situationen in der Praxis nicht gibt. Vielmehr hängt dieses von den jeweiligen Gegebenheiten des einzelnen Unternehmens ab. Jedes Unternehmen benötigt einen anderen Regelungsumfang, um seine Ziele zu erreichen.

Unternehmen müssen sich also ihrem spezifischen organisatorischen Optimum annähern und ihr eigenes **individuelles ausgewogenes Verhältnis von Stabilität und Flexibilität** herstellen. Sie gehen dabei folgendermaßen vor:[26]

- **regelmäßig Überprüfung**, ob alle generellen Regeln tatsächlich notwendig sind und ob es sich dabei wirklich um grundsätzliche Rahmenentscheidungen handelt

- ständige **Kontrolle**, ob die Regeln in dieser Art und Weise (noch) sinnvoll sind

- zunächst absichtliche **Improvisation** und vorerst bewusster Verzicht auf generelle Regeln, um in Ruhe darüber nachdenken zu können, welche Lösung die beste ist

- **Anregungen und Vorschläge** seitens der Mitarbeiter fördern, um sie dazu zu veranlassen, permanent über **Verbesserungsmöglichkeiten** in ihrem Aufgabenbereich nachzudenken

- Unternehmen als lernendes System sehen und die Organisation als **Aufgabe jedes Einzelnen** begreifen

Hohe Stabilität und damit eine **umfangreiche Organisation** mit vielen verpflichtenden Regelungen sind besonders in diesen **Situationen** sinnvoll:

- häufige Wiederholungen von Aufgaben, die in gleicher oder ähnlicher Form durchgeführt werden sollen

- viele gesetzliche Vorgaben und Vorschriften, die eingehalten werden müssen und deshalb eine gleichartige Vorgehensweise erfordern

- vorgegebene Qualitätsstandards, die leichter zu erreichen sind, wenn die Art und Weise der Aufgabenerfüllung genau festgelegt sind

- hohe Anforderungen an den sorgfältigen Umgang mit Ressourcen, z.B., weil sie teuer oder knapp sind oder bei unsachgemäßer Handhabung beeinträchtigt werden

- Zielerreichung, die stark von der genauen Kontrolle der Arbeitsschritte und -ergebnisse abhängt

- Koordination der Aufgabenerfüllung soll trotz großer Mitarbeiterzahl strukturiert vonstattengehen

---

[26] Vgl. Schmidt (2014), S. 27; Bühner (2004), S. 3 f.

Die wichtigsten Konsequenzen, die sich aus zu viel bzw. zu wenig Organisation ergeben können, zeigt die Abb. 1-7.

Mögliche Konsequenzen mangelnder Organisation

Unterorganisation	Überorganisation
▨ unklare Aufgabenzuordnung	▨ Einengung des Entscheidungsspielraums
▨ ungenügend geregelte Weisungsbefugnisse	▨ ungenügende Anpassungsfähigkeit an den Markt und an die Kundenwünsche
▨ ungenaue bzw. unlogische Aufgabenbeziehungen	▨ lange und unübersichtliche Entscheidungszeiten und -wege
▨ unklare Informationspflichten und -rechte des Vorgesetzen	▨ mangelnde Entscheidungsbereitschaft und -fähigkeit der Mitarbeiter
▨ missverständliche Berichtspflichten	▨ Behinderung der Flexibilität des Unternehmens
▨ ungeeignete Auswahl von Sachmitteln	
▨ unklare Prozesse	▨ fehlende Motivation und Eigeninitiative
▨ ungeklärte Vertretungsregeln	▨ mangelnde Innovationsbereitschaft und -fähigkeit
▨ erheblicher Koordinationsaufwand bei der Aufgabenerfüllung	▨ ungeordnete Unternehmensentwicklung
▨ unklare zeitliche Vorgaben	
▨ unklare Erfüllungsorte	
▨ ineffektive Kapazitätsausnutzung	

Abb. 1-7: Folgen von Unter- und Überorganisation

Nach Schmidt lassen sich **zwei extreme Vorgehensweisen** unterscheiden, wie in der Praxis das organisatorische Optimum berücksichtigt wird:

- ▨ Palastorganisation
- ▨ Zeltorganisation.[27]

Die **Palastorganisation** beruht auf der Annahme, dass Unternehmensgröße ein Wert an sich sei und erheblich dazu beitrage, das Überleben im Wettbewerb zu sichern. Weitere Merkmale dieser Organisationsform sind, dass eine zentrale Koordination für alle Unternehmensbereiche vorherrscht, wesentliche Entscheidungen vom Top Management getroffen werden, Aufbaustrukturen und Prozesse möglichst unternehmensweit vereinheitlicht sind und eine stark ausgeprägte Arbeitsteilung stattfindet, von der man sich Spezialisierungsvorteile verspricht. Dazu gehört außerdem ein sehr umfangreiches und ausgefeiltes Dokumentationswesen, um alle Vorgehensweisen jederzeit nachvollziehen und begründen zu können.

---

[27] Vgl. Schmidt (2014), S. 28.

Demgegenüber geht man bei der **Zeltorganisation** davon aus, dass Größe und zentrale Koordination ein Unternehmen eher unflexibel machen und setzt stattdessen auf Netzwerke und andere Kooperationsformen. Wegen der vielen Schnittstellen bringt intensive Arbeitsteilung einen großen Koordinationsbedarf mit sich, der vermieden werden sollte. Generelle Regelungen werden als notwendiges Übel angesehen, das folglich auf ein Minimum zu reduzieren ist.

Die organisatorischen Folgen beider Vorgehensweisen zeigt die Abb. 1-8.

Organisatorische Folgen

einer Palastorganisation	einer Zeltorganisation
zentrale Unternehmensleitung	relativ selbständig agierende Geschäftseinheiten
starke Abhängigkeit der Geschäftsbereiche von der obersten Leitung	Outsourcing von Aufgaben, die nicht direkt zum Kerngeschäft gehören
große Leitungstiefe	flache Hierarchien
viele Hierarchiestufen	Betonung fachlicher Autorität
Betonung hierarchischer Macht	Selbstkoordination zwischen den einzelnen Geschäftsbereichen
großer Umfang von zentralen Stäben bzw. von Zentralabteilungen zur Abstimmung zwischen den Geschäftsbereichen	Entscheidungsdezentralisation
umfangreiche Kontrollmechanismen	Stabsarbeit in einzelnen Abteilungen und weniger in Zentralen
vorrangig Fremdkontrolle	Selbstkontrolle anhand von Zielvorgaben vorrangig vor Fremdkontrolle
hohe Spezialisierung	Ergebniskontrolle statt Verlaufskontrolle
Qualitätssicherung durch Funktionsorientierung	geringere Spezialisierung
umfangreiche Dokumentation der organisatorischen Regelungen	verstärkte Team- und Projektarbeit zur gemeinsamen Aufgabenerfüllung
	Qualitätssicherung durch Prozessoptimierung
	geringer Formalisierungsgrad

Abb. 1-8: Palast- und Zeltorganisation[28]

1.3 Abgrenzung der Organisation zu verwandten Begriffen

Neben den stabilen Regeln der Organisation, braucht jedes Unternehmen zusätzlich einzelfallbezogene Vorgehensweisen, die weder auf Dauer angelegt sind noch allgemeingültig sein

---

[28] Vgl. Schmidt (2014), S. 28.

sollen. Es gibt außerdem – absichtlich oder unbeabsichtigt – vollkommen ungeregelte Situationen, Übergangslösungen und Ad-hoc-Regelungen, durch die das Unternehmen zusätzliche Flexibilität gewinnt. Diese Freiräume bezeichnet man als **Disposition und Improvisation**.

Regelungen, die nur für einen einzelnen Fall Gültigkeit haben, nennt man **Disposition**. Sie haben **keinen strukturierenden Charakter** für die Zukunft. Sie dienen nur dazu, **ein** aktuelles Problem in der Gegenwart zu lösen.

Eine Regelung, die beispielsweise in der Personalabteilung festlegt, wie mit eingegangenen Bewerbungen grundsätzlich zu verfahren ist, gehört zur Organisation. Innerhalb dieses Rahmens entscheidet dann etwa der Personalreferent X, dass er die Bewerberin Y bereits für den kommenden Montag zum Bewerbungsgespräch einlädt und ruft sie deshalb sofort an. Dies ist eine **Disposition**. Der Stelleninhaber wendet die Spielräume, die ihm die Organisation gibt, auf den Einzelfall an. Die **einzelfallweise Verfügung** findet innerhalb des vorgegebenen organisatorischen Rahmens statt.

Demgegenüber handelt es sich bei einer **Improvisation** um eine Regelung mit **strukturierender Wirkung**. Dieses Merkmal hat sie mit der Organisation gemeinsam.

Sie unterscheidet sich von der Organisation dadurch, dass eine Improvisation einen **kurzfristigen, vorläufigen Charakter** hat und immer nur für eine **begrenzte Anzahl von Fällen** gelten soll. Etwa wenn Personalreferent X im Rahmen einer Personalentwicklungsmaßnahme sechs Monate in einer ausländischen Tochtergesellschaft arbeitet und sich seine Kollegin Z und der Personalleiter vorläufig dabei abwechseln, die einführenden Vorstellungsgespräche mit den Bewerbern zu durchzuführen.

Die Improvisation ist also eine **Übergangsregelung** oder eine Notlösung und beruht meist auf der kurzfristig aufgetretenen Notwendigkeit zum Handeln, ohne dass eine Vorschrift für das Vorgehen vorliegt.

Anlässe für Improvisationen sind:

- Aus **Zeitgründen** konnte nicht über eine optimale, dauerhafte Regelung nachgedacht werden, weshalb man sich kurzfristig mit der naheliegendsten Lösung behilft. Später will man sich des Problems noch einmal annehmen und sorgfältig überdenken, welche Regelung die beste sein könnte.

- In absehbarer Zeit ist eine grundlegende **Änderung geplant**, weshalb für die derzeitige Situation keine generellen, dauerhaften Regeln mehr aufgestellt werden. Man begnügt sich also **für den Übergang** mit einer Improvisation und organisiert die zukünftigen Aufgabenstellungen.

- Es wurde bisher noch nicht organisiert, da die infrage kommenden **Alternativen** noch **nicht alle gefunden** sind bzw. noch auf ihre Zweckmäßigkeit hin überprüft werden müssen.

- Zwar wurde eine optimale Lösung bereits gefunden, sie wird derzeit jedoch noch nicht umgesetzt. Die Gründe können **fehlende Ressourcen**, wie z.B. finanzielle Mittel, qualifizierte Mitarbeiter, notwendige Werkzeuge etc. sein.

- Ein Problem ist zum ersten Mal aufgetreten. Da noch keine Erfahrungen vorliegen, wie es am besten gelöst werden kann, werden **zunächst verschiedene Vorgehensweisen ausprobiert**, bevor man sich entscheidet.

- Die **Bedingungen**, unter denen eine Aufgabe zu erfüllen ist, bzw. deren Inhalte, **ändern sich (noch)** laufend, weshalb eine generelle, dauerhafte Regelung derzeit nicht möglich ist.

Sowohl die Organisation als auch die Improvisation haben beide eine **strukturierende Wirkung**. Während die Organisation jedoch immer generell und dauerhaft angelegt ist, regelt die Improvisation lediglich eine begrenzte Zahl von Fällen für kurze Zeit und verleiht somit Flexibilität.

In der Praxis geschieht es immer wieder, dass sich eine anfängliche Übergangsregelung als zweckmäßig erweist und bewährt. Oft ist den Stelleninhabern nach einer gewissen Zeit gar nicht mehr bewusst, dass es sich ursprünglich um eine Improvisation gehandelt hat. Sie haben längst vergessen, dass die Regelung eigentlich befristet war und sich nur auf wenige Einzelfälle beziehen sollte. Solange sie aber nicht offiziell für verbindlich erklärt wird, bleibt sie eine Improvisation und ist keine Organisation. Diese **Improvisation kann** jedoch **zur Organisation werden**. Dazu muss sie von den zuständigen Entscheidungsträgern für sinnvoll befunden und zu einer dauerhaften und generellen Regel erklärt werden. Sie **verliert** damit **ihren Vorläufigkeitscharakter** und wird „offiziell".

Demgegenüber kann eine **Disposition nicht zur Organisation** werden, da sie keinen strukturierenden Charakter hat und sich ausschließlich auf Einzelfälle bezieht. Sie ist auch kein „Unterfall" der Organisation, ebenso wenig, wie etwa das Gerichtsurteil durch einen Richter als Unterfall eines Gesetzes angesehen werden kann. Bei einer Disposition werden die vorhandenen organisatorischen Regelungen auf eine bestimmte, einzelne Situation bezogen und angewendet.

Eine **Disposition** kann auch **nicht zur Improvisation** werden, da es sich immer um die Vorgehensweise bei einem Einzelfall handelt. Ist keine dauerhafte, generelle Regelung, also keine Organisation, vorhanden, dann wendet die Disposition improvisierte Regelungen auf Einzelfälle an, womit sie sich dann in dem von der Improvisation vorgegebenen Rahmen bewegt.

1.4 Arten der Organisation

Man kann Organisation nach diesen Arten unterscheiden (s. Abb. 1-9):

- nach der Entstehungssituation
- nach dem Anlass der Strukturierung
- nach dem Gestaltungsaspekt
- nach der Bedeutung für das regelmäßige Unternehmensgeschehen

Was die **Entstehungssituation** anbelangt, wird zwischen formaler und informaler Organisation unterschieden.

Während es sich bei der formalen Organisation um ein von autorisierten Entscheidungsträgern bewusst geschaffenes Regelungssystem handelt, bildet sich die informale Organisation eines Unternehmens im Laufe der Zeit von selbst heraus. Sie entsteht nicht vorsätzlich und beruht auf Verhaltensmustern, Erwartungen, Interessen und Zielen der Mitarbeiter. Bei der Entwicklung der informalen Organisation spielen Sympathie, Antipathie, individuelle Vorstellungen über die Arbeitssituation und gleiche Interessen eine entscheidende Rolle. Beispiele für die informale Organisation sind die in vielen Unternehmen üblichen „Geburtstagsrunden", auch private, soziale Netzwerke zählen dazu. Im Kapitel 9 wird die informale Organisation ausführlich betrachtet.

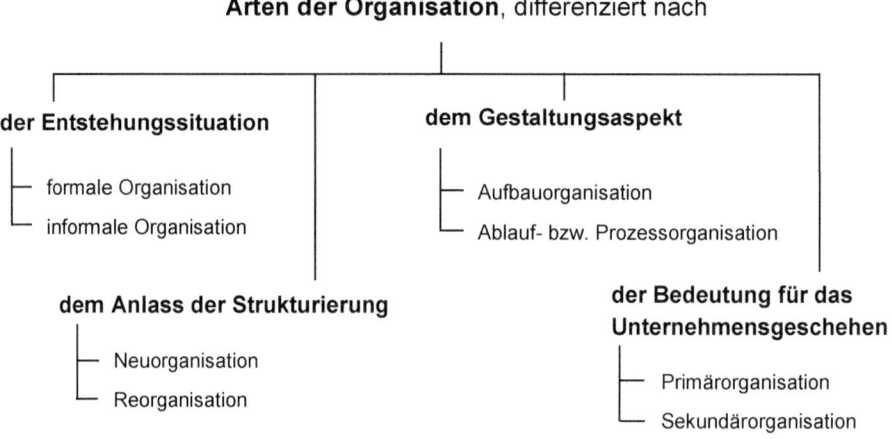

Abb. 1-9: Arten der Organisation

Anlassbezogene Arten der Organisation sind **Neuorganisation und Reorganisation**.

Bei der Neuorganisation kann noch nicht auf eine vorhandene Grundlage zurückgegriffen werden. Stattdessen wird die Organisation erstmalig gestaltet. Neuorganisationen sind z.B. bei der Gründung eines Unternehmens, beim Bau einer neuen Produktionsstätte oder eines Verwaltungsgebäudes sowie bei der Entwicklung eines neuen Großprojektes notwendig. Wird eine bestehende Struktur an eine veränderte Situation angepasst, spricht man von Reorganisation. In diesem Fall ist bereits eine Grundlage vorhanden, die überprüft und modifiziert wird. Reorganisation wird häufig durch Innovationen ausgelöst. Sie kann innerbetriebliche oder außerbetriebliche Gründe haben, z.B. die Änderung eines Produktionsverfahrens bzw. des Produktionsprogramms, die Erschließung neuer Absatzmärkte oder neue gesetzliche Vorschriften, die in Zukunft beachtet werden müssen.

Nach der **Beziehung der Elemente** zueinander wird die Organisation in **Aufbauorganisation und Ablauf- bzw. Prozessorganisation** gegliedert. Oft spricht man auch von der Gestaltung des **statischen und des dynamischen Beziehungszusammenhangs**.

Aufgaben, Aufgabenträger, Sachmittel und Informationen werden zielbezogen verknüpft. Bei der Aufbauorganisation steht die Strukturierung der Unternehmenshierarchie im Mittelpunkt.

Es geht um die inhaltliche Gestaltung der Arbeitsaufgaben, die Bildung von Stellen, die hierarchischen Beziehungen sowie die Gestaltung der Informations-, Kommunikations- und Sachmittelsysteme. Die Prozessorganisation strukturiert die Abläufe sowie deren personelle, zeitliche und räumliche Beziehungen.

Die Betrachtung der **Bedeutung für das Unternehmensgeschehen** führt zur Unterteilung in **Primärorganisation und Sekundärorganisation**.

Die Primärstruktur ist die **Grundstruktur** des Unternehmens. Sie dient der Bearbeitung der üblichen, regelmäßigen Dauer- und Routineaufgaben sowie der Erreichung der kurz- und mittelfristigen Unternehmensziele.

Daneben werden Sekundärstrukturen gebildet. Damit sollen besondere, bedeutsame Aufgaben, die nicht unter die üblichen Routineaufgaben eines Betriebes fallen, gelöst werden. Die Sekundärorganisationen bestehen neben und gleichzeitig mit der Primärstruktur. Sie ersetzen diese nicht, sondern überlagern, unterstützen und ergänzen sie.[29] Je nach Zielsetzung können sie dauerhaft oder zeitlich befristet sein. Ein Beispiel sind die Strategischen Geschäftseinheiten, die dauerhaft angelegt sind und dazu beitragen, den langfristigen Unternehmenserfolg zu sichern. Die Projektorganisation ist zum Beispiel eine Sekundärorganisation. Sie befasst sich mit der Lösung abteilungsübergreifender, komplexer, zeitlich befristeter Sonderaufgaben.

Primär- und Sekundärorganisationen werden ausführlich in Kapitel 4 behandelt.

1.5 Organisation als Managementaufgabe

Organisation ist eine Funktion des strategischen Managementprozesses und damit ein Bestandteil der Unternehmensführung, die das Gesamtsystem Unternehmen systematisch gestaltet und steuert.

1.5.1 Einordnung der Organisation in den Managementprozess

Als eigenständige Managementfunktion steht Organisation **gleichberechtigt** neben den anderen strategischen Funktionen.[30] Zu den Managementfunktionen gehören

- Planung,
- Organisation,
- Personaleinsatz,
- Führung und
- Kontrolle.[31]

Die Zusammenhänge werden in der Abb. 1-10 dargestellt.

---

[29] Vgl. Schmidt/Konz (2019), S. 219; Schmidt (2014), S. 79; Krüger (2005), S. 169.

[30] Vgl. Bea/Haas (2017) S. 17 f. und 380 ff.

[31] Vgl. Schreyögg/Koch (2014), S. 10 ff.; Jung/Heinzen/Quarg (2018), S. 125 ff.

Klassischerweise stehen die Managementfunktionen in einer zeitlichen und logischen Abfolge, welche als **Managementprozess** bezeichnet wird. Passend dazu spricht man anstatt von Managementfunktionen auch von Managementsubprozessen.

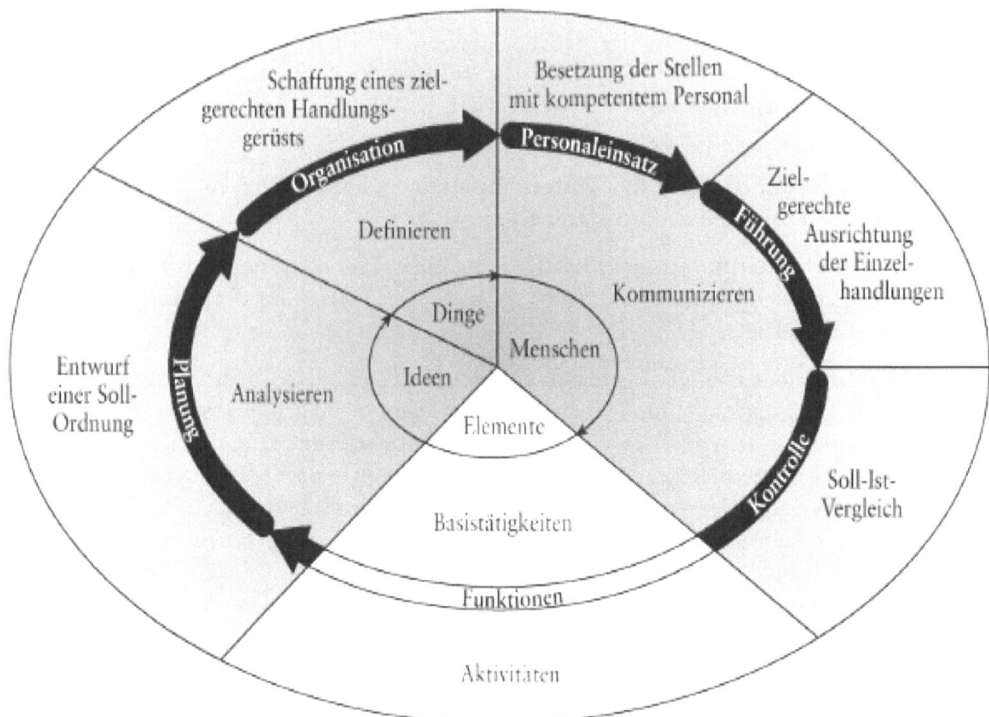

Abb. 1-10: Managementprozess[32]

Ausgangspunkt des Managementprozesses ist die **Planung**, bei der es um die Ausrichtung des Betriebsgeschehens auf die Unternehmensziele und die gedankliche Vorwegnahme zukünftigen Handelns geht. Auf dieser Grundlage schafft anschließend die **Organisation** die strukturellen Voraussetzungen für den sinnvollen Aufgabenvollzug und damit für die Zielerreichung. Die im Rahmen der Organisation festgelegten Einheiten müssen mit Stelleninhabern besetzt werden, die den jeweiligen Anforderungen entsprechen und in der Lage sind, die Planungen umzusetzen. Neben dem erstmaligen anforderungsgerechten **Personaleinsatz** geht es bei diesem Subprozess auch um die Erhaltung und Sicherung der Human Resources, womit zu dieser Managementfunktion auch die **Personalentwicklung und -beurteilung** sowie die Schaffung leistungsorientierter **Anreizsysteme** gehören. Nachdem mit der Organisation und der personellen Ausstattung die Voraussetzungen für eine zweckgerichtete Aufgabenerfüllung geschaffen worden sind, wird das Verhalten der Mitarbeiter durch die **Führung** zielorientiert gelenkt.

---

[32] Entnommen aus: Schreyögg/Koch (2014), S. 13.

Dies ist die besondere Aufgabe der Führungskräfte. Als Soll-/Ist-Vergleich schließt die **Kontrolle** den Managementprozess ab. Sie stellt die Zielerreichung den Vorgaben gegenüber, zudem werden Gründe für Abweichungen analysiert. Es geht außerdem darum festzustellen, ob die Ziele realistisch sind oder ggf. der Unternehmens-, Markt- und Wettbewerbssituation anzupassen sind.[33]

Diese **idealtypische Reihenfolge des Managementprozesses** muss in der Praxis häufig relativiert werden, da zwischen den einzelnen Funktionen ausgeprägte Interdependenzen bestehen. Die Subsysteme überlappen sich und eine schrittweise Abarbeitung in der oben beschriebenen Abfolge ist in der Realität kaum möglich. So hat etwa die Kontrolle Auswirkungen auf den Mitarbeitereinsatz oder die Führung. Die bestehende Organisationsstruktur beeinflusst beispielsweise ihrerseits zukünftige Planungsprozesse und tritt damit zeitlich teilweise vor diese Planungen.[34]

1.5.2 Organisation als Funktion der Unternehmensführung

Organisation ist ein Bestandteil der Unternehmensführung, sie besteht gleichberechtigt neben den anderen strategischen Funktionen. Einen Überblick gibt die Abb. 1-11.

Manchmal werden die Begriffe Unternehmensführung und Management im institutionalen Sinn verwendet. Man meint dann mit Unternehmensführung diejenigen Personen, die das Unternehmen führen. Es handelt sich also um die Gruppe der **Führungskräfte**, sie **sind** das Management bzw. die Unternehmensführung.

In der Literatur überwiegt jedoch die **funktionale Sichtweise**, welche die Unternehmensführung als eine strategische Funktion betrachtet. Unternehmensführung wird dabei sach- und personenbezogen interpretiert.

Sofern es sich um die personenbezogene Funktion der Unternehmensführung handelt, spricht man von Personalführung.

Die sachbezogene Funktion meint die Unternehmensführung im engeren Sinn, die auch als **strategisches Management** bezeichnet wird. Hier ist die Organisation einzuordnen.

Unternehmensführung im engeren Sinn umfasst zunächst die Zielsetzung sowie die systematische zielorientierte Planung, Steuerung und Kontrolle des Gesamtunternehmens und seiner Unternehmensbereiche.

---

[33] Vgl. Schreyögg/Koch (2014), S. 10 ff.
[34] Vgl. ebd., S. 12.

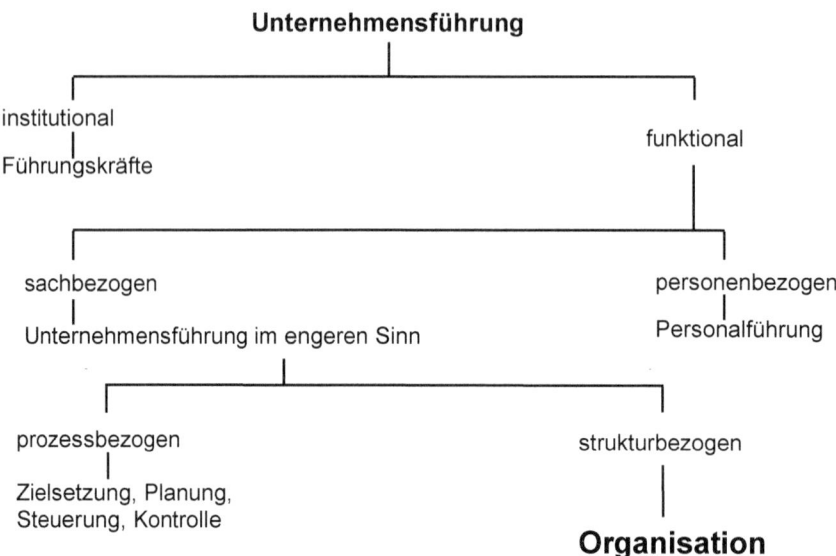

Abb. 1-11: Organisation als Teil der Unternehmensführung im engeren Sinn

Manchmal werden die Begriffe Unternehmensführung und Management im institutionalen Sinn verwendet. Man meint dann mit Unternehmensführung diejenigen Personen, die das Unternehmen führen. Es handelt sich also um die Gruppe der **Führungskräfte**, sie **sind** das Management bzw. die Unternehmensführung.

In der Literatur überwiegt jedoch die **funktionale Sichtweise**, welche die Unternehmensführung als eine strategische Funktion betrachtet. Unternehmensführung wird dabei sach- und personenbezogen interpretiert.

Sofern es sich um die personenbezogene Funktion der Unternehmensführung handelt, spricht man von Personalführung.

Die sachbezogene Funktion meint die Unternehmensführung im engeren Sinn, die auch als **strategisches Management** bezeichnet wird. Hier ist die Organisation einzuordnen.

Unternehmensführung im engeren Sinn umfasst zunächst die Zielsetzung sowie die systematische zielorientierte Planung, Steuerung und Kontrolle des Gesamtunternehmens und seiner Unternehmensbereiche.

Neben dem verlaufsbezogenen hat sie einen **strukturbezogenen** Bereich, die **Organisation**. Diese schafft die strukturellen Voraussetzungen unter denen sich Zielsetzung, Planung, Steuerung und Kontrolle sinnvoll vollziehen können und ist somit ein wesentlicher Faktor für die Zielerreichung des Unternehmens.

1.5.3 Durchführung der organisatorischen Maßnahmen

Die Gestaltung der Organisation ist eine Managementaufgabe und obliegt deshalb grundsätzlich den Führungskräften. Vorbereitung, Einführung und Umsetzung der organisatorischen Maßnahmen werden jedoch oft an Mitarbeiter oder auch an Außenstehende delegiert.

Dabei stellt sich die Frage, ob die organisatorischen Regelungsprobleme durch **Organisationsspezialisten** (Organisatoren) oder durch die Mitarbeiter der **betroffenen Abteilungen** besser gelöst werden können.

Organisatoren können Fachleute aus dem eigenen Haus sein – man nennt sie **Inhouse Consultants** – oder externe Unternehmensberater.

Die Vorteile, die der Einsatz von Spezialisten mit sich bringt, zeigt die Abb. 1-12.[35]

Durchführung organisatorischer Maßnahmen

Vorteile des Einsatzes von (externen) Spezialisten

- kein Ressortdenken, so werden eher Lösungen gefunden, die zum Gesamtoptimum und nicht nur zur besten Lösung für einzelne Abteilungen führen
- keine Störung durch das Tagesgeschäft, das beim Einsatz von Mitarbeitern aus den betroffenen Abteilungen oft Vorrang hat
- eher grundlegende Neuerungen statt einzelne abteilungsbezogene, punktuelle Nachbesserungen
- schnelle und strukturierte Durchführung der Organisationsaufgaben, da Spezialisten größere Erfahrung mit Reorganisations- und Neuorganisationsprozessen haben
- größere Erfahrung mit dem Einsatz von spezifischen Organisationsinstrumenten
- externe Spezialisten bringen Erfahrungen aus anderen Betrieben und aus ähnlichen Projekten ein

Abb. 1-12: Vorteile der Organisation durch Spezialisten

Es spricht jedoch auch einiges dafür, die Organisation nicht (ausschließlich) von internen oder externen Spezialisten, sondern von den Vorgesetzten bzw. Mitarbeitern der **betroffenen Abteilungen** vornehmen zu lassen.[36]

Einen Überblick über die entsprechenden Vorteile gibt die Abb. 1-13. Die Vorteile der einen Vorgehensweise sind – mit umgekehrtem Vorzeichen – die Nachteile der anderen. Beim Einsatz externer Berater treten die Probleme verstärkt auf, da sie im Gegensatz zu den internen Organisatoren die formalen innerbetrieblichen Strukturen nicht kennen und erst ergründen

---

[35] Vgl. Schmidt (2014), S. 21.

[36] Vgl. ebd.

müssen. Auch sind sie nicht mit der Unternehmenskultur, d.h. dem gewachsenen Orientierungsrahmen für das betriebliche Handeln, und den informalen Beziehungen im Unternehmen vertraut.

Durchführung organisatorischer Maßnahmen

Vorteile des Einsatzes von Vorgesetzten/Mitarbeitern der betroffenen Abteilungen

- praxisnahe Lösungen, da die Betroffenen genau wissen, wo die Probleme liegen
- geringerer Aufwand bei der Feststellung der Ist-Situation, da die betrieblichen Abläufe und die Gründe für den Änderungsbedarf den Organisatoren detailgenau bekannt sind
- schnelle Ergebnisse, da man sich nicht gleichzeitig mit anderen Organisationsprojekten beschäftigen muss

Abb. 1-13: Vorteile der Organisation durch Mitglieder der betroffenen Abteilungen

Die Vorteile der einen Vorgehensweise sind – mit umgekehrtem Vorzeichen – die Nachteile der anderen. Beim Einsatz externer Berater treten die Probleme verstärkt auf, da sie im Gegensatz zu den internen Organisatoren die formalen innerbetrieblichen Strukturen nicht kennen und erst ergründen müssen. Auch sind sie nicht mit der Unternehmenskultur, d.h. dem gewachsenen Orientierungsrahmen für das betriebliche Handeln, und den informalen Beziehungen im Unternehmen vertraut.

In der Praxis gibt man deshalb häufig **kombinierten Vorgehensweisen** den Vorzug. Es werden zunehmend sog. **Inhouse-Consulting-Einheiten** gebildet, in denen hauseigene Organisationsspezialisten (Organisatoren) zusammengefasst werden. Sie unterstützen bei Organisationsfragen und beraten das eigene Unternehmen bzw. die betroffenen Abteilungen im Unternehmen.

Das organisationsspezifische Know-how kommt von ihnen, die eigentliche Organisationsarbeit findet überwiegend dezentral in den Fachabteilungen statt. Die Inhouse-Consultants planen und koordinieren i.d.R. die Aktivitäten. Kleinere organisatorische Aufgaben erledigen die betroffenen Abteilungen selbst. Bei größeren Projekten übernehmen die Abteilungsleiter die Verantwortung. Sie ziehen die internen Experten oder ggf. zusätzlich externe Spezialisten zu Rate, die neben den Mitarbeitern einzelne Teilaufgaben erledigen und Hilfestellung im Bedarfsfall leisten. Nur bei großen, weitreichenden organisatorischen Maßnahmen erfolgt in der Regel eine komplette Auslagerung auf spezielle Organisatoren. In diesen Fällen liegt die Federführung meistens beim Top Management.

In letzter Zeit zeichnet sich in großen Unternehmen eine Entwicklung zur **Dezentralisation der Organisationsarbeit** ab. Zentrale Abteilungen mit Spezialisten werden verringert und die Spezialisten werden denjenigen Bereichen, bei denen hoher Strukturierungsbedarf besteht, **dauerhaft vor Ort** zugeordnet. Wenn es notwendig erscheint, werden im Einzelfall zusätzlich externe Spezialisten herangezogen.

Durch die Ausweitung des Qualitätsmanagementgedankens gewinnen außerdem kontinuierliche Verbesserungsprozesse wie Kaizen und KVP, bei denen jeder einzelne Mitarbeiter dazu aufgefordert ist ständig über organisatorische Verbesserungen in seinem Arbeitsumfeld nach-zudenken, sehr stark an Bedeutung (s. dazu ausführlich Kapitel 8.6).

1.6 Zusammenfassung und Ausblick

Der Begriff Organisation wird in Theorie und Praxis nicht einheitlich verwendet. Dies führt immer wieder zu Missverständnissen, da das gleiche Wort für unterschiedliche Phänomene herangezogen wird.

Die betriebswirtschaftliche Organisationslehre bevorzugt überwiegend die instrumentale Sichtweise. Danach ist Organisation ein **bewusst geschaffenes und eingesetztes Füh-rungsinstrument**, das darauf ausgerichtet ist, **geeignete Rahmenbedingungen für das Er-reichen der Unternehmensziele** festzulegen.

Die zielorientierte Gestaltung der Arbeits- und Informationsprozesse und der hierarchischen Strukturen sowie deren Weiterentwicklung und Anpassungen an eine sich verändernde Unter-nehmensumwelt werden von den Unternehmen als wichtiger Erfolgsfaktor und somit als Ma-nagementsubprozess und **Teil der Unternehmensführung** betrachtet. Empirische Studien bestätigen die Bedeutung der Organisation für die Zielerreichung in der Praxis.

Generelle Regelungen sind nicht in jedem Fall vorteilhaft. Es gilt vielmehr, ein **organisatori-sches Gleichgewicht**, d.h. ein unternehmensspezifisches **ausgewogenes Verhältnis von Stabilität und Flexibilität** herzustellen. Zu viel Organisation schadet ebenso wie zu wenig.

Da Organisation eine Managementfunktion ist, fällt sie in den Zuständigkeitsbereich der Füh-rungskräfte. Sie ist jedoch zum Teil delegierbar. Dafür kommen neben den Mitarbeitern der betroffenen Abteilungen interne und externe Spezialisten in Betracht. Die Vorgehensweise hängt auch von Umfang und Dringlichkeit der erforderlichen Organisationsmaßnahmen ab.

In größeren Unternehmen werden zunehmend **Inhouse-Consulting-Einheiten** gebildet, in denen Organisationsspezialisten (Organisatoren) arbeiten. Sie unterstützen und beraten das eigene Unternehmen bei Organisationsfragen. Die umsetzenden Projektgruppen bestehen häufig sowohl aus Mitarbeitern der betroffenen Abteilungen als auch aus Spezialisten des In-house-Consultings. Es besteht hier zudem die Tendenz zur **Dezentralisation von Organisa-tionsarbeit**. Die Spezialisten werden denjenigen Abteilungen, bei denen hoher Strukturie-rungsbedarf besteht, dauerhaft vor Ort zugeordnet.

1.7 Wiederholungsfragen

1. Was versteht man unter dem institutionalen Organisationsbegriff?

2. Welche Sichtweise herrscht in der betriebswirtschaftlichen Organisationslehre vor?

3. Welche Gruppen sind an Zielbildungsprozessen beteiligt?

4. Nennen Sie einige Beispiele für organisatorische Regelungen.

5. Was besagt das Substitutionsgesetz der Organisation?

6.   Was versteht man unter dem organisatorischen Gleichgewicht?

7.   Welche Folgen können durch Unter- bzw. Überorganisation entstehen?

8.   Was versteht man unter Disposition und Improvisation?

9.   Weshalb haben Dispositionen keinen strukturierenden Charakter?

10. Erläutern Sie den Zusammenhang, der zwischen Organisation, Improvisation und Disposition besteht?

11. Worin unterscheiden sich formale und informale Organisation?

12. Welche Aufgaben haben Primär- und Sekundärorganisation?

13. Weshalb gehört die Organisation zu den Managementaufgaben?

14. Wann ist es vorteilhaft, die Organisationsaufgaben Führungskräften bzw. Mitarbeitern der betroffenen Abteilungen zu übertragen?

15. Welche Vor- und Nachteile bringt es mit sich, organisatorische Maßnahmen von Spezialisten durchführen zu lassen?

2 Vorgehensweise bei der Organisationsgestaltung

2.1 Bedeutung von Aufbau- und Prozessorganisation

Die Organisation zu gestalten heißt, die Gebilde- und die Prozessstruktur des Unternehmens festzulegen. Die Gebildestruktur – letztlich die Hierarche des Unternehmens – wird üblicherweise als Aufbauorganisation bezeichnet. Das Ergebnis der Prozessstrukturierung nennt man Ablauforganisation bzw. Prozessorganisation. Während die Aufbauorganisation stärker den **statischen Aspekt** widerspiegelt, geht es bei der Prozessorganisation um die **dynamische Perspektive** der Organisation.

Unter **Aufbauorganisation** versteht man die sachliche und logische Aufteilung einer Gesamtaufgabe in Teilaufgaben und deren spätere Zusammenfassung zu Aufgabenkomplexen und Organisationseinheiten. Dabei hat man immer die Unternehmensziele im Blick.

Die **Ablauforganisation** umfasst die personellen, zeitlichen und räumlichen Regelungen der materiellen und informationellen **Prozesse im Unternehmen**. Auch sie sind so zu gestalten, dass die Ziele bestmöglich erreicht werden können. Zusätzlich geht es immer mehr auch um die zielgerichtete Gestaltung der **Beziehungen zwischen verschiedenen Unternehmen**, etwa die Struktur der Zusammenarbeit mit Zulieferern und Kunden.

Bei der theoretischen Betrachtung war die Ablauforganisation der Aufbauorganisation früher i.d.R. nachgelagert. In der Praxis ist die Gestaltung der Abläufe aber immer wichtiger geworden, sodass diese Reihenfolge oft nicht mehr als zeitgemäß gilt.

Der Begriff Ablauforganisation wird zunehmend durch die Bezeichnung **Prozessorganisation** ersetzt.[37] Sie wird insbesondere dann verwendet, wenn die Prozesse im Mittelpunkt des gestalterischen Interesses eines Unternehmens stehen und der Strukturierung des Aufbaus eine gleich- oder nachrangige Bedeutung zugemessen wird. Die modernere Sichtweise wird dann gleich auch durch eine neue Begrifflichkeit verdeutlicht.

Aufbau- und Ablauf- bzw. Prozessorganisation sind nicht unabhängig voneinander, sondern weisen starke **Interdependenzen** auf. Beispielsweise gehört die Zuordnung von Aufgaben zu Stellen zur Aufbauorganisation. Diese Festlegung hat Auswirkungen darauf, wie die Arbeitsprozesse zwischen den Stellen vonstattengehen, was wiederum Bestandteil der Prozessorganisation ist. Verändert man die Arbeitsprozesse, wirkt sich das umgekehrt darauf aus, welche Aufgaben eine Stelle zu erfüllen hat und beeinflusst damit die Aufbauorganisation.

In der betrieblichen Praxis dürfen weder die Aufbau- noch die Prozessorganisation vernachlässigt werden.[38] Eine zu starke Konzentration auf die Gebildestrukturierung führt oft zu einer verstärkten Spezialisierung nach Funktionen, wodurch erhebliche Schnittstellenprobleme zwischen den organisatorischen Einheiten auftreten können. Umgekehrt wird bei Überbetonung

---

[37] Vgl. Meier (2019), S. 175.

[38] Vgl. Fiedler (2014), S. 6.

der Prozessorganisation zwar die Verantwortung der Mitarbeiter für einen (Teil-)Prozess deutlich hervorgehoben, aber gleichzeitig die fach- und funktionsorientierte Spezialisierung der meisten Arbeitskräfte stark vernachlässigt.[39]

Während früher in der Literatur die Auffassung überwog, zunächst müsse mit der Gebildestruktur ein Rahmen für die Strukturierung der Prozesse vorgegeben werden, geht man heute dazu über, **Prozesse und Aufbau als gleichbedeutend** anzusehen. Häufig wird auch die Meinung vertreten, zuerst die Prozesse gut zu gestalten und anschließend die Aufbauorganisation passend zu ergänzen.[40] Diese Sichtweise ist jedoch gar nicht so neu. Bereits in den 1930er Jahren forderte Nordsieck das **Primat der Prozessorganisation**. Er betonte schon damals, dass sich die Aufgabengliederung grundsätzlich am Leistungsprozess zu orientieren habe und nicht umgekehrt.[41]

Aus didaktischen Gründen wird in Lehrbüchern in der Regel jedoch weiterhin zwischen Aufbau- und Prozessorganisation getrennt, um die gedankliche Auseinandersetzung mit organisatorischen Fragestellungen zu erleichtern. Zudem wird meistens mit der Darstellung der Aufbauorganisation begonnen. Die prozessorientierten Aspekte werden dann im Anschluss besprochen, allerdings immer in dem Bewusstsein, dass Aufbau und Prozesse eigentlich gleichzeitig betrachtet werden müssten und deren Trennung lediglich eine methodische Vorgehensweise zur Erläuterung und besseren Verständlichkeit darstellt. Dieser Vorgehensweise wird auch hier gefolgt.

2.2 Organisatorische Differenzierung und Integration

2.2.1 Grundsätzliche Vorgehensweise

Normalerweise sind in einem Unternehmen mehrere Einheiten an der Erfüllung der Aufgaben beteiligt. Immer dann muss festgelegt werden, wie die Arbeitsteilung vonstattengehen soll, welche Einheit welche Teile zu erfüllen hat und wie die Zusammenarbeit vonstattengehen soll.

Zuerst wird eine komplexe Aufgabe zielorientiert in einzelne Teile **zerlegt**, um festzustellen, welche Details überhaupt enthalten sind. Diese Vorgehensweise wird als **organisatorische Differenzierung**, gelegentlich auch als **Dekomposition**[42], bezeichnet.

Anschließend müssen die durch die Differenzierung ermittelten Teile genauer betrachtet werden. Es muss entschieden werden, welche Teile sachlich und logisch zusammenpassen und eine Einheit bilden können. Darauf aufbauend ist festzulegen, wie diese Einheiten in größere Organisationseinheiten integriert werden können. Diesen Vorgang nennt man **organisatorische Integration**, seltener auch **organisatorische Programmierung**.[43]

---

[39] Vgl. Bea/Göbel (2019), S. 312 ff.; Scherm/Pietsch (2007), S. 150 f.

[40] Vgl. Gaitanides (2007), S. 5 ff.

[41] Vgl. Nordsieck (1934), S. 77.

[42] Vgl. Ringlstetter (1997), S. 3 und S. 58.

[43] Vgl. Remer/Hucke (2007), S. 25, S. 39 ff.; Scherm/Pietsch (2007), S. 150.

In allen Bereichen der Organisation geht es immer wieder darum, **zunächst zu differenzieren und anschließend zu integrieren**. Man spricht deshalb in der Organisation auch vom **Dualproblem der Differenzierung und Integration**.

Differenzierung und Integration sind eng miteinander verbunden. Je stärker die Differenzierung ist, desto größer ist anschließend der Aufwand, die Teile zweckmäßig zu integrieren.

Die Abb. 2-1 gibt einen Überblick.

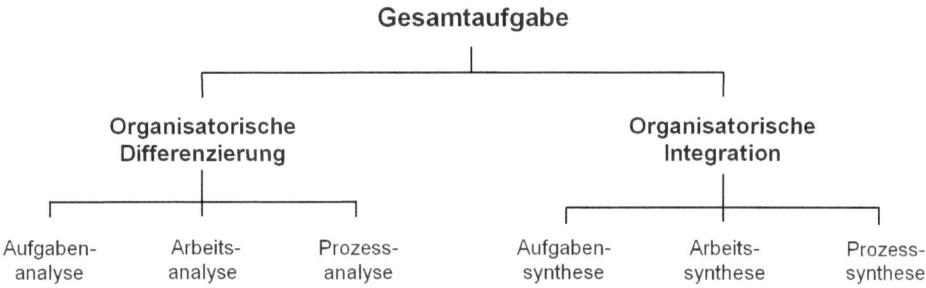

Abb. 2-1: Dualproblem der Differenzierung und Integration[44]

Bei der Aufbauorganisation nennt man die organisatorische Differenzierung **Aufgabenanalyse** und die organisatorische Integration **Aufgabensynthese**.

Die ablauforganisatorische Differenzierung heißt **Arbeitsanalyse** und die ablauforganisatorischen Differenzierung **Arbeitssynthese**.

Auch die **Prozessorganisation** folgt dem Prinzip der Differenzierung und Integration. Allerdings baut sie dabei nicht wie die Ablauforganisation auf den Ergebnissen der aufbauorganisatorischen Gestaltung auf. Stattdessen differenziert sie, indem sie **Geschäftsprozesse** in Teilprozesse und Elementarprozesse zerlegt. Diese werden anschließend wertschöpfungs- und kundenorientiert zu sachlichen und logischen Einheiten integriert. Bei der Prozessorganisation verwendet man für die Differenzierung und Integration die Begriffe **Prozessanalyse** und **Prozesssynthese**.

Das **Analyse-Synthese-Konzept** ist mit einer Reihe von **Problemen** verbunden. Zunächst ist die gedankliche Trennung in Analyse und Synthese als auch in Aufbau und Ablauf wie bereits erwähnt wegen der **Interdependenzen** schwierig.

Die **Aufbauorganisation** liefert den Rahmen, innerhalb dessen sich die Prozesse abspielen. Tatsächlich lässt sie sich aber nur dann sinnvoll ausgestalten, wenn man bereits ziemlich genaue Vorstellungen von den Abläufen hat.

---

[44] In Anlehnung an Steinmann/Schreyögg/Koch (2013), S. 386.

Gibt man der **Ablauforganisation** den Vorrang, dann startet man mit der Analyse und Strukturierung der Prozesse und bildet danach die passenden aufbauorganisatorischen Organisationseinheiten. Man betrachtet also zuerst die Geschäftsfelder und die zugehörigen Geschäftsprozesse, die es zu analysieren, gliedern, gestalten, beschreiben und integrieren gilt und lässt die Stellen, die später die Aufgaben erfüllen sollen, außer Acht. Die Befürworter dieser Vorgehensweise sprechen nicht mehr von Ablauforganisation, sondern wählen zur Abgrenzung lieber die Bezeichnung **Prozessorganisation**. Sie wird auch gewählt, wenn man der Auffassung ist, dass eine simultane Strukturierung von Aufbau und Prozessen angebracht ist.

2.2.2 Aufgabenanalyse und -synthese

2.2.2.1 Definition und Merkmale der Aufgabe

Unter einer Aufgabe versteht man eine dauerhafte Verpflichtung, bestimmte Handlungen auszuführen, um ein zuvor festgelegtes Ziel zu erreichen. Aufgaben leiten sich aus den Unternehmenszielen ab und können materieller oder immaterieller Art sein, z.B. die Herstellung eines Stuhles oder der Verkauf einer Lebensversicherung.

Um eine Aufgabe vollständig zu charakterisieren, sind diese **sechs Merkmale** von Bedeutung (s. Abb. 2-2):

- **Verrichtung**: In der Organisation bezeichnet man eine **Tätigkeit** oder eine Funktion als Verrichtung. Es geht darum, festzulegen, welche Aktivitäten im Rahmen der Aufgabe erforderlich sind. Es kann sich um körperliche und/oder geistige Tätigkeiten handeln, z.B. das Zusammenschrauben zweier Metallteile, das Programmieren eines Computer-Programms oder das Schreiben eines Gutachtens.

- **Objekt**: Jede Verrichtung wird an einem realen (materiellen) oder abstrakten (immateriellen) Objekt durchgeführt. Ein Computer oder ein Metallteil sind reale Objekte. Ein Businessplan, der für einen Unternehmensbereich erstellt wird, Gutachten oder Computer-Programme sind abstrakte Objekte.

- **Aufgabenträger**: Dabei kann es sich um einzelne Personen, Personengruppen oder sogenannte Mensch-Maschine-Kombinationen handeln, welche die Verrichtungen an Objekten durchführen. Sie tragen auch die Verantwortung für die korrekte Aufgabenerfüllung.

- **Sachmittel (Hilfsmittel)**: Aufgabenträger verwenden materielle oder immaterielle Werkzeuge, z.B. eine Bohrmaschine oder ein Betriebssystem, um ihre Aufgaben erfüllen zu können.

- **Zeit**: Informationen zu Zeitpunkt, Zeitraum und zeitlichem Ablauf sind ebenfalls notwendig, um die Aufgabe vollständig zu beschreiben. Zum Beispiel ist die Aufgabe X am 15.12.2023 zwischen 12.00 Uhr bis 17.30 Uhr in einer vorgegebenen Reihenfolge durchzuführen.

- **Raum**: Mit dem lokalen Kriterium wird der Standort festgelegt, an dem eine Aufgabe zu erfüllen ist, beispielsweise am Arbeitsplatz A in der Fertigungshalle des Betriebs B in der Stadt C. Auch virtuelle Räume sind zulässig.

Die Merkmale **Verrichtung und Objekt** sind für die Beschreibung einer Aufgabe **unverzichtbar**. Die anderen vier Kriterien haben ergänzenden Charakter und dienen dem besseren Verständnis einer Aufgabe.

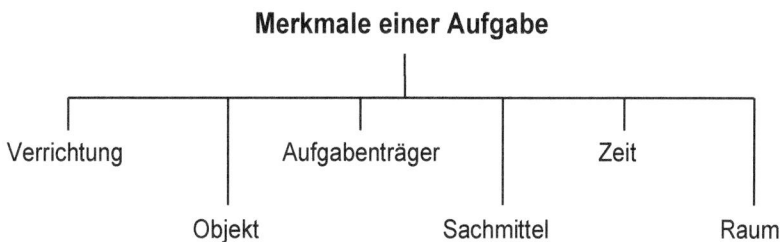

Abb. 2-2: Merkmale einer Aufgabe

Daneben finden sich in der Literatur etliche weitere Merkmale, durch die eine Aufgabe charakterisiert werden kann, die lediglich in Einzelfällen von Bedeutung sind. Bea/Göbel nennen beispielsweise zusätzlich diese Merkmale[45], die teilweise auch für die Verwendung in der Aufgabenanalyse als zusätzliche Kriterien vorgeschlagen werden:[46]

- **Beherrschbarkeit**: Es wird die Frage geklärt, wie kompetent der Aufgabenträger sein muss, um seine Aufgabe erfüllen zu können.

- **Komplexität**: Dabei geht es um den quantitativen und qualitativen Umfang der Aufgabenstellung.

- **Variabilität**: Man berücksichtigt, ob eine Aufgabe immer in derselben Art und Weise durchzuführen ist oder Besonderheiten zu bedenken sind, die im Einzelfall zu einer anderen sinnvollen Vorgehensweise führen können.

- **Neuartigkeit**: Damit wird die Frage beantwortet, ob bereits gleiche oder ähnliche Aufgaben erfüllt wurden oder nicht.

- **Strategische Bedeutung**: Sie zeigt, welchen Nutzen die Aufgabe für die strategische Zielerreichung des Unternehmens hat.

- **Eindeutigkeit**: Die Aufgabe soll klar und unmissverständlich beschrieben werden, so dass ein Aufgabenträger genau nachvollziehen kann, was von ihm erwartet wird.

- **Aufgabeninterdependenz**: Hier wird geklärt, wie stark die Aufgabenerfüllung von der Erledigung vorgelagerter Aufgaben abhängt, bzw. ob und wie sie ihrerseits Einfluss auf nachgelagerte Aufgaben ausübt.

---

[45] Vgl. Bea/Göbel (2019), S. 241.

[46] Vgl. Schreyögg/Koch (2014), S. 209 f. und die dort angegebene Literatur.

2.2.2.2 Aufgabenanalyse

Um einzelne Aufgaben sinnvoll ordnen und beurteilen zu können, ist es notwendig, die Gesamtaufgabe vollständig zu kennen und systematisch zu durchdringen. Dazu wird sie im Rahmen der Aufgabenanalyse nach unterschiedlichen Kriterien in Teilaufgaben **differenziert**. Sie werden weiter untergliedert und dann wiederum untergliedert. Auf diese Weise entstehen Teilaufgaben unterschiedlicher Ordnung.[47]

Die Untergliederungen werden solange vorgenommen, bis sich die Teilaufgaben sinnvoll einer Stelle zuordnen lassen und eine tiefere Aufgabenteilung zu keinem zusätzlichen Nutzen führt. Die Teilaufgaben niedrigster Ordnung nennt man **Elementaraufgaben**.

Nach Kosiol werden **fünf Gliederungsmerkmale** verwendet, von denen die ersten beiden als **sachliche** und die restlichen drei als **formale Merkmale** bezeichnet werden:[48]

- Verrichtung
- Objekt
- Rang
- Phase
- Zweckbeziehung

Um festzustellen, welche **Verrichtungen** eine Aufgabe erfordert, wird die Verrichtungsanalyse vorgenommen. Man differenziert zunächst in wenige Verrichtungen, die man dann weiter gliedert. Durch diese mehrfache Differenzierung entstehen immer weitere verrichtungsorientierte Teilaufgaben niedrigerer Ordnung. So lässt sich die Gesamtaufgabe (Aufgabe 1. Ordnung) in einem Industriebetrieb grob in die Verrichtungen Beschaffung, Produktion, Absatz und Verwaltung gliedern. Diese Teilaufgaben nennt man Aufgaben 2. Ordnung. Jede wird – wieder nach Verrichtungen – in Aufgaben 3. Ordnung weiter differenziert usw.

Die Verwaltung als Aufgabe 2. Ordnung könnte z.B. in Controlling, Personalmanagement, Marketing, etc. aufgeteilt werden. Diese Aufgaben 3. Ordnung untergliedert man ebenfalls nach Verrichtungen, z.B. das Personalmanagement in Personalbeschaffung, -entwicklung, -beurteilung etc. Die Produktion könnte z.B. in Arbeitsvorbereitung, Vorfertigung und Endmontage aufgeteilt werden. Diese Aufgaben 3. Ordnung untergliedert man weiter nach Verrichtungen in Aufgaben 4. Ordnung usw.

Bei der Aufgabenanalyse nach **Objekten** könnte z.B. die Gesamtaufgabe eines Bekleidungsherstellers auf der 2. Ebene in die Teilaufgaben Damen-, Herren- und Kinderbekleidung differenziert werden. Diese Aufgaben 2. Ordnung werden dann unter dem Objektgesichtspunkt weiter gegliedert. Als Unterobjekte der Herrenbekleidung können beispielsweise die Teilaufgaben 3. Ordnung Hemden, Jacken und Hosen entstehen. Die Hosen könnten dann in Arbeits-, Freizeit- und Business-Hosen – die Aufgaben 4. Ordnung – differenziert werden usw.

---

[47] Vgl. Eigler (2004), Sp. 54 ff.
[48] Vgl. Kosiol (1976) S. 49 ff., Schreyögg (2016), S. 26; Jung/Heinzen/Quarg (2018), S. 407.

Verrichtung und Objekt lassen sich lediglich nicht gedanklich trennen, da jede Tätigkeit an einem Objekt ausgeübt wird. Verrichtungs- und Objektanalysen können kombiniert werden. Aus logischen Gründen wird je Analyseebene jedoch stets nur ein Kriterium verwendet.[49] Bei unserem Bekleidungsunternehmen könnte das so aussehen: Zunächst wird die Gesamtaufgabe nach Verrichtungen in die Teilaufgaben Beschaffung, Produktion, Absatz und Verwaltung differenziert. Danach wird nach dem Objekt weiteranalysiert. Die Beschaffung wird beispielsweise in die Objekte Stoffe, Hilfsmaterialien (Garn, Knöpfe, Reißverschlüsse etc.) und Accessoires unterteilt.

Die Analysekriterien Rang und Phase werden in der Regel nicht dazu herangezogen, die Gesamtaufgabe zu differenzieren, sondern finden erst auf einer **tieferen Gliederungsebene** Anwendung. Sie konkretisieren die Verrichtungs- bzw. die Objektanalyse.

Nach dem Analysemerkmal **Rang** wird eine Aufgabe in **Entscheidungs- und Ausführungsaufgaben** gegliedert. Dabei stellt man nicht vorrangig auf die zeitliche Reihenfolge ab, vielmehr steht der qualitative Aspekt im Vordergrund.

Bzgl. der **Phasen** wird in **Planungs-, Realisations- und Kontrollaufgaben** differenziert. Auch hier ist die Gliederung nicht primär zeitlicher, sondern eher sachlicher Art.

Die Analyse nach der **Zweckbeziehung** führt zur Unterscheidung in **Zweck- und Verwaltungsaufgaben**. Während die Zweckaufgaben in unmittelbarem Zusammenhang mit der Leistungserstellung und -verwertung stehen, haben die Verwaltungsaufgaben unterstützenden Charakter. Eine Zweckaufgabe unseres Bekleidungsunternehmens ist beispielsweise die Herstellung einer Jacke. Die Zahlung der Gehälter an die Mitarbeiter ist eine Verwaltungsaufgabe. Da kein unmittelbarer Zusammenhang mit dem Unternehmenszweck besteht, gehören z.B. auch die Reinigung der Fertigungshalle oder das Betanken der Firmenwagen zu den Verwaltungsaufgaben. Es wird deutlich, dass der Begriff Verwaltungsaufgabe unglücklich ist, da damit die Nähe bzw. Ferne zur Leistungserstellung und nicht eine Form von Bürotätigkeit charakterisiert werden soll. Deshalb wird statt von Zweck- und Verwaltungsaufgaben auch von **Primär- und Sekundäraufgaben** gesprochen, was den Sinn einer Untergliederung nach der Beziehung zum Betriebszweck besser verdeutlicht.

Für die Kriterien Rang und Phase kommt nur eine einmalige Anwendung in Frage, da man sonst z.B. zur „Planung der Planung der Planung …" käme. Auch bei der Zweckbeziehung ist nur eine einmalige Differenzierung sinnvoll. Man kann bei der Gesamtaufgabe ansetzen oder bei bereits nach einem anderen Merkmal analysierte Teilaufgaben niederer Ordnung.

Ein Beispiel für eine Aufgabenanalyse mit kombinierten Merkmalen zeigt die Abb. 2-3.

Die Aufgabenanalyse ist die Grundlage für die sich anschließende Aufgabensynthese, die organisatorische Integration in der Aufbauorganisation.

---

[49] Vgl. Schulte-Zurhausen (2013), S. 40.

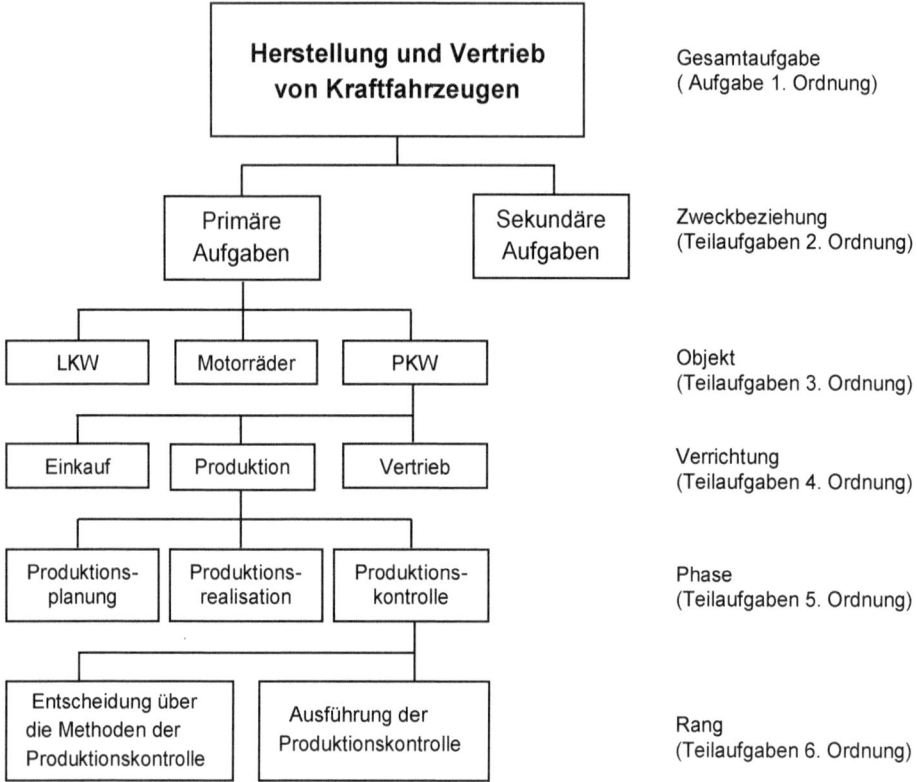

Abb. 2-3: Beispiel einer Aufgabenanalyse mit kombinierten Merkmalen

Die Ergebnisse der Aufgabenanalyse werden oftmals mittels Rasterbögen und Strukturbildern optisch dargestellt.

2.2.2.3 Aufgabensynthese

Nachdem die organisatorische Differenzierung abgeschlossen ist, wird nun die **organisatorische Integration** mithilfe der Aufgabensynthese angegangen. Sie erfolgt in **mehreren Schritten**. Die Abb. 2-4 gibt einen Überblick.

Die Elementaraufgaben aus der Aufgabenanalyse werden zu größeren, sachlich und logisch zusammenpassenden Aufgabenkomplexen verdichtet. Diese ordnet man Stellen zu, die wiederum selbst zu größeren Organisationseinheiten, den Abteilungen, zusammengefasst werden. Letztlich entsteht auf diese Weise die hierarchische Struktur des Unternehmens, die Aufbauorganisation.

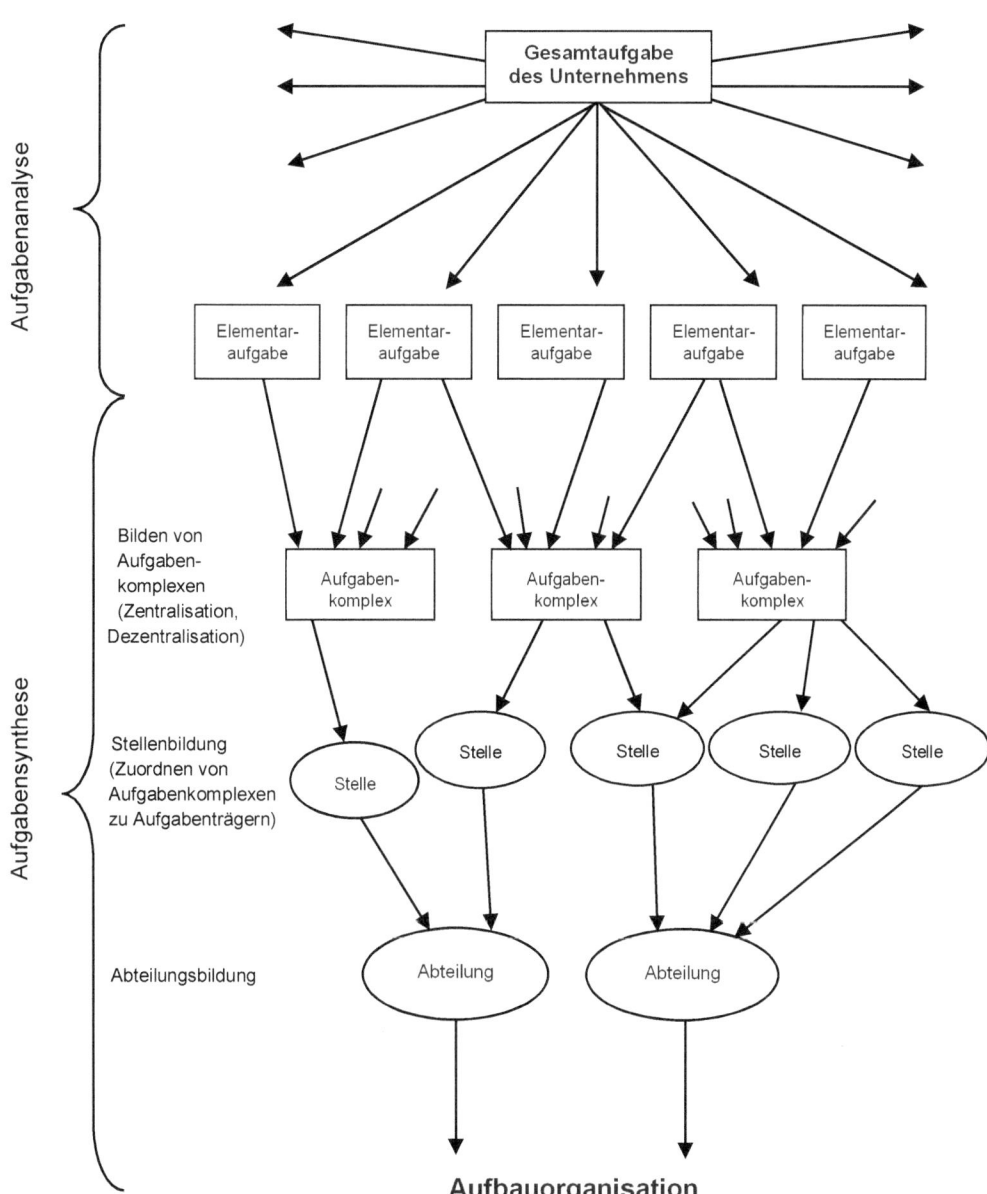

Abb. 2-4: Zusammenhang zwischen Aufgabenanalyse und -synthese

Der erste Schritt der Integration wird in der Aufgabensynthese nach dem **Grundprinzip Zentralisation und Dezentralisation** durchgeführt. Unter **Zentralisation** versteht man die Zusammenfassung gleichartiger Teilaufgaben zu Aufgabenkomplexen. **Dezentralisation** bedeutet, dass gleichartige Teilaufgaben getrennt und unterschiedlichen Aufgabenkomplexen zugeordnet werden.

Ein Beispiel soll die Zusammenhänge zeigen: Die verrichtungsorientierten Teilaufgaben aus der Aufgabenanalyse unseres Bekleidungsunternehmens werden – stark vereinfacht – durch die Aufgabensynthese zu den drei Aufgabenkomplexen Einkaufen, Schneidern, Verkaufen integriert: Alle Verrichtungen, die mit dem Einkauf zu tun haben, werden in einem Aufgabenkomplex A zusammengefasst. Alle Schneiderarbeiten kommen zu Aufgabenkomplex B und alle Teilaufgaben, bei denen es um verkaufsbezogene Aspekte geht, werden im Aufgabenkomplex C integriert. Es gibt gewissermaßen ein Zentrum für gleichartige Verrichtungen. Da gleichartige Verrichtungen zusammengefasst wurden, handelt es sich jeweils um eine **Verrichtungszentralisation**.

Bei den Objekten, die in der Aufgabenanalyse ermittelt wurden, ist es dann ganz anders: Jedes Objekt durchläuft zwangsläufig mehrere Organisationseinheiten. Das Objekt „Stoffe" wird beispielsweise im Einkaufsbereich eingekauft, in der Schneiderei bearbeitet und das Ergebnis anschließend von der dritten Einheit verkauft. Es findet also eine **Objektdezentralisation** statt, da jedes Objekt mehrere Einheiten durchlaufen muss und nicht „in einer Zentrale" bearbeitet wird. Die Zentralisation nach Verrichtungen führt somit zur Dezentralisation nach Objekten.

Dieser Zusammenhang gilt auch umgekehrt: **Objektzentralisation und Verrichtungsdezentralisation** bilden ebenfalls ein Paar. Die objektorientierten Teilaufgaben, die durch die Aufgabenanalyse gewonnen wurden, könnten z.B. zu den drei Aufgabenkomplexen Herren-, Damen- und Kinderkleidung integriert werden. Damenkleidung wird ausschließlich dem Aufgabenkomplex I zugeordnet, Herrenkleidung dem Aufgabenkomplex II und die Kinderkleidung dem Aufgabenkomplex III. Es hat eine Objektzentralisation stattgefunden, da gleichartige Objekte in einer Organisationseinheit (einem Zentrum) zusammengefasst wurden. Die Verrichtung Schneidern hat nun kein „Zentrum" mehr, sie muss im Aufgabenkomplex I als auch in II und in III durchgeführt werden. Sie ist somit dezentralisiert. Das gilt auch für die anderen Verrichtungen unseres Beispiels. Es handelt sich also um eine Objektzentralisation und gleichzeitig um eine Verrichtungsdezentralisation.

Als Kriterien für die Zentralisation und Dezentralisation kommen außer Verrichtung und Objekt auch die weiteren aus der Aufgabenanalyse bekannten Merkmale **Rang, Phase und Zweckbeziehung** in Betracht.

Daneben gibt es zusätzliche Merkmale, diese sind:[50]

- Aufgabenträger
- Hilfsmittel (Sachmittel)
- Raum
- Zeit

Die Zentralisation bzw. Dezentralisation ist der erste Schritt der Aufgabensynthese. Die so gewonnenen Aufgabenkomplexe werden nun im Rahmen der **Stellenbildung** weiter inte-

---

[50] Vgl. Thommen et al. (2017), S. 436.

griert, es entstehen **Stellen**. Sie sind **die kleinsten, selbständig handelnden, organisatorischen Einheiten** eines Unternehmens.[51] Eine Stelle muss sich eindeutig und sinnvoll von anderen Stellen abgrenzen und sich gleichzeitig mit diesen kombinieren lassen. Die Integration von Stellen zu größeren Organisationseinheiten sowie deren Zusammenfassung zu größeren Einheiten und wiederum zu noch größeren Einheiten nennt man primäre bzw. sekundäre **Abteilungsbildung**. Sie schließen die Aufgabensynthese ab. Das Ergebnis ist die spezifische **Aufbauorganisation** eines Unternehmens.

2.2.3 Arbeitsanalyse und -synthese

Aufgabenanalyse und -synthese sind auf die Gestaltung der Aufbauorganisation ausgerichtet. Dabei wird noch nicht sichtbar, wie einzelne Teilaufgaben einen gemeinsamen Prozess bilden und wie sie räumlich, zeitlich und personell zusammenhängen. Dies ist der **Gegenstand der Ablauforganisation**, bei der die **Strukturierung des Aufgabenvollzugs** und die Gestaltung der Arbeitsabläufe festgelegt werden.

Die organisatorische **Differenzierung** in der Ablauforganisation nennt man **Arbeitsanalyse**, die anschließende **Integration** heißt **Arbeitssynthese**. Den Zusammenhang zwischen Arbeitsanalyse und -synthese in der Ablauforganisation fasst die Abb. 2-5 zusammen.

Die **Arbeitsanalyse** setzt die Aufgabenanalyse fort. Dazu übernimmt sie traditionellerweise die Elementaraufgaben, die als Teilaufgaben niedrigster Ordnung bei der Aufgabenanalyse gewonnen wurden und bezeichnet sie jetzt als **Arbeitsteile höchster Ordnung** oder **Arbeitsteile erster Ordnung**. Diese werden weiter differenziert. Es entstehen **Arbeitsteile zweiter, dritter, vierter Ordnung** etc. Die Arbeitsteile niederster Ordnung heißen **Arbeitselemente**. Theoretisch kann die Arbeitsanalyse nach den gleichen Differenzierungsmerkmalen wie die Aufgabenanalyse erfolgen. In der Praxis werden allerdings vor allem Verrichtung und Objekt als Kriterien verwendet. Wie intensiv die Arbeitsanalyse durchgeführt wird, hängt vom jeweiligen Analysebereich ab. In der Fertigung erfolgt häufig eine Zerlegung bis hin zu einzelnen Handgriffen. Für Fließbandarbeit werden zudem die Zeiten, die ein Mitarbeiter für die Arbeitselemente maximal benötigen darf, genau festgelegt und mit den anderen Stellen abgestimmt, man sagt dazu, die Arbeitselemente werden **getaktet**. Im Verwaltungs- und Dienstleistungsbereich wird dagegen eher gering differenziert. Auch genaue Taktzeiten gibt es nicht.

Parallel zur Vorgehensweise, die von der Aufgabenanalyse und -synthese bekannt ist, folgt im Anschluss an die Differenzierung die Integration in der **Arbeitssynthese**. Sie wird nach diesen **Integrationskriterien** durchgeführt:

- personelle Zuordnung
- zeitliche Zuordnung
- räumliche Zuordnung

---

[51] Vgl. Thommen et al. (2017), S. 436.

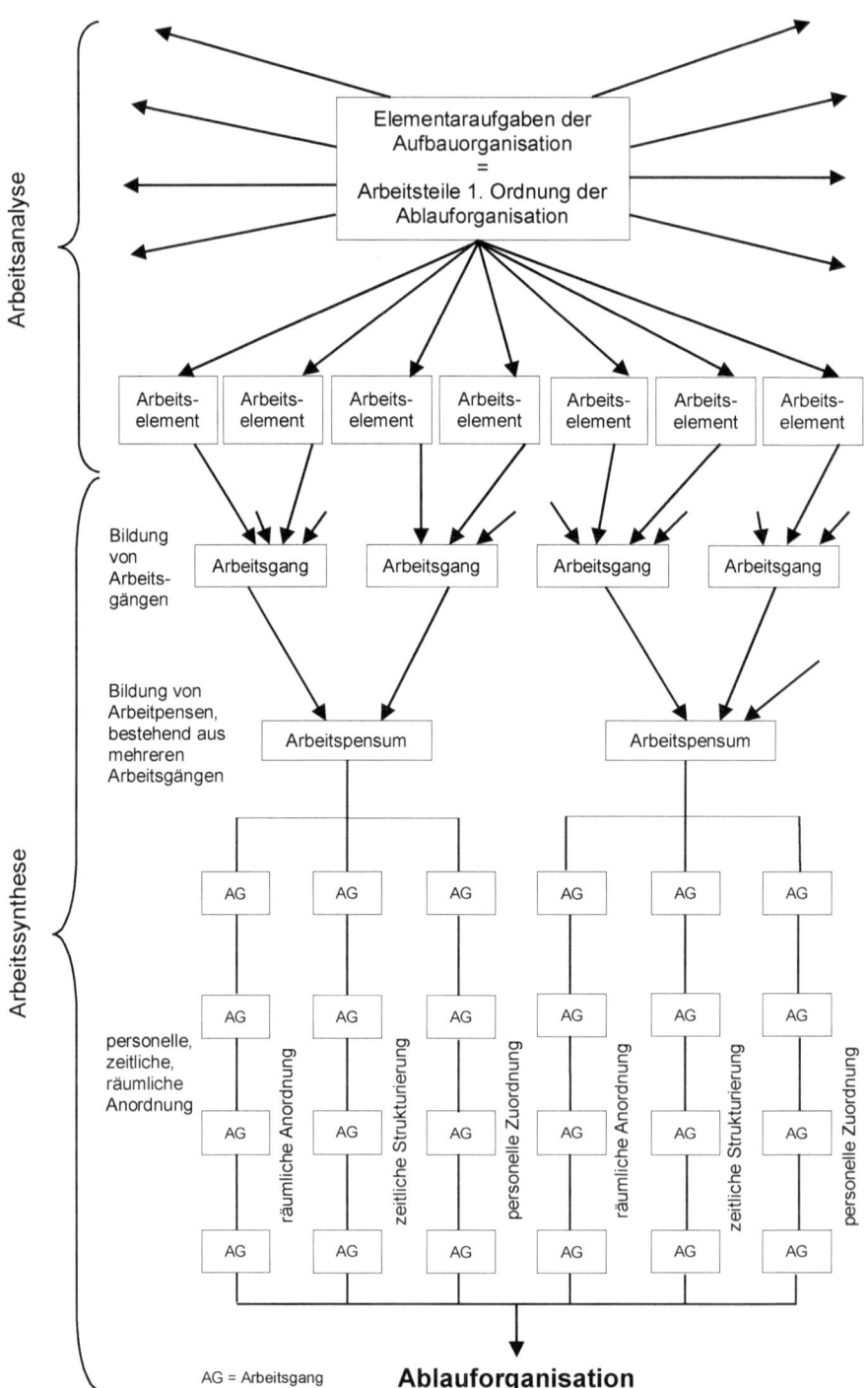

Abb. 2-5: Zusammenhang zwischen Arbeitsanalyse und -synthese

Die **personelle Synthese** oder **Arbeitsverteilung** fasst die Arbeitselemente unter sachlichen und logischen Gesichtspunkten zu **Arbeitsgängen** zusammen. Diese werden weiter zu **Arbeitspensen** für einzelne Aufgabenträger integriert. Mehrere Arbeitsgänge ergeben zusammen das Arbeitspensum eines Stelleninhabers. Dabei geht man nicht von einer realen Person, sondern von einer sogenannten **Normalperson** aus. Es handelt sich um einen fiktiven, durchschnittlich qualifizierten Mitarbeiter mit durchschnittlichem Leistungsvermögen und durchschnittlicher Leistungsbereitschaft, der in der Lage ist, die vorgegebenen Sachmittel korrekt einzusetzen. Die personelle Synthese weist einen Schnittpunkt mit der Aufbauorganisation auf, nämlich mit der Aufgabenverteilung auf einen Stelleninhaber. Die zu einer Stelle gehörenden Aufgaben bestehen aus den Arbeitsgängen.

In der **zeitlichen (temporären) Arbeitssynthese** wird die Anzahl der Arbeitsgänge festgelegt, die ein Mitarbeiter erfüllen muss. Es wird außerdem determiniert, wieviel Zeit man für einen Arbeitsgang verwenden darf. Ferner stimmt man die Arbeitspensen der Arbeitskräfte aufeinander ab. So soll sichergestellt werden, dass kein Mitarbeiter zu viel oder zu wenig zu tun hat und über- bzw. unterausgelastet ist. Die Durchlaufzeiten sollen minimiert und gleichzeitig sollen die Kapazitäten optimal genützt werden.

Die räumliche (lokale) Synthese beschäftigt sich mit der bestmöglichen räumlichen Anordnung der Arbeitsplätze und der optimalen Ausstattung der Arbeitsplätze und -räume. Im Mittelpunkt steht die Minimierung der Transportwege und -zeiten, was wiederum Auswirkungen auf die Minimierung der Durchlaufzeiten hat. Wenn es sich um immaterielle Arbeitsprozesse handelt, wird die räumliche Synthese immer unwichtiger, da die moderne Informations- und Kommunikationstechnologie es ermöglicht, sich nahezu jederzeit sinnvoll auch über größere Entfernungen hin abzustimmen, ohne dass eine räumliche Nähe der Arbeitsplätze der zusammenarbeitenden Mitarbeiter immer notwendig wäre.

2.2.4 Prozessanalyse und -synthese

Bei der **Prozessorganisation** geht man anders als bei der Ablauforganisation vor. Zwar werden auch hier eine **Differenzierung** und eine **Integration** durchgeführt, allerdings knüpft man dabei nicht unbedingt an die Ergebnisse der Aufbauorganisation an.

Aufbauorganisatorische Gegebenheiten werden in der Prozessorganisation nur insoweit berücksichtigt, als sie unveränderbar sind. Dies gilt auch für finanzielle, personelle, technische, räumliche und rechtliche Restriktionen.

Man differenziert die Gesamtaufgabe zunächst in Geschäftsfelder mit Geschäftsprozessen. Die **bedeutsamsten Geschäftsprozesse** sind:

- Produktentstehungsprozesse
- Auftragsgewinnungsprozesse
- Auftragserfüllungsprozesse
- Serviceprozesse

Diese Geschäftsprozesse werden im Rahmen der Prozessanalyse in **Teilprozesse** und dann weiter in **Elementarprozesse** differenziert.

In der Praxis werden diejenigen Prozesse, die sich häufig wiederholen und/oder für die Erreichung der Unternehmensziele von großer Bedeutung sind, in der Regel stark gegliedert. Davon verspricht man sich tiefere Einblicke und eine Optimierung der Prozessabläufe. Selten stattfindende Prozesse und Prozesse mit niedriger Wertschöpfung werden dagegen weniger differenziert.

Im Anschluss an die Differenzierung der Prozesse erfolgt eine **Integration nach sachlichen und logischen Gesichtspunkten**, bei der die Elementarprozesse nun zu größeren Prozess-Einheiten zusammengefasst werden. Dabei richtet man sich konsequent an **Kundenwünschen** aus.

2.3 Zusammenfassung und Ausblick

Das Grundproblem der organisatorischen Gestaltung lässt sich in zwei Teile zerlegen,

- Differenzierung und
- Integration.[52]

Sowohl bei der Aufbau- als auch bei der Ablauf- und der Prozessorganisation muss zuerst differenziert und anschließend integriert werden. Die Differenzierung wird mittels der Aufgaben-, Arbeits- bzw. Prozessanalyse vorgenommen. Die Integration erfolgt durch die Aufgaben-, Arbeits- bzw. Prozesssynthese.

Das Analyse-Synthese-Konzept ist mit einer Reihe von Problemen verbunden.

Zunächst ist anzumerken, dass die Trennung in Analyse und Synthese sowie in Aufbauorganisation und Ablauf- bzw. Prozessorganisation wegen der Interdependenzen schwierig bzw. gar unmöglich ist.

Die **Aufbauorganisation** liefert zwar einerseits den Rahmen, innerhalb dessen sich die Prozesse abspielen. Andererseits lässt sich dieser Rahmen nur dann sinnvoll ausgestalten, wenn bereits genauere Vorstellungen zu den Abläufen existieren.

Wenn zu viel Gewicht auf die Gestaltung der Aufbauorganisation gelegt wird, führt dies zu zahlreichen Schnittstellenproblemen zwischen den Organisationseinheiten, die dann mithilfe immer komplizierterer Konzepte, z.B. einer Tensor- oder Holding-Organisation, gelöst werden müssen (vgl. Kapitel 4.1.5).

Gibt man jedoch der Ablauforganisation den Vorrang, dann geht die Analyse und Strukturierung der Abläufe der Bildung von Stellen und Abteilungen voraus. Es wird ein Bruch mit der traditionellen Vorgehensweise vollzogen, der in der Praxis oft zu Unsicherheit führt. Man beginnt nicht mit den Elementaraufgaben aus der Aufbauorganisation, die man zunächst weiter differenziert und anschließend zu Arbeitspensen und Prozessen zusammenfasst. Stattdessen wird von Anfang an von Geschäftsfeldern und zugehörigen Geschäftsprozessen ausgegangen, die es zu analysieren, gliedern, gestalten und beschreiben gilt. Zur Abgrenzung von der alten

---

[52] Vgl. Steinmann/Schreyögg/Koch (2013), S. 383 ff.; Schreyögg/Geiger (2016), S. 26.

Vorgehensweise wird die Bezeichnung **Prozessorganisation** anstatt Ablauforganisation gewählt. Die Gestaltung der Prozessorganisation wird in Kapitel 4 ausführlich beschrieben.

2.4 Wiederholungsfragen

1. Was versteht man unter dem dualen Problem der Organisation?

2. Welche Merkmale charakterisieren eine Aufgabe?

3. Was versteht man unter Aufbau- und Ablauforganisation?

4. Durch welche Merkmale wird eine Aufgabe vollständig beschrieben?

5. Nach welchen Kriterien wird eine Aufgabenanalyse durchgeführt?

6. Welcher Zusammenhang besteht zwischen Aufgabenanalyse und -synthese?

7. In welchen Schritten wird die Aufgabensynthese durchgeführt?

8. Erläutern Sie die Begriffe Zentralisation und Dezentralisation der Ausgabensynthese.

9. Nach welchen Kriterien werden Zentralisation und Dezentralisation durchgeführt?

10. Wie hängen Verrichtungszentralisation und Objektdezentralisation zusammen?

11. Wie geht man bei der Integration nach dem Rang vor?

12. Worin unterscheiden sich Aufgabensynthese und Arbeitssynthese?

13. Was wird an der vorrangigen Betrachtung der Aufbauorganisation kritisiert?

14. Wie geht man bei der Differenzierung der Prozessorganisation vor?

15. Wie läuft die Integration bei der Prozessorganisation ab?

3 Gestaltung der Aufbauorganisation

3.1 Überblick über die vier Gestaltungsparameter

Die Gestaltung der Aufbauorganisation wird durch die unternehmensindividuelle Kombination der **Strukturvariablen oder Gestaltungsparameter** bestimmt. Diese sind:[53]

- Spezialisierung
- Koordination
- Konfiguration
- Kompetenzverteilung

Durch die Kombination dieser vier Gestaltungsparameter werden die organisatorischen Regelungen festgelegt, die gemeinsam die spezifische **Aufbauorganisation** eines Unternehmens prägen (s. Abb. 3-1).

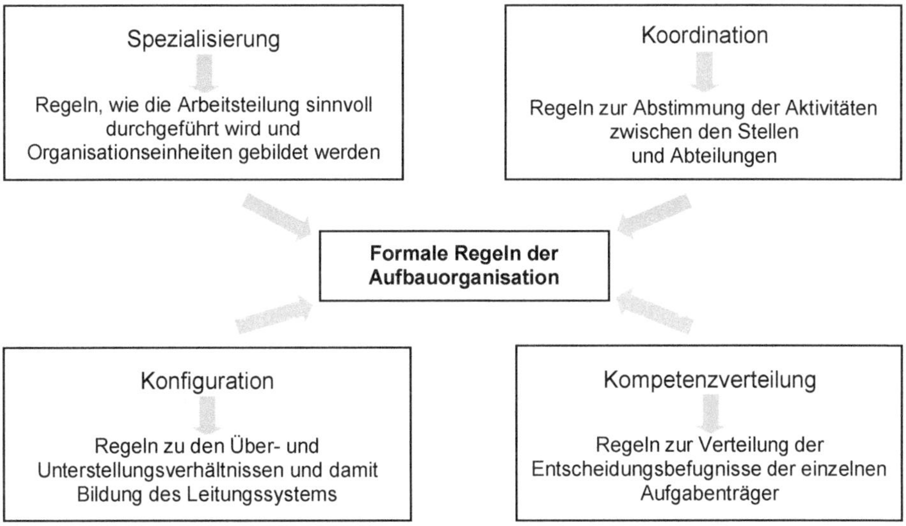

Abb. 3-1: Zusammenhang zwischen den Gestaltungsparametern der Aufbauorganisation

Im Rahmen der **Spezialisierung** werden Intensität und Vorgehensweise der Arbeitsteilung festgelegt. Es werden Regeln geschaffen, welche Organisationseinheiten, d.h. Stellen und Abteilungen, gebildet werden und welche Aufgaben sie erhalten sollen.

---

[53] Vgl. Breisig (2015), S. 53.

Alle Organisationseinheiten sind gemeinsam an der Erfüllung der Unternehmensziele beteiligt. Um ein sinnvolles Vorgehen im Gesamtzusammenhang zu gewährleisten, müssen die Aktivitäten der einzelnen Einheiten aufeinander abgestimmt werden. Damit beschäftigt sich die zweite Strukturvariable, die **Koordination**.

Zwischen den Stellen herrscht eine hierarchische Ordnung, das sog. **Leitungssystem** des Unternehmens. Die Über- und Unterstellungsverhältnisse und die damit verbundenen Weisungsbeziehungen zwischen Vorgesetzten und unterstellten Mitarbeitern sind als nächstes zu gestalten. Die Gesamtheit dieser Regelungen nennt man **Konfiguration**.

Zusätzlich sind die Entscheidungsbefugnisse für alle Stellenarten zu definieren. Um eine sinnvolle Aufgabenerfüllung zu gewährleisten, muss klar ersichtlich sein, welche Stellen in welchem Umfang und in welchen Bereichen verbindliche Entscheidungen treffen dürfen und müssen. Mit der Festlegung dieser Regeln befasst sich die **Entscheidungsdelegation** oder **Kompetenzverteilung**.

Neben diesen vier Gestaltungsparametern finden sich in der Literatur teilweise weitere Strukturvariablen. Insbesondere sprechen Kieser/Walgenbach die Formalisierung an.[54] Gemeint ist die Regelungsdichte, d.h. der Umfang der schriftlichen Vorgaben. Je höher die Zahl offizieller (formaler) Regelungen ist, desto höher ist die Regelungsdichte und desto weniger Spielraum bleibt für Improvisation und informale Vorgehensweisen.

Die Koordinationsinstrumente sind grundsätzlich nicht als konfliktär anzusehen und ergänzen sie sich in der Regel. Allerdings ist die Bedeutung der einzelnen Gestaltungsparameter in jedem Unternehmen unterschiedlich.[55]

3.2 Gestaltungsparameter Spezialisierung

3.2.1 Überblick

Im Rahmen der Spezialisierung legt man fest, wie die Arbeitsteilung zwischen Stellen, zwischen Stellen und Abteilungen und zwischen Abteilungen sinnvoll durchgeführt wird und wie Organisationseinheiten gebildet werden (s. Abb. 3-2). Es geht um **vier zentrale Fragen**:

- Wie soll bei der **Arbeitsteilung** und der anschließenden Stellenbildung vorgegangen werden? (Kapitel 3.2.2 bis 3.2.4)
- Auf welche **Arten von Stellen** lassen sich die Aufgaben verteilen? (Kapitel 3.2.5)
- Wie **viele Stellen** benötigt man zur Bearbeitung eines Aufgabenkomplexes? (Kapitel 3.2.6)
- Wie lassen sich Stellen zu größeren Organisationseinheiten, d.h. zu **Abteilungen**, zusammenfassen? (Kapitel 3.2.7 und 3.2.8)

---

[54] Vgl. Kieser/Walgenbach (2010), S. 71 und 181 ff.; ähnlich bei Hentze/Heinecke/Kammel (2001), S. 176 f.

[55] Vgl. Jung/Heinzen/Quarg (2018), S. 435.

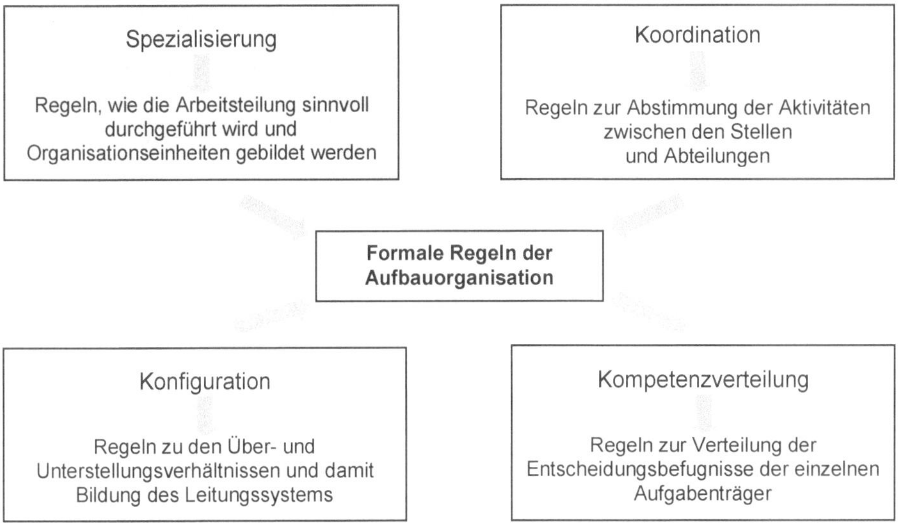

Spezialisierung	Koordination
Regeln, wie die Arbeitsteilung sinnvoll durchgeführt wird und Organisationseinheiten gebildet werden	Regeln zur Abstimmung der Aktivitäten zwischen den Stellen und Abteilungen

Formale Regeln der Aufbauorganisation

Konfiguration	Kompetenzverteilung
Regeln zu den Über- und Unterstellungsverhältnissen und damit Bildung des Leitungssystems	Regeln zur Verteilung der Entscheidungsbefugnisse der einzelnen Aufgabenträger

Abb. 3-2: Gestaltungsparameter Spezialisierung

Kapitel 3.2 schließt mit Überlegungen zur **Generalisierung** von Stellenaufgaben. Damit soll den Nachteilen entgegengewirkt werden, die dem Unternehmen und den Mitarbeitern durch eine zu starke Spezialisierung (Arbeitsteilung) entstehen können.

3.2.2 Arbeitsteilung

Wenn man Unternehmen betrachtet, geht man normalerweise nicht von einem Einmann-Betrieb aus. An der Leistungserstellung und -verwertung sind mehrere Einheiten beteiligt, die Arbeit wird unter ihnen aufgeteilt. Diesen Vorgang nennt man **Arbeitsteilung**. Die Notwendigkeit zur Arbeitsteilung wächst mit zunehmender Arbeitsmenge sowie steigender Vielfalt und Komplexität der Arbeit.[56]

Adam Smith wies bereits im 18. Jahrhundert mit seinem berühmten Stecknadelbeispiel (vgl. Auszug in Abb. 3-3) darauf hin, wie bedeutsam Arbeitsteilung für die Zielerreichung eines Unternehmens ist. Sein Beispiel verdeutlicht, dass Arbeitsteilung auf unterschiedliche Art und Weise erfolgt.

„Wir wollen daher als Beispiel die Herstellung von Stecknadeln wählen, ein recht unscheinbares Gewerbe, das aber schon häufig zur Erklärung der Arbeitsteilung diente. Ein Arbeiter, der noch niemals Stecknadeln gemacht hat und auch nicht dazu angelernt ist (erst die Arbeitsteilung hat daraus ein selbständiges Gewerbe gemacht), so daß er auch mit den dazu eingesetzten Maschinen nicht vertraut ist (auch zu deren Erfindung hat die Arbeitsteilung vermutlich Anlaß gegeben), könnte, selbst wenn er sehr fleißig ist, täglich höchstens eine

---

[56] Vgl. Schulte-Zurhausen (2013), S. 152; Alewell (2004), Sp. 37 ff.

sicherlich aber keine zwanzig Nadeln herstellen. Aber so, wie die Herstellung von Stecknadeln heute betrieben wird, ist sie nicht nur als Ganzes ein selbständiges Gewerbe. Sie zerfällt vielmehr in eine Reihe getrennter Arbeitsgänge, die zumeist zur fachlichen Spezialisierung geführt haben. Der eine Arbeiter zieht den Draht, der andere streckt ihn, ein dritter schneidet ihn, eine vierter spitzt ihn zu, ein fünfter schleift das obere Ende, damit der Kopf aufgesetzt werden kann. Auch die Herstellung des Kopfes erfordert zwei oder drei getrennte Arbeitsgänge. Das Ansetzen des Kopfes ist eine eigene Tätigkeit, ebenso das Weißglühen der Nadel, ja, selbst das Verpacken der Nadeln ist eine Arbeit für sich. Um eine Stecknadel anzufertigen, sind somit etwa 18 verschiedene Arbeitsgänge notwendig, die in einigen Fabriken jeweils verschiedene Arbeiter besorgen, während in anderen ein einzelner zwei oder drei davon ausführt. Ich selbst habe eine kleine Manufaktur dieser Art gesehen, in der nur 10 Leute beschäftigt waren, so daß einige von ihnen zwei oder drei solcher Arbeiten übernehmen mußten. Obwohl sie nun sehr arm und nur recht und schlecht mit dem notwendigen Werkzeug ausgerüstet waren, konnten sie zusammen am Tage doch etwa 12 Pfund Stecknadeln anfertigen, wenn sie sich einigermaßen anstrengten. Rechnet man für ein Pfund über 4000 Stecknadeln mittlerer Größe, so waren die 10 Arbeiter im Stande, täglich etwa 48000 Nadeln herzustellen, jeder also ungefähr 4800 Stück. Hätten sie indes alle einzeln und unabhängig voneinander gearbeitet, noch dazu ohne besondere Ausbildung, so hätte der einzelne gewiß nicht einmal 20, vielleicht sogar keine einzige Nadel am Tag zustande gebracht. Mit anderen Worten, sie hätten mit Sicherheit nicht den zweihundertvierzigsten, vielleicht nicht einmal den vierhundertachtzigsten Teil von dem produziert, was sie nunmehr in Folge einer sinnvollen Trennung und Verknüpfung der einzelnen Arbeitsgänge zu erzeugen im Stande waren."

Abb. 3-3: Stecknadelbeispiel von Adam Smith[57]

Die Abb. 3-4 zeigt die Formen der Arbeitsteilung. Man unterscheidet zwischen **Mengen- und Artteilung**.

Die **Mengenteilung** ist immer **horizontal** ausgerichtet. Es entstehen inhaltlich gleiche Aufgaben. So teilen sich im Stecknadelbeispiel zwei Arbeiter das Drahtziehen. Die Aufteilung erfolgt deshalb, weil der gesamte Umfang dieser Teilaufgabe für eine Stelle zu groß wäre.

Die **Artteilung** führt dazu, dass den Stellen inhaltlich unterschiedliche Aufgaben zugewiesen werden. Diese Form der Arbeitsteilung wird als **Spezialisierung** bezeichnet. Bei der Gestaltung der Aufbauorganisation spielt sie eine wesentlich **bedeutendere Rolle** als die Mengenteilung. Die Artteilung kann **horizontal oder vertikal** erfolgen.

Durch eine **horizontale Spezialisierung** entstehen gleichrangige Stellen. Verwaltungsaufgaben können z.B. so gegliedert werden, dass Sachbearbeitungsstellen im Einkauf, Controlling, in der Personalabteilung, im Marketing etc. entstehen. Es handelt sich um inhaltlich unterschiedliche Aufgaben auf der gleichen Ebene. Beim Stecknadelbeispiel wäre es die Aufteilung

---

[57] Entnommen aus: Adam Smith, Der Wohlstand der Nationen. Eine Untersuchung seiner Natur und seiner Ursachen. Aus der deutschen Übersetzung von "An Inquiry into the Nature and Causes of the Wealth of Nations", 5. Aufl. 1789, von H.C. Recktenwald (1974), S. 9 f.

in Draht ziehen, Draht strecken, Draht schneiden, Draht zuspitzen etc. Die Arbeiter erfüllen inhaltlich unterschiedliche Aufgaben, die aber gleichwertig sind.

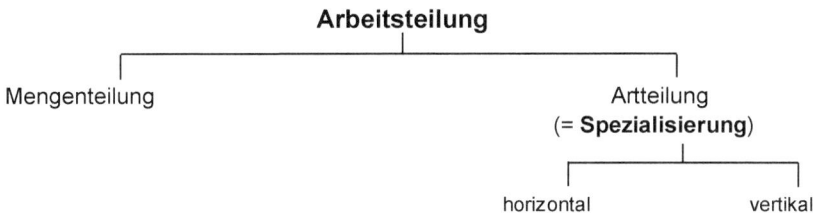

Abb. 3-4: Formen der Arbeitsteilung

Die **vertikale Spezialisierung** zeichnet sich durch Unter- und Überordnungsbeziehungen aus, z.B. könnten zu einer Abteilung die Stellen Zuarbeiter, Sachbearbeiter, Gruppenleiter und Abteilungsleiter gehören. Damit liegen inhaltlich unterschiedliche Aufgaben auf unterschiedlichen Hierarchieebenen mit unterschiedlicher Bedeutung für das Unternehmensgeschehen vor. Im Beispiel von Adam Smith gibt es keine vertikale Arbeitsteilung.

Unternehmen, die Stellen **sehr stark spezialisieren**, gehen von diesen **Überlegungen** aus:

- Die Spezialisierung von Stellen führt zu **kurzen Anlern- und Einarbeitungszeiten**, da jede Stelle nur wenige Aufgaben zu erfüllen hat.

- Wegen der geringen Zahl an (leichten) Aufgaben wird der Mitarbeiter bei seiner Aufgabenerfüllung schnell geschickter. Durch den **Übungseffekt** steigt die Arbeitsleistung quantitativ und qualitativ.

- Da diese Arbeitsteilung zu Stellen mit einfachen Aufgaben führt, lassen sie sich mit geringqualifizierten Personen besetzen, die **niedrige Lohnkosten** verursachen.[58]

- Die inhaltlich relativ kleinen, eindeutig abgrenzbaren Aufgaben einer Stelle erleichtern deren **Kontrolle**.

- Der **Arbeitsplatz** als Ort der Aufgabenerfüllung kann so eingerichtet und mit passenden Sachmitteln ausgestattet werden, dass er der spezialisierten Stelle optimal entspricht, womit die Arbeit auch aus diesem Grund schneller vonstattengeht.

Diese Annahmen führen bei zunehmender Ausbringungsmenge zur **Fixkostendegression**. Die konstanten Fixkosten pro Zeiteinheit werden auf eine immer größere Zahl von Produkten umgelegt und sinken damit pro Stück.

Ein hoher Spezialisierungsgrad hat jedoch nicht nur positive Auswirkungen, sondern ist auch mit vielen **Nachteilen** verbunden. Auf die Vor- und Nachteile wird in Kapitel 3.2.8 bei den Überlegungen zu Generalisierungstendenzen ausführlich eingegangen.

Normalerweise müssen Unternehmen bei ihren organisatorischen Maßnahmen vorhandene Arbeitskrafte, Finanzmittel, technologische Ausstattungen, Räumlichkeiten etc. von Anfang

---

[58] Vgl. Kieser (2004), S. 178 f.

an in die Gestaltungsüberlegungen einbeziehen, ebenso wie bestimmte rechtliche Restriktionen. In diesen Fällen handelt es sich um eine **gebundene Organisation**. Lassen sich die Organisationseinheiten dagegen völlig frei gestalten, spricht man von einer freien oder **ungebundenen Organisation**.[59]

3.2.3 Kriterien der Spezialisierung

Die Spezialisierung (**artmäßige Arbeitsteilung**) erfolgt anhand der Kriterien, die bereits bei der Darstellung der Aufgabenanalyse und -synthese in Kapitel 2.2.2 erläutert wurden:

- Verrichtung
- Objekt
- Rang
- Phase
- Zweckbeziehung

Zusätzlich werden weitere Kriterien herangezogen:

- Raum
- Sachmittel
- Zeit
- Aufgabenträger

Die **Spezialisierung nach Verrichtungen** (Verrichtungszentralisation) führt dazu, dass gleichartige bzw. ähnliche Tätigkeiten auf eine Organisationseinheit übertragen werden. So werden z.B. alle Einkaufs-, alle Produktions- und alle Vertriebsaufgaben jeweils zu eigenen Aufgabenkomplexen zusammengefasst und Stellen übertragen.

Bei der **Spezialisierung nach Objekten** handelt es sich um eine Objektzentralisation. Objekte können materielle oder immaterielle Produkte, Kundengruppen, Lieferanten, Absatzregionen etc. sein. Viele Unternehmen fassen z.B. Aufgaben, die Großkunden und solche, die Privatkunden betreffen, in jeweils eigenen Organisationseinheiten zusammen. Damit ist eine zielgerichtete Betreuung der Kunden möglich.

Bei der **Spezialisierung nach dem Rang** wird zwischen Ausführungs- und Entscheidungsaufgaben unterschieden. Stellen, denen ausschließlich ausführende Aufgaben zugeteilt werden, bezeichnet man als **Ausführungsstellen**. Stellen mit Fremdentscheidungsbefugnis, d.h. dem Recht, für andere Stellen Entscheidungen zu treffen bzw. Stellen, die an diesem Entscheidungsprozess teilhaben, sind **Leitungsstellen**. Dieser Aspekt der Spezialisierung ist eng mit dem Gestaltungsparameter Kompetenzverteilung (s. Kapitel 3.3) verknüpft.

Die **Spezialisierung nach der Phase** führt zur Festlegung von Planungs-, Realisations- und Kontrollaufgaben. Die Abgrenzung zur Spezialisierung nach dem Rang ist nicht immer un-

---

[59] Vgl. Weidner/Freitag (1998), S. 34.

problematisch: Innerhalb jeder einzelnen Phase gibt es Ausführungs- und Entscheidungsaufgaben. In der Planungsphase muss z.B. entschieden werden, wie viele Mitarbeiter für eine künftige Aufgabe notwendig sind. Auch über die Kriterien, nach denen eine Maschine ausgewählt werden soll, muss entschieden werden. Gleichzeitig finden in der Planungsphase Ausführungsaufgaben statt, z.B. müssen Angebote für Maschinen eingeholt und es muss eine Übersicht erstellt werden, die zeigt, welche Maschine die beste ist. Auch innerhalb der Realisations- und der Kontrollphasen müssen Entscheidungs- und Ausführungsaufgaben erledigt werden.

Bei der **Spezialisierung nach der Zweckbeziehung** werden Stellen gebildet, die entweder vornehmlich Primäraufgaben haben oder in erster Linie sekundäre Aufgaben erfüllen. Ein Arbeiter an einer Fertigungsmaschine verrichtet primäre Aufgaben, da er unmittelbar an der Leistungserstellung, d.h. dem Betriebszweck, beteiligt ist. Die Buchhaltungsstelle in der Lohn- und Gehaltsabrechnung erledigt dagegen eine sekundäre Aufgabe. Sie dient nicht direkt dem Zweck des Betriebes, sondern der Erhaltung der Betriebsbereitschaft. Anders wäre es, wenn unser Unternehmen sich auf solche Dienstleistungen für andere Unternehmen spezialisiert hätte, womit es sich dann bei den Buchhaltungsaufgaben um primäre Aufgaben handeln würde.

Die **weiteren Kriterien der Spezialisierung** sind von untergeordneter Bedeutung und werden relativ selten angewendet.

Bei der **räumlichen Spezialisierung** werden Aufgaben unter dem Aspekt des Ortes der Aufgabenerfüllung zusammengefasst. So schaffen z.B. viele Großunternehmen Schulungszentren, in denen Personalentwicklungsmaßnahmen für alle Betriebsteile durchgeführt werden, egal wie weit sie räumlich auseinander liegen. Es gibt also einen Ort im Unternehmen, der speziell der Personalentwicklung dient.

Eine **sachmittelorientierte Spezialisierung** liegt vor, wenn die Gleichartigkeit der Sachmittel als Spezialisierungsgrundlage herangezogen wird, z.B. bei einem Rechenzentrum. Mit einer sachmittelorientierten Spezialisierung ist meist gleichzeitig eine räumliche Spezialisierung verbunden. Bei einem Rechenzentrum werden die EDV-bezogenen Aufgaben zusammengefasst (sachmittelbezogene Spezialisierung) und an einem bestimmten Ort erfüllt (räumliche Spezialisierung).

Bei der **zeitlichen Spezialisierung** werden Aufgaben zusammengefasst, ohne dass zwischen ihnen ein zwingender sachlicher Bezug besteht. Bedeutsam für die Integration ist allein die Zeit der Aufgabenerfüllung. So kann ein Nachtwächter die Überwachung der Putzkolonne, das Einschalten der Reklamebeleuchtung und die Bedienung der Telefonanlage übernehmen, nicht etwa, weil diese Aufgaben in einem sachlichen Zusammenhang stehen und so gut zusammenpassen, sondern allein deshalb, weil sie alle nachts anfallen.

Da organisatorische Regelungen auf Dauer angelegt sind, abstrahiert man bei der Spezialisierung normalerweise von konkreten Aufgabenträgern. Manchmal wird von diesem organisatorischen Grundsatz allerdings bewusst abgewichen. Dann handelt es sich um eine aufga-benträger- oder **personenorientierte Spezialisierung**.[60] Man fasst Aufgaben so zusammen, dass sie möglichst genau zu einer ganz bestimmten Person passen. Damit will man deren spezielle Qualifikationen bestmöglich für das Unternehmen nutzen. Vor allem kleine und mittlere Unternehmen verfahren bei der Bildung von Leitungsstellen häufig so. Auch Vor-stands- und Geschäftsführungsstellen in Großunternehmen werden oft auf diese Weise spe-zialisiert.

3.2.4 Bildung von Stellen

3.2.4.1 Vorbemerkung: Unterschied zwischen Stelle und Arbeitsplatz

Eine **Stelle** ist die kleinste, selbständig handelnde organisatorische Einheit in einem Unterneh-men. Sie entsteht, indem Teilaufgaben auf Dauer nach sachlichen und logischen Gesichts-punkten zusammengefasst werden. Sie ist **nicht mit einem Arbeitsplatz identisch**, auch wenn die Begriffe im allgemeinen Sprachgebrauch meist synonym verwendet werden.[61] Auch bei vielen rechtlichen Vorschriften wird von Arbeitsplätzen gesprochen, obwohl aus betriebs-wirtschaftlicher Sicht Stellen gemeint sind.

In der BWL umfasst eine Stelle die **inhaltlichen Aspekte** der Aufgabenerfüllung. Demgegen-über bezeichnet der Arbeitsplatz lediglich den Ort der Aufgabenerfüllung, also die **räumliche Komponente**. Eine Stelle ist nicht notwendigerweise an einen einzigen Arbeitsplatz gebun-den. Aufgaben können auch an **mehreren Arbeitsplätzen** erfüllt werden. So kann ein Perso-nalleiter für die Betriebsstätten in X und in Y zuständig sein und an beiden Orten ein Büro haben. Es handelt sich dann um eine Stelle mit zwei Arbeitsplätzen. Ebenso besteht auch die Möglichkeit, dass sich **mehrere Stellen einen Arbeitsplatz** teilen. Bei Schichtarbeit kann der Arbeitsplatz beispielsweise in der Frühschicht von einer Stelle, in der Spätschicht von einer zweiten und in der Nachschicht von einer dritten Stelle besetzt sein. Es handelt sich nicht um drei Arbeitsplätze, sondern um einen Arbeitsplatz für drei Stellen.

3.2.4.2 Kongruenzprinzip der Organisation

Bei der Bildung von Stellen sind diese Aspekte zu beachten:[62]

- **Aufgaben** entsprechend der Spezialisierung
- **Kompetenzen** des Aufgabenträgers
- Übernahme von **Verantwortung**

Überlegungen zu den Aufgaben haben wir bereits im vorherigen Kapitel behandelt. Nun geht es darum, wie bei der Stellenbildung weiter zu verfahren ist und wie Kompetenzen und Ver-antwortung zu berücksichtigen sind.

---

[60] Vgl. Weidner/Freitag (1998), S. 52 ff.

[61] Vgl. Müller (2017), S. 228.

[62] Vgl. Thommen et al. (2017), S. 437 f.

Nur wenn sich Aufgabe, Kompetenz und Verantwortung bei einer Stelle decken, ist eine sinnvolle Aufgabenerfüllung möglich. Dieser Zusammenhang wird als **Kongruenzprinzip der
Organisation** bezeichnet (Abb. 3-5). Es handelt sich um einen der wichtigsten **Organisati-
onsgrundsätze** in der Praxis.

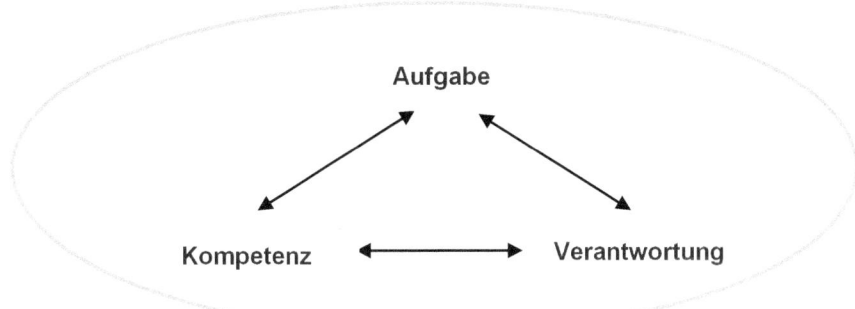

Abb. 3-5: Kongruenzprinzip der Organisation

Das Kongruenzprinzip gilt **für alle Stellen**, unabhängig davon, welche Aufgaben eine Stelle
zu erfüllen hat und auf welcher hierarchischen Ebene sie angesiedelt ist und auch unabhängig
davon, ob es sich um eine ausführende Stelle, eine Instanz (Leitungshauptstelle) oder eine
Leitungshilfsstelle handelt.

Führungskräfte sind – mit Ausnahme der obersten Leitungsebene – in doppelter Hinsicht
dem Kongruenzprinzip unterworfen, womit sie eine Art **Sandwichfunktion** haben. Zum einen müssen sie für die Aufgaben ihrer eigenen Stellen kompetent sein und für deren Erfüllung
die Verantwortung übernehmen, zum anderen sind sie für die Erfüllung der Abteilungsaufgaben und für ihre Mitarbeiter verantwortlich, für die sie die Fremdverantwortung inne haben.
Sie haben somit **Eigen- und Fremdverantwortung**.

Das bedeutet jedoch nicht, dass das Kongruenzprinzip nicht auch für **Mitarbeiter ohne Führungsaufgaben** gelten würde. Jeder Stelleninhaber, egal auf welcher Hierarchieebene er angesiedelt ist und welche Aufgaben er hat, muss für die Erfüllung seiner Aufgaben die notwendige
Qualifikation besitzen, für mögliche Fehler und Misserfolge einstehen und die Verantwortung
übernehmen. Ein Vorgesetzter ist nur für diejenigen Fehlleistungen seiner Mitarbeiter verantwortlich, die aufgrund der fehlerhaften Erfüllung seiner eigenen Leitungsaufgaben entstanden
sind. Ansonsten wäre es ein Verstoß gegen das Kongruenzprinzip.

Insbesondere müsste er es dann **unterlassen** haben,

- seine Mitarbeiter mit der notwendigen Sorgfalt auszuwählen,
- die Mitarbeiter gründlich einzuweisen und zu informieren,
- seine fachlichen und disziplinarischen Weisungs- und Kontrollbefugnisse korrekt aus-
  zuüben oder
- Handlungen und Leistungen des Mitarbeiters rechtzeitig zu beanstanden und Verbesserungsmaßnahmen einzuleiten.

3.2.4.3 Kompetenz des Aufgabenträgers

Wie bereits ausgeführt, wird eine Stelle idealerweise unabhängig von einer konkreten Person gebildet. Man spricht von einem **versachlichten Personenbezug** und orientiert sich an einem gedachten Aufgabenträger, einer sog. **Normalperson**. Dabei handelt es sich um eine Arbeitskraft, die in allen Belangen durchschnittlich ist, z. B. in ihren Kompetenzen, im Arbeitstempo, in der Arbeitsqualität, bei den Krankheits- und Fortbildungstagen etc.

Durch diese Orientierung an fiktiven Aufgabenträgern bleibt die Organisationsgestaltung von möglichen Mitarbeiterwechseln weitgehend unberührt. Allerdings muss man sich bereits bei der Stellenbildung Gedanken darüber machen, ob sich für die vorgesehene Zusammenfassungen von Aufgaben auch tatsächlich geeignete Arbeitskräfte mit den passenden Kompetenzen finden lassen.

Der Begriff **Kompetenz** wird hier sehr weit gefasst. Dazu gehören alle Aspekte, die eine Person befähigen, ihre Aufgaben zu erfüllen. Einen Überblick über die Komponenten der Kompetenz gibt die Abb. 3-6.

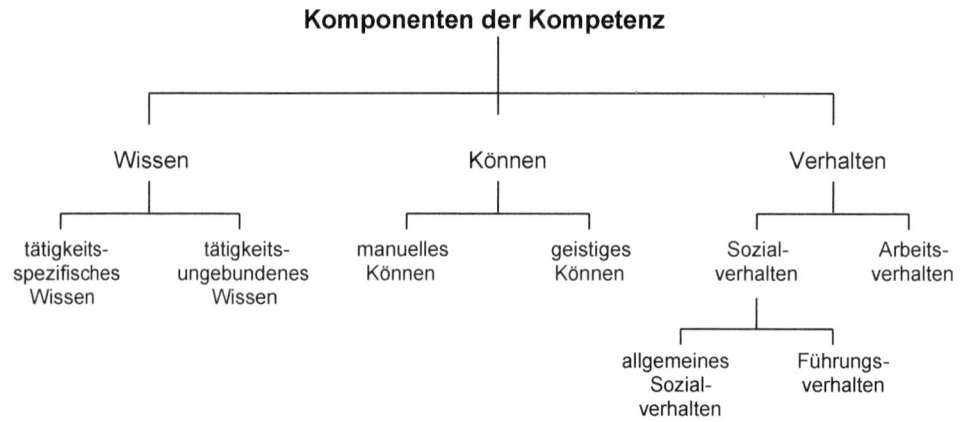

Abb. 3-6: Komponenten der Kompetenz[63]

In der Praxis wird in der Regel nicht zwischen **Kompetenz** und **Qualifikation** unterschieden. Gleiches gilt für **Eignung** und **Fähigkeit**. Auch in der betriebswirtschaftlichen Literatur werden diese Begriffe meist nicht inhaltlich abgegrenzt, sondern synonym verwendet. So wird auch hier verfahren.

Wenn Qualifikation und Kompetenz abgegrenzt werden, wird Qualifikation als Basis für die Kompetenz verstanden und bezieht sich auf Wissens- und Verhaltensaspekte. Man wendet sein erlerntes Wissen und Verhalten an und ist der Lage (kompetent), seine Qualifikationen in wechselnden Situationen sinnvoll einsetzen zu können.

---

[63] Entnommen aus: Nicolai (2019), S. 358.

Unter **Wissen** versteht man alle theoretischen und praktischen Kenntnisse, die notwendig sind, um eine Tätigkeit ausüben zu können. Es umfasst **tätigkeitsspezifisches und tätigkeitsungebundenes Wissen**. Ersteres befähigt einen Stelleninhaber, die spezifischen Anforderungen seiner Stelle zu meistern, so muss z.B. jemand, der die Stelle eines Controllers einnimmt, mit dem Begriff ROI (Return on Investment) vertraut sein und die Bedeutung einer Balanced Scorecard kennen. Tätigkeitsspezifisches Wissen wird durch tätigkeitsungebundenes Wissen ergänzt, das man zur Abrundung der Aufgabenerfüllung zusätzlich benötigt. Bei einem Controller sind das beispielsweise mathematisches Wissen und Kenntnisse der doppelten Buchführung.

Zu einer erfolgreichen Aufgabenerfüllung reicht Wissen allein nicht aus. Es muss zu anwendbarem **Können**, welches durch Übung und Erfahrung entsteht, weiterentwickelt werden. Unter Können versteht man die Fähigkeit, sein erworbenes Wissen in der Praxis umzusetzen und gezielt auf vorhandene Probleme anzuwenden. **Manuelles Können** bedeutet, mit allen notwendigen technischen Hilfsmitteln sach- und fachgerecht umgehen zu können. **Geistiges Können** heißt, dass der Mitarbeiter in der Lage ist, sein Wissen bei geistigen Tätigkeiten sinnvoll einzusetzen.

Das **Verhalten** eines Aufgabenträgers gegenüber Personen und Sachen wird sowohl durch seine Motive als auch durch die Umweltsituation geprägt. Neben diesem sog. **Arbeitsverhalten**, das sich auf die Aufgabenerfüllung bezieht, ist das Verhalten gegenüber Personen, das **Sozialverhalten**, von großer Bedeutung. Es gliedert sich in das **allgemeine Sozialverhalten** gegenüber allen Personen, mit denen der Stelleninhaber zu tun hat und in das **Führungsverhalten**, also das Verhalten der Instanzen gegenüber untergebenen Stellen. In diesem Zusammenhang gewinnen nicht nur in größeren Unternehmen **interkulturelle Verhaltensaspekte** zunehmend an Bedeutung, sei es, weil multinationale Geschäftsbeziehungen gepflegt werden oder weil die Mitarbeiter aus unterschiedlichen Kulturkreisen kommen.

Häufig findet man außerdem eine Untergliederung in diese Arten von Kompetenzen:[64]

- fachliche Kompetenz
- soziale Kompetenz
- Methodenkompetenz
- rechtliche Kompetenz
- Selbstkompetenz

Unter **fachlicher Kompetenz** versteht man das theoretische Wissen und das praktische Können eines Mitarbeiters, das er zur Bewältigung seiner Aufgaben benötigt. In zunehmendem Maße ist hier bei allen Stellen auch IT-Kompetenz zu verorten, angefangen bei der Sensibilität für den Umgang mit Daten, über Social-Media-Anwenderkompetenzen bis zum kompetenten Umgang mit KI.[65]

---

[64] Vgl. Berthel/Becker (2003), S. 265 f.; Jung (2017), S. 254 f.
[65] Vgl. Häring/Mynarek (2020), S. 176.

Soziale Kompetenz befähigt einen Menschen, sich in Gruppen mit unterschiedlichen sozialen Strukturen zu integrieren und zum Erkennen und Lösen von sach- und personenbezogenen Konflikten beizutragen. Das erfordert vor allem Kommunikationsfähigkeit, Kooperationsbereitschaft und Konfliktfähigkeit. Auch interkulturelle Kompetenz, Teamfähigkeit und Networking-Kompetenz sind soziale Kompetenzen.[66]

Methodenkompetenz bezieht sich auf die Fähigkeit eines Mitarbeiters, seine Potenziale auszuschöpfen und sich selbst zu organisieren. Sie beinhaltet die Fähigkeit, zu analysieren, Konzepte zu entwickeln, Entscheidungen zu treffen und dabei logisch und strukturiert vorzugehen. Auch die Fähigkeit, Wichtiges von Unwichtigem zu unterscheiden und eine sinnvolle Auswahl zu treffen, gehört dazu.

Rechtliche Kompetenzen oder Befugnisse bekommt der Stelleninhaber von seinem Unternehmen zugewiesen. Er erhält die Befugnis, alle Handlungen, die zur Aufgabenerfüllung notwendig sind, vornehmen zu dürfen. Dabei werden ihm ausdrücklich nur diejenigen spezifischen Rechte zugeteilt, die im Zusammenhang mit seiner Stelle stehen. Man unterscheidet insbesondere:

- Informationsbefugnis
- Verfügungsbefugnis
- Verpflichtungsbefugnis
- Entscheidungsbefugnis
- Weisungsbefugnis
- Kontrollbefugnis
- Antragsbefugnis
- Ausführungsbefugnis

Ein Mitarbeiter hat beispielsweise die Aufgabe, die monatlichen Gehaltsabrechnungen vorzunehmen und verfügt auch über die notwendige fachliche Kompetenz. Nur wenn er gleichzeitig die rechtliche Kompetenz erhält, Informationen zur Steuerklasse, zur Krankenkasse, zu den Freibeträgen etc. einzusehen und zu verwenden, kann er seine Aufgabe erfüllen. Diese sensiblen Daten sind nicht jedermann zugänglich, vielmehr erhalten nur ausgewählte Stellen die entsprechende **Informationsbefugnis**.

Daneben gibt es das Recht, bestimmte Gegenstände oder Werte zu benutzen, etwa einen vom Unternehmen zur Verfügung gestellten Laptop, einen Dienstwagen oder ein Smartphone. Dieses Recht nennt man **Verfügungsbefugnis**.

Verpflichtungsbefugnis ist die Berechtigung, Verpflichtungen für das Unternehmen einzugehen. Beispiele sind Handlungsvollmacht und Prokura. Das Unternehmen ist an diese Verpflichtungen gebunden.

---

[66] Vgl. Häring/Mynarek (2020), S. 176.

Die **Entscheidungsbefugnis** gibt das Recht, innerhalb des jeweiligen Aufgabenbereichs selbständig zwischen alternativen Vorgehensweisen wählen zu können. Bei Vorgesetzten kommt die Fremdentscheidungsbefugnis hinzu, d.h. das Recht, solche Entscheidungen für untergebene Stellen zu treffen und über deren Vorgehensweisen zu bestimmen.

Eine weitere Komponente ist die **Weisungsbefugnis**. Sie berechtigt einen Vorgesetzten, bestimmten anderen Stellen verbindliche Anweisungen zu erteilen.

Eng verbunden mit der Weisungsbefugnis ist die **Kontrollbefugnis**, die es der Instanz ermöglicht, festzustellen, ob, in welchem Umfang und auf welche Art ihre Weisungen vom Mitarbeiter befolgt wurden.

Unter **Antragsbefugnis** versteht man das Recht eines Stelleninhabers, Anträge zur Entscheidung an bestimmte Stellen weiterzuleiten, ohne seinen Vorgesetzten einzuschalten.

Kann ein Mitarbeiter selbständig seine Arbeitsmethoden und seinen Arbeitsrhythmus bestimmen, besitzt er **Ausführungsbefugnis**.

Selbstkompetenz ist die Bereitschaft und Fähigkeit, die eigenen Entwicklungsmöglichkeiten zu erkennen, zu beurteilen und weiterzuentwickeln. Dazu gehören z.B. Selbstständigkeit, Kritikfähigkeit, Zuverlässigkeit, Verantwortungs- und Pflichtbewusstsein.

3.2.4.4 Übernahme von Verantwortung

Verantwortung ist die **Verpflichtung**, persönlich für die Folgen der eigenen Entscheidungen und Handlungen einzustehen. Man unterscheidet zwischen:

- Handlungsverantwortung
- Ergebnisverantwortung
- Führungsverantwortung

Handlungsverantwortung ist die Rechenschaftspflicht über die Art und Weise, wie die Aufgaben erfüllt wurden.

Unter **Ergebnisverantwortung** versteht man die Pflicht dafür einzustehen, in welchem Umfang die vorgegebenen Ziele erreicht wurden.

Führungsverantwortung ist die Pflicht, Rechenschaft über die wahrgenommenen Führungsaufgaben ablegen zu müssen.

Wenn einem Mitarbeiter **Verantwortung** zugewiesen wird, muss zudem geprüft werden, ob er überhaupt die **Fähigkeit zur Verantwortungsübernahme** besitzt, d.h. insbesondere, ob er in der Lage ist, die Konsequenzen seiner Entscheidungen und Handlungen zu erkennen und zu bewerten. Dies wird zwar häufig als selbstverständlich unterstellt, es gibt aber immer wieder Situationen, in denen ein Aufgabenträger nicht oder nicht mehr in der Lage ist, für sein Handeln einzustehen. Beispiele sind starke psychische Belastungen im beruflichen oder privaten Umfeld und übermäßiger Alkohol- oder Tablettenkonsum bzw. -missbrauch.

3.2.4.5 Weitere Aspekte der Stellenbildung

Bisher ging es bei der Stellenbildung um die Aufgabe an sich, die Kompetenzen möglicher Aufgabenträger und die Verantwortung für die Folgen, die sich aus den Entscheidungen und Handlungen ergeben.

Daneben müssen auch die **Eigenschaften der Sachmittel** berücksichtigt werden. Sachmittel unterstützen die Mitarbeiter bei der Erfüllung ihrer Aufgaben.[67] Ihre Verwendung erfordert nicht nur die passende Qualifikation, sondern zwingt die Mitarbeiter auch häufig dazu, dass sie sich erst zusätzliche Kompetenzen aneignen müssen, um mit technischen Neuerungen überhaupt umgehen zu können.

So hat insbesondere die rasche Entwicklung der Informationstechnologie dazu geführt, dass sich viele Stelleninhalte erheblich verändert haben. Durch die umfangreichere und schnellere Informationsgewinnung und -verarbeitung verbessert sich in der Regel die Entscheidungsgrundlage, womit **Entscheidungsaufgaben auf untergeordnete Stellen verlagert** werden können. Die unteren Ebenen haben demnach heutzutage meist höherwertigere Aufgaben als früher zu erfüllen und benötigen umfangreichere Kompetenzen. Dies führt zu einer Veränderung der **Artteilung** der Aufgaben und der Spezialisierung der Stellen.

Auch **rechtliche Normen** sind bei der Stellenbildung zu bedenken, etwa **Vorschriften zu Datenschutz, Arbeitssicherheit und Arbeitszeiten**. Bei der Festlegung des Aufgabenumfangs einer Stelle muss man z.B. berücksichtigen, dass es gesetzliche Vorschriften gibt, wie lange und an welchen Tagen Arbeitnehmer arbeiten dürfen.

Auch die mit der jeweiligen **Gesellschaftsform** (z.B. AG, GmbH, KG etc.) verbundenen gesetzlichen Regelungen müssen bei der Stellenbildung beachtet werden. Sie bestimmen beispielsweise, welchen Stellen die Führung der **Geschäfte** obliegt (z.B. Vorstand oder Geschäftsführer) oder ob und welche **Kontrollorgane** (z.B. Betriebsrat, Aufsichtsrat) ein Unternehmen bilden muss und wie sie zu besetzen sind.

3.2.5 Stellenarten

3.2.5.1 Grundsätzliches

Die Abb. 3-7 gibt zunächst einen Überblick über die Gliederung der Stellenarten. Anschließend werden einzelne Stellenarten – Instanzen, Leitungshilfsstellen und Ausführungsstellen – genauer betrachtet.

Stellenarten können nach diesen Merkmalen gegliedert werden:

- Art der Aufgabenträger
- Anzahl der Aufgabenträger
- Beteiligung der Stellen am Entscheidungsprozess für andere Stellen

---

[67] Vgl. Bea/Göbel (2019), S. 267.

Überblick über die Stellenarten

Unterscheidungsmerkmal		Stellenart
Stellen	Art der Aufgabenträger	Mensch-Stellen Mensch-Maschine-Stellen
	Anzahl der Aufgabenträger	Einpersonen-Stellen Mehrpersonen-Stellen
	Beteiligung der Stellen am Entscheidungsprozess **für andere Einheiten** (Führungsprozess)	Leitungsstellen Ausführungsstellen
Leitungsstellen	Unterscheidung nach der Entscheidungskompetenz für andere Einheiten	Instanzen (Leitungs**haupt**stellen) Leitungs**hilfs**stellen
Instanzen (Leitungshauptstellen)	Hierarchische Einordnung	Top Management Middle Management Lower Management
	Anzahl der Aufgabenträger	Singularinstanzen Pluralinstanzen
	Wirkung von Entscheidungen außerhalb der zugehörigen Abteilung	Linieninstanzen Stabsinstanzen
Leitungshilfsstellen	Art der Aufgabe	Stab Assistent (**Management Associate**) Stellen mit begrenzter funktionaler Autorität Ausschuss

Abb. 3-7: Überblick über die Stellenarten

Nach der **Art der Aufgabenträger** unterscheidet man zwischen Mensch-Stellen und Mensch-Maschine-Stellen. Aus dem Kongruenzprinzip ergibt sich zwingend, dass es **keine Maschinenstellen** gibt, auch wenn dieser Begriff im allgemeinen Sprachgebrauch durchaus verwendet wird. Selbst wenn man Kompetenz sehr weit auslegen würde und z.B. das Programm einer Maschine als deren Kompetenz bezeichnen würde, dann fehlen einer Maschine dennoch bestimmte Kompetenzteile, etwa die soziale Kompetenz. Außerdem kann eine Maschine keine Verantwortung für die Aufgabenerfüllung übernehmen, da es nicht möglich ist, sie für Fehler oder Misserfolge zur Rechenschaft zu ziehen oder für Erfolge zu belohnen. Entsprechend des Kongruenzprinzips ist der **Aufgabenträger** also immer ein einzelner **Mensch**, eine **Personenmehrheit** oder eine **Mensch-Maschinen-Stelle**. Bei Letzterer handelt es sich um die Kombination aus einer oder mehreren Personen mit hochwertigen technischen Sachmitteln, bei der der Mensch die Verantwortung übernimmt und die Maschine für die Ausführung und/oder Kontrolle zuständig ist. Die Maschine erfüllt die ausführenden Teile der Aufgabe, weshalb sie kein Aufgabenträger, sondern lediglich ein **Arbeitsträger** ist. Mensch und Maschine erfüllen gemeinsam die Aufgabe, wobei sie voneinander abhängig sind. Die Stellen lassen sich nach der **Anzahl** der Aufgabenträger, mit denen eine Stelle besetzt wird, in **Einpersonen- und Mehrpersonen-Stellen** gliedern.

Wenn eine Stelle von einer einzelnen Person besetzt ist, was der **Normalfall** ist, handelt sich um eine **Einpersonen-Stelle**, z.B. die Leitung des Controllings, der Sachbearbeiter im Einkauf oder der Lagerarbeiter. Haben mehrere Personen gemeinsam eine Stelle inne, spricht man von einer **Mehrpersonen-Stelle**. Das Wesentliche an einer Mehrpersonen-Stelle ist jedoch nicht nur die Übertragung einer Aufgabe auf mehrere Aufgabenträger. Eine Mehrpersonen-Stelle tritt gegenüber anderen Stellen als **eine Einheit** auf. Nicht Person X oder Y trifft die Entscheidungen, hat die Verantwortung zu tragen etc., sondern **die Mehrpersonen-Stelle** (Singular!) handelt und entscheidet. Beispiele sind **die Geschäftsführung** oder **der Vorstand** eines Unternehmens, die i.d.R. jeweils aus mehreren Personen bestehen, aber mit einem Singularbegriff zusammengefasst werden. Sie bilden **ein organisatorisches Ganzes**, das Ziele vorgibt, die Richtung des Unternehmens bestimmt etc.

Stellenintern ist eine Aufteilung der Aufgaben üblich, gegenüber anderen Stellen und außenstehenden Institutionen wird jedoch die Einheit gewahrt. Auf unteren Ebenen findet man Mehrpersonen-Stellen seltener (z.B. Job-Sharing-Stellen).[68]

Mehrpersonen-Stellen sind nicht mit mehreren Teilzeitstellen zu verwechseln. Zwei **Teilzeitstellen** sind zwei Einpersonen-Stellen und keine Mehrpersonen-Stelle, da es sich um zwei selbständig agierende und unabhängig voneinander entscheidende Organisationseinheiten handelt. Lediglich der zeitliche Arbeitsumfang ist geringer als die betriebsübliche Arbeitszeit einer Vollzeitstelle.

Wenn Stellen am **Entscheidungsprozess anderer (unterstellter) Einheiten** beteiligt sind, gehören sie zu den **Leitungsstellen**. Die Leitungsstellen werden noch einmal weiter untergliedert in

- Instanzen (Leitungs**haupt**stellen) und
- Leitungshilfsstellen.[69]

Als **Instanz** bezeichnet man den Vorgesetzten einer aus mehreren Stellen bestehenden Organisationseinheit (Abteilung). Auch die Bezeichnung **Leitungshauptstelle** findet man in der Literatur öfter.[70]

Diejenigen Stellen, die der Erfüllung von Leitungsaufgaben auf **indirektem Wege** durch Unterstützung der Instanzen dienen, werden als **Leitungshilfsstellen** bezeichnet. Sie sind von den **Ausführungsstellen** zu unterscheiden, die lediglich im Rahmen ihrer eigenen Aufgabenstellung Entscheidungen treffen können und müssen.

---

[68] Vgl. ausführlich zur Problematik des Job-Sharing Hentze/Graf (2005), S. 324 ff.

[69] So auch bei Breisig (2015), S. 71.

[70] Vgl. ebd.

Grundsätzlich hat jede Stelle auf jeder Hierarchieebene Entscheidungen zu treffen und durchläuft dabei einen Entscheidungsprozess. Die Ausführungsstellen entscheiden im Gegensatz zu den Leitungsstellen jedoch nur im Rahmen ihrer Aufgabenstellung, während Leitungsstellen zusätzlich daran beteiligt sind, für andere (unterstellte) Organisationseinheiten Entscheidungen zu treffen.

Die Leitungsstellen – also **Instanzen** (Leitungshauptstellen) **und Leitungshilfsstellen** – sowie die **Ausführungsstellen** werden in den folgenden Kapiteln weiter untergliedert und ausführlich betrachtet.

3.2.5.2 Instanzen (Leitungshauptstellen)

Instanzen sind die Vorgesetzten einer aus mehreren sachlich und logisch zusammengehörenden Einheiten bestehenden Organisationseinheit (Abteilung). Sie haben **Entscheidungsbefugnis** für die unterstellten Einheiten (Fremdentscheidungsbefugnis) und dazu die passende **Weisungsbefugnis** für diese Einheiten.

Im Personalmanagement sind die Bezeichnungen **Führungskräfte** oder **Vorgesetzte** üblich, in der Organisation bevorzugt man jedoch den Begriff Instanzen.

Bei der Weisungsbefugnis sind zwei Arten zu unterscheiden:

- Unter der **fachlichen Weisungsbefugnis** versteht man die Befugnis einer Instanz, auf die Art und Weise der Aufgabenerfüllung ihrer unterstellten Einheiten Einfluss zu nehmen. Dazu gehören etwa Anweisungen an die Mitarbeiter, welches Verfahren anzuwenden ist, oder Weisungen zu Umfang, Qualität, Dauer, zeitlichem Rahmen und Ort der Aufgabenerfüllung.

- Die **disziplinarische Weisungsbefugnis** ist das Recht der Instanz, personalpolitische Maßnahmen gegenüber ihren Mitarbeitern einleiten und durchführen zu können. Das Spektrum hangt von der **hierarchischen Stellung** der Instanz ab. Es reicht von Urlaubsgenehmigungen, Bewilligungen von Dienstreisen über Zielvorgaben, Beurteilungsgespräche und Gehaltsfindung bis hin zu Beförderungen, Einstellungen und Entlassungen.

Normalerweise sind Instanzen zugleich **disziplinarische und fachliche Vorgesetzte** ihrer unterstellten Einheiten. Es gibt jedoch **Ausnahmen** von dieser Regel. Wenn beispielsweise ein Mitarbeiter aus seiner bisherigen Abteilung zeitlich befristet zur Mitarbeit an einem Projekt abgeordnet wird, geht die fachliche Weisungsbefugnis auf den Projektleiter über. Da der Mitarbeiter nach Projektende i.d.R. wieder zu seiner vorigen Abteilung zurückkehrt, bleibt der bisherige Abteilungsleiter weiterhin der Disziplinarvorgesetzte. Damit soll gewährleistet werden, dass der Mitarbeiter während der Projektdauer weiterhin mit seiner ursprünglichen Abteilung verbunden bleibt.

In seltenen Fällen – insbesondere bei sehr lang dauernden Projekten – kann es vorkommen, dass die disziplinarischen Weisungsbefugnisse aufgeteilt werden. Der Projektleiter nimmt dann neben den fachlichen auch die kurzfristigen disziplinarischen Weisungsbefugnisse wahr, während die langfristigen Aspekte weiterhin dem Vorgesetzten der ursprünglichen „Heimatabteilung" obliegen.[71]

Die Abb. 3-8 zeigt Beispiele für die fachlichen und die disziplinarischen Weisungsbefugnisse der Instanzen.

Formen der Weisungsbefugnis

Fachliche Weisungsbefugnisse	Disziplinarische Weisungsbefugnisse
beziehen sich z.B. auf:	beziehen sich z.B. auf:

▪ Aufgaben
▪ Verfahren/Methoden
▪ Sachmittel
▪ Informationen
▪ Mitarbeiter
▪ Zeiträume und Zeitpunkt
▪ Ort
▪ Menge
	▪ kurzfristige Mitarbeitersteuerung
	  o Anwesenheitskontrolle
	  o Pünktlichkeitskontrolle
	  o Abwesenheitskontrolle
	  o Urlaubsregelungen
	  o Innerbetriebliche Bewilligungen, wie Dienstreisen und Weiterbildungsmaßnahmen
	  o Unterstützung der Mitarbeiter bei der Aufgabenerfüllung und bei besonderen Problemen
	▪ langfristige Mitarbeitersteuerung
	  o Einstellungsverfahren
	  o Aus- und Weiterbildung
	  o Mitarbeiterbeurteilung
	  o Gehaltsfindung
	  o Beförderung
	  o Versetzung
	  o Entlassung

Abb. 3-8: Fachliche und disziplinarische Weisungsbefugnisse der Instanzen[72]

Bei der **Einordnung der Instanzen in die Hierarchie** wird unterschieden zwischen:

▪ Top Management

▪ Middle Management

▪ Lower Management

Die Tätigkeitsschwerpunkte der verschiedenen Instanzen verdeutlicht die Abb. 3-9.

---

[71] Vgl. Schulte-Zurhausen (2013), S. 174 f.

[72] In Anlehnung an Schulte-Zurhausen (2013), S. 174.

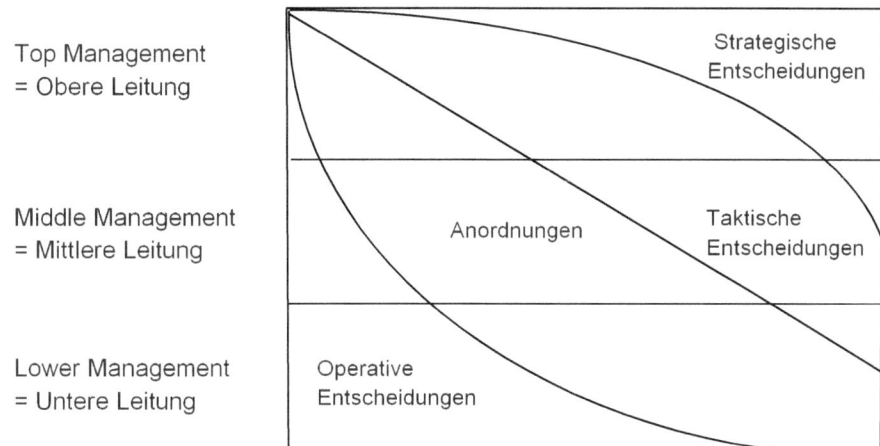

Abb. 3-9: Tätigkeitsschwerpunkte der Instanzenebenen

Zu den Hauptaufgaben des **Top Managements** (Oberste Leitung) zählen insb. die **strategischen Entscheidungen**. Es handelt sich um langfristige, rahmenschaffende Vorgaben von weitreichender Bedeutung, die auf **unsicheren Informationen** beruhen. Risikoausmaß und Flexibilitätsgrad sind sehr hoch. Strategische Entscheidungen betreffen etwa die generellen Ziele des Unternehmens, die Sicherung von Erfolgspotenzialen, den Fortbestand des Unternehmens in der derzeitigen oder einer anderen Form und die Richtung, in die sich das Unternehmen entwickeln soll.[73] Beispiele für Top-Manager sind Geschäftsführer und Vorstände.

Instanzen, die zum **Middle Management** (Mittlere Leitung) gehören, sind hauptsächlich mit **taktischen Entscheidungen** und entsprechenden Anordnungen an ihre Mitarbeiter befasst. Sie konkretisieren die vom Top Management vorgegebenen Ziele und Strategien in ihrem jeweiligen Verantwortungsbereich,[74] bestimmen geeignete Maßnahmen zur Zielerreichung, geben die entsprechenden Weisungen an ihre unterstellten Mitarbeiter und überwachen deren Umsetzung. Es geht auf dieser Ebene vor allem um die mittelfristige Veränderung und Verbesserung der Leistungspotenziale.

Instanzen, die zum Middle Management gehören, haben andere **Instanzen unter und über sich**, weshalb man auch von der **Sandwich-Funktion** des Middle Managements spricht. Zum Middle Management zählen i.d.R. Werksleiter, Hauptabteilungs- und Abteilungsleiter.

Das **Lower Management** (Untere Leitung) ist in erster Linie mit **operativen Entscheidungen und entsprechenden Anordnungen** beschäftigt. Sie betreffen das tägliche Betriebsgeschehen. Dispositive Entscheidungen mit mittelfristiger Bedeutung, die schwerpunktmäßig auf die Veränderung und Verbesserung der Leistungspotenziale gerichtet sind, findet man hier eher selten. Im Mittelpunkt stehen die ordnungsgemäße Erfüllung der routinemäßigen Leis-

---

[73] Vgl. Rahn/Mintert (2019), S. 34 f.; Braunschweig (1998), S. 89 f.

[74] Vgl. Klimmer (2016), S. 49.

tungsprozesse, die Quantität und Qualität der aktuellen Ergebnisse sowie die optimale Nutzung der vorhandenen Ressourcen. Die zu treffenden Entscheidungen beruhen auf relativ **sicheren Informationen**. Instanzen des Lower Managements sind z.B. Gruppen-/Teamleiter und Meister. Das Lower Management füllt den Rahmen aus, der ihm vom Middle und Top Management vorgegeben wird. Es richtet sich mit seinen Entscheidungen und Anweisungen an die Ausführungsstellen.

Eine **eindeutige Abgrenzung** der drei Gruppen ist nur schwer möglich. Zwar lässt sich die unterste Instanzenebene immer dem Lower Management und die oberste stets dem Top Management zuordnen, dazwischen liegen aber meist mehrere Hierarchieebenen, die nicht alle notwendigerweise zum Middle Management gehören. Ist etwa der Leiter eines Unternehmensbereichs auf der zweiten Hierarchieebene dazu befugt, selbständig strategische Entscheidungen für seine Business Unit zu treffen oder zumindest in größerem Umfang daran mitzuwirken, dann befasst er sich mit den sog. originären Leitungsaufgaben, die die Entwicklung und Veränderung seines Geschäftsbereichs als Ganzes betreffen, womit er zum Top Management zu zählen ist, obwohl er noch eine Hierarchieebene über sich hat. Manchmal spricht man in der Praxis hier auch vom **Upper Management**, das zwischen Top und Middle Management angesiedelt wird.

Gehören diese Entscheidungen jedoch nicht oder nur in Ausnahmefällen zum Aufgabenbereich dieser Instanz, so ist sie Teil des Middle Managements. Je nach Ausgestaltung der Stelle kann es von Unternehmen zu Unternehmen also unterschiedlich sein, welcher Managementebene eine Instanz zugerechnet wird, obwohl sie in unserem Beispiel stets auf der zweiten Hierarchieebene angesiedelt ist und vielleicht sogar genau die gleiche Bezeichnung hat.

Abschließend sei erwähnt, dass die Begriffe **Lower Management** bzw. untere Leitung oder gar unterste Leitung **in der Praxis sehr selten verwendet** werden. Bereits aus Motivationsgründen wird meist vermieden, eine Instanz, deren Stelleninhaber häufig – wegen sehr guter Leistungen – von einer Ausführungsstelle zum Management aufgestiegen ist, als „unterste Ebene" zu bezeichnen. Stattdessen wird auch bei den unteren Instanzen vom mittleren Management gesprochen.

Welche **Leitungsaufgaben** eine Instanz zu erfüllen hat, hängt vom Aufgabengebiet der Abteilung ab.

Neben dem

- Treffen von Entscheidungen,
- den daraus folgenden Weisungen an die unterstellten Einheiten und
- der Übernahme von Fremdverantwortung für die unterstellten Mitarbeiter und die Abteilung

müssen die Instanzen weitere Leitungsaufgaben in ihren Abteilungen erfüllen, wie

- Zielsetzung,
- Planung,
- Organisation,

- Repräsentation und

- Kontrolle.

Wie aus Abb. 3-10 ersichtlich, haben alle Instanzen zusätzlich zu ihren Leitungsaufgaben auch Ausführungsaufgaben wahrzunehmen. Das Ausmaß unterscheidet sich allerdings sehr deutlich zwischen den Hierarchieebenen. Während im Lower Management mehr Ausführungsaufgaben als Leitungsaufgaben anfallen, ist das Top Management fast ausschließlich mit Leitungsaufgaben befasst.

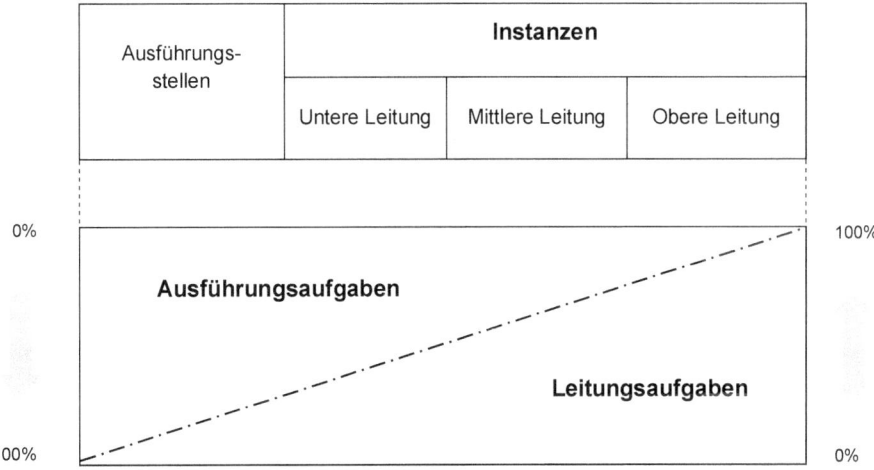

Abb. 3-10: Ausführungs- und Leitungsaufgaben der Instanzenebenen

Nach der **Anzahl der Aufgabenträger** gliedert man Instanzen (Leitungshauptstellen) in

- Singularinstanzen und

- Pluralinstanzen.

Man findet auch die Bezeichnungen Direktoral- und Kollegialinstanz.

Im Normalfall ist eine Instanz eine Einpersonen-Stelle mit Entscheidungs- und Weisungsbefugnis für die ihr untergeordneten Stellen und somit eine **Singularinstanz**. Sie wird von einem einzelnen Stelleninhaber besetzt, der für seine Abteilung Entscheidungen trifft, Weisungen erteilt und Verantwortung übernimmt.

Im Top Management ist es jedoch verbreitet, dass eine Stelle nicht nur von einer Person, sondern von einer Personenmehrheit besetzt ist. Es handelt sich dann aus organisatorischer Sicht um **eine** Mehrpersonen-Stelle auf höchster Ebene, die als **Pluralinstanz** bezeichnet wird. Sie besteht aus einer Personengruppe, deren Willensbildung nach festgelegten Abstimmungsregeln erfolgt und die anschließend als Einheit mit einem einheitlichen Willen gegenüber internen und externen Einheiten auftritt und handelt. Sie tritt also als Ganzes auf, obwohl die Aufgaben unter den Mitgliedern der Pluralinstanz aufgeteilt werden.[75]

Ein Mitglied einer Pluralinstanz kann in Personalunion gleichzeitig eine Singularinstanz sein. So ist ein Personalleiter, welcher Geschäftsführungsmitglied ist, in seiner Personalabteilung die Singularinstanz und bezüglich der Geschäftsführung zusätzlich Teil einer Pluralinstanz.

Bei der **Willensbildung** der Pluralinstanzen haben sich in der Praxis verschiedene Formen herausgebildet:[76]

- **Primatkollegialität**: Hier kommt der Stimme des Vorsitzenden bei Abstimmungen ein höheres Gewicht zu als den Stimmen der anderen Mitglieder, d.h. bei Stimmengleichheit steht ihm eine Zweitstimme zu.

- **Abstimmungskollegialität**: Beschlüsse sind stets Mehrheitsbeschlüsse, bei denen die Stimmen aller Mitglieder der Pluralinstanz das gleiche Gewicht haben. Bei diesem Verfahren ist darauf zu achten, dass die Pluralinstanz aus einer ungeraden Anzahl von Mitgliedern besteht.

- **Kassationskollegialität**: Die Entscheidung eines Mitglieds der Pluralinstanz ist nur dann wirksam, wenn sie von einem anderen Mitglied gegengezeichnet wird. Fehlt es an dieser sog. Kontrasignatur, ist die Entscheidung unwirksam.

- **Direktorialprinzip**: Der Vorsitzende der Pluralinstanz trifft die letzte Entscheidung. Er kann auch entgegen dem Willen aller anderen Mitglieder der Kollegialinstanz für diese handeln.

- **Ressortkollegialität**: Jedes Mitglied der Pluralinstanz hat einen eigenen Entscheidungsbereich, in dem es allein die Entscheidungen trifft. Nur in wenigen, genau definierten Bereichen erfolgt eine gemeinsame Willensbildung aufgrund eines der obigen Verfahren.

Vorteile von Pluralinstanzen gegenüber Singularinstanzen:

- Indem auf die unterschiedlichen Qualifikationen und Erfahrungen mehrerer Stelleninhaber zurückgegriffen werden kann, erhofft man sich hochwertige und ausgewogene Entscheidungen.

- Durch die gegenseitige Kontrolle der Mitglieder der Pluralinstanz wird einem Machtmissbrauch einzelner vorgebeugt.

- Scheidet ein Stelleninhaber aus, ist dadurch nicht das Unternehmen gefährdet, wie dies bei einer Singularinstanz auf der höchsten Hierarchieebene der Fall sein könnte.

---

[75] Vgl. Schmidt/Konz (2019), S. 82.

[76] Vgl. ebd., S. 209 ff., Schulte-Zurhausen (2013), S. 207; Kosiol (1976), S. 125 ff.

Als **Nachteil** erweist sich oft, dass die Entscheidungsfindung langwieriger ist, da starke und selbstbewusste Persönlichkeiten aufeinander treffen, die es gewohnt sind, ihren Willen durchzusetzen und selbständig zu handeln und sich nun immer wieder abstimmen müssen.

Schließlich werden Instanzen auch noch nach den möglichen **Wirkungen ihrer Entscheidungen außerhalb der eigenen Abteilung** in

- **Stabsinstanzen** und
- **Linieninstanzen**

differenziert.

Als **Stabsinstanz** wird der Vorgesetzte einer Stabsabteilung bezeichnet. Die wesentliche Aufgabe dieser Abteilungen besteht in der Unterstützung und Beratung für i.d.R. die oberen Hierarchieebenen. Typische Stabsabteilungen sind die Rechtsabteilung, die EDV-Abteilung, die Interne Revision oder die Strategische Planungsabteilung.

Linieninstanzen sind Vorgesetzte von Abteilungen, die vornehmlich dem primären Zweck des Unternehmens dienen, z.B. Einkauf, Marketing, Vertrieb, Produktionsabteilung.

Die Stabsinstanz verfügt gegenüber ihren Mitarbeitern über die gleichen Rechte und Pflichten wie jede andere Instanz, sie hat insbesondere Fremdentscheidungs-, Weisungs- und Kontrollbefugnis. Insofern unterscheiden sich Stabsinstanzen nicht von Linieninstanzen.

Der wesentliche Unterschied zwischen Linieninstanzen und Stabsinstanzen besteht darin, wie sich ihre **Entscheidungen außerhalb der eigenen Abteilung auswirken**.

Entscheidungen von Linieninstanzen können sich auf andere Abteilungen auswirken. Wenn der Leiter des Marketings beispielsweise entsprechend seiner Entscheidungsbefugnisse eine Werbekampagne für ein bestimmtes Produkt startet, wirkt sich seine Entscheidung zunächst und in erster Linie auf die ihm unterstellten Mitarbeiter aus, die seine Vorstellungen umsetzen und seine Anweisungen ausführen müssen. Zudem ergeben sich aber auch (oft erhebliche) **Konsequenzen für andere Abteilungen**. Da durch diese Aktion die Verkaufszahlen steigen sollen, müssen in der Produktionsabteilung mehr Produkte hergestellt werden. Die Einkaufsabteilung muss rechtzeitig mehr Rohstoffe bereitstellen. Die erhöhte Produktion führt eventuell dazu, dass Überstunden notwendig sind oder Leiharbeitskräfte eingestellt werden müssen, hier kommt die Personalabteilung ins Spiel.

Entscheidungen von Stabsinstanzen wirken sich dagegen **nur innerhalb** der eigenen Abteilung aus. Wie eine Linieninstanz trifft auch die Stabsinstanz Entscheidungen und gibt Anweisungen an ihre unterstellten Mitarbeiter, die von diesen ausgeführt werden. Insoweit besteht noch kein Unterschied zwischen Stabs- und Linieninstanz.

Die Ergebnisse der Entscheidungen und Weisungen der Stabsinstanz münden jedoch in eine **Entscheidungsvorlage** für deren übergeordnete Linieninstanz, z.B. den Vorstand. Diese Linieninstanz trifft anschließend die endgültige Entscheidung darüber, welcher Vorschlag der Stabsabteilung realisiert werden soll, und ihre Entscheidung wirkt sich dann auf andere Instanzen und Abteilungen aus.

3.2.5.3 Leitungshilfsstellen

Stellen, die der Erfüllung von Leitungsaufgaben auf **indirektem Wege** durch die Unterstützung der Instanzen beitragen, werden als **Leitungshilfsstellen** bezeichnet. Wie der Name sagt, helfen sie den Instanzen (Leitungshauptstellen) dabei, **ihre Leitungsaufgaben** zu erfüllen. Sie sind i.d.R. den oberen Instanzenebenen zugeordnet und sind nicht direkt an der Erledigung der betrieblichen Hauptaufgaben – etwa dem Einkauf, der Produktion oder dem Vertrieb – beteiligt.

Wie die Ausführungsstellen arbeiten auch die Leitungshilfsstellen ihrem direkten Vorgesetzten zu. Sie unterscheiden sich von den Ausführungsstellen dadurch, dass sie gemeinsam mit den Instanzen (Leitungshauptstellen) am **Entscheidungsprozess für andere Einheiten** beteiligt sind, d.h. sie erfüllen Aufgaben **der** Instanzen (Leitungsaufgaben), während Ausführungsstellen Aufgaben **für die** Instanzen erfüllen.

Leitungshilfsstellen übernehmen also Leitungsaufgaben, obwohl sie keine Instanzen sind. Aufgrund dieser **besonderen Art von Unterstützungsfunktion** bei der Erfüllung der Leitungsaufgaben, gehören Leitungshilfsstellen **neben den Instanzen** (Leitungshauptstellen) **zu den Leitungsstellen**. Allerdings haben sie grundsätzlich – bis auf wenige Sonderfälle – keine direkte Entscheidungsbefugnis für andere Stellen und keine Weisungsbefugnis.

Die Abb. 3-11 stellt einen üblichen **Entscheidungsprozess** dar, in den die Leitungshilfsstellen involviert sein können. Wenn einer Leitungshauptstelle keine Leitungshilfsstellen zugeordnet sind, muss sie alle Phasen des Entscheidungsprozesses allein bewältigen. Entscheidungen sind kein punktueller Akt, sondern laufen in mehreren Phasen ab. In der Abb. 3-11 ist ein Entscheidungsprozess mit sieben Phasen dargestellt, die teilweise selbst wiederum als Prozess ablaufen.

Die Realisation der Entscheidung, die zwischen Phase sechs und sieben liegt, ist kein Teil des Entscheidungsprozesses und trägt deshalb keine fortlaufende Ziffer. Sie ist jedoch notwendig als Voraussetzung für Phase sieben, die Kontrolle.

Die einzelnen Phasen werden lediglich idealtypisch in der dargestellten Reihenfolge durchlaufen. In der Praxis läuft ein Entscheidungsprozess zumeist in Schleifen ab, es finden also **Rückkopplungen** statt. Wird etwa bei Phase 4, der Alternativenbewertung, klar, dass einige Probleme, die die Zielerreichung gefährden könnten, nicht umfassend bedacht wurden, kehrt man zur Phase 2, der Problemerkennung, zurück und durchläuft den Prozess von hier aus nochmals. Erkennt man dann bei Phase 5, der Auswahl, dass noch entscheidungsrelevante Informationen fehlen, geht man wieder zur Phase 3, der Informations- und Alternativensuche, und beginnt den Prozess von dort aus erneut.

Da Leitungshilfsstellen normalerweise keine Fremdentscheidungs- und auch keine Weisungsbefugnis besitzen, beschränkt sich ihre Unterstützung auf diejenigen Phasen des Entscheidungsprozesses, an deren Ende keine „Entscheidung im engeren Sinn" steht, d.h. auf die Phasen 2, 3, 4 und 7.

Die Phasen 1, 5 und 6 sind nicht an Leitungshilfsstellen delegierbar, sondern müssen von der vorgesetzten Instanz selbst durchgeführt werden, sie werden als **originäre Instanzenaufgaben** bezeichnet.

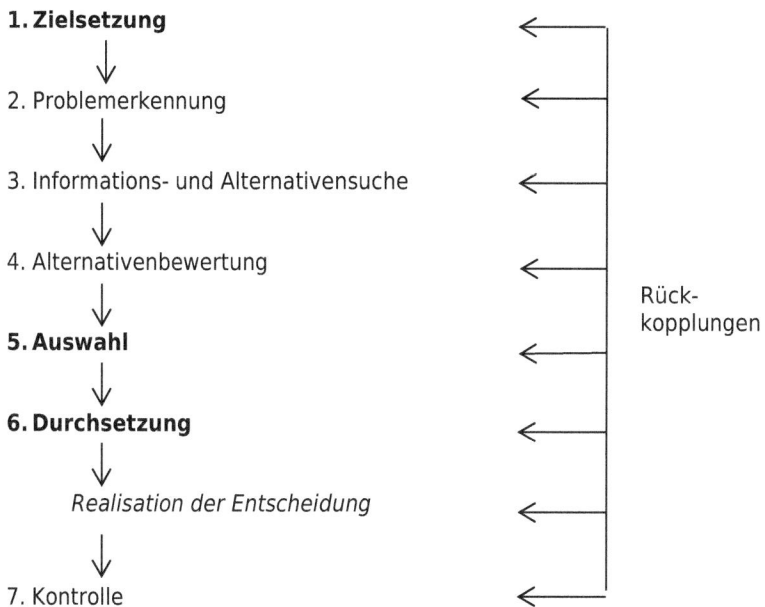

Abb. 3-11: Phasengliederung eines Entscheidungsprozesses

Man unterscheidet diese **Arten von Leitungshilfsstellen**:

- Stabsstellen
- Assistenten (Management Associates)
- Stellen mit begrenzter funktionaler Autorität (Dienstleistungsstellen)
- Ausschüsse

Die Abb. 3-12 fasst die wichtigsten Merkmale der Leitungshilfsstellen zusammen.

Eine **Stabsstelle**, z.T. auch **Stabsspezialist** genannt, hat die Aufgabe, die qualitative und quantitative Entscheidungskapazität der Instanz, der sie zugeordnet ist, zu erhöhen.

Ihre Aufgaben sind insbesondere:

- Sammeln und Aufbereiten von Informationen
- Bewertung von Entscheidungsalternativen
- Empfehlungen zur Alternativenauswahl geben
- Unterstützung bei Überwachungs- und Kontrollaufgaben

Leitungshilfsstellen

Art der Leitungs-hilfs-stelle Merkmale	Assistent, Stabs-generalist (Management Associate)	Stab, Stabsspezialist	Stelle mit begrenz-ter funktionaler Autorität, Dienst-leistungsstelle, Querschnittsein-heit	Ausschuss, Gremium, Kollegium
Ziele	Entlastung der oberen Instanzen	Entlastung der oberen Instanzen	Entlastung der oberen Instanzen	Entlastung auf allen Ebenen
Aufgabenstellung	wechselnd, kaum vorhersehbar	überwiegend dau-erhaft und vorher-sehbar	dauerhaft und vorhersehbar	dauerhaft oder einmalig
„Stellenwert" der Aufgabe	Hauptaufgabe	Hauptaufgabe	Hauptaufgabe	Zusatzaufgabe
Aufgabenart	Detailaufgaben	Spezialaufgaben	Spezialaufgaben	Spezialaufgaben
Entscheidungs- und Anordnungs-kompetenz	keine	keine	auf Teilgebiet	keine, bzw. auf Teilgebiet
Erforderliche Kenntnisse	breite Fachkennt-nisse und sehr gu-ter Überblick	spezielle Fach-kenntnisse und Detailkenntnisse	sehr gute Fach-kenntnisse	spezielle Kennt-nisse des Problems
Beispiele	Persönlicher Referent, Vor-standsassistent	Planungsstab, Interne Revision	Controlling, Rechtsabteilung, EDV-Abteilung	Investitionsaus-schuss, Fachbereichsrat

Abb. 3-12: Überblick über die Leitungshilfsstellen

Stabsstellen sind auf einzelne dieser Aufgaben spezialisiert und führen nicht alle genannten Aufgaben aus. In größeren Unternehmen verfügt das Top Management oft über mehrere Stäbe oder auch ganze Stabsabteilungen.[77]

Für ihre **Spezialaufgaben** benötigen Stabsstellen neben fundiertem fachlichem Grundwissen besondere Detailkenntnisse. Die Mitarbeiter einer Stabsstelle haben in der Regel eine wissenschaftliche Ausbildung in Form eines Studiums durchlaufen. Sie erhalten oft zusätzliche unternehmensinterne Schulungen, bevor sie ihre Aufgaben übernehmen. Stabsarbeit ist eine **dauerhafte Hauptaufgabe**, deren Inhalte weitgehend vorhersehbar sind. Stäbe sind normalerweise direkt einer Instanz der **oberen Hierarchieebenen** zugeordnet. Sie arbeiten oft im Team. Beispiele sind (strategische) Planungsstäbe in Großunternehmen sowie die Interne Revision, die vor allem Kontrollaufgaben wahrnimmt. Stäbe haben grundsätzlich keine Fremdentscheidungsbefugnis und keine Weisungsrechte. Die übergeordnete Instanz kann die Vorschläge ihrer Stäbe jedoch oft aus zeitlichen Gründen oder auch wegen teilweise fehlender fachlicher Detailkenntnisse kaum in allen Einzelheiten nachvollziehen. Deshalb richtet sie sich

---

[77] Vgl. Neuwirth (2004), Sp. 1349 ff.

häufig nach diesen Vorschlägen und entscheidet im Sinne der Stabsstelle. Dennoch haben Stabsstellen keine Befugnis, die Entscheidung selbst zu treffen. Sie bleibt der Instanz vorbehalten, die wiederum nicht verpflichtet ist, sich an die Empfehlungen ihres Stabs zu halten. Da Entscheidungsvorbereitung und Entscheidung also getrennt sind, kann es zu Spannungen zwischen Stab und Instanz kommen. Frustration und Motivationsmangel bei den Stabsstellen sind häufige Folgen.

Stabsstellen haben keine formalen Möglichkeiten, sich bei diesen Konflikten gegenüber ihrer vorgesetzten Instanz durchzusetzen.[78] Wenn die Instanz die Empfehlungen jedoch regelmäßig nicht akzeptiert und häufig abweichende Entscheidungen trifft, muss sie sich die Frage gefallen lassen, ob sie überhaupt eine derartige Entlastung benötigt. Des Weiteren muss sie sich nach oben, gegenüber ihrer übergeordneten Instanz, rechtfertigen, weshalb sie die Vorschläge des Spezialisten, ignoriert. Deshalb kommt es in der Praxis vor, dass Entscheidungsvorlagen ohne nennenswerte Überprüfung von der Instanz einfach übernommen und abgezeichnet werden. Man spricht dann von einer **Quasi-Entscheidung der Stabsstelle**, da sie de facto vor-„entscheidet" und die Instanz die Vorgabe nur noch formal mit ihrer Unterschrift bestätigt. Die Verantwortung für diese Entscheidung und für die sich daraus ergebenden Konsequenzen trägt jedoch in diesem wie in allen Fällen stets die Instanz.

Auch **Assistenten** – z.T. als **Stabsgeneralisten** bezeichnet[79] – haben die Aufgabe, ihre übergeordnete Instanz zu entlasten. Sie sind an den Leitungsaufgaben ihres Vorgesetzten beteiligt, indem sie wechselnde **Detailaufgaben** des Vorgesetzten übernehmen. Dazu benötigen sie umfangreiche, breite Fachkenntnisse und einen sehr guten Überblick über das Fachgebiet ihres Vorgesetzten. Assistenten sind meist den Instanzen der ersten und zweiten Hierarchieebene unterstellt. Beispiele sind persönlicher Referent, Vorstandsassistent und Adjutant.

In der Praxis handelt es sich i.d.R. um Mitarbeiter, die nach ihrem Studium frisch ins Berufsleben einsteigen oder eine geringe erste Berufserfahrung gesammelt haben. Dem Vorgesetzten kommt es dabei weniger auf die eigentliche Arbeitsentlastung an sich an, als vielmehr auf neue Impulse und unvoreingenommene, kreative Ideen.

Assistenten lernen dadurch früh hochwertige **Führungsaufgaben** kennen und wirken an der Lösung komplexer Probleme der höheren Hierarchieebenen mit. Gleichzeitig knüpfen sie Kontakte, die für ihr späteres Berufsleben von großer Bedeutung sein können. Die Aufgaben, die ein Assistent ausführt, hängen von seinem direkten Vorgesetzten ab. Er kann Teile seiner Routinetätigkeiten auf ihn abwälzen, er kann ihn aber auch an der Vorbereitung sehr bedeutsamer Entscheidungen teilhaben lassen.

In letzter Zeit werden in der Praxis häufig **Sekretariatsstellen** als Assistenz bezeichnet. Die Unterschiede sind jedoch aus theoretischer Sicht erheblich. Anders als Assistenten sind Sekretariate **nicht mit Leitungsaufgaben betraut**. Bei diesen Stellen handelt es sich vielmehr um **Ausführungsstellen** mit einer **eigenen** dauerhaften, vorhersehbaren Aufgabenstellung und nicht um Leitungshilfsstellen, die wechselnde Aufgaben aus dem Aufgabegebiet ihres

---

[78] Vgl. Vahs (2019), S. 76.

[79] Vgl. Bea/Göbel (2019), S. 255.

Vorgesetzen übernehmen. Auch die Qualifikation ist eine ganz andere. Sekretariatsstellen haben eigenständige Aufgaben und arbeiten **für** ihre Vorgesetzten. Assistenten (Stabsgeneralisten) bearbeiten unterschiedliche Aufgaben **des** Vorgesetzten und unterstützen ihn bei **seinen** Vorgesetztenentscheidungen.

Neuerdings verwendet man in der Praxis zur Abgrenzung zwischen Sekretariats- und Assistentenstellen öfter die Bezeichnung **Management Associates** für die echten Assistentenstellen. Die in der Literatur zu findende Bezeichnung Stabsgeneralist hat sich dagegen nicht durchgesetzt.

In der Praxis können die Übergänge zwischen beiden Stellenarten fließend sein.

Die dritte Gruppe der Leitungshilfsstellen bilden die **Dienstleistungsstellen**,[80] die auch als Zentralstellen, Servicestellen oder als Querschnittseinheiten bezeichnet werden. Auch die Bezeichnung **Stellen mit begrenzter funktionaler Autorität** ist üblich. Sie unterstützen mehrere – im Extremfall alle – Instanzen des Unternehmens. In der Regel wird aufgrund des großen Aufgabenumfangs dann nicht nur eine einzelne Stelle, sondern gleich eine ganze Abteilung geschaffen. Beispiele sind die Rechtsabteilung, die Personalabteilung oder das Controlling.

Dienstleistungsstellen erfüllen dauerhaft anfallende **Spezialaufgaben**, die eigentlich zu den **originären Instanzenaufgaben** gehören, jedoch nicht abteilungsspezifisch, sondern bereichsübergreifend geregelt werden sollen. Da die Unternehmensleitung eine einheitliche Handhabung dieser sog. **Querschnittsaufgaben** verlangt, werden sie nicht in den einzelnen Abteilungen von den dortigen Instanzen durchgeführt. Sie werden aus deren Aufgabenkomplexen herausgenommen und auf die Dienstleistungsstellen übertragen. Zum Beispiel soll ein für alle Abteilungen gültiges Kennzahlensystem verwendet werden oder bei der Auswahl von Führungsnachwuchs ist eine unternehmenseinheitliche Vorgehensweise vorgesehen. Derartige Aufgaben werden Querschnittseinheiten übertragen, die für die **Einheitlichkeit** sorgen.

Um ihre Leitungsaufgaben erfüllen zu können, sind die Dienstleistungsstellen im Gegensatz zu den anderen Leitungshilfsstellen mit **Fremdentscheidungs- und Weisungsbefugnis** ausgestattet, die sich allerdings auf zuvor genau definierte Funktionsbereiche beschränkt. Deshalb wird auch von **Stellen mit begrenzter funktionaler Autorität** gesprochen.

Querschnittseinheiten sind normalerweise in den oberen Hierarchieebenen angesiedelt. Auf diese Weise wird sichergestellt, dass sie von allen Instanzen gleichermaßen in Anspruch genommen werden können und ihre Entscheidungen und Weisungen Gewicht haben.

Ausschüsse, auch Gremien oder Kollegien genannt, gehören ebenfalls zu den Leitungshilfsstellen. Sie bestehen immer aus mehreren Personen. Im Gegensatz zu den Aufgaben der anderen Leitungshilfsstellen handelt es sich bei der Ausschussarbeit nicht um eine Hauptaufgabe, sondern um eine **Nebentätigkeit**, welche die Mitglieder zusätzlich zu ihrer eigentlichen Stellenaufgabe erfüllen. So kann der Leiter der Abteilung Finanzwesen z.B. gleichzeitig dem Investitionsausschuss angehören.

---

[80] Vgl. Jones/Bouncken (2008), S. 47.

Ein Ausschuss wird gebildet, wenn ein **befristetes Sonderproblem** zu lösen ist, für das man das Wissen und die Erfahrungen mehrerer Personen benötigt.[81] Anderseits ist die Aufgabe nicht so umfangreich oder bedeutend, dass sie ein eigenständiges Projekt rechtfertigen würde (zur Projektorganisation vgl. Kapitel 4.2.7).

Die Ausschussmitglieder treffen sich zu Besprechungen und legen Teilaufgaben für die Beteiligten fest. Je nach Themenstellung können die Sitzungen regelmäßig, z.B. monatlich, oder unregelmäßig und vorübergehend stattfinden. So ist ein Investitionsausschuss ein Gremium, das sich in regelmäßigen Abständen trifft und dauerhaft besteht, während ein Festkomitee zur Gestaltung der 100-Jahr-Feier des Unternehmens eine einmalige, vorübergehende Aufgabe hat und danach aufgelöst wird. Die Beispiele zeigen, wie flexibel sich Ausschüsse einsetzen lassen. In der Praxis gibt es Ausschüsse auf allen Hierarchieebenen und in allen Unternehmensbereichen.

Die beteiligten Stellen können

- funktionsübergreifend der gleichen Hierarchieebene,
- hierarchieübergreifend einer Funktion oder
- unterschiedlichen Unternehmensbereichen und Hierarchiestufen entstammen.

Je nach Aufgabenstellung haben die Gremien unterschiedliche **Entscheidungs- und Weisungsbefugnisse**. Man unterscheidet:[82]

- **Informationsausschüsse**, die lediglich dem Austausch von Informationen unter den Mitgliedern dienen und alle Beteiligten auf den gleichen Kenntnisstand bringen sollen
- **Beratungsausschüsse**, die über Vor- und Nachteile möglicher Alternativen beraten und darauf aufbauend Entscheidungen vorbereiten, diese jedoch nicht selbst treffen
- **Ausführungsausschüsse**, die Maßnahmen, die von anderen Organisationseinheiten beschlossenen wurden, umsetzen
- **Entscheidungsausschüsse**, die nach der Beratung über die beste Alternative auch selbst die Entscheidung treffen. Sie unterscheiden sich von Pluralinstanzen dadurch, dass ihre Mitglieder die Tätigkeit nebenamtlich ausführen und es sich um Sonderaufgaben handelt
- **Kontrollausschüsse**, die mit der Überwachung zuvor festgelegter Aufgaben betraut sind

Die Ausschussarbeit bringt direkte Kommunikation und Nutzung unterschiedlicher Erfahrungen und Qualifikationen mit sich. Andererseits besteht die Gefahr, dass sie viel Zeit in Anspruch nimmt, es zu Machtkämpfen kommen kann und Probleme oft zerredet, statt gelöst werden. Außerdem werden die Ausschussmitglieder zusätzlich zu ihrer Hauptaufgabe mit der Ausschussarbeit belastet.

---

[81] Vgl. Scherm/Pietsch (2007), S. 166 f.

[82] Vgl. Kahle (2004), Sp. 71 ff.

3.2.5.4 Ausführungsstellen

Ausführungsstellen setzen die Entscheidungen ihrer vorgesetzten Instanzen um. Sie arbeiten wie die Leitungshilfsstellen den Instanzen zu, übernehmen aber keine Tätigkeiten aus dem direkten Aufgabenbereich der Instanzen und sind auch nicht an deren Entscheidungsprozess für andere Einheiten beteiligt. Sie haben **weder Fremdentscheidungsbefugnis noch Weisungs- oder Kontrollrechte**. Sie treffen jedoch Entscheidungen bei der Erfüllung ihrer eigenen Aufgaben im Rahmen ihrer Entscheidungsspielräume. Für ihre Handlungen und deren Ergebnisse müssen die Ausführungsstellen – ebenso wie alle anderen Stellen – entsprechend dem **Kongruenzprinzip** Verantwortung übernehmen.

Die Entscheidungsspielräume der Ausführungsstellen sind unterschiedlich. Obwohl sie die untere hierarchische Ebene im Unternehmen bilden, bedeutet dies nicht zwangsläufig, dass das Qualifikationsniveau dieser Stelleninhaber niedrig wäre. Das Spektrum der Tätigkeitsmerkmale und Anforderungen ist sehr vielfältig. So gehören zu den Ausführungsstellen z.B. Lagerarbeiter ebenso wie hochqualifizierte Experten im Finanzbereich, in der Rechtsabteilung, dem Controlling oder in der IT-Abteilung, sofern sie keine Fremdentscheidungsbefugnisse haben. Auch Wissenschaftler, die an der Lösung komplexer Probleme arbeiten und Verantwortung für ein Forschungsbudget in Millionenhöhe übernehmen, sind Ausführungsstellen, wenn ihnen keine Mitarbeiter unterstellt sind.

Die Abgrenzung zwischen Ausführungsstelle und Instanz richtet sich also nicht nach der Qualifikation, sondern danach, ob die Stelle mit Personalverantwortung ausgestattet ist oder nicht.

Ausführungsstellen werden zusammen mit Instanzen als **Linienstellen** bezeichnet, weil sie in der optischen Darstellung der Aufbauorganisation – dem Organigramm – mit durchgezogenen Linien, die die Über- und Unterstellungsverhältnisse aufzeigen, verbunden werden.

Die Beziehungen zwischen den Instanzen und den Leitungshilfsstellen werden dagegen im Organigramm optisch mit gestrichelten oder gepunkteten Linien dargestellt, weshalb letztere manchmal auch **Dotted-line-Positions** genannt werden.

3.2.6 Stellenbemessung

Bei der Stellenbildung stellt sich die Frage, wie viele Einheiten für einen Aufgabenkomplex benötigt werden. Ging es bislang um die qualitativen Aspekte bei der Stellenbildung, steht jetzt die quantitative Komponente, d.h. die **Personal- oder Stellenbemessung**, im Vordergrund.

Die Stellenbemessung ist von der **Stellenbesetzung** zu unterscheiden, bei der eine konkrete Person als Stelleninhaber ausgewählt wird.

Je nachdem ob eine völlig neue Organisation geschaffen oder eine bestehende Organisation an neue Gegebenheiten angepasst wird, bieten sich bei der Stellenbemessung unterschiedliche Methoden an. Grundsätzlich ist darauf zu achten, dass nicht nur von der Vergangenheit ausgegangen wird, sondern auch Entwicklungen, etwa technologische oder Marktanforderungen oder neue gesetzliche Regelungen, berücksichtigt werden. In der Regel kommen mehrere Methoden gleichzeitig zum Einsatz.

Bei **vergangenheitsorientierten Methoden** wie Trendextrapolationen und Regressions- und Korrelationsrechnungen werden statistische Erfahrungswerte aus vorangegangenen Perioden zugrunde gelegt. Dabei wird davon ausgegangen, dass Daten aus der Vergangenheit Aufschluss über künftige Entwicklungen geben können und die Zukunft sich wie die Vergangenheit entwickelt.

Bei **zukunftsorientierten Methoden** wie der Delphi-Methode oder der Szenario-Technik, die bei der Prognosen- und Kreativitätsforschung eingesetzt werden, werden Experten systematisch zu ihren Einschätzungen über künftige Entwicklungen befragt. Ihre Ergebnisse werden verglichen, ausgewertet und ggf. revidiert bzw. angepasst.

Beide Methoden werden nahezu ausschließlich von Großunternehmen eingesetzt. Sie kommen vor allem dann zum Einsatz, wenn es um die Stellenbemessung bei der Bildung oder der Auslagerung **kompletter Unternehmensbereiche** geht.

Verbreiteter sind **einfacher zu handhabende Vorgehensweisen** wie:[83]

- Schätzungen
- Kennzahlenmethoden
- Arbeitsplatzmethoden
- arbeitswissenschaftliche Methoden

In der Praxis sind insbesondere **Schätzverfahren** populär. Sie führen jedoch nicht zu objektiven Aussagen, da Intuition und Erfahrung der Schätzer in das Ergebnis einfließen.

Bei **einfachen Schätzungen**, wie sie in vielen Klein- und Mittelunternehmen üblich sind, werden die Vorgesetzten danach befragt, wie viele Stellen voraussichtlich zur Bearbeitung eines Aufgabenkomplexes benötigen werden. Dies ist keine systematische Ermittlung, sie beruht vielmehr auf den subjektiven Eindrücken einzelner Personen.

Expertenbefragungen erfassen die Schätzungen mehrerer kompetenter Fachleute. Das können externe oder interne Berater oder Führungskräfte des Unternehmens sein. Aus den Einzelurteilen wird ein Gesamtergebnis gebildet. Es wird den Experten in der Regel zur Überprüfung und ggf. Korrektur ihrer eigenen Urteile vorgelegt. Die geänderten Angaben werden erneut ausgewertet und zu einem genaueren Gesamtergebnis verdichtet.

Eine typische **Kennzahl**, die bei der Stellenbemessung herangezogen wird, ist die Arbeitsproduktivität. Dabei wird eine Ergebnisgröße in Beziehung zum Arbeitseinsatz gesetzt. Dies können z.B. die Produktionsmenge pro Zeiteinheit, Kunden pro Mitarbeiter, bearbeitete Aufträge pro Arbeitstag oder der Umsatz eines Mitarbeiters pro Monat sein. Man geht davon aus, dass es jeweils ein **festes sinnvolles Verhältnis** gibt. Dann führt z.B. eine Änderung der Kundenzahl zu einer Veränderung der benötigten Stellenzahl im Vertrieb. Im Groß- und Einzelhandel wird häufig ein üblicher Pro-Kopf-Umsatz herangezogen. Soll der Umsatz steigen, muss die Anzahl der notwendigen Stellen erhöht werden. Auch die Arbeitskräftestruktur wird häufig als Kennzahl verwendet. In diesem Fall werden die einzelnen Gruppen von Arbeitskräften zuein-

---

[83] Vgl. ausführlich Nicolai (2007), S. 508 ff.

ander ins Verhältnis gesetzt. Man ermittelt beispielsweise typische Verhältnisse zwischen Facharbeitern und Hilfsarbeitern. Aus der Zahl der vorhandenen Facharbeiter wird dann auf die benötigten Stellen für Hilfsarbeiter geschlossen. Auch beim Verhältnis zwischen Ausführungsstellen und Instanzen wird gelegentlich so verfahren.[84]

Einige Stellen müssen völlig unabhängig vom Umfang der Aufgaben gebildet werden, wenn aufgrund organisatorischer Notwendigkeiten oder gesetzlicher Regelungen eine bestimmte Anwesenheitsdauer sinnvoll bzw. zwingend erforderlich ist. Dabei ist es gleichgültig, ob und wie viel Arbeit tatsächlich anfällt. Beispiele sind Pförtner-, Empfangs-, Nachwächter- und Überwachungstätigkeiten. Die Zahl dieser Stellen wird mithilfe der **Arbeitsplatzmethode** ermittelt. Sie schließt von der Dauer, die ein Arbeitsplatz besetzt sein muss, auf die Zahl der benötigten Stellen. Muss ein Arbeitsplatz z.B. sechzehn Stunden am Tag und fünf Tage pro Woche besetzt sein, benötigt man – ausgehend von einer 40-Stunden-Woche – zwei Vollzeitstellen, auch wenn während dieser Zeit kaum Arbeit anfällt. Hinzu kommen noch einzuplanende Vertretungen bei Urlaub, Krankheit, Fortbildung, Pausen etc.

Es wäre beispielsweise unsinnig, eine Pförtnerstelle nur drei Stunden am Tag zu besetzen, weil für die Summe aller Tätigkeiten diese Zeit benötigt wird, und die Besucher ansonsten vor verschlossenen Türen stehen zu lassen. Die Arbeitsplatzmethode findet vor allem bei ausführenden Tätigkeiten Verwendung. Aber auch die Zahl der Führungskräftestellen wird manchmal anhand einer festen **Leitungsspanne** (Span of Control) bestimmt, die Auskunft darüber gibt, wie viele direkt unterstellte Stellen einer Instanz zugeordnet werden sollen. Dabei spielen dann in erster Linie die Aufgaben und die Qualifikation der Mitarbeiter und des Vorgesetzten, nicht jedoch der tatsächliche Arbeitsanfall eine Rolle.

Mithilfe **arbeitswissenschaftlicher Methoden** lassen sich die notwendigen Stellen anhand der Zeit berechnen, die für die Erfüllung der einzelnen Teilaufgaben notwendig ist. Sie eignen sich besonders für mengenabhängige Verwaltungs- und Produktionsbereiche, in denen sich die Summe der anfallenden Tätigkeiten und Vorgabezeiten pro Arbeitsvorgang recht detailliert ermitteln lässt. Es muss sich um Stellen handeln, die in ihrer Struktur und in ihren sich regelmäßig wiederholenden Teilaufgaben weitgehend standardisiert sind. Man ermittelt zunächst für eine bestimmte Periode die Häufigkeit des Anfalls für jede einzelne Teilaufgabe und multipliziert sie mit der erforderlichen Zeit je Teilaufgabe.

Die notwendigen Informationen erhält man aus Arbeitszeitstudien, Schätzungen, Selbstaufschreibungen und Erfahrungswerten. Die Summe dieser Produkte wird durch die betriebsübliche Arbeitszeit dividiert. Als Ergebnis bekommt man die Zahl der benötigten Vollzeitstellen, die abschließend um einen Zuschlag für den Reservebedarf, der für nicht erfasste Nebentätigkeiten, durchschnittliche Fehlzeiten, Fortbildungen etc. anfällt, korrigiert wird.

Arbeitswissenschaftliche Methoden eignen sich nicht für Aufgabenkomplexe, bei denen die Teilaufgaben diskontinuierlich anfallen oder sich in ihrem Arbeitsumfang und Schwierigkeitsgrad stark unterscheiden. Sie können auch nicht bei der Determinierung von Leitungsstellen

---

[84] Vgl. Jung (2017), S. 126 f.

herangezogen werden, da die Aufgaben hier in der Regel weder inhaltlich noch zeitlich normierbar sind.

3.2.7 Abteilungsbildung

Je mehr Stellen es in einem Unternehmen gibt, desto weniger kann eine einzige Instanz alle Leitungsaufgaben wahrnehmen. Um die Komplexität zu reduzieren werden Abteilungen gebildet, d.h. mehrere sachlich und logisch zusammenpassende Stellen zusammengefasst und einer Instanz unterstellt. Dadurch entstehen größere Organisationseinheiten mit verantwortlichen Vorgesetzten und die oberste Instanz wird unmittelbar entlastet.[85]

In der Praxis hat jedes Unternehmen andere Bezeichnungen für seine Abteilungen auf den verschiedenen Hierarchieebenen, z.B. Arbeitsgruppe, Team, Unterabteilung, Abteilung, Hauptabteilung, Fachbereich, Division etc.

Die Fachliteratur macht es sich einfacher und bezeichnet alle organisatorischen Einheiten, die mehr als eine Stelle umfassen und einer eigenen Instanz unterstellt sind, als **Abteilung**. Je nach Hierarchieebene handelt es sich dann um **Abteilungen höherer oder niederer Ordnung**. Bei Abteilungen der niedrigsten Ordnung sind einer Instanz ausschließlich Ausführungsstellen unterstellt, ansonsten hat eine Instanz in ihrer Abteilung wiederum Instanzen unter sich.

Die Bildung von Abteilungen erleichtert die Koordination, da viele Abstimmungsprobleme innerhalb einer Abteilung gelöst werden können. Sie reduziert zudem die Komplexität und lässt sich damit unter **zwei Gesichtspunkten** betrachten:

- Als **Delegationsprozess (Top-down-Approach)** erfolgt die Abteilungsbildung von oben nach unten. Zwischen der obersten Instanz und den Ausführungsstellen werden Leitungsebenen eingezogen. Ein Teil der Leitungsaufgaben wird damit von oberen auf untere Instanzen übertragen. Im Mittelpunkt der Vorgehensweise stehen die **Komplexitätsreduzierung** und die Entlastung übergeordneter Instanzen von delegierbaren Aufgaben.

- Die zweite Sichtweise betrachtet die Abteilungsbildung umgekehrt, d.h. von unten nach oben. Dazu werden sachlich und logisch zusammenpassende Stellen zu Abteilungen zusammengefasst (**Bottom-up-Approach**). Das Ziel ist hier die **Vereinfachung der Koordination** zwischen den Stellen. Es entstehen relativ geschlossene Aufgaben- und Verantwortungsbereiche, die einer Abteilung zugeordnet und einem Vorgesetzten unterstellt werden.

Im Folgenden wird der Bottom-up-Prozess genauer betrachtet. Es werden zunächst die zusammenpassenden Stellen als kleinste, selbständig handelnde organisatorische Einheiten zu Subsystemen zusammengefasst und einer einheitlichen Leitung unterstellt. Diese Vorgehensweise wird als **primäre Abteilungsbildung** bezeichnet, da erstmals zwischen der obersten Hierarchieebene und den Ausführungsstellen eine weitere Instanzenebene eingezogen wird.

---

[85] Vgl. Mellewigt (2004), Sp. 1356 ff.

Das Ergebnis sind die **Abteilungen niederster Ordnung**. In den meisten Unternehmen bezeichnet man sie als Teams oder Arbeitsgruppen.

Ab einer gewissen Unternehmensgröße ist es notwendig, mehr als zwei Hierarchieebenen zu bilden. Dazu fasst man die Abteilungen, die bei der primären Abteilungsbildung entstanden sind, wiederum unter sachlichen und logischen Gesichtspunkten zu größeren Einheiten, d.h. zu **Abteilungen höherer Ordnung**, zusammen und unterstellt sie einer Instanz usw. Diese fortschreitenden Vereinigungen von Abteilungen niederer Ordnung zu Abteilungen höherer Ordnung und die jeweilige Unterstellung unter eine Instanz, werden **sekundäre Abteilungsbildung** genannt.

Den Zusammenhang zeigt die Abb. 3-13.

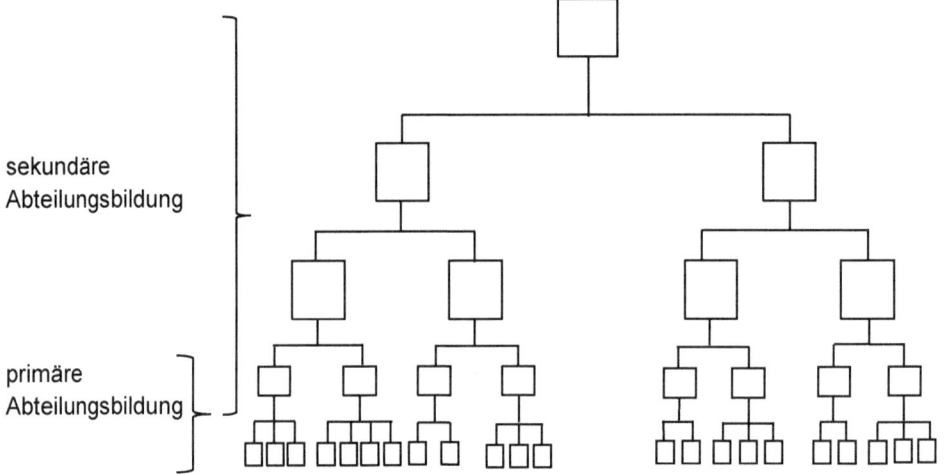

Abb. 3-13: Zusammenhang zwischen primärer und sekundärer Abteilungsbildung

Für die Abteilungsbildung sind üblicherweise diese Kriterien relevant:[86]

- Verrichtung
- Objekt
- Region
- Kundengruppen

Bei der **verrichtungsorientierten Abteilungsbildung** fasst man Einheiten, die sich mit gleichen oder verwandten Funktionen befassen, zusammen. Teilefertigung, Vormontage und Endmontage werden z.B. zur Abteilung Produktion integriert.

Die **Spezialisierung nach Objekten** kombiniert diejenigen Einheiten, die sich mit demselben

---

[86] Vgl. Kieser/Walgenbach (2010), S. 87 ff.

Objekt befassen. Dem technischen Vorstand eines Automobilherstellers könnten beispielsweise die drei Bereiche PKW, LKW und Motorräder unterstellt sein.

Eine **Abteilungsbildung nach Regionen** wird vorgenommen, wenn geographische Besonderheiten für das Erreichen der Unternehmensziele von großer Bedeutung sind. Dies trifft sehr oft auf den Vertrieb zu, beispielsweise wenn Kunden aus verschiedenen Regionen unterschiedliche Erwartungen hinsichtlich der Qualität der Produkte, des Services oder der Zahlungsmodalitäten haben. Bei internationalen Großunternehmen findet man oft eine Vertriebsgliederung in die Regionen EMEA (Europe, Middle East, Africa), Northern America, South America, Far East und Others (restliche Regionen).

Eine **kundengruppenorientierte Abteilungsbildung** ist angebracht, wenn wichtige Kundengruppen derart verschiedene Merkmale aufweisen, dass eine unterschiedliche Betreuung sinnvoll erscheint. Der Vertrieb könnte dann beispielsweise in die Einheiten Privatkunden, Firmenkunden und Kunden aus dem Bereich öffentliche Hand gegliedert werden.

Unabhängig davon, welches Kriterium zugrunde gelegt wird, soll sich die Abteilungsbildung an diesen **Organisationsprinzipien** ausrichten:[87]

- Homogenitätsprinzip
- Beherrschbarkeitsprinzip
- Wirtschaftlichkeitsprinzip

Das **Homogenitätsprinzip** besagt, dass nur solche Stellen zusammengefasst werden sollen, die sachlich/fachlich zusammengehören. Die Abteilungsaufgaben müssen klar von denen anderer Abteilungen abgrenzbar sein. Dies verringert Koordinationsaufwand und Doppelarbeit zwischen den Einheiten.

Wie viele Stellen in einer Abteilung integriert werden können, richtet sich nach dem **Beherrschbarkeitsprinzip**. Die Stellen, die man sinnvoll zusammenfassen und einem Vorgesetzten unterstellen kann, sind nach oben begrenzt. Dies hängt insbesondere von der Art der Aufgaben, den vorhandenen Hilfs- und Sachmitteln (z.B. der IT-Ausstattung) und der Qualifikation der Stelleninhaber ab. Werden zu große Einheiten gebildet, dann wird die Instanz überlastet und kann ihren Leitungsaufgaben nicht umfassend nachkommen. In großen Unternehmen gibt es oft sehr viele Stellen, die in einem natürlichen sachlichen und logischen Zusammenhang stehen. Um die Beherrschbarkeit zu garantieren, werden sie in gleichartige **Parallelabteilungen** aufgeteilt. Man nimmt also eine **Mengenteilung** vor, z.B. ist die Abteilung I für die Lohn- und Gehaltsabrechnung der Mitarbeiter zuständig, deren Nachnamen mit A-K beginnen, während sich die Abteilung II mit den Abrechnungen von L-Z befasst.

Nach unten ist der Abteilungsumfang durch das **Wirtschaftlichkeitsprinzip** begrenzt, da der Einsatz zusätzlicher Instanzen auch immer mit zusätzlichen Personalkosten verbunden ist.

Außerdem ist grundsätzlich das **Kongruenzprinzip** zu beachten (s. Kapitel 3.2.4.2).

---

[87] Vgl. Klimmer (2016), S. 39; Schulte-Zurhausen (2013), S. 210; Wittlage (1998), S. 81 f.

3.2.8 Grad der Spezialisierung und Tendenzen zur Generalisierung

3.2.8.1 Wirkungen der Spezialisierung und der Generalisierung

Anfang des 20. Jahrhunderts war die industrielle Situation durch stetig wiederkehrende Tätigkeiten und Massenproduktion gekennzeichnet. Dazu wurden viele gering qualifizierte Arbeitskräfte für einfache, schnell erlernbare Aufgaben benötigt. Solche Arbeitskräfte konnten leicht ersetzt werden.

Es waren vor allem Frederick Taylor und Henry Ford, deren Namen mit den betriebswirtschaftlichen Entwicklungen in dieser Zeit verbunden sind.[88] So gilt Taylor als Wegbereiter der organisatorischen Vorgehensweise, die als wissenschaftliche Betriebsführung bzw. **Scientific Management** und später auch als **Taylorismus** bezeichnet wurde. Er propagierte insbesondere die konsequente Spezialisierung der ausführenden Stellen und eine detaillierte Standardisierung der einzelnen Arbeitsschritte. Henry Ford griff die Ideen des Taylorismus auf, ergänzte sie durch das **Fließprinzip** und setzte sie beim Automobilbau um. Die Stellenbildung bei Ford war durch einen besonders hohen Spezialisierungsgrad geprägt. Vor allem in der Fertigung wurden die Aufgaben bis zu einfachsten Verrichtungen herunter gebrochen, etwa indem ein Arbeiter Tag für Tag lediglich zwei bestimmte Schrauben am linken Hinterrad eines Autos anbrachte. Es gab keinerlei Gestaltungsspielraum bei den jeweiligen Aufgaben. Diese extreme Vorgehensweise wird auch **Fordismus** genannt. In Charlie Chaplins berühmtem Film „Modern Times" wird sie sehr anschaulich dargestellt.

Während man zu Beginn des 20. Jahrhunderts die ökonomischen Vorteile der starken Spezialisierung betrachtete, rückten ab den 1960er Jahren die Nachteile ganz besonders ins Blickfeld.

Vorteile starker Spezialisierung:

- **Anlern- und Einarbeitungszeiten** sinken, da jeder Mitarbeiter nur wenige einfache Aufgaben beherrschen muss und keine umfassende Grundausbildung benötigt wird.
- Ständige Wiederholungen führen rasch zu einem **Übungseffekt**, weshalb die Aufgaben schneller und genauer ausgeführt werden können und sowohl Quantität als auch Qualität der Leistung steigen.
- Die **Überwachung** wird erleichtert. Da jeder Mitarbeiter nur wenige Verrichtungen durchführt, lässt sich leicht feststellen, ob er seine Aufgaben beherrscht und sie korrekt ausgeführt werden oder nicht.
- **Arbeitsplätze** können **ergonomisch** optimal gestaltet werden.
- Der Einsatz von **Spezialmaschinen** ist möglich.
- Die **Personalkosten** sind niedrig, weil Mitarbeiter, die auf wenige kleine Aufgaben spezialisiert sind, wegen ihrer geringen Qualifikation auch nur ein geringes Entgelt erhalten.

---

[88] Vgl. Kirchler/Meier-Pesti/Hofmann (2005), S. 45 ff.

Die **Nachteile** sind:

- Die Konzentration auf wenige, kleine, immer wiederkehrende Tätigkeiten führt häufig zu **einseitigen körperlichen Belastungen**, was mehr Erholung erfordert. Außerdem nehmen die gesundheitlichen Beeinträchtigungen zu. Ein erhöhter Krankenstand steigert die Personalkosten.

- **Fehlende Flexibilität** gilt nicht nur für die Mitarbeiter. Häufig werden sehr hochentwickelte Spezialmaschinen angeschafft, die nur noch bedingt verwendet werden können, wenn das Produktionsprogramm verändert wird.

- Um die Flexibilität zu erhöhen und außerdem die Störanfälligkeit zu senken, müssen oft zusätzlich teure Universalmaschinen angeschafft werden. Außerdem braucht man hochbezahlte Springer, die viele Teilaufgaben beherrschen, was **zusätzliche Kosten** auslöst.

- Starke Spezialisierung führt zu **monotoner Arbeit**. Mitarbeiter zeigen dann kaum Interesse an ihren Aufgaben. Sie werden unaufmerksam, die Fehlerrate steigt trotz einfachster Aufgaben und die Qualität der Arbeitsergebnisse sinkt. Auch die Ausschussquote nimmt zu.

- Die **Störanfälligkeit** steigt. Wenn Spezialmaschinen oder spezialisierte Arbeitskräfte ausfallen, kommt es oft zu Produktionsstopps bis Ersatz herbeigeschafft werden kann.

- Der **Sinnzusammenhang** der Arbeit geht verloren. Die Mitarbeiter können oft nicht mehr nachvollziehen, welchem Zweck ihre Aufgabe dient und welche Bedeutung sie für das Produkt bzw. das Unternehmen hat.

- Folgen sind **Entfremdung vom Endprodukt** sowie Scheu, Verantwortung zu übernehmen und zunehmende Unzufriedenheit mit der Arbeit.

- Monotonie und Entfremdung vom Endprodukt lassen die **Abwesenheits- und Fluktuationsraten** ansteigen.

- Die Fähigkeit der Stelleninhaber, sich anzupassen und umzustellen, sinkt mit zunehmender Spezialisierung. Sie verlernen zudem ihre ursprünglich vorhandenen fachlichen Kenntnisse und Fertigkeiten, da diese nutzlos geworden sind. Die berufliche Mobilität wird eingeschränkt, dies gilt insbesondere bei älteren Arbeitskräften.

Hentze/Kammel sprechen in diesem Zusammenhang von einem **Deskilling-Prozess** durch die starke Spezialisierung.[89] Spezialisierung muss nicht grundsätzlich mit einer Dequalifizierung verbunden sein. Viele Spezialaufgaben erfordern eine sehr hohe Qualifikation. Beispiele sind ein Herzchirurg in einem Spezialkrankenhaus, ein Atomphysiker in einem Forschungslabor oder ein Mitarbeiter der strategischen Personalentwicklung in einem Großunternehmen. Auf sie treffen die negativen Auswirkungen der Spezialisierung nur in Ausnahmefällen zu.

Die Vor- und Nachteile müssen im Einzelfall gegeneinander abgewogen werden, um zu entscheiden, wie weit die Spezialisierung vorangetrieben werden soll. Einen allgemein sinnvollen,

---

[89] Vgl. Hentze/Kammel (2001), S. 449.

idealen **Spezialisierungsgrad** gibt es nicht. Er ist stets individuell von der jeweiligen Unternehmenssituation abhängig.

Eine hohe **Spezialisierung** ist unter diesen **Voraussetzungen** sinnvoll:

- stabile Unternehmensumwelt
- hohe Produktionsmengen bei geringer Produktdiversifikation
- geringe Anforderungen an die Flexibilität
- langfristig gleichbleibende Produkte
- sich kaum ändernde Produktionsverfahren
- genügend gering qualifizierte Arbeitskräfte auf dem Arbeitsmarkt

Da diese Voraussetzungen in der heutigen Zeit immer seltener vorliegen, gilt eine **Verringerung der Spezialisierung** als der richtige Weg.

Ein **sehr hoher Spezialisierungsgrad** im tayloristischen Sinn gilt in modernen Dienstleistungs- und Industriegesellschaften **nicht mehr als zeitgemäß** und in der Theorie als weitgehend überholt. Wegen der negativen Auswirkungen verzichten immer mehr Unternehmen auf die Extremformen der Spezialisierung zugunsten einer stärkeren **Generalisierung**.[90]

Für die Generalisierung sprechen diese Aspekte:

- marktwirtschaftliche Entwicklungen
- technische Einflüsse
- gesellschaftliche und sozialpolitische Entwicklungen

Die **marktwirtschaftliche Entwicklung** tendiert immer stärker zu Käufermärkten. Verkäufermärkte gibt es kaum noch, da das Waren- und Dienstleistungsangebot i.d.R. die Nachfrage übersteigt, womit es zum „Kampf um den Kunden" kommt. Verstärkter Wettbewerb und zunehmend internationale Konkurrenz erfordern deutlich mehr Flexibilität, z.B. bei den Produktvarianten, bei den Lieferbedingungen und den Zahlungsmodalitäten sowie beim Service. Viele Kunden achten außerdem mehr auf Qualität als früher, was den Kostendruck für die Unternehmen erhöht. Gleichzeitig werden die Produktlebenszyklen immer kürzer. Einfach qualifizierte Arbeitskräfte sind unter solchen Voraussetzungen immer weniger gefragt. Ihre zu hohe Spezialisierung verringert eine schnelle Anpassungsfähigkeit an diese Entwicklungen.

Generalisierungstendenzen werden außerdem durch **technische Einflüsse** begünstigt. Da Produktionsmittel und -techniken immer schneller veralten und ausgetauscht werden müssen, ist es notwendig, dafür zu sorgen, dass die Mitarbeiter mit den oft rasanten technologischen Veränderungen jederzeit Schritt halten können. Die Unternehmen sind damit gezwungen, laufend für eine passende Weiterqualifikation zu sorgen. Flexibilität und geistige Beweglichkeit der Arbeitskräfte, welche durch die organisatorischen Rahmenbedingungen gefördert werden, entwickeln sich in einer solchen Situation zum Wettbewerbsvorteil.

---

[90] Vgl. Schulte-Zurhausen (2013), S. 158 ff.

Letztlich sind auch **gesellschaftliche und sozialpolitische Entwicklungen** ursächlich für die zunehmende Generalisierung. Die meisten Arbeitnehmer weisen heute wesentlich bessere Anfangsqualifikationen auf als zu Zeiten der industriellen Revolution. Man kann von ihnen mit größerer Selbstverständlichkeit erwarten, dass sie hochwertigere Aufgaben erfüllen können. Außerdem haben sie oft andere Einstellungen und Bedürfnisse hinsichtlich der Arbeitssituation als frühere Generationen. Insbesondere wird unterstellt, dass sie mehr Interesse an umfassenden Aufgaben haben.

Während man früher, besonders in den 1960er und 1970er Jahren, vor allem unter humanitären Gesichtspunkten über eine Verringerung des Spezialisierungsgrades diskutierte, ergibt sich der Zwang zum organisatorischen Handeln heute aufgrund der **ökonomischen Notwendigkeit**. An die Stelle von starker Spezialisierung tritt eine **zunehmende Tendenz zur Generalisierung**.

Aus organisatorischer Sicht heißt das:

- Veränderung von Arbeitsinhalt und Arbeitsumfang
- Veränderung von Autonomiegraden und Autonomiebereichen
- Stärkung der Selbstkontrolle
- Verbesserung der sozialen Interaktionsmöglichkeiten

Die Abb. 3-14 zeigt die **erwünschten Wirkungen**.

Generalisierungstendenzen in der Arbeitswelt

Maßnahmen	Wirkungen einzelner Maßnahmen	und insgesamt
Veränderung von Arbeitsinhalt und Arbeitsumfang	- Erkennen des Produktionszusammenhangs - Identifikation mit der Arbeit - Verringerung der Monotonie - Vermeidung einseitiger körperlicher Belastung	Motivation Leistung Arbeitszufriedenheit
Veränderung von Autonomiegraden und -bereichen	- Stärkung des Verantwortungsgefühls - Vergrößerung des Entscheidungsspielraums	
Stärkung der Selbstkontrolle	- Kenntnis der Ergebnisse und der eigenen Leistung - Schnelleres Eingreifen bei Fehlern - Qualitätsverbesserung	
Verbesserung der sozialen Interaktionsmöglichkeiten	- Humanisierung des Arbeitsprozesses - Veränderung der betrieblichen Sozialisation der Mitarbeiter	

Abb. 3-14: Generalisierungstendenzen und erwünschte Wirkungen[91]

---

[91] Nicolai (2019), S. 242; in Anlehnung an Hentze/Kammel (2001), S. 451; Schulte-Zurhausen (2013), S. 160.

3.2.8.2 Neuere Formen der Arbeitsstrukturierung

Die im vorherigen Kapitel dargestellten Tendenzen zur Generalisierung sollen unter anderem mit Hilfe der sog. **neueren Formen der Arbeitsstrukturierung** erreicht werden:

- Job Enlargement
- Job Enrichment
- Job Rotation
- teilautonome Arbeitsgruppen

Durch **Job Enlargement** (Aufgabenerweiterung) wird eine starke horizontale Arbeitsteilung rückgängig gemacht. Der inhaltliche Arbeitsumfang wird vergrößert, indem der Mitarbeiter mehrere **gleichwertige** Aufgaben erhält. Das Anforderungsniveau wird nicht verändert, es handelt sich um eine rein quantitative Maßnahme. Stelle 1 hatte beispielsweise früher im Zeitraum X 150 Mal die Aufgabe A durchzuführen, Stelle 2 im selben Zeitraum 150 Mal die Aufgabe B und Stelle 3 erfüllte 150 Mal die Aufgabe C. Nach der Generalisierung bekommt jede der drei Stellen je 50 Mal die Aufgaben A, B und C.

Job Enlargement trifft man sowohl im Produktions- als auch im Dienstleistungs- und im Verwaltungsbereich an. Es dient in erster Linie dazu, Monotonie und Demotivation sowie einseitige körperliche Belastungen abzubauen. In empirischen Untersuchungen konnte auch eine Steigerung der Produktivität und der Qualität nachgewiesen werden.[92] Der Stelleninhaber muss für das Job Enlargement über zusätzliche Qualifikationen verfügen, die auf demselben Niveau wie seine bisherigen Kompetenzen liegen. In der Regel handelt es sich um leicht zu erlernende, einfachere Aufgaben, die hinzugefügt werden.

Die Arbeitserweiterung führt häufig dazu, dass zusätzliche Sachmittel angeschafft bzw. vorhandene Sachmittel verändert werden müssen. Während im obigen Beispiel die drei Stellen zuvor jeweils ein unterschiedliches Spezialwerkzeug zur Aufgabenerfüllung benutzten, muss nun jede Stelle über alle drei Werkzeuge verfügen oder ein universelleres Werkzeug bekommen. Die hierfür entstehenden Kosten sollen durch höhere Produktivität und bessere Qualität ausgeglichen werden.

Soziale Interaktionsmöglichkeiten werden durch Job Enlargement nicht verbessert.

Job Enrichment (Arbeitsbereicherung) verändert die Arbeitsteilung in qualitativer Hinsicht, indem es den Entscheidungs- und Kontrollspielraum einer Stelle vergrößert. Außerdem kommen oft qualitativ unterschiedliche Ausführungsaufgaben hinzu. Es handelt sich um eine vertikale und eine horizontale Generalisierung.

Der Stelleninhaber arbeitet selbständiger und übernimmt Verantwortung für sein Handeln und die erzielten Ergebnisse. Er erhält die Gelegenheit, seinen Arbeitsprozess in vorgegebenen Grenzen individuell zu planen und seinen Bedürfnissen entsprechend zu gestalten. Die umfangreichere Selbstbestimmung soll zur Persönlichkeitsentfaltung beitragen.

---

[92] Vgl. Hentze/Kammel, (2001), S. 453.

Fremdkontrolle durch Vorgesetzte wird weitgehend durch Selbstkontrolle ersetzt und die Verlaufskontrolle zugunsten der Ergebniskontrolle verringert. Die traditionelle Trennung von leitenden und ausführenden Stellen und Aufgaben wird aufgebrochen, starre hierarchische Strukturen werden gelockert.[93]

Da bei der Arbeitsbereicherung qualitativ unterschiedliche Teilaufgaben zusammengefasst werden, sind die notwendigen Personalentwicklungsmaßnahmen umfangreicher, langwieriger und kostenintensiver als beim Job Enlargement. Die Mitarbeiter müssen zudem die Bereitschaft mitbringen, anspruchsvollere Aufgaben übernehmen zu wollen. Die bessere Qualifikation führt in der Regel zu höherem Entgelt.

Die sozialen Interaktionsmöglichkeiten werden gegenüber dem vorherigen Zustand kaum verändert.

Bei einem systematischen Arbeitsplatzwechsel, auch **Job Rotation** genannt, wechselt ein Stelleninhaber seinen Arbeitsplatz nach einem i.d.R. vorgegebenen Rhythmus innerhalb seiner Arbeitsgruppe. Der Spezialisierungsgrad ändert sich nicht, die Aufgaben variieren stattdessen in örtlicher und zeitlicher Hinsicht.

Durch Job Rotation lässt sich Monotonie abbauen und die Entfremdung vom Endprodukt vermeiden, außerdem werden einseitige körperliche Belastungen verringert. Wenn der Arbeitsplatzwechsel entlang der Verrichtungsabfolge verläuft, lernt der Stelleninhaber den Arbeitsprozess vollständig kennen, womit er ihn in den Gesamtzusammenhang der Leistungserstellung einordnen kann. Man erhofft sich davon mehr Verantwortungsbewusstsein bei der Aufgabenerfüllung.

Regelmäßige Variationen der Anforderungen fördern i.d.R. eine Steigerung der persönlichen Qualifikation und erhöhen die Flexibilität, sodass sich die Stelleninhaber leichter gegenseitig vertreten können und neuen Aufgaben grundsätzlich aufgeschlossener gegenüberstehen. Die Kenntnis der verschiedenen Teilaufgaben ermöglicht darüber hinaus ein schnelleres Eingreifen bei Fehlern, was wiederum zur Qualitätsverbesserung der Produkte beiträgt und die Ausschussrate sinken lasst.

Die sozialen Interaktionsmöglichkeiten verbessern sich nicht wesentlich. Die Motivationswirkung von Job Rotation wird eher zurückhaltend beurteilt, da die Identifizierung mit den ständig wechselnden Aufgaben oft gering ist.[94]

Teilautonome Arbeitsgruppen verbinden die drei beschriebenen Formen der Arbeitsstrukturierung mit zusätzlicher, weitgehender Selbständigkeit der Stelleninhaber. Einer Arbeitsgruppe wird ein zusammenhängender Aufgabenkomplex übertragen, für den sie als gesamte Gruppe die Verantwortung übernimmt. Die damit verbundenen Entscheidungs-, Planungs-, Ausführungs- und Kontrollmaßnahmen erfüllt sie weitgehend selbständig, womit eine übergeordnete Instanz im Extremfall überflüssig wird. Die Einbindung in die Organisation, wird verstärkt über die **Vorgabe von Leistungszielen und Qualitätsstandards** vollzogen.

---

[93] Vgl. Schulte-Zurhausen (2013), S. 160 f.

[94] Vgl. Schanz (2000), S. 571.

Bei der Bildung teilautonomer Arbeitsgruppen werden viele Aufgaben, die ursprünglich von Instanzen bzw. von anderen Abteilungen durchgeführt wurden, aus den bisherigen Stellen herausgelöst und den Teams übertragen. Das führt zwangsläufig zu weitreichenden Veränderungen bei der horizontalen und vertikalen Arbeitsteilung und einem **Wandel der Führungsorganisation** des gesamten Unternehmensbereichs.

Während teilautonome Arbeitsgruppen früher hauptsächlich bei der Produktion materieller Güter eingesetzt wurden, findet man sie heute ebenso selbstverständlich im Dienstleistungs- und Verwaltungsbereich.

In den letzten Jahren ist eine besondere Form der teilautonomen Gruppen ins Blickfeld gerückt. Es handelt sich um Gruppen, die **agil arbeiten**. Es geht dabei um durch die Teammitglieder selbstorganisiertes Arbeiten. Hierarchie und ferste Strukturen sind von untergeordneter Bedeutung und die Mitarbeiter übernehmen Verantwortung für ihr Handeln und ihre Ergebnisse. Der Schwerpunkt liegt auf raschen, kleinteiligen und kurzfristigen Resultaten. Schnelle Anpassungsfähigkeit tritt gegenüber strategischem Vorgehen in den Vordergrund. Agiles Arbeiten wird in Kapitel 9 (Neuere Organisatorische Konzepte) genauer betrachtet.

Obwohl Generalisierungsbestrebungen in sehr vielen Fällen vorteilhaft sind, ist eine Verringerung der Spezialisierung manchmal dennoch aus wirtschaftlichen, technischen oder organisatorischen Gründen nicht möglich.

Dann können die Nachteile der Spezialisierung durch die **Umgestaltung der Arbeitsumgebung** zumindest abgemildert werden. So wird beispielsweise durch eine sinnvolle ergonomische Gestaltung des Arbeitsplatzes einer einseitigen körperlichen Belastung und damit auch möglichen Gesundheitsschäden vorgebeugt. Durch eine optimale Ausleuchtung der Arbeitsumgebung lässt sich z. B. die Fehlerquote verringern und auch die Qualität steigern. Eine harmonische und abwechslungsreiche Farbgestaltung der Räumlichkeiten verändert zwar nicht die monotonen Aufgabenstellungen, trägt jedoch zumindest dazu bei, dass die Arbeitsumgebung freundlicher wirkt, während eine eintönige Farbgestaltung die Monotonie oft noch unterstreicht.

3.3 Gestaltungsparameter Koordination

3.3.1 Überblick

Die Arbeit der Organisationseinheiten, also der Stellen und Abteilungen, muss im Hinblick auf die übergeordneten Unternehmensziele aufeinander abgestimmt werden. Mit dieser Aufgabe befasst sich der Gestaltungsparameter **Koordination**.

Er ist neben der Spezialisierung das zweite Grundprinzip, das alle Organisationen charakterisiert (s. Abb. 3-15). Es geht um die bewusste Ausgestaltung der formalen Beziehungen zwischen Stellen und Abteilungen und um die Abstimmung der Einzelaktivitäten zwischen den Einheiten.

Generell steigt der Koordinationsaufwand mit zunehmender Spezialisierung.

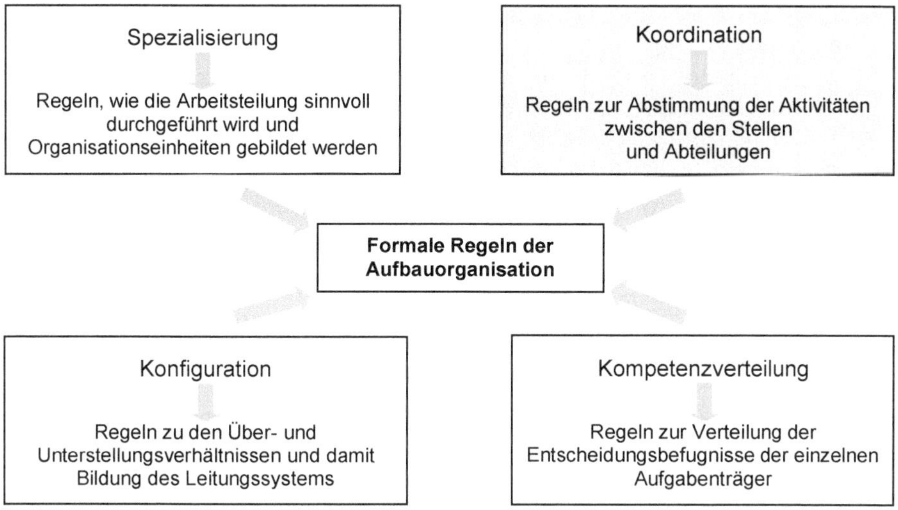

Spezialisierung	Koordination
Regeln, wie die Arbeitsteilung sinnvoll durchgeführt wird und Organisationseinheiten gebildet werden	Regeln zur Abstimmung der Aktivitäten zwischen den Stellen und Abteilungen

Formale Regeln der Aufbauorganisation

Konfiguration	Kompetenzverteilung
Regeln zu den Über- und Unterstellungsverhältnissen und damit Bildung des Leitungssystems	Regeln zur Verteilung der Entscheidungsbefugnisse der einzelnen Aufgabenträger

Abb. 3-15: Gestaltungsparameter Koordination

Die **zentralen Fragen** beim Gestaltungsparameter Koordination lauten:

- Wie kann die Abstimmung zwischen den Stellen und Abteilungen geregelt werden, wenn die **Organisationseinheiten nicht selbst darüber bestimmen** sollen? Hier geht es um die **Fremdkoordination**. (Kapitel 3.3.2)
- Welche Möglichkeiten der Koordination bestehen, wenn die **Organisationseinheiten die Abstimmung untereinander weitgehend eigenständig** vornehmen sollen? Das bedeutet, es soll eine **Selbstkoordination** stattfinden. (Kapitel 3.3.3)

In der Literatur besteht Einigkeit darüber, dass Regelungen über die Koordination eine sehr hohe Bedeutung für die Organisation haben. Es gibt aber unterschiedliche Vorschläge zur Systematisierung der möglichen Koordinationsinstrumente. Überwiegend wird einer Einteilung von Kieser/Walgenbach gefolgt. Die Koordination zwischen Stellen und Abteilungen erfolgt demnach durch:[95]

- Oersönliche Weisungen
- Programme
- Ziele und Pläne
- Selbstabstimmung
- Interne Märkte
- Unternehmenskultur

---

[95] Vgl. Kieser/Walgenbach (2010), S. 101 f.

Bea/Göbel greifen diese Koordinationsinstrumente auf und fassen die ersten drei unter dem Begriff **Fremdkoordination** zusammen, da hier die Abstimmung nicht durch die Mitarbeiter selbst erfolgt. Die anderen Instrumente ergänzen sie um das Koordinationsinstrument **Professionalisierung**. Sie werden der **Selbstkoordination** zugerechnet, da die Stelleninhaber die Abstimmung weitgehend selbst vornehmen oder sie sich manchmal ohne bewusste Gestaltung auch von allein ergibt.[96] (vgl. Abb. 3-16).

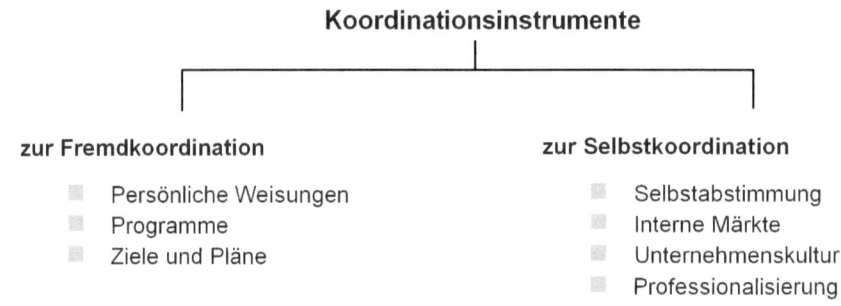

Abb. 3-16: Instrumente der Fremd- und Selbstkoordination

In der Praxis setzt man immer mehrere, sich ergänzende Instrumente der Fremd- und Selbstkoordination ein.

3.3.2 Instrumente der Fremdkoordination

Die Instrumente der Fremdkoordination sind:

- Persönliche Weisungen durch Vorgesetzte
- Programme
- Ziele und Pläne

Da es sich bei persönlichen Weisungen immer um eine direkte Interaktion zwischen zwei Personen handelt, werden sie auch als **persönliches Instrument** der Koordination bezeichnet.[97]

Die anderen Instrumente der Fremdkoordination, die nicht von vorneherein auf einen persönlichen Kontakt ausgelegt sind, nennt man **technokratische Instrumente**.

3.3.2.1 Koordination durch persönliche Weisungen

Die Koordination durch persönliche Weisungen ist die unmittelbarste Form der Koordination. Hier erteilt eine übergeordnete Instanz den ihr direkt unterstellten Organisationseinheiten persönliche Anordnungen. Wenn es sich bei den Unterstellten ebenfalls um Instanzen handelt, geben sie Teile der Weisungen weiter an die ihnen unterstellten Einheiten.

---

[96] Vgl. Bea/Göbel (2019), S. 284 f.

[97] Vgl. Wittlage (1998), S. 203.

Es bleibt den Vorgesetzten selbst überlassen, wann sie welche Entscheidungen fällen und welche Anordnungen sie geben. Der Entscheidungsspielraum der untergeordneten Einheiten wird auf diesem Weg im Sinne der Weisunggebenden eingeschränkt.

Der **Koordinationsmechanismus,** nach dem die Abstimmung erfolgt, ist die **Personen-oder Amtshierarchie**. Die Koordination verläuft **vertikal von oben nach unten**. Sie setzt voraus, dass formale Über- und Unterstellungsverhältnisse bestehen.

Vorteile der Koordination durch persönliche Weisungen sind:

- **Leichte Gestaltbarkeit**: Es werden nur die grundsätzlichen Entscheidungskompetenzen vorgegeben. Die inhaltliche Ausgestaltung der Koordination ist Sache der jeweiligen Instanz und erfolgt im Einzelfall.

- **Schnelle Einsetzbarkeit**: Diese Koordinationsform ist sehr flexibel, da Entscheidungen ad hoc getroffen werden können und sich Inhalt und Umfang nach dem konkreten Stelleninhaber und dem jeweiligen Problem richten.

- **Entfaltung der Kreativität des Vorgesetzten**: Da der Vorgesetze die Vorgaben selbst setzt, kann er individuell vorgehen und seine Gestaltungsmöglichkeiten weitgehend ausschöpfen.

Als **Nachteile** erweisen sich:

- **Potenzielle Überlastung der Instanz**: Die persönliche Koordination im Einzelfall erfordert einen relativ großen Teil der Arbeitszeit der Instanz, der nicht für andere Leitungsaufgaben verwendet werden kann.

- **Vernachlässigung anderer Leitungsaufgaben**: Da es viel Zeit beansprucht, persönliche Weisungen zu geben, hat die Instanz evtl. zu wenig Zeit für ihre anderen Leitungsaufgaben und vernachlässigt diese.

- **Notwendigkeit hoher Qualifikation**: Je nach Art der zu koordinierenden Aufgaben ist es notwendig, dass die Instanz über hohe fachliche und soziale Kompetenzen verfügt. Dies gilt umso mehr, wenn es sich um hochwertige Abteilungsaufgaben, viele Organisationseinheiten, komplexe Abhängigkeiten oder lange Zeiträume handelt.

- **Zeitverlust durch Überlastung der Kommunikationswege**: Eine überwiegende Koordination durch persönliche Weisungen erhöht den Umfang der Koordinationsaufgaben. Es kann sein, dass unterstellte Einheiten nicht sofort Weisungen erhalten, wenn der Vorgesetzte zunächst mit der persönlichen Koordination anderer Einheiten beschäftigt ist, womit sich die Erfüllung der Gesamtaufgabe verzögert.

- **Akzeptanzprobleme**: Die Untergebenen müssen die Hierarchie als Machtgrundlage sowie ihren Vorgesetzten als Autorität anerkennen, andernfalls kommt es zu Widerständen gegen seine Anweisungen. Das ist insbesondere problematisch, wenn der Mitarbeiter überzeugt ist, dass er besser weiß, wie eine Aufgabe zu erfüllen ist, da er über die größere Erfahrung verfügt.

Eine ausschließliche Koordination durch persönliche Weisungen gibt es nur in sehr kleinen Unternehmen. Normalerweise setzen Unternehmen zusätzliche Instrumente ein – z.B. schriftliche, vorgegebene Ablaufpläne und Arbeitsanweisungen oder Stellenbeschreibungen -, um die Nachteile zu verringern.

Persönliche Weisungen sollten weitgehend auf Situationen beschränkt werden, die **kurzfristig hohe Flexibilität** erfordern.

3.3.2.2 Koordination durch Programme

Unter der **Koordination durch Programme** versteht man die Abstimmung mithilfe von verbindlich vorgegebenen Verhaltensrichtlinien und Standards.[98]

Für sich häufig wiederholende Aufgaben empfiehlt es sich, **feste, generelle Vorgehensweisen** anzuordnen und sie nicht bei jedem Einzelfall neu zu regeln und jedes Mal wieder persönliche Weisungen zu erteilen. Das wäre umständlich und würde viel Zeit erfordern, welche Vorgesetzte und Mitarbeiter sinnvoller verwenden können.[99]

Besser ist es, ein **Programm**, also eine generelle, verbindlich festgelegte Verhaltens- und Vorgehensweise, zu entwickeln und vorzugeben. Koordination mittels Programme beruht oft auf Erfahrungen. Vorgehensweisen, die sich in ähnlichen Situationen in der Vergangenheit bewährt haben, werden dabei als Vorgaben festgelegt.

Mit Programmen lässt sich die **Komplexität der Probleme reduzieren**. Die Programme können unterschiedlich detailliert ausgearbeitet sein und enthalten Anweisungen, wie und mit welchen Verfahren die Abstimmung der Aktivitäten zwischen den Stelleninhabern vorgenommen werden muss oder soll.[100]

Als **Koordinationsmechanismus** dient hier die **Standardisierung von Verhaltensweisen**.

Beispiele für die Koordination mit Programmen sind Standards zur Bearbeitung von Kundenanfragen, Vorschriften bei der Gehaltsfestlegung, Richtlinien zur optimalen Bestellmenge beim Materialeinkauf, Vorschriften zur Qualitätssicherung oder Richtlinien bei Weiterbildungsmaßnahmen.

Es gibt jeweils schriftliche Anweisungen und der Vorgesetzte muss nur noch anordnen, dass ein bzw. welches Programm anzuwenden ist. Er muss nicht in jedem Einzelfall persönlich eingreifen bzw. ausführliche Erläuterungen geben. So verringert sich der Koordinationsaufwand der Instanz oft erheblich.

Die **Vorteile** sind:

  - **Bessere Arbeitseffizienz**: Die Aufgaben werden schneller erfüllt, da genaue Vorgaben zur Vorgehensweise vorliegen.

---

[98] Vgl. Schreyögg (2016), S. 45. f.

[99] Vgl. Jung/Heinzen/Quarg (2018), S. 429.

[100] Vgl. Klimmer (2016), S. 43.

- **Verbesserung der Qualität**: Die Vorgabe und Einhaltung von Standards erhöhen die Qualität der erstellten Güter und Dienstleistungen.

- **Verringerung des Abstimmungsbedarfs**: Die Notwendigkeit zu persönlicher Koordination wird stark verringert.

- **Entlastung des Vorgesetzten**: Die Instanz kann sich stärker anderen Leitungs- und Führungsaufgaben widmen.

- **Entpersonalisierung der Entscheidungen**: Die Koordination durch Programme wird mit der Zeit eher als normale Routine und als eigene Entscheidung für eine zweckmäßige Vorgehensweise erlebt, denn als Fremdkoordination.

Nachteile der Koordination durch Programme:

- **Bürokratisierung**: Die Notwendigkeit, Programme möglichst genau zu definieren, damit sie ohne Rückfragen verständlich sind, bringt erheblichen bürokratischen Aufwand mit sich.

- **Mangelnde Flexibilität**: Es besteht die Gefahr, dass die Mitarbeiter die Programme stur anwenden und situationsspezifische Überlegungen weitgehend unterlassen.

- **Falsche Anwendung**: Programme werden teilweise aus Bequemlichkeit auch in Situationen eingesetzt, für die sie nicht gedacht sind und auf die sie nicht genau passen, da dafür (noch) keine Programme vorhanden sind. Ähnliche Aufgaben werden künstlich standardisiert, um vorhandene Programme verwenden zu können.

- **Verlust von Eigeninitiative**: Die Koordination über Programme kann dazu führen, dass Mitarbeiter nicht mehr darüber nachdenken, ob es bessere Abstimmungsmöglichkeiten gibt.

- **Verlust an Kreativität**: Mitarbeiter und Vorgesetzte nehmen die Programme als gegeben und verbindlich hin. Für neue Ideen ist kein Platz mehr.

3.3.2.3 Koordination durch Ziele und Pläne

Pläne sind gedankliche Vorwegnahmen zukünftigen Handelns. Sie werden nach festgelegten Verfahren im Rahmen institutionalisierter, systematischer, periodischer Planungsprozesse erarbeitet und sind zeitlich befristet und ergebnisorientiert.

Man unterscheidet **strategische, taktische und operative Planung**.

Abb. 3-17 grenzt die Planungsebenen nach Planungshorizont, Zielgrößen und Variablen voneinander ab und zeigt ihre charakteristischen Merkmale.

Planungsebenen

Ebene / Merkmal	Strategische Planung	Taktische Planung	Operative Planung
Planungs-horizont	Langfristig, von fünf bis über zehn Jahre (qualitative Zielgrößen)	Mittelfristig, bis ca. fünf Jahre (quantitative und qualitative Zielgrößen)	Kurzfristig, bis ein Jahr und kürzer (quantitative und qualitative Zielgrößen)
Beispiele für Zielgrößen	▪ Erfolgspotenziale ▪ Bestimmungsgrößen des Gewinns	▪ Produktziele ▪ Mehrperiodige Erfolgs-ziele (z.B. Kapitalwert) ▪ Erhaltung der Zahlungs-fähigkeit	▪ Produktionsziele (z.B. Kapazitätsauslastung, Durchlaufzeiten) ▪ Kurzfristige Erfolgsziele (z.B. Periodengewinn, Deckungsbeitrag) ▪ Sicherung der kurz-fristigen Liquidität
wesentliche Variablen	▪ Produkt- und Marktstrate-gien ▪ Geschäftsfelder ▪ Standorte	▪ Quantitatives und qualitatives Produktions-programm ▪ Investitions- und Finan-zierungsprogramme ▪ Personalausstattung ▪ Personalentwicklung	▪ Ablaufplanung ▪ Losgrößenplanung ▪ Kapazitätsabstimmung ▪ Personaleinsatz-planung
charakteristi-sche Merkmale	▪ gesamtunternehmensbe-zogen ▪ hohes Abstraktionsniveau ▪ geringer Planungsumfang ▪ geringe Detailliertheit ▪ qualitative Ausrichtung ▪ langfristige Rahmenpla-nung	▪ funktionsbezogen ▪ mittleres Abstraktions-niveau ▪ mittlerer Planungs-umfang ▪ zunehmende Detailliert-heit ▪ stärker quantitative Aus-richtung ▪ Konkretisierung der Rah-menplanung	▪ Produktionsziele (z.B. Kapazitätsauslastung, Durchlaufzeiten) ▪ geringes Abstraktions-niveau ▪ geringer Planungsumfang ▪ hohe Detailliertheit und Vollständigkeit ▪ quantitative Ausrichtung ▪ Umsetzung der takti-schen Planung in Durchführungspläne

Abb. 3-17: Charakteristische Merkmale der Planungsebenen[101]

Der **Koordinationsmechanismus** bei der Koordination durch Ziele und Pläne ist die **Er-gebnisvorgabe**, d.h. die **Standardisierung des Outputs**[102] **und des Verhaltens**[103].

Das bekannteste Beispiel für diese Koordinationsform ist das **Management by Objectives (MbO)**.[104] Der Stelleninhaber erhält Zielvorgaben bzw. handelt mit seiner übergeordneten In-stanz aus, welche Ziele in welchem Ausmaß von ihm erreicht werden sollen. Außerdem wird

---

[101] In Anlehnung an Küpper (2004), Sp. 1155.

[102] Vgl. Bea/Göbel (2019), S. 289.

[103] Vgl. Vahs (2019), S. 115.

[104] Vgl. ausführlich zum MbO Jones/Bouncken (2008), S. 332 ff.

ein Zeitpunkt festgelegt, bis zu dem die Zielerreichung abgeschlossen sein muss. In der Wahl der Mittel zur Zielerreichung ist der Mitarbeiter weitgehend frei. Sein Handlungsspielraum ist also deutlich größer als bei der Koordination durch persönliche Weisungen oder Programme. Er wird lediglich durch den **Präzisionsgrad seiner Ziele** eingeschränkt.[105]

Das Management by Objectives hat sich vor allem auf den mittleren Hierarchieebenen sehr bewährt, wo es zum **Standardinstrument der Fremdkoordination** in großen und mittleren Unternehmen geworden ist.

Es hat sich in der Praxis jedoch **nicht** als sinnvoll erwiesen, den gesamten betrieblichen Abstimmungsprozess ausschließlich mittels MbO zu gestalten. Zum einen besteht in Wirklichkeit in vielen Bereichen für die Mitarbeiter gar keine vollständige Freiheit bei der Mittelwahl. Knappe Ressourcen und zeitliche Abhängigkeiten führen zu vielfältigen Interdependenzen. Diese Probleme müssen dann mithilfe der anderen Koordinationsinstrumente gelöst werden. Zum anderen ist die Zukunft auch kurz- bis mittelfristig viel zu wenig genau vorhersehbar, als dass allein eine Koordination über die Standardisierung des Outputs ausreichend wäre. Der ständige Änderungsaufwand, der aufgrund nicht vorhergesehener Ereignisse entstehen würde, wäre viel zu umfangreich. Die Koordinationswirkung von Zielen und Plänen hängt stark davon ab, inwieweit es gelingt, künftige Entwicklungsmöglichkeiten zu erfassen. Sie steigt mit dem Detailliertheitsgrad der Pläne. Besonders häufig wird die Koordination durch Ziele und Pläne im Rahmen der Konzernorganisationen in Form einer Holdingstruktur eingesetzt.

Vorteile der Koordination durch Ziele und Pläne:[106]

- **Hohe Transparenz**: Alle Organisationseinheiten sind über die Leistungs- und die Verhaltenserwartungen, die von den Vorgesetzten an sie gestellt werden, genau informiert. Sie sind in den Plänen festgehalten und in Zielvereinbarungen formuliert.

- **Frühzeitiges Erkennen von Abstimmungsnotwendigkeiten**: Die regelmäßige Ermittlung von Ist-Werten und der Vergleich von Sollvorgaben und Ist-Werten ermöglichen es, sehr schnell Planabweichungen festzustellen. Darauf aufbauend werden die Ursachen analysiert und passende Steuerungsmaßnahmen zur Zielerreichung frühzeitig eingeleitet.

Nachteile der Koordination durch Ziele und Pläne:[107]

- **Hoher zeitlicher Aufwand**: Der zeitliche Bedarf für die Erstellung der Pläne, die Festlegung der Ziele und deren regelmäßige Überprüfung und Abstimmung untereinander ist erheblich.

- **Hoher finanzieller Aufwand**: Häufig sind Stabsstellen in eigens dafür geschaffenen zentralen Planungsabteilungen mit der Erstellung der Pläne befasst. Diese fachlich

---

[105] Vgl. Kirst (2020), S. 161; Schreyögg (2004), S. 170 f.

[106] Vgl. Klimmer (2016), S. 45; Vahs (2019), S. 115 f.

[107] Vgl. Klimmer (2016), S. 45 f.

hochqualifizierten Spezialisten bzw. diese Abteilungen sind im unternehmensspezifischen Gehaltsgefüge in der Regel weit oben angesiedelt und erhalten ein entsprechendes Entgelt.

▪ **Gefahr der Bürokratisierung**: Planungsabteilungen neigen oft dazu, ihre Daseinsberechtigung durch sehr umfangreiche bürokratische Maßnahmen zu rechtfertigen.

▪ **Realitätsferne**: Strategische und taktische Pläne beruhen oft auf unrealistischen und undifferenzierten Annahmen zu künftigen Entwicklungen, vor allem, wenn das Unternehmen in einer dynamischen Umwelt agiert. Zum Teil ist die Realitätsferne auch darauf zurückzuführen, dass Planungsabteilungen zu wenig mit der Praxis vertraut sind und die Linienstellen nicht in ausreichendem Maß in die Planungsprozesse einbezogen werden.

3.3.3 Instrumente der Selbstkoordination

Für die Selbstkoordination stehen diese Instrumente zur Verfügung:

▪ Selbstabstimmung

▪ Interne Märkte

▪ Unternehmenskultur

▪ Professionalisierung

3.3.3.1 Koordination durch Selbstabstimmung

Die Koordination durch Selbstabstimmung ist das Gegenmodell zur Fremdkoordination durch persönliche Weisungen. An die Stelle der Entscheidungen und Weisungen des Vorgesetzten tritt als **Koordinationsmechanismus** die selbständige, eigenverantwortliche **gegenseitige Abstimmung** der betroffenen **Stellen auf horizontaler Ebene**. Sie reduziert die Notwendigkeit zur vertikalen Kommunikation erheblich. Mit Selbstabstimmung sind hier nicht die spontanen, oft unverbindlichen Gespräche zwischen Stelleninhabern gemeint. Der Schwerpunkt der Koordination durch Selbstabstimmung liegt auf der **Schaffung verbindlicher, autorisierter Problemlösungen** durch die Beteiligten.[108]

Spontane Selbstabstimmung wird in der Regel nicht als Instrument der Organisation angesehen, da sie nicht absichtlich und gezielt durchgeführt wird und eingesetzt werden kann.[109]

Die neuere Organisationsforschung empfiehlt jedoch, auch spontane Formen aufzugreifen und zu institutionalisieren, um sie für das Unternehmen nutzbar zu machen. Beispiele sind regelmäßige, geplante Treffen von Mitarbeitern, etwa ein gemeinsames Frühstück oder Arbeitsessen, bei dem ein Thema vorgeben und Privates mit Beruflichem verbunden wird. Der **Übergang** zwischen spontaner und verbindlicher Selbstabstimmung ist **fließend**.[110]

---

[108] Vgl. Schreyögg/Geiger (2016), S. 82 ff.

[109] Vgl. Schreyögg (2016), S. 49; Schreyögg/Geiger (2016), S. 84.

[110] Vgl. Schreyögg/Geiger (2016), S. 84.

Die moderne Informations- und Kommunikationstechnologie unterstützt die Selbstabstimmung. **Telefon- und Videokonferenzen, Internet, Intranet, Apps, E-Mails, soziale Netzwerke, Blogs etc.** fördern die Bildung von **virtuellen Teams** über Abteilungs- und Länder- sowie auch Unternehmensgrenzen hinweg. Der Einsatz dieser Instrumente wird – gezielt und von der Unternehmensleitung abgesegnet und gefördert – zur Lösung fachlicher Probleme eingesetzt.[111] Formale und informale Beziehungen lassen sich häufig kaum noch trennen. Teure Dienstreisen werden oft überflüssig und auf jeden Fall deutlich reduziert.

Bei **sozialen Netzwerken im Unternehmen** handelt es sich um gezielt geschaffene, allerdings bewusst lose gehaltene, computerbasierte Zusammenschlüsse von Mitarbeitern, die sich einen beruflichen Vorteil davon versprechen. Anders als bei privaten Netzwerken steht hier die **Arbeitserleichterung** im Mittelpunkt. So hat Rheinmetall ein soziales Netzwerk etabliert, aus dem ersichtlich ist, welche Aufgaben und Kompetenzen die beteiligten Mitarbeiter haben. Auf diese Weise lassen sich schnell Ansprechpartner für spezielle Probleme finden und gezielt befragen.[112]

Man unterscheidet diese **Arten** der Selbstabstimmung:[113]

- **Selbstabstimmung nach eigenem Ermessen**: Mitarbeiter entscheiden selbständig und eigenverantwortlich, wann und über welche Sachverhalte sie sich mit anderen Stelleninhabern abstimmen wollen. Dies führt aber nur dann zum Erfolg, wenn die Mitarbeiter hinreichend qualifiziert sind, den Abstimmungsbedarf zu erkennen und in ausreichendem Maß an der Erreichung der Unternehmensziele interessiert sind.

- **Themenspezifische Selbstabstimmung**: Den Mitarbeitern werden diejenigen kritischen Sachverhalte, bei denen von Seiten der Unternehmensleitung eine Selbstabstimmung erwünscht ist, verbindlich vorgegeben. Auch die Art, wie die Abstimmung zu erfolgen hat und wie die Entscheidungen zustande kommen sollen, ist definiert, z.B. die Koordination zwischen Vertrieb und Produktion vor Abschluss eines Großauftrags unter der Federführung des Vertriebs.

- **Institutionalisierte Selbstabstimmung**: Dabei werden für vorab definierte Problembereiche Koordinationsorgane eingerichtet. Außerdem werden die Entscheidungsverfahren festgelegt, nach denen diese Koordinatoren vorzugehen haben, beispielsweise die Erstellung einer Berufungsliste für eine Professur durch eine Berufungskommission.

Die Koordination durch Selbstabstimmung funktioniert unter diesen **Voraussetzungen**:

- Mitarbeiter sehen ihre Stelle als Teil einer Gesamtheit und sind daran interessiert, gemeinsam eine Aufgabe zu lösen

- weitgehende Übereinstimmung von Unternehmens- und Mitarbeiterzielen

- gegenseitiges Vertrauen und gute Beziehungen zwischen Kollegen und Vorgesetzten

---

[111] Vgl. Scholz (2002), S. 26 ff.; Koppel/Sattler (2009), S. 26 ff.; Astheimer (2008), C 4.

[112] Vgl. Astheimer (2008), C 4.

[113] Vgl. Klimmer (2016), S, 42 f.

- Bereitschaft aller Beteiligten zur freiwilligen Kooperation
- Mitarbeiter erkennen die Notwendigkeit der gegenseitigen Abstimmung als selbstverständlich

Vorteile der Selbstabstimmung sind:

- **Motivationssteigerung**: Die größere Selbständigkeit und Eigenverantwortung, die jedem Mitarbeiter zugebilligt wird, soll sich positiv auf seine Motivation auswirken und seine Leistung steigern.

- **Schnellere Entscheidungen**: Durch die Umgehung von hierarchischen Strukturen können Absprachen unmittelbar zwischen den betroffenen Mitarbeitern getroffen werden.

- **Sachkompetente Entscheidungen**: Stelleninhaber, die von einem Problem direkt betroffen sind, besprechen sich untereinander. Da sie diejenigen Personen sind, die Einzelheiten und Hintergründe kennen, kommen sie oft zu sachgerechteren Entscheidungen als ihre Vorgesetzten.

Nachteile:

- **Erheblicher Zeitaufwand**: Die gemeinsame Absprache macht die Entscheidungsfindung oft schwierig und langwierig.

- **Machtkämpfe**: Wenn zwischen den Beteiligten starkes Konkurrenzdenken herrscht, kann es sein, dass sich einzelne Mitarbeiter auf Kosten anderer profilieren wollen.

Die Erfahrung in der Praxis zeigt, dass im Vorfeld der Koordination durch Selbstabstimmung oft Konflikt-, Kommunikations- und/oder Kooperationstrainings notwendig sind, um die genannten Voraussetzungen zu schaffen und um die möglichen Nachteile abzumildern.

Selbstabstimmung eignet sich insbesondere bei Aufgaben, die große Spielräume für Kreativität und Eigeninitiative erfordern. Eine Fremdkoordination wäre dann mit zu vielen Einschränkungen verbunden und sollte deshalb bewusst vermieden werden.

Üblich ist die Selbstabstimmung vor allem im **Top-Management** und auch in **Forschungsabteilungen**. In Form von Ausschüssen, teilautonomen Arbeitsgruppen, sozialen Netzwerken und Blogs kommt sie auch immer häufiger auf den unteren Verwaltungs-, Dienstleistungs- und Produktionsebenen zum Einsatz.

Auch das **agile Arbeiten** ist eine Form der Selbstabstimmung. Der Schwerpunkt liegt auf raschen, kleinteiligen und kurzfristigen Arbeitsergebnissen, die durch Selbstabstimmung der Teammitglieder erreicht werden sollen. Hierarchie ist dabei von untergeordneter Bedeutung und die Mitarbeiter übernehmen selbst Verantwortung für ihr Handeln und die daraus entstehenden Ergebnisse. Schnelle Anpassungsfähigkeit tritt gegenüber strategischem Vorgehen in den Vordergrund. Der Schwerpunkt liegt auf raschen, kleinteiligen und kurzfristigen Resultaten. Agiles Arbeiten bzw. agile Organisation wird in Kapitel 9 (Neuere Organisatorische Konzepte) genauer betrachtet.

3.3.3.2 Koordination durch interne Märkte

Interne Märkte haben eine Zwischenstellung zwischen der Koordination durch persönliche Weisungen und der Selbstabstimmung. Sie sollen zwar die Selbstabstimmung fördern, gleichzeitig werden aber sehr genau definierte Rahmenbedingungen dafür vorgegeben.[114]

Zur Koordination wird ein **interner Marktmechanismus** etabliert, bei dem das Leistungsangebot und die Leistungsnachfrage durch interne Verrechnungspreise aufeinander abgestimmt werden.[115] Die Leistungen der Mitarbeiter werden dabei als **Leistungsangebote** betrachtet, welche die anderen Mitarbeiter nachfragen und „kaufen" müssen, um weiterarbeiten zu können. Hierfür müssen sie festgelegte **interne Verrechnungspreise** an die anderen Mitarbeiter bzw. Abteilungen zahlen.[116]

Alle Organisationseinheiten werden dazu als **interne Lieferanten bzw. interne Kunden** angesehen, die untereinander Güter oder Dienstleistungen zu diesen festgelegten Preisen intern kaufen und intern verkaufen. Die Koordination zwischen ihnen soll ähnlich wie auf externen Märkten über **Angebot und Nachfrage** erfolgen.

Anders als auf externen Märkten können die Partner jedoch nicht frei über die **Modalitäten der Transaktionen** verhandeln, sondern müssen sich dabei an vorgegebene Regeln und Verrechnungspreise halten. Auch dazu, welche internen Transaktionspartner gewählt werden dürfen, existieren normalerweise Vorgaben. Damit wird der **Transferpreis** zum **Koordinationsmechanismus**.

Er hat drei wesentliche Funktionen:

- **Bewertungsfunktion**: Der Transferpreis zeigt den internen, unternehmensseitig festgelegten Wert der Güter und Dienstleistungen, die zwischen den Organisationseinheiten weitergegeben werden.

- **Lenkungsfunktion**: Die von oben vorgegebene Festlegung der Transferpreise und der Konditionen soll sicherstellen, dass alle Entscheidungen der betroffenen Stelleninhaber im Interesse des Unternehmens und im Hinblick auf die Erfüllung der Unternehmensziele getroffen werden.

- **Erfolgsermittlungsfunktion**: Die Transferpreise sollen es ermöglichen, den Erfolg einer Organisationseinheit explizit auszuweisen.

Man unterscheidet **zwei Arten** von internen Märkten:[117]

- **Reale interne Märkte**: Hier haben i.d.R. weder der interne Kunde noch der interne Lieferant die Möglichkeit, sich einen externen Transaktionspartner auszusuchen. Bei sehr großen Unternehmen kann höchstens manchmal zwischen alternativen internen

---

[114] Vgl. Scherm/Pietsch (2007), S. 207 f.; Frese (2004), Sp. 552 ff.

[115] Vgl. ausführlich zur Koordination über interne Verrechnungspreise Pfähler/Vogt (2008), S. 746 ff.; Martini (2007), S. 10 ff.

[116] Vgl. Jung/Heinzen/Quarg (2018), S. 433 f.

[117] Vgl. Klimmer (2016), S. 46.

Partnern ausgewählt werden. Die möglichen Leistungen und Konditionen werden von Unternehmensseite meistens genau definiert. Die internen Kunden können lediglich entscheiden, **ob und in welchem Umfang sie überhaupt Güter oder Dienstleistungen beziehen** wollen. Die interne Lieferantenseite legt fest, mit welchen Ressourcen sie die Leistungen erstellt. Auch die **Transferpreise sind nicht verhandelbar**. Es liegt also eine interne Kunden-Lieferanten-Beziehung vor, bei der die Alternativen vorweg durch **Fremdkoordination** von Seiten der Unternehmensleitung stark eingeschränkt wurden.

Ein Beispiel, bei dem die Personalabteilung als Lieferant und das Controlling als Kunde auftreten, könnte so aussehen: Da das Controlling einen qualifizierten Sachbearbeiter benötigt, fragt es bei der Personalabteilung nach einem geeignetem Beschaffungs- und Auswahlverfahren. Die Personalabteilung bietet diese Leistung zu einem bestimmten Verrechnungspreis an. Nun wird zwischen den beiden internen Partnern darüber verhandelt, welche Teilleistungen dazugehören, ob etwa Anzeigen in einer Jobbörse und zusätzlich in einer Fachzeitschrift geschaltet werden müssen und ob ein Assessment Center erforderlich ist.

Die Transferpreise für die Teilleistungen der Personalabteilung sind nicht verhandelbar, lediglich der Umfang der Leistungserbringung steht zur Disposition. Die Controlling-Abteilung darf die Leistungen nicht auf dem externen Markt, etwa von einer Personalberatung, beziehen. Nachdem das Leistungsspektrum festgelegt wurde, bestimmt die Personalabteilung intern, welche Mitarbeiter den Auftrag ausführen sollen. Gleichzeitig versucht sie, auf dem externen Markt günstige Konditionen zu erzielen, etwa indem sie Rabatte für Stellenanzeigen wahrnimmt.

Durch die Koordination über reale interne Märkte soll vor allem ein **verantwortungsvoller Umgang mit den** materiellen und immateriellen **Ressourcen** des Unternehmens erreicht werden.

■ **Fiktive interne Märkte**: Sie zeichnen sich dadurch aus, dass die Gestaltung der Kunden-Lieferanten-Beziehungen noch stärker eingeschränkt ist als bei realen internen Märkten. Manchmal ist gar kein mehr Spielraum vorhanden. Der interne Markt wird dann nur simuliert. Die internen Kunden sind verpflichtet, bestimmte vorgegebene Leistungen der internen Lieferanten in Anspruch nehmen. Die **Leistung kann nicht abgelehnt werden**. Die Kosten, mit denen sie für diese erhaltenen Leistungen belastet werden, sind aufgrund der Verrechnungspreise allerdings **transparent** für die internen Kunden. Es lässt sich genau ersehen, für welche Leistungen welche Kosten entstanden sind.

Die Personalabteilung führt z.B. die Lohn- und Gehaltsabrechnung für das gesamte Unternehmen durch. Diese Leistung muss von allen Abteilungen in Anspruch genommen werden und ist nicht verhandelbar. Jede Abteilung zahlt dafür kostendeckende Transferpreise. Als Benchmark könnten Preise herangezogen werden, die ein externer selbständiger Steuerberater verlangen würde.

Die Fiktion eines Marktes soll bei den internen Lieferanten dazu führen, sorgfältig mit ihren Ressourcen umzugehen, um ihre **internen Leistungen möglichst kosten-**

günstig anbieten zu können und Ärger über überhöhte Preise bei den internen Kunden zu vermeiden. Es wird für jeden Abteilungsleiter nun deutlich, was es kostet, die Abrechnungen für seine Mitarbeiter zu erstellen, da seine Abteilung mit dem entsprechenden Betrag belastet wird.

Reale, interne Märkte funktionieren nur, wenn die Organisationseinheiten relativ frei darüber entscheiden können, ob und in welchem Umfang sie Leistungen der internen Lieferanten in Anspruch nehmen wollen. Dies ist beispielsweise bei Profit-Centern normalerweise der Fall.[118]

Bei fiktiven internen Märkten gibt es keinen Entscheidungsspielraum, sie dienen lediglich der Kostentransparenz.

Vorteile der Koordination durch interne Märkte:

- **Förderung des Leistungsgedankens**: Interne Käufer können von internen Lieferanten nicht länger als lästige Bittsteller betrachtet werden, sondern als Kunden, die selbstverständlich erwarten, möglichst schnell und kostengünstig hochwertige Leistungen zu erhalten.[119]

- **Kostentransparenz**: Allen Organisationseinheiten wird vor Augen geführt, dass interne Leistungen grundsätzlich mit Kosten verbunden sind und in welcher Höhe diese anfallen.

- **Notwendigkeit der Inanspruchnahme einer Leistung wird überdacht**: Die Belastung der internen Kunden mit Transferpreisen führt dazu, dass sie überprüfen, ob diese Leistung im vorgesehenen Umfang überhaupt von ihnen benötigt wird.

- **Effiziente Leistungserstellung**: Die Verrechnungspreise machen den internen Kunden die Kosten der in Anspruch genommenen Leistung deutlich und regen zu einer sparsamen Ressourcenverwendung auf Lieferantenseite an, um die Transferpreise der Leistungen möglichst niedrig zu halten. Da die internen Kunden ihre Leistungen weitergeben und deshalb auch interne Lieferanten sind, achten sie darauf, ihre Güter und Dienstleistungen möglichst günstig herzustellen. Dann sind sie für ihre internen Kunden attraktive Marktpartner.

- **Entlastung der oberen Leitung**: Durch die Selbstkoordination über die internen Märkte werden übergeordnete Instanzen von vielen Koordinationsaufgaben entlastet und können sich verstärkt anderen Leitungs- und Führungsaufgaben zuwenden.

- **Förderung unternehmerischen Denkens**: Durch Aushandeln interner Leistungen und z.T. auch Lieferbedingungen, lernen Mitarbeiter unternehmerisch zu denken.

Die **Nachteile** sind:

- **Hoher Korrekturaufwand**: Die internen Verrechnungspreise müssen regelmäßig überprüft werden, vor allem dann, wenn sich die Preise der Ressourcen, die für die Leistungserstellung benötigt werden, verändern.

---

[118] Vgl. Klimmer (2016), S. 46.
[119] Vgl. Steinle/Krummaker (2004), Sp. 1190 ff.

- **Mangelnde Vergleichbarkeit der Leistungen**: Oft sind Qualität und Umfang der internen Leistungen nicht mit den Leistungen externer Anbieter vergleichbar, weil sie in dieser Form gar nicht auf dem externen Markt angeboten werden. Das erschwert es, die richtigen Transferpreise zu finden.

- **Hoher zeitlicher Aufwand**: Bevor die Leistungen bezogen werden können, werden die Bedingungen zwischen internem Kunden und internem Lieferanten ausgehandelt. Dies benötigt oft viel Zeit und kann auch dazu führen, dass sich Leistungen für externe Kunden verzögern.

Weitere Probleme ergeben sich, wenn die internen Märkte neben der **Koordinations**- auch eine **Motivationswirkung** haben sollen. Für die Koordinationswirkung sind nur die Kosten relevant, positive Wirkungen auf die Motivation der Mitarbeiter erzielt man jedoch vor allem, wenn sich die Verrechnungspreise nicht nur an den entstandenen Kosten, sondern an den Marktpreisen orientieren. Die internen Lieferanten wären dann in der Lage, mit ihren Leistungen einen „selbst erwirtschafteten Gewinn" zu verbinden. Es gibt deshalb in manchen Unternehmen Versuche, zwei verschiedene Verrechnungspreise vorzugeben – einen als Motivationsinstrument und einen weiteren als Koordinationsinstrument –, was jedoch mit einem erheblichen administrativen Aufwand verbunden ist.[120]

3.3.3.3 Koordination durch die Unternehmenskultur

Unter **Unternehmenskultur** versteht man die Gesamtheit der im Laufe der Zeit in einem Unternehmen entstandenen und akzeptierten Werte und Normen, die über bestimmte Wahrnehmungs-, Denk- und Verhaltensmuster das Entscheiden und Handeln der Mitarbeiter prägen.[121] Sie ist der Ausdruck der informalen Organisation.

Sie kann zur Koordination herangezogen werden, da durch die **Verinnerlichung gemeinsamer Werte, Ziele und Normen** ein Zusammengehörigkeitsgefühl unter den Mitarbeitern entsteht, welches bestimmte Handlungsweisen zulässt und andere von vornherein ausschließt, weil es „sich nicht gehört", sich so zu verhalten, „das macht man bei uns nicht".

Man unterstellt, dass die Mitarbeiter auf gemeinsame Ziele hinarbeiten und aufgrund ihrer Verbundenheit mit dem Unternehmen selbst die richtigen Prioritäten setzten.[122]

Da sich ihre Denk- und Verhaltensmuster im Laufe der Zeit immer mehr angleichen, fällt es ihnen leicht, miteinander zu kommunizieren, womit die Komplexität der Umwelt abnimmt und die Zusammenarbeit erleichtert wird. Je besser es gelingt, die Denk- und Verhaltensmuster anzugleichen, desto besser verstehen die Mitarbeiter die Verhaltensweisen ihrer Kollegen und desto weniger müssen andere Koordinationsmaßnahmen eingesetzt werden. Schreyögg

---

[120] Vgl. Kieser/Walgenbach (2010), S. 118 f.; zu den Vorgehensweisen bei der Bestimmung der Verrechnungspreise siehe Bea/Göbel (2019), S. 291 ff.

[121] Vgl. Bea/Göbel (2019), S. 435, Müller (2017), S. 225.

[122] Vgl. Jung/Heinzen/Quarg (2018), S. 434.

spricht in diesem Zusammenhang von der **organischen Solidarität**, die an die Stelle des regelgebundenen Verhaltens tritt. Auch die Bezeichnung **Clan-Mechanismus** verwendet.[123]

Zur Unternehmenskultur gehören diese **Merkmale**:[124]

- Werte, Normen und Überzeugungen, die von der Mehrheit der Unternehmensmitglieder als selbstverständlich angesehen werden
- langsames Entstehen durch Entwicklungs- und Lernprozesse
- gemeinsame Muster beim Wahrnehmen und Interpretieren der internen und externen Umwelt
- Vereinheitlichung von Handlungen und Werten
- emotionale Aspekte, die die Mitarbeiter leiten und prägen
- persönlicher Sozialisierungsprozess, der nur zum Teil bewusst abläuft

Der **Koordinationsmechanismus** ist die sich langsame entwickelnde, selbst gewünschte **Vereinheitlichung und Verinnerlichung der Denk- und Verhaltensmuster** seitens der Mitarbeiter.

Von der Unternehmenskultur hängt es auch ab, welche weiteren Koordinationsinstrumente eingesetzt werden. Ein Unternehmen, in dem die Fremdkoordination durch persönliche Weisungen dominiert, entwickelt eine andere Unternehmenskultur als ein Unternehmen, in welchem Selbstabstimmung das vorherrschende Koordinationsinstrument ist. In der Auswahl spiegeln sich zum einen die gemeinsamen Werte und Normen wider, zum anderen prägen die Koordinationsinstrumente ihrerseits selbst wiederum die Kultur des Unternehmens.

Vor allem nach Fusionen und anderen Unternehmenszusammenschlüssen muss eine gemeinsame Unternehmenskultur, d.h. ein gemeinsames Orientierungsmuster für das Handeln, neu entwickelt werden. Je eher es gelingt, den Mitarbeitern eine gemeinsame Vision, Identität und gemeinsame Ziele zu vermitteln, desto schneller sind sie bereit, sich für das neu entstandene Unternehmen zu engagieren. Untersuchungen haben gezeigt, dass der Erfolg einer Fusion in erheblichem Maße von der Integration der Mitarbeiter mittels einer gemeinsamen Unternehmenskultur abhängt.[125]

Bei großen Unternehmen tritt – nicht nur nach einer Fusion – häufig das Phänomen der **Subkulturen** auf. Sie zeichnen sich meist durch eine besonders starke Verbundenheit von Organisationseinheiten aus, was dazu führen kann, dass die abteilungsübergreifende Zusammenarbeit mit Mitarbeitern, die dieser Subkultur nicht angehören, erschwert wird und die Koordinationswirkung der Unternehmenskultur verloren geht.

---

[123] Vgl. Schreyögg/Geiger (2016), S. 108.

[124] Vgl. Jones/Bouncken (2008), S. 43.

[125] Vgl. Weiner/Hill (2008), S. 38 ff.; o.V. (2002), S. 12 ff.; Bloß-Barkowski (2003), S. 6 ff.; Peitsmeier (2009), S. 11.

Eine gezielte Einflussnahme auf die Unternehmenskultur ist äußerst schwierig. **Ansatzpunkte** können sein:

- Auswahl passender Mitarbeiter
- Fixierung von Unternehmensleitlinien
- gezielte Verwendung von Symbolen
- Einsatz von Ritualen
- Aufbau von Helden und Legenden
- Verwendung unternehmensspezifischer Begriffe
- Einhalten bestimmter Umgangsformen

Vorteile der Koordination über die Unternehmenskultur:[126]

- **Schnelle Entscheidungsfindung**: In komplexen Situationen werden durch die verinnerlichten Prioritäten von vornherein einige Alternativen ausgeschlossen, weil sie nicht zum vorhandenen Wertesystem und zum akzeptablen Verhaltenskodex im Unternehmen passen.

- **Reibungslose Kommunikation**: Signale werden zuverlässig interpretiert und schnell und direkt weitergegeben.

- **Einheitliche, voraussehbare Vorgehensweisen**: Die Mitarbeiter verhalten sich aufgrund ihres einheitlichen Wertesystems in vergleichbaren Situationen gleich, womit ihre Entscheidungen und ihr Handeln vorhersehbar sind.

- **Motivationswirkung**: Durch das Zugehörigkeitsgefühl zu einer sozialen Gruppe bzw. einem Team oder einer Abteilung erhöht sich das Interesse der Mitarbeiter an der Aufgabenerfüllung in dieser Einheit.

- **Zügige Umsetzung**: Aufgrund gemeinsamer Denk- und Verhaltensmuster stoßen Entscheidungen auf eine breite Akzeptanz in der Belegschaft und werden somit schnell umgesetzt.

- **Hohe Loyalität**: Die Mitarbeiter fühlen sich ihrem Unternehmen verpflichtet. Abwesenheits- und Fluktuationsraten sinken.

- **Leichtere Führung**: Indem das Wertesystem verinnerlicht wird, verhalten sich die Mitarbeiter von vornherein zielkonformer. Es bedarf weniger Anreize und geringerer Kontrollen, um ihr Verhalten zu beeinflussen.

- **Größere Sicherheit**: Gemeinsame Wertvorstellungen und Verhaltensweisen vermindern die Unsicherheit, ob das eigene Vorgehen richtig ist, und stärken das Selbstvertrauen. Sie verringern außerdem die Angst der Mitarbeiter, unvorbereitet wegen Fehlverhalten ihre Stelle zu verlieren.

---

[126] Vgl. Schreyögg (2016), S. 189 f.; Macharzina/Wolf (2017), S. 234 ff.

Nachteile sind:[127]

- **Mangelnde Anpassungsfähigkeit des Unternehmens**: Da die Unternehmenskultur die Umweltkomplexität reduziert, kann es zur mentalen Abschottung nach
außen kommen. Dann werden Veränderungen des Marktes häufig zu spät wahrgenommen.

- **Mangelnde Anpassungsfähigkeit der Mitarbeiter**: Die Standardisierung der
Denk- und Verhaltensmuster kann dazu führen, dass die Mitarbeiter nicht mehr in der
Lage sind, flexibel auf veränderte Situationen zu reagieren.

- **Blockierung neuer Vorgehensweisen**: Veränderungen werden oft als suspekt angesehen, da sie die Stabilität bedrohen, weshalb sie in Unternehmen mit einer stark auf
Beständigkeit ausgerichteten Kultur häufig von vornherein abgelehnt werden, „Das
haben wir schon immer so gemacht", „das hat sich bewährt" oder „das gehört sich
nicht", sind häufige Argumente. Man ist auf die traditionellen Erfolgsmuster fixiert.
So kann es zu einer kollektiven Verweigerungshaltung gegenüber Veränderungen
kommen.

- **Mangelnde Beeinflussbarkeit**: Die Unternehmenskultur lässt sich nur schwer in
eine bestimmte Richtung lenken. Allerdings ist nicht jedes Verhaltensmuster, das sich
im Laufe der Zeit entwickelt hat, erwünscht.

- **Hohe zeitliche und finanzielle Belastung**: Werte, Normen und Verhaltensweisen
ändern sich nur langsam. Die Einflussnahme auf die Unternehmenskultur seitens des
Managements ist arbeits-, zeit- und kostenintensiv.

Die Unternehmenskultur wird vor allem dann (zusätzlich) zur Selbstkoordination eingesetzt,
wenn die Aufgaben sehr komplex sind oder rasch große Aufgaben bewältigt werden müssen.
Dann tritt der Gedanke „wir müssen alle an einem Strang ziehen" in den Vordergrund. Als
alleiniges Koordinationsinstrument ist sie nicht ausreichend.

3.3.3.4 Koordination durch Professionalisierung

Bei der Koordination durch Professionalisierung handelt es sich um eine Abstimmung mittels
Standardisierung der Qualifikationen und über vorgegebene Rollen, die den Stelleninhabern
zugewiesen werden. Die Kompetenzen, die für eine bestimmte Stelle notwendig sind, werden
detailliert schriftlich festgehalten, z.B. ein wirtschaftswissenschaftlicher Studienabschluss, eine
bestimmte Berufserfahrung, erste Führungserfahrung, sehr gute Sprachkenntnisse etc. Bei der
Stellenbesetzung werden die gewünschten Anforderungen und die vorhandenen Qualifikationen eines Kandidaten sorgfältig abgeglichen. **Anforderungs- und Eignungsprofil** sollen sich
bestmöglich decken, dann geht man davon aus, dass der Stelleninhaber seine Aufgaben auf die
gewünschte und vorhersehbare Art und Weise erledigen wird.[128]

Die Koordination erfolgt also durch die **Standardisierung der Qualifikation**.

---

[127] Vgl. Schreyögg (2016), S. 190 f.; Macharzina/Wolf (2017), S. 243 ff.
[128] Vgl. Scherm/Pietsch (2007), S. 206.

Grundlagen sind die üblichen Inhalte einer Ausbildung oder eines Studienganges. Sie sind die **Standardqualifikation**. Durch berufliche Erfahrungen entsteht zudem Routine im Umgang mit Vorgesetzten, Kollegen, Materialien, Sachmitteln etc.

Bei der Einstellung eines Mitarbeiters wird vorausgesetzt, dass er während seiner Ausbildung und seiner bisherigen Berufspraxis gelernt hat, **Rollen zu übernehmen**, die sich weitgehend von einem Unternehmen auf andere übertragen lassen. Damit verlässt man sich darauf, dass er seine neuen Aufgaben schnell beherrscht, ohne dass es detaillierter Vorgaben bedarf. Der Einsatz zusätzlicher organisatorischer Koordinationsinstrumente verringert sich.

Man muss jedoch berücksichtigen, dass Mitarbeiter neben einer allgemein verwendbaren Qualifikation meist auch unternehmensspezifisches Wissen und Können benötigen, um ihre Aufgaben erfüllen zu können. Sie müssen also **zusätzlich betriebsinterne Routinen und Rollen** beherrschen, die sie nicht aus anderen Unternehmen mitbringen können und die sich auch später nicht unmittelbar auf andere Unternehmen übertragen lassen. Das bedeutet, Koordination durch Professionalisierung reicht alleine nicht aus, es müssen weitere Koordinationsinstrumente hinzukommen.[129]

Die **Vorteile** der Koordination durch Professionalisierung sind:

- **Weitgehende Verlagerung der Koordinationskosten nach außen**: Die Professionalisierung findet zum großen Teil nicht im eigenen Unternehmen statt. Schulen, Hochschulen und andere Unternehmen übernehmen die Ausbildung zum Profi und die damit verbundenen Kosten.

- **Größere Transparenz**: Standardisierte Ausbildungen und Studiengänge erlauben es, die Kompetenzen der Bewerber besser einzuschätzen.

- **Flexibilität auf Unternehmensseite**: Aufgrund seiner Professionalität kann der Mitarbeiter gering formalisierte und komplexe Aufgaben bewältigen, wodurch er sich vielseitiger einsetzen lässt.

- **Motivation**: Professionalisierung ermöglicht eine größere Selbstentfaltung, was die Motivation erhöht.

- **Flexibilität auf Mitarbeiterseite**: Professionalisierung führt dazu, dass die Mitarbeiter auch von anderen Unternehmen gefragt sind.

Nachteile dieser Koordinationsform:

- **Hoher Zeitaufwand**: Es erfordert viel Zeit, bis der Mitarbeiter zum Profi herangereift ist. Dies gilt insbesondere dann, wenn neben seiner beruflichen noch eine umfangreiche unternehmensspezifische Professionalisierung dazu kommen muss, um die gewünschte Rolle erfüllen zu können.

- **Höhere Gehaltszahlungen**: In der Regel erhalten Mitarbeiter mit hoher Professionalisierung ein höheres Entgelt.

---

[129] Vgl. Jung/Heinzen/Quarg (2018), S. 435.

Das bekannteste Instrument zur Standardisierung durch Professionalisierung ist die **Stellen-beschreibung** (vgl. Kapitel 5.3). Auch regelmäßige Mitarbeitergespräche und **Leistungsbe-urteilungen** können als Koordination über Professionalisierung interpretiert werden, da sie die Qualifikation, die Leistungen und die Leistungserwartungen für Mitarbeiter und Vorgesetzte transparenter machen bzw. festlegen.[130]

3.4 Gestaltungsparameter Konfiguration (Leitungssystem)

3.4.1 Überblick

Bei der **Konfiguration** geht es darum, Regeln für die Über- und Unterstellungsverhältnisse der Organisationseinheiten zu schaffen. Damit entsteht die **äußere Form des Unternehmens**, d.h. das **Leitungssystem** und die **betriebliche Hierarchie** des Unternehmens werden festgelegt (s. Abb. 3-18).

Die **zentralen Fragen**, die im Rahmen der Konfiguration zu beantworten sind, lauten:

- **Wie viele Mitarbeiter kann eine Instanz leiten** und **wie viele Leitungsebenen** sind sinnvoll bzw. erforderlich? (Kapitel 3.4.2)

- Wie können die **Über- und Unterstellungsbeziehungen** gestaltet werden? (Kapitel 3.4.3)

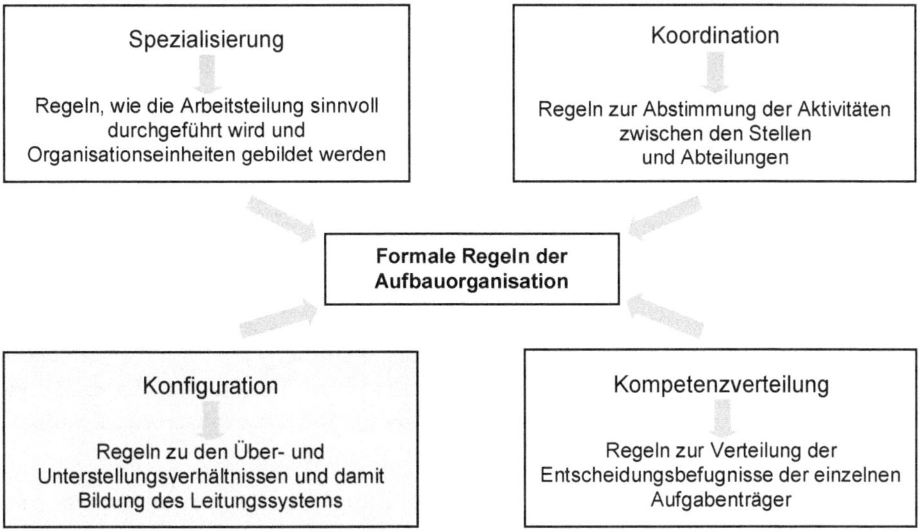

Spezialisierung

Regeln, wie die Arbeitsteilung sinnvoll durchgeführt wird und Organisationseinheiten gebildet werden

Koordination

Regeln zur Abstimmung der Aktivitäten zwischen den Stellen und Abteilungen

Formale Regeln der Aufbauorganisation

Konfiguration

Regeln zu den Über- und Unterstellungsverhältnissen und damit Bildung des Leitungssystems

Kompetenzverteilung

Regeln zur Verteilung der Entscheidungsbefugnisse der einzelnen Aufgabenträger

Abb. 3-18: Gestaltungsparameter Konfiguration

---

[130] Vgl. Schulte-Zurhausen (2013), S. 242.

3.4.2 Leitungsspanne und Leitungstiefe

Bei der Festlegung der hierarchischen Beziehungen muss man zunächst überlegen, wie viele Stellen einer Instanz **direkt unterstellt** werden können. Diese Anzahl wird als **Leitungsspanne** bezeichnet. Dabei spielt es keine Rolle, um welche Stellen es sich handelt, d.h. ob die unterstellten Mitarbeiter selbst Instanzen, Leitungshilfsstellen oder Ausführungsstellen sind.

Statt von Leitungsspanne wird auch von **Subordinationsquote** gesprochen. Hier wird die Beziehung zwischen dem Vorgesetzten und seinen Mitarbeitern jedoch sprachlich sehr auf den Unterordnungs- und Kontrollaspekt reduziert, was heute i.d.R. nicht mehr als zeitgemäß angesehen wird. Die Bezeichnung **Kontrollspanne** ist in der Praxis ebenfalls üblich. Dabei wird nicht bedacht, dass Leiten mehr als Kontrollieren ist. Es handelt sich um eine ungenaue Übersetzung des englischen Begriffs **Span of Control**. Control bedeutet nicht nur kontrollieren, sondern auch leiten, steuern und regeln.

Die Leitungsspanne stellt immer auf die Zahl der **direkt** unterstellten Stellen ab. Indirekt unterstellte Einheiten werden in diesem Zusammenhang nicht berücksichtigt. Andernfalls hätte der Vorstand eines internationalen Konzerns eine Leitungsspanne von mehreren zehntausend Stellen.

Früher wurde oft versucht, ein optimales Zahlenverhältnis zwischen einem Vorgesetztem und seinen direkt unterstellten Mitarbeitern zu ermitteln, wobei eine Leitungsspanne von drei bis zehn und im Durchschnitt neun Stellen bevorzugt wurde.[131] Allerdings wurden damals weit mehr als heute persönliche Weisungen erteilt.

Heute geht man davon aus, dass es **keine allgemein gültige optimale Leitungsspanne** gibt. Eine einheitliche Quote würde zur Überforderung bzw. Unterforderung einzelner Instanzen führen.[132] Da Mitarbeiter heute besser qualifiziert sind, selbstständiger arbeiten und deshalb die Koordination durch persönliche Weisungen zurückgeht und die anderen Koordinationsinstrumente – vor allem die Selbstkoordination – stärker genutzt werden, sind deutlich größere Leitungsspannen möglich. Auch die moderne Kommunikations- und Informationstechnik ermöglicht eine höhere Span of Control.

Welche Leitungsspanne **angemessen** ist, muss von Fall zu Fall entschieden werden und hängt von vielen Faktoren ab:

- **Art der Abteilungsaufgaben**: Je komplexer und schwieriger die Abteilungsaufgaben sind und je mehr Abstimmung mit anderen Abteilungen notwendig sind, desto geringer ist i.d.R. die Leitungsspanne. Homogene, gut überwachbare Aufgaben ohne große Interdependenzen erlauben eine höhere Span of Control.

- **Entscheidungsspielraum und Selbständigkeit der untergebenen Stellen**: Je selbständiger die Mitarbeiter entscheiden und arbeiten können, desto seltener muss der Vorgesetzte eingreifen. Die Leitungsspanne steigt.

---

[131] Vgl. Schreyögg/Geiger (2016) S. 71.
[132] Vgl. Hentze/Kammel (2001), S. 215 ff.

- **Qualifikation und Motivation der Stelleninhaber**: Je geringer qualifiziert und motiviert Mitarbeiter sind, desto mehr Leitung ist erforderlich und desto geringer ist die Zahl der unterstellten Einheiten.

- **Führungsstil**: Je kooperativer ein Vorgesetzter führt, desto weniger Weisungen und Kontrollen bedarf es. Je autoritärer er führt, desto geringer sind Eigenverantwortung und Selbstkontrolle der Mitarbeiter und desto geringer ist die Leitungsspanne.

- **Umfang der eigenen Ausführungsaufgaben der Instanz**: Wenn eine Instanz viele Aufgaben selbst ausführen muss, bleibt weniger Zeit für die Leitung der unterstellten Einheiten. Die Leitungsspanne ist dann geringer, als bei einem kleineren Umfang an eigenen Ausführungsaufgaben.

- **Fachliche Qualifikation der Instanz**: Je besser der Vorgesetzte fachlich qualifiziert ist, desto mehr kann er seine Mitarbeiter inhaltlich unterstützen und muss sich bei Fragen und Problemen nicht erst selbst sachkundig machen. Seine Span of Control steigt.

- **Soziale Kompetenz der Instanz**: Je größer die soziale Kompetenz des Vorgesetzten ist, desto häufiger und erfolgreicher setzt er Instrumente der Selbstkoordination ein und desto größer ist seine Leitungsspanne.

- **Vorhandene IT und sonstige Hilfsmittel**: Viele Leitungsaufgaben wie Planung und Überwachung lassen sich dank der modernen Informationstechnik schneller erledigen als früher. Damit bleibt der Instanz mehr Zeit für ihre Mitarbeiter, womit die Leitungsspanne steigt.

- **Entlastung durch Leitungshilfsstellen**: Instanzen, die durch Leitungshilfsstellen entlastet werden, haben mehr Spielraum, sich ihren Mitarbeitern zu widmen. Die Leitungsspanne kann höher sein.

Mit steigender Hierarchieebene nimmt die Gleichartigkeit und die Vorherbestimmbarkeit der Aufgaben ab. Deshalb sind die Leitungsspannen auf höheren Hierarchieebenen eher gering und nehmen nach unten hin zu. In Abteilungen, in denen einfache, vorwiegend mit Routineaufgaben betraute Stellen zusammengefasst sind, etwa in einem Fertigungsbereich mit Fließbändern, ist eine Leitungsspanne von fünfzig oder hundert direkt Unterstellten keine Seltenheit. Geht es hingegen um die Lösung hochkomplexer Probleme in der Forschungs- und Entwicklungsabteilung, dann besteht i.d.R. viel Kommunikations- und Koordinationsbedarf und die Leitungsspanne liegt oft bei lediglich drei bis fünf Mitarbeitern. Das gilt auch für die obersten Hierarchieebenen.

Eng verbunden mit der Leitungsspanne ist die **Leitungstiefe**. Sie gibt Auskunft über die **Anzahl der Hierarchieebenen** eines Unternehmens. Eine geringe Leitungstiefe führt i.d.R. zu einer flachen Hierarchiepyramide, während eine große Leitungstiefe eine steile Pyramide mit vielen Leitungsebenen bedingt. Mit der Vergrößerung der Leitungsspanne verringert sich die Zahl der benötigten Instanzen und Hierarchieebenen. Umgekehrt gilt: Je kleiner die Leitungs-

spanne ist, desto größer ist die Leitungstiefe, d.h. desto mehr Hierarchieebenen gibt es normalerweise.[133] Die Abb. 3-19 verdeutlicht den Zusammenhang zwischen Leitungsspanne und Leitungstiefe.

Breite Leitungsspannen und geringe Leitungstiefen entsprechen dem **Zeitgeist**, da man
sich davon mehr Schnelligkeit, Flexibilität und Kreativität verspricht und von vorneherein von
gut qualifizierten Mitarbeitern ausgeht, die selbstbestimmter arbeiten können und wollen und
deshalb besonders motiviert und leistungsorientiert sind.

Dieser Gedanke ist auch im **Lean Management** – der schlanken Organisation – verankert.
Es zeichnet sich unter anderem durch eine sehr geringe Zahl von Hierarchieebenen und eine
große Selbständigkeit der Ausführungsstellen aus, die gut qualifiziert, flexibel und kreativ sein
sollen (vgl. Kapitel 8.6).

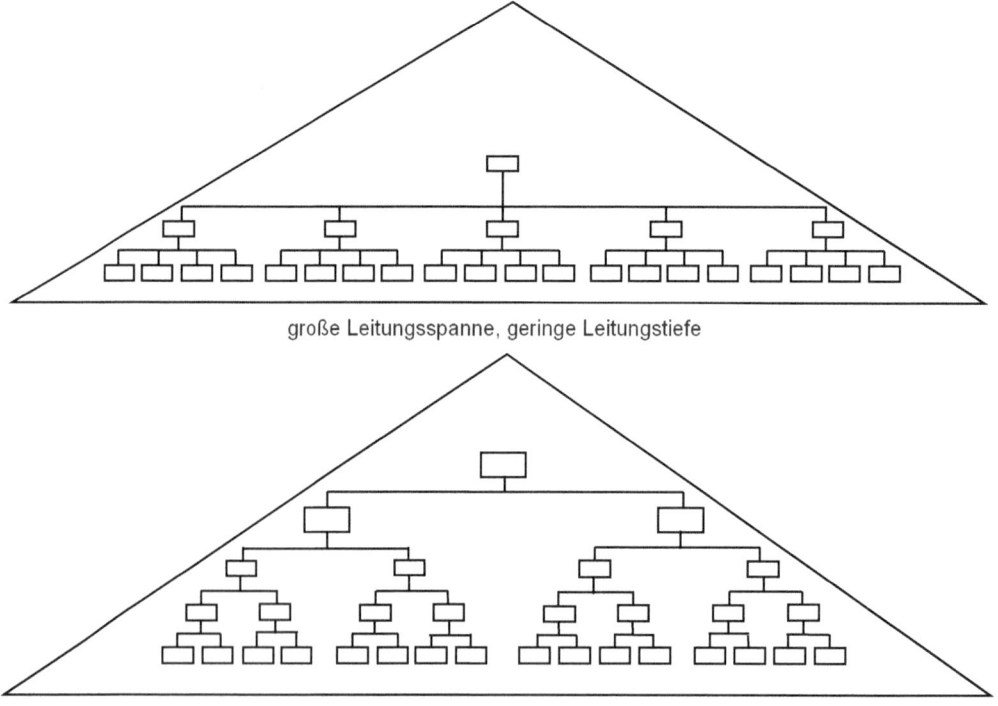

große Leitungsspanne, geringe Leitungstiefe

geringe Leitungsspanne, große Leitungstiefe

Abb. 3-19: Zusammenhang zwischen Leitungsspanne und Leitungstiefe

Inzwischen werden jedoch nicht nur die positiven Aspekte, sondern auch die abnehmenden
Karrierechancen für den Führungsnachwuchs und eine Desorientierung und Überforderung

---

[133] Vgl. Bea/Göbel (2019), S, 259; Schreyögg/Geiger (2016) S. 71.

von Mitarbeitern mit entsprechend rückläufiger Produktivität zunehmend mit dem Lean Management bzw. mit den Folgen sehr flacher Hierarchien in Verbindung gebracht.[134] Der Trend zu weiterer Verschlankung scheint in letzter Zeit ein wenig rückläufig zu sein und es kommt in der Praxis dazu, dass Hierarchieebenen nicht mehr im gleichen Maße wie früher abgebaut bzw. sogar wieder neue Hierarchieebenen eingezogen werden, um die Nachteile rückgängig zu machen.

Die Vorteile einer steilen Unternehmenshierarchie sind gleichzeitig die Nachteile einer flachen Pyramide und umgekehrt.

Vorteile steiler Unternehmenshierarchien:

- **Leichtere Koordination**: Wenn einer Instanz weniger Mitarbeiter unterstellt sind, sind die Aufgabengebiete überschaubarer und lassen sich somit leichter abstimmen.

- **Einfachere Kontrolle**: Weniger Mitarbeiter und überschaubarere Aufgaben bedeuten weniger Kontrollaufgaben, die dafür umso sorgfältiger wahrgenommen werden können. Da der Aufgabenbereich in der Regel kleiner ist, verringern sich die Fehler.

- **Mehr Zeit für die Mitarbeiter**: Weniger unterstellte Mitarbeiter erlauben es der Instanz, mehr Zeit für ihre Leitungsaufgaben und ihre unterstellten Arbeitskräfte aufzubringen.

- **Mehr Aufstiegschancen**: Mehr Führungsstellen und Hierarchieebenen erhöhen die Karrieremöglichkeiten der Mitarbeiter.

Vorteile flacher Unternehmenshierarchien:

- **Kurze Kommunikationswege**: Weniger Hierarchieebenen verringern die Informationsfilterung und den Informationsverlust. Informationen fließen schneller dorthin, wo sie benötigt werden.

- **Entscheidungen vor Ort**: Entscheidungen können unmittelbar auf der Ebene getroffen werden, auf der das Problem anfällt. Das erhöht Entscheidungsgeschwindigkeit und -genauigkeit.

- **Geringere Personalkosten für Führungskräfte**: Weniger Instanzen führen zu einer Verringerung der Personalkosten. Dieser Vorteil bleibt trotz der zusätzlichen Personalentwicklungskosten und der höheren Entgelte für besser qualifizierte ausführende Stellen bestehen.

- **Motivationssteigerung**: Die größere Autonomie ermöglicht mehr Selbstbestimmung und Eigenverantwortung, was sich positiv auf die Motivation auswirkt.

- **Mehr Kreativität**: Eigenverantwortung und Selbstbestimmung fördern zudem den Ideenreichtum der Mitarbeiter.

---

[134] Vgl. Jones/Bouncken (2008), S. 625.

3.4.3 Grundformen der Leitungssysteme

Leitungssysteme regeln die Frage, wie die Unter- und Überstellungsbeziehungen – genauer: die Weisungs- und Kommunikationsbeziehungen – im Unternehmen gestaltet werden sollen. Sie werden auch als **Liniensysteme** bezeichnet, weil die Zusammenhänge zwischen den Stellen mittels Linien dargestellt werden. **Grundformen** der Leitungssysteme sind:

- Einliniensystem
- Mehrliniensystem
- Stab-Liniensystem

3.4.3.1 Einliniensystem

Das Einliniensystem geht auf **Henri Fayol** zurück. Sein wesentliches Kennzeichen ist das **Prinzip der Einheit der Auftragserteilung**. Es besagt, dass jeder Mitarbeiter ausschließlich von seinem direkten Vorgesetzten Weisungen entgegennehmen darf. Damit können Weisungs- und Kommunikationsbeziehungen nur zwischen zwei hierarchisch unmittelbar aufeinander folgenden Organisationseinheiten bestehen.

Der Zusammenhang zwischen einer Instanz und ihren untergeordneten Stellen wird optisch mit durchgezogenen Linien dargestellt. Von jedem Mitarbeiter führt genau **eine** Linie zu seinem Vorgesetzten. Sie ist der einzige zulässige formale Informations- und Kommunikationsweg. Man spricht auch vom **strengen Dienstweg**. Wenn dieses Prinzip verletzt wird, werden laut Fayol „die Autorität geschwächt, die Disziplin gefährdet, die Ordnung gestört und die Stabilität bedroht."[135]

Probleme, bei denen eine Abstimmung zwischen Stellen unterschiedlicher Abteilungen notwendig ist, dürfen nicht durch direkte Kommunikation oder durch Selbstkoordination gelöst werden. Sie müssen entlang der Linie nach oben bis zum nächsten gemeinsamen Vorgesetzten weitergemeldet werden. Von hier geht die Meldung dann zum anderen Betroffenen nach unten, von wo die Antwort auf gleichem Weg zurückkommt. Weder ein Überspringen von Ebenen noch Beziehungen zwischen Stellen unterschiedlicher Abteilungen sind vorgesehen.

Die Kommunikation erfolgt überwiegend durch persönliche Weisungen. Da diese Art der Kommunikation äußerst schwerfällig ist, ließ Fayol eine Ausnahme, die sog. **Fayolsche Brücke**, zu. Sie ermöglicht die **direkte Kommunikation über Abteilungen hinweg**, was auch als **kleiner Dienstweg** bezeichnet wird. Die **Voraussetzungen** sind:

- Es muss sich um Stellen auf der gleichen Hierarchieebene handeln, ansonsten dürfen sie nicht über die Fayolsche Brücke miteinander kommunizieren.

- Die direkten Vorgesetzten müssen der Kommunikation zuvor zustimmen und über das Ergebnis informiert werden.

---

[135] Fayol (1929), S. 20.

Eine Ausnahme zur Kommunikation zwischen Stellen verschiedener Hierarchieebenen ist bei der Fayolschen Brücke ausdrücklich nicht vorgesehen.

Abb. 3-20 zeigt die Zusammenhänge.

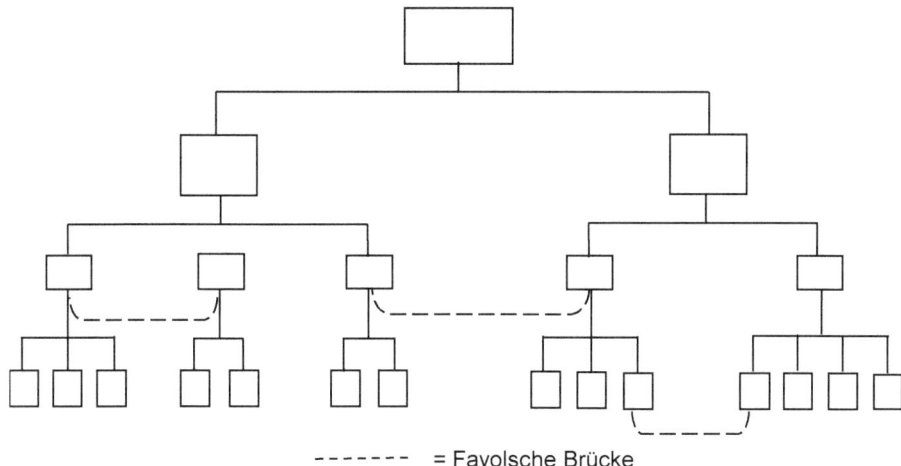

‐ ‐ ‐ ‐ ‐ ‐ ‐ = Fayolsche Brücke

Abb. 3-20: Einliniensystem mit Fayolschen Brücken

Vorteile des Einliniensystems sind:

- klare Weisungs- und Kommunikationsbeziehungen
- einheitliche Willensbildung
- einheitliche, zielorientierte Entscheidungsfindung
- eindeutige Zuordnung von Kompetenz und Verantwortung
- leichte Kontrolle
- gute Verständlichkeit und Überschaubarkeit des Leitungssystems
- Schutz der Hierarchie vor Übergriffen
- fachübergreifend handelnde Generalisten als Vorgesetzte
- Stärkung des Sicherheitsgefühls der Mitarbeiter

Nachteile:

- hohe quantitative und qualitative Belastung der (Zwischen-)Instanzen durch Kommunikationsprozesse, die sie gar nicht betreffen
- Gefahr, dass die systematische Entscheidungsfindung vernachlässigt wird
- Gefahr der Informationsfilterung und -verfälschung bei der Weitergabe der Informationen
- nachgeordnete Stellen sind in hohem Maße von ihrer Instanz abhängig

- Hang zur Bürokratisierung
- besondere Betonung der Positionsmacht des Vorgesetzten
- Gefahr eines überdimensionierten Kommunikationssystems
- möglicher Motivationsverlust auf den unteren Hierarchieebenen

Je mehr Hierarchieebenen es gibt und je komplexer und vielfältiger die Aufgaben der untergeordneten Organisationseinheiten sind, desto stärker treten die Nachteile des Einliniensystems hervor.[136] Dies gilt besonders für große Unternehmen mit umfangreichem Produktprogramm, die in einem komplexen, dynamischen Umfeld agieren. Henri Fayol war sich der Nachteile des Einliniensystems durchaus bewusst. Er nahm sie jedoch bewusst in Kauf, da er der **eindeutigen Zuweisung von Verantwortung** größte Bedeutung beimaß.[137]

3.4.3.2 Klassisches Mehrliniensystem

An die Stelle der Einheit der Auftragserteilung des Einliniensystems tritt beim klassischen Mehrliniensystem, welches auf **Frederick Taylor** zurückgeht, das **Prinzip des kürzesten Weges**. Sein wesentliches Kennzeichen ist die **Mehrfachunterstellung** der **ausführenden Mitarbeiter**. Sie sind mehreren Instanzen gleichzeitig unterstellt, von denen ihnen jede Weisung geben kann. Während die Vorgesetzten beim Einliniensystem Generalisten sind, ist hier das **Spezialistentum der Vorgesetzten** das zweite prägende Element neben dem kürzesten Weg (vgl. Abb. 3-21).

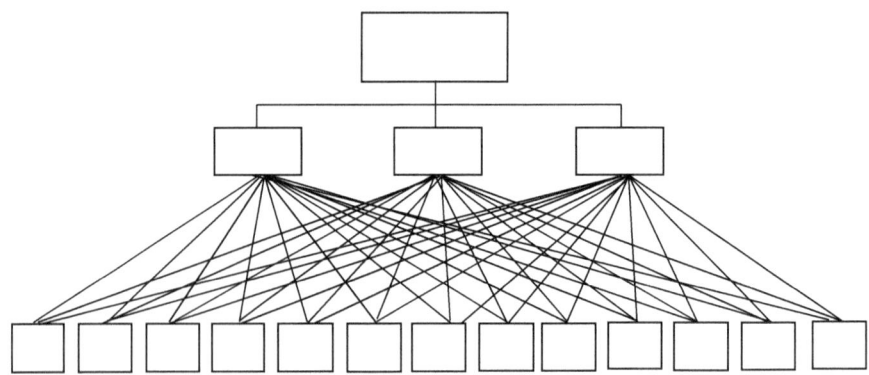

Abb. 3-21: Klassisches Mehrliniensystem (Funktionsmeistersystem)

Jeder Funktionsmeister (Vorgesetzte) ist für ein Spezialgebiet (eine Funktion) zuständig und ist befugt, jedem ausführenden Mitarbeiter der darunterliegenden Ebene entsprechende Weisungen zu erteilen. Umgekehrt kann sich jeder Mitarbeiter mit seinen Fragen und Problemen

---

[136] Vgl. Laux/Liermann (2005), S. 183.

[137] Vgl. Scherm/Pietsch (2007), S. 16.

an den fachlich passenden Vorgesetzten wenden. Taylor sah bis zu **acht Vorgesetzte für eine Ausführungsstelle** vor.[138]

Wie die Abbildung 3-21 zeigt, wird die Mehrfachunterstellung nicht auf allen Hierarchieebenen angewandt. Sie bezieht sich auf das **Verhältnis zwischen Ausführungsstellen und unteren Instanzen**. Auf den oberen Hierarchieebenen gilt weiterhin das **Einliniensystem**.

Das Mehrliniensystem war ursprünglich für den Fertigungsbereich gedacht, deshalb wird es auch als **Funktionsmeistersystem** bezeichnet. Da mehrere moderne Liniensysteme (siehe Kapitel 4.1.4 und 4.1.5) die Gedanken der Mehrfachunterstellung und des Spezialistentums bei Instanzen übernommen haben, spricht man zur Abgrenzung auch vom **klassischen Mehrliniensystem**.

Das Mehrliniensystem in seiner reinen Form findet man heute allenfalls in kleinen Betrieben, etwa im Handwerk. Dank der geringen Zahl an ausführenden Mitarbeitern und (Funktions-) Meistern entstehen dort seltener Kompetenzkonflikte und Koordinationsprobleme. Die beiden Grundgedanken Mehrfachunterstellung und Spezialistentum bei Instanzen sind jedoch in viele **moderne Leitungssysteme**, z.B. in die **Matrix- und die Tensororganisation**, integriert worden.[139]

Vorteile des klassischen Mehrliniensystems:

- Entlastung der Unternehmensleitung
- Betonung der Fachkompetenz des Vorgesetzten aufgrund seiner Spezialisierung
- kompetente Ansprechpartner für die ausführenden Mitarbeiter
- kurze Kommunikationswege
- hohe Flexibilität

Die **Nachteile** sind:

- Zuweisung der Verantwortung nicht eindeutig
- Kompetenzkonflikte zwischen den Vorgesetzten
- widersprüchliche Anweisungen unterschiedlicher Instanzen
- Verunsicherung der Mitarbeiter, da die Zuständigkeiten der Vorgesetzten nicht klar abgegrenzt sind
- hoher Kommunikationsbedarf
- großer Koordinationsaufwand
- Gefahr „fauler Kompromisse"
- große Anzahl von Instanzen erforderlich

---

[138] Vgl. Breisig (2015), S 66.
[139] Vgl. Schmidt (2014), S. 70; Schmidt/Konz (2019), S. 164 f.

3.4.3.3 Stab-Liniensystem

Einlinien- und Mehrliniensystem wurden aufgrund unterschiedlicher Problemlagen entwickelt, weshalb beide in ihrem historischen Kontext gesehen werden müssen.

Fayol ging es beim Einliniensystem vor allem um die klare Zuordnung von Aufgaben und Verantwortung sowie um die reibungslose Koordination der Stellen und Aufgaben. Taylor wollte mit dem Mehrliniensystem sicherstellen, dass qualifizierte Entscheidungen getroffen und darauf aufbauend fachmännische Anweisungen erteilt werden.[140]

Beides ist bei der Gestaltung einer Aufbauorganisation gleichermaßen von Bedeutung. Das Stab-Liniensystem versucht deshalb diese Gedanken zu verbinden. Dazu behält es die **klare Struktur** des Einliniensystems bei und integriert den **Spezialistengedanken** des Mehrliniensystems. Die Nachteile des Einliniensystems sollen unter Beibehaltung der Vorteile verringert werden. Damit handelt es sich beim Stab-Liniensystem um eine **Sonderform des Einliniensystems**, in welches der Spezialistengedanke des klassischen Mehrliniensystems durch **Leitungshilfsstellen**, insbesondere Stabsstellen und Assistentenstellen (Management Associates), einbezogen wird.

Wichtigstes Merkmal des Stab-Liniensystems ist die **Trennung zwischen Entscheidungsvorbereitung** auf der einen und der **Entscheidung und Entscheidungsdurchsetzung** auf der anderen Seite.[141]

Je höher die Instanzen im Einliniensystem in der Hierarchie angesiedelt sind, desto eher sind sie in der Praxis Generalisten. Für sie steht der Überblick über die zu koordinierenden Aufgaben im Mittelpunkt ihrer Arbeit. Für eine fundierte Entscheidungsfindung in Einzelfällen fehlt ihnen zum Teil die Zeit und zum Teil das Fachwissen. Beim Stab-Liniensystem wird es ihnen in Form von Stabsstellen (**Stabsspezialisten**) zur Verfügung gestellt.

Das Einliniensystem führt zudem häufig zu einer quantitativen Überlastung insbesondere der oberen Instanzen. Hier schaffen **Stabsgeneralisten** (Assistenten/Management Associates) Abhilfe, indem sie wechselnde Tätigkeiten aus dem Aufgabenbereich ihrer Instanz übernehmen und sich um Detailprobleme kümmern.

Optisch werden die Beziehungen zwischen den Instanzen sowie zwischen Instanzen und Ausführungsstellen beim Stab-Liniensystem mit durchgezogenen Linien dargestellt, weshalb diese beiden Stellenarten auch als **Linienstellen** bezeichnet werden. Die Beziehung zwischen Instanzen und Leitungshilfsstellen wird gestrichelt oder gepunktet gezeichnet. Meistens werden zudem unterschiedliche Stellensymbole verwendet. Es ist üblich, Instanzen als Rechtecke und Leitungshilfsstellen als Kreise oder Ovale abzubilden (vgl. Abb. 3-22 und die folgenden).

Die **Vorteile** des Stab-Liniensystems sind:

- Instanzen werden durch Leitungshilfsstellen fachlich und quantitativ entlastet
- Instanzen werden besser informiert

---

[140] Vgl. Kieser/Walgenbach (2010), S. 128 f.
[141] Vgl. Meier (2019), S.180.

- Qualität der Entscheidungen wird verbessert
- passgenauere Weisungen
- schnellere Entscheidungsfindung

Als **Nachteile** erweisen sich:

- Stäbe können wegen ihres Spezialwissens und aufgrund ihrer fachlichen Überlegenheit Entscheidungen ihrer Vorgesetzten manipulieren
- möglicherweise Entwicklung einer überdimensionierten Stabsstruktur, Bildung eines sog. „Wasserkopfs"
- durch die organisatorische Trennung der Leitungsaufgaben kann es zu Konflikten zwischen Instanzen und Leitungshilfsstellen kommen
- Arbeit der Stabsstellen wird möglicherweise nicht verwendet
- Vorteile des Stab-Liniensystems hängen von der fachlichen und sozialen Kompetenz der Instanzen ab
- wegen ihrer unterschiedlichen Sozialisation kann es zu Kontroversen zwischen Stabsstellen und Instanzen kommen
- Demotivation der Stäbe, die zwar das Fachwissen besitzen, aber keine Entscheidungsbefugnis haben

Heute werden Stabsstellen weit über den ursprünglichen historischen Kontext hinaus eingesetzt. Das Stab-Liniensystem ist in der Praxis besonders in mittleren Unternehmen sehr weit verbreitet.

Es finden sich in der Praxis vor allem diese vier **Einsatzformen**, zwischen denen es viele weitere Mischformen gibt:

- **Stab-Liniensystem mit Führungsstab**: Bei dieser Form wird lediglich der obersten Leitung eine Stabsstelle zugeordnet. Die anderen Hierarchieebenen haben keine Leitungshilfsstellen und werden somit nicht entlastet (Abb. 3-22).

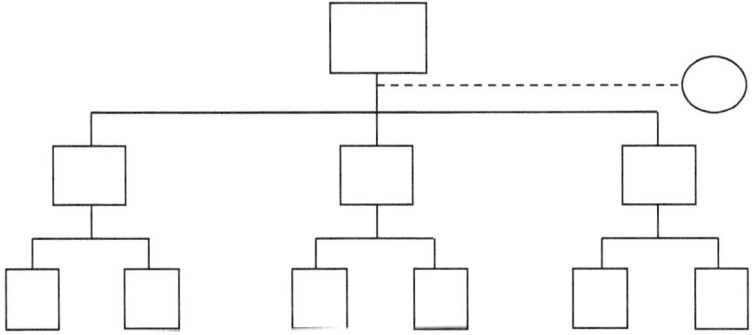

Abb. 3-22: Stab-Liniensystem mit Führungsstab

▨ **Stab-Liniensystem mit zentraler Stabsstelle**: Die Stabsstelle ist zwar formal der
obersten Leitung zugeordnet, übernimmt aber auch Aufgaben für nachgelagerte Instanzen. Es handelt sich um eine Art zentrale Dienstleistungsstelle für das Unternehmen bzw. die oberen Instanzen (Abb. 3-23).

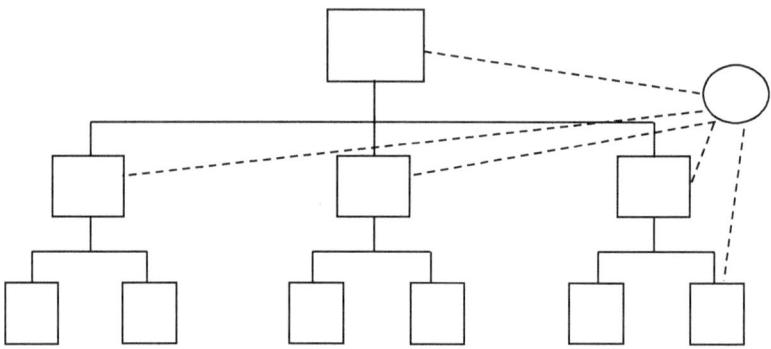

Abb. 3-23: Stab-Liniensystem mit zentraler Stabsstelle

▨ **Stab-Liniensystem mit Stäben auf mehreren Hierarchieebenen**: Neben der
obersten Leitung verfügen auch mehrere darunterliegende Instanzen über ihre eigenen Stabsstellen. Da diese nicht vernetzt sind, spricht man auch vom Stab-Linien-
System mit dezentralen Stabsstellen (Abb. 3-24). Diese Struktur wird auch als **klassisches Stab-Liniensystem** bezeichnet. In der Praxis kommt diese Variante am häufigsten vor.

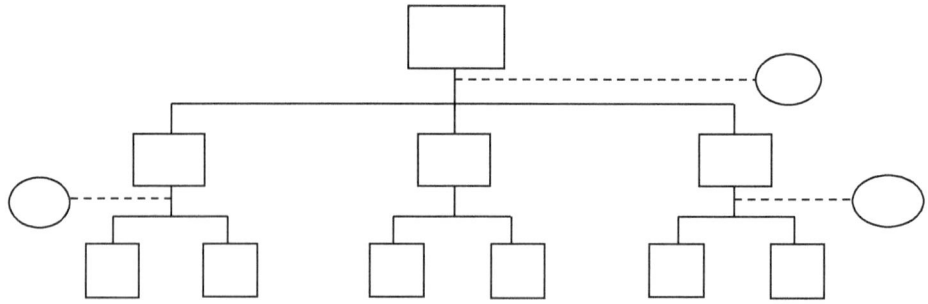

Abb. 3-24: Stab-Liniensystem mit Stäben auf mehreren Ebenen (klassisches Stab-Liniensystem)

▨ **Stab-Liniensystem mit Stabshierarchie**: Stabsstellen verschiedener Ebenen sind
hier durch Über- und Unterordnungsbeziehungen miteinander verbunden. So entsteht ein hierarchisch aufgebautes **Subsystem**, in dem den höheren Stabsstellen ein
fachliches und teilweise auch ein disziplinarisches Weisungsrecht und ein Kontroll-
recht gegenüber den Stäben auf den unteren Hierarchieebenen zugestanden wird. Die

Stabsstellen sind also ihrer Linieninstanz und gleichzeitig einer Stabsinstanz und somit **zweifach** unterstellt (Abb. 3-25).

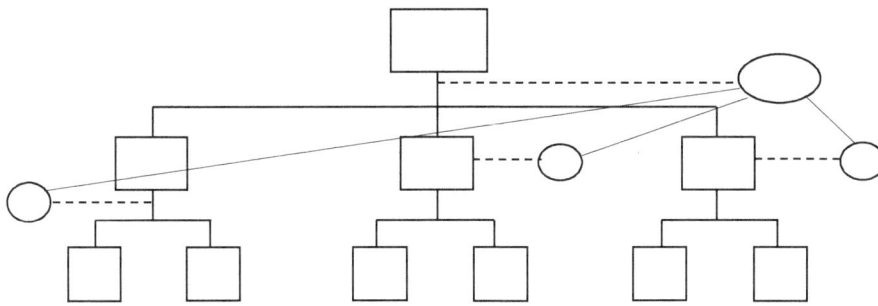

Abb. 3-25: Stab-Liniensystem mit Stabshierarchie

Bei den Stäben handelt es sich in der Praxis häufig nicht um einzelne Stellen, sondern aufgrund des Umfangs der Unterstützungsaufgaben um ganze Abteilungen.

Eine **Stabsabteilung** hat wie jede andere Abteilung eine vorgesetzte Instanz. Diese wird **Stabsinstanz** genannt und verfügt gegenüber ihren Stabsmitarbeitern über die gleichen Rechte und Pflichten wie jede andere Instanz, sie hat insbesondere Fremdentscheidungs-, Weisungs- und Kontrollbefugnis.

Der wesentliche Unterschied zwischen den Linieninstanzen und den Stabsinstanzen besteht allerdings darin, ob und wie sich deren **Entscheidungen außerhalb der eigenen Abteilung auswirken**.

Entscheidungen von Linieninstanzen können **Auswirkungen auf andere Abteilungen** haben. Beschließt beispielsweise der Leiter der Marketingabteilung - entsprechend seiner Entscheidungsbefugnisse - eine Werbekampagne für ein bestimmtes Produkt, dann wirkt sich seine Entscheidung zunächst und in erster Linie auf die ihm unterstellten Mitarbeiter aus, die seine Anweisungen ausführen müssen. Zudem ergeben sich jedoch Konsequenzen für andere Abteilungen. Da durch die Aktion die Verkaufszahlen steigen sollen, müssen in der Fertigungsabteilung mehr Produkte hergestellt werden. Die Einkaufsabteilung muss mehr Rohstoffe bereitstellen. Die erhöhte Produktion führt evtl. zu einem höheren personellen Bedarf, beispielsweise in Form von Überstunden oder zur Verwendung von Leiharbeitnehmern, hier kommt die Personalabteilung ins Spiel.

Entscheidungen von Stabsinstanzen wirken sich dagegen nur **innerhalb ihrer eigenen Abteilung** aus, sie haben keine direkten Auswirkungen auf andere Abteilungen. Wie eine Linieninstanz trifft auch die Stabsinstanz Entscheidungen für ihre unterstellten Mitarbeiter und gibt Anweisungen, die von diesen ausgeführt werden müssen. Insoweit besteht kein Unterschied zwischen Stabs- und Linieninstanz. Die Entscheidungen und Weisungen der Stabsinstanz münden jedoch in eine Entscheidungsvorlage für die übergeordnete Linieninstanz. Erst dort wird die endgültige Entscheidung getroffen, die sich dann wiederum auf andere Instanzen und Abteilungen auswirken kann. Die Abb. 3-26 zeigt den Zusammenhang.

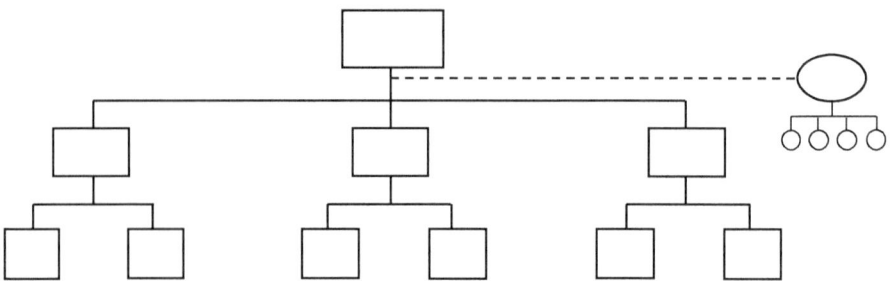

Abb. 3-26: Stab-Liniensystem mit Stabsabteilung

In der Abbildung sind den Linieninstanzen andere Instanzen bzw. Ausführungsstellen unterstellt, was durch die durchgezogene Linie zum Ausdruck gebracht wird. Der obersten Leitung ist zudem eine Stabsabteilung zugeordnet (verbunden durch die gestrichelte Linie). Der Vorgesetzte dieser Stabsabteilung hat Entscheidungs- und Weisungsbefugnis gegenüber seinen unterstellten Mitarbeitern (durchgezogene Linien). Da sowohl die Stabsinstanz als auch die Stabsmitarbeiter Leitungshilfsstellen sind, werden runde Symbole verwendet.

Bei der Zusammenarbeit zwischen Stäben und Instanzen kommt es häufig zu **Konflikten**. Die Ursachen liegen oft in Unterschieden bei Erfahrungen, Ausbildung, Ausdrucksweise und Sozialverhalten.[142] Viele Stäbe haben keine oder kaum praktische Erfahrungen in Linienfunktionen. Dies wird häufig als Begründung dafür herangezogen, dass deren (angeblich) praxisfremde Vorschläge nicht von den Linieninstanzen akzeptiert oder nur halbherzig umgesetzt werden.

Stäbe werden von den Linieninstanzen auch häufig als Bedrohung empfunden. Die Führungskräfte befürchten, als inkompetent zu erscheinen, weil ihre Qualifikation in der immer komplexer werdenden Umwelt teilweise nicht mehr ausreicht, um in einem angemessenen Zeitraum bestmögliche Entscheidungen zu treffen. Dies gilt umso mehr, je spezieller und umfangreicher die fachlichen Informationen sind, die die Stäbe verarbeiten müssen.

Es gibt in der Literatur zahlreiche Überlegungen, wie die Zusammenarbeit von Stäben und Instanzen harmonischer gestaltet werden könnte. Sie reichen von einer gezielten Mitarbeiterauswahl anhand typischer Persönlichkeitsprofile für Stabsstellen über Job Rotation bis zu teamorientierten Ansätzen mit gemeinsamer Entscheidungsverantwortung.[143] In der Praxis wird lediglich der erste Vorschlag umgesetzt.

---

[142] Vgl. Schreyögg/Geiger (2016), S. 64 f.
[143] Vgl. ebd., S. 65.

3.5 Gestaltungsparameter Kompetenzverteilung (Entscheidungs-delegation)

Die Kompetenzverteilung ist der vierte Gestaltungsparameter der Aufbauorganisation.

Offen geblieben ist bisher, in welchem **Umfang** die Organisationseinheiten mit Entscheidungsbefugnissen ausgestattet werden sollen[144] (s. Abb. 3-27). Die Verteilung von Entscheidungsbefugnissen von oben nach unten wird als **Entscheidungsdelegation** oder **Kompetenzverteilung** bezeichnet.

In erster Linie dient die Entscheidungsdelegation dazu, die **Instanzen** hierarchieabwärts von Routineaufgaben **zu entlasten**. Dazu wird die Berechtigung, bestimmte Entscheidungen treffen zu dürfen, nach unten abgegeben.

Man spricht in diesem Zusammenhang von **Empowerment** der unterstellten Mitarbeiter.

Die **primäre Fragestellung** lautet hierzu:

In welchem Umfang werden **Entscheidungsbefugnisse** auf die unteren Organisationseinheiten **verteilt**?

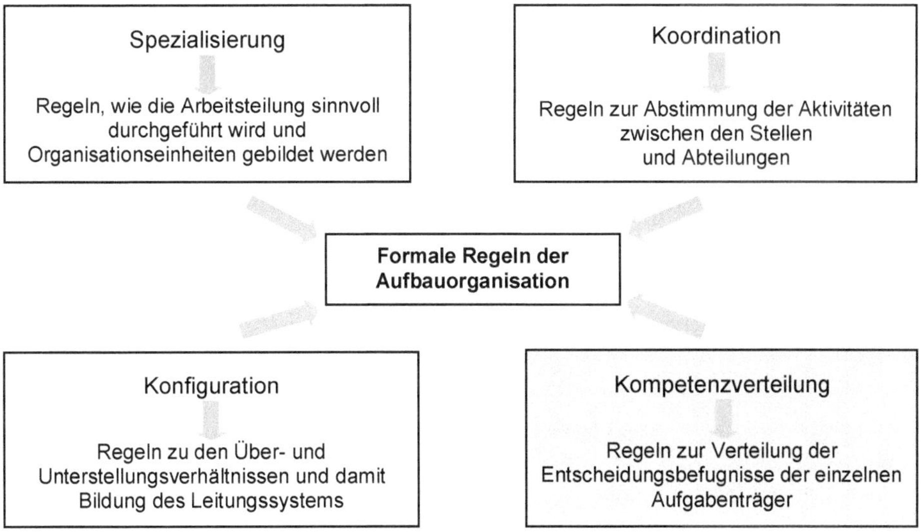

Spezialisierung	Koordination
Regeln, wie die Arbeitsteilung sinnvoll durchgeführt wird und Organisationseinheiten gebildet werden	Regeln zur Abstimmung der Aktivitäten zwischen den Stellen und Abteilungen

Formale Regeln der Aufbauorganisation

Konfiguration	Kompetenzverteilung
Regeln zu den Über- und Unterstellungsverhältnissen und damit Bildung des Leitungssystems	Regeln zur Verteilung der Entscheidungsbefugnisse der einzelnen Aufgabenträger

Abb. 3-27: Gestaltungsparameter Kompetenzverteilung

---

[144] Vgl. Kieser/Walgenbach (2010), S. 151.

Wie bei Spezialisierung, Leitungsspanne und Leitungstiefe lässt sich auch bei der Entscheidungsdelegation kein **optimaler Delegationsgrad** festlegen. Zwar gibt es mathematische Berechnungsmodelle, die jedoch wegen ihrer Komplexität und wegen realitätsferner Annahmen in der Praxis kaum Anwendung finden.[145]

Um Entscheidungen dennoch sinnvoll delegieren zu können, hält man sich oft an in der Vergangenheit in der Praxis bewährte **Grundprinzipien**:[146]

- **Kongruenzprinzip**: Aufgabe, Kompetenz und Verantwortung müssen bei einer Organisationseinheit deckungsgleich sein.

- **Subsidiaritätsprinzip**: Aufgaben und Entscheidungsbefugnisse werden bis zu derjenigen Hierarchieebene nach unten delegiert, die sie aufgrund der dort vorhandenen Qualifikation noch erfüllen kann.

- **Relevanzprinzip**: Durch die Delegation der Entscheidung sollen zusammenhängende Aufgabenkomplexe gebildet werden.

- **Ausschöpfung des Informationspotenzials**: Die Entscheidungen werden dort getroffen, wo die Informationen anfallen.

- **Qualifikations- und Kapazitätsadäquanz**: Alle Stellen sollen so viele Entscheidungsbefugnisse bekommen, dass die Potenziale ihrer Aufgabenträger ausgeschöpft werden.

- **Ziel-Aufgaben-Kohärenz**: Die Stelleninhaber sollen die Art und Weise, wie sie ihre Aufgaben erfüllen, selbst wählen können und durch ihre Vorgehensweise Einfluss auf die Zielerreichung nehmen können.

- **Minimalebenenprinzip**: Die Delegation soll so durchgeführt werden, dass der Koordinationsaufwand zwischen den Hierarchieebenen möglichst niedrig gehalten werden kann.

Vorteile der Entscheidungsdelegation:

- qualitative und quantitative Entlastung der oberen Instanzen

- hochwertige Entscheidungen durch diejenigen Mitarbeiter, die mit dem Problem vertraut sind

- Nutzung der Mitarbeiterpotenziale

- Motivationssteigerung

- schnelle Entscheidungsfindung vor Ort

- Förderung des Führungsnachwuchses

- weniger Koordinations- und Kommunikationsaufwand durch Entscheidung an der Stelle, an der das Problem auftritt

---

[145] Vgl. Laux/Liermann (2005), S. 217 ff.
[146] Vgl. Bea/Göbel (2019), S. 282 f.

Nachteile:

- höhere Personalkosten durch mehr Entscheidungsträger
- hohe Kosten durch die zusätzliche Qualifizierung der Entscheidungsträger
- möglicherweise uneinheitliche Willensbildung
- Kontrollprobleme
- mögliche Überlastung und Überforderung der unteren Hierarchieebenen
- Demotivation der oberen Hierarchieebenen, da sie Macht und Ansehen abgeben müssen

Die Ausgestaltung passender Anreiz- und Kontrollsysteme sowie der Einsatz von Management-by-Methoden wie Management by Exception und Management by Objectives können eine einheitliche Zielorientierung fördern, die Kontrollprobleme verringern und außerdem dazu beitragen, dass Personalkosten und Leistung in einem angemessenen Verhältnis stehen.

Durch Personalentwicklungsmaßnahmen, eine gezielte Karriereplanung und neue, veränderte Karrierewege, etwa in Form von Parallelhierarchien (vgl. Kapitel 4.2.8), lassen sich Über- und Unterforderung sowie Demotivation vermeiden bzw. verringern.

Die Entscheidungsdelegation führt zwangsläufig zu der Frage, ob und inwieweit der Delegierende ebenfalls für die Entscheidungen des Untergebenen verantwortlich ist. Siehe dazu die Ausführungen zum Kongruenzprinzip in Kapitel 3.2.4.2.

3.6 Zusammenfassung und Ausblick

Die Aufbauorganisation wird mittels der vier Strukturvariablen Spezialisierung, Koordination, Konfiguration und Kompetenzverteilung gestaltet.

Bei der **Spezialisierung** geht es darum, festzulegen, wie die Arbeitsteilung sinnvoll durchgeführt und Stellen gebildet werden können. Die **Koordination** regelt die Abstimmung zwischen den einzelnen Stellen und bildet Abteilungen verschiedener Ordnung. Durch die **Konfiguration** werden die Über- und Unterstellungsverhältnisse und das Leitungssystem des Unternehmens fixiert. Mit der **Kompetenzverteilung**, d.h. den Regeln zur Verteilung der Entscheidungsbefugnisse, sind die Gestaltung der Aufbauorganisation und damit die Bildung einer formalen Unternehmenshierarchie abgeschlossen.

Für jede Strukturvariable gibt es verschiedene Optionen, die unter bestimmten Voraussetzungen sinnvoll und mit unterschiedlichen Vor- und Nachteilen verbunden sind. Deren individuelle Ausgestaltung führt zur spezifischen primären Aufbauorganisation des Unternehmens.

So unterschiedlich die Ausgestaltung der betrieblichen Organisation auch in der Praxis ist, überall ist ein deutlicher Trend zur **Selbstkoordination**, gestützt durch neue Kommunikationsformen wie soziale Netzwerke und Blogs, zu beobachten. Hierzu gehört auch das **agile Arbeiten** in agilen Unternehmen.

Wird eine unsichere Wettbewerbssituation durch den technologischen Wandel hervorgerufen, bevorzugen Unternehmen die Koordination mittels Plänen, Zielvorgaben und Programmen, die Selbstorganisation ist weniger gefragt.

Je größer das Unternehmen ist, desto mehr werden die Entscheidungen dezentralisiert. Gleichzeitig nehmen Spezialisierung und Standardisierung zu.

3.7 Wiederholungsfragen

1. Welche Strukturvariablen werden bei der Aufbauorganisation verwendet?

2. Was versteht man unter Art- und Mengenteilung?

3. Welche Vorteile und Nachteile hat die Spezialisierung?

4. Wodurch unterscheidet sich eine Stelle von einem Arbeitsplatz?

5. Worin liegt der Unterschied zwischen Fach- und Methodenkompetenz?

6. Was versteht man unter rechtlicher Kompetenz?

7. Erläutern Sie das Kongruenzprinzip der Organisation.

8. Können Maschinen Aufgabenträger sein?

9. Worin unterscheidet sich eine Mehrpersonen-Stelle von einer Abteilung?

10. Wann gehört eine Instanz zum Top Management?

11. Worin unterscheiden sich Middle und Lower Management?

12. Was ist der Unterschied zwischen Leitungs- und Führungsaufgaben?

13. Wie kann die Willensbildung bei Pluralinstanzen erfolgen?

14. Was versteht man unter Leitungshilfsstellen?

15. Sind Leitungshilfsstellen auch Leitungsstellen?

16. Was kennzeichnet Dienstleistungsstellen?

17. Wo liegen die Gemeinsamkeiten und Unterschiede von Ausführungs- und Leitungshilfsstellen?

18. Wie lässt sich die benötigte Stellenanzahl bemessen?

19. Was versteht man unter Generalisierungstendenzen?

20. Erläutern Sie die bekanntesten neueren Formen der Arbeitsstrukturierung.

21. Welche Vorteile verspricht man sich von einer Generalisierung?

22. Wie kann die Abstimmung zwischen den Stellen und Abteilungen geregelt werden, wenn die Organisationseinheiten nicht selbst darüber bestimmen sollen?

23. Welche Möglichkeiten der Koordination gibt es, wenn die Organisationseinheiten die Abstimmung weitgehend selbst vornehmen sollen?

24. Geben Sie einen Überblick über die Instrumente der Fremdkoordination.

25. Was versteht man unter Koordination durch persönliche Weisungen?

26. Welche Vor- und Nachteile bietet die Koordination durch Programme?

27. Was versteht man unter Management by Objectives?

28. Unter welchen Voraussetzungen kann eine Koordination durch Selbstabstimmung erfolgen?

29. Welcher Koordinationsmechanismus wird bei der Koordination durch interne Märkte verwendet?

30. Worin unterschieden sich reale interne Märkte von fiktiven internen Märkten?

31. Weshalb ist die Koordination mittels der Unternehmenskultur so schwierig?

32. Was versteht man unter Koordination durch Professionalisierung?

33. Welche zentralen Probleme entstehen bei der Konfiguration?

34. Wovon hängt die Leitungsspanne einer Instanz ab?

35. Was ist der Unterschied zwischen Leitungsspanne und Leitungstiefe?

36. Welche Vorteile hat eine steile Unternehmenshierarchie?

37. Was spricht für eine flache Hierarchiepyramide?

38. Erläutern Sie das Grundprinzip des Einliniensystems.

39. Was versteht man unter einer Fayolschen Brücke?

40. Welche Vor- und Nachteile weist das Mehrliniensystem auf?

41. Was versteht man unter einem Stab-Liniensystem?

42. Welche Formen von Stab-Liniensystemen kennen Sie?

43. Worin unterscheiden sich Stabs- und Lineninstanzen?

44. Weshalb kommt es bei der Zusammenarbeit von Stäben und Instanzen häufig zu Konflikten?

45. Welche Vor- und Nachteile sind mit der Entscheidungsdelegation verbunden?

4 Formen der Aufbauorganisation

Durch die Kombination aller Gestaltungsparameter, die in Kapitel 3 beschrieben wurden, entsteht die Aufbauorganisation. Sie besteht aus Primär- und Sekundärorganisation.

Kapitel 4.1 zeigt die Formen der **Primärorganisation**. Sie dient der Bearbeitung der üblichen, regelmäßigen, dauerhaften Aufgaben und der Erreichung der kurz- bis mittelfristigen Unternehmensziele und ist die **Grundstruktur** des Unternehmens.

Die Primärorganisation wird durch Sekundärorganisationen ergänzt. Sie dienen der Erfüllung besonderer, bedeutsamer Aufgaben, die keine Routineaufgaben sind. **Sekundärorganisationen** werden in Kapitel 4.2 erläutert.

Primär- und Sekundärorganisation bestehen **nebeneinander und gleichzeitig**, da sie unterschiedliche Teile des betrieblichen Geschehens abbilden.

4.1 Primärorganisation

4.1.1 Vorbemerkung

Bei der Primärorganisation als Grundstruktur des Unternehmens geht es um

- die Erfüllung der **üblichen, regelmäßigen Daueraufgaben** und
- die Erreichung der **kurz- bis mittelfristigen Unternehmensziele**.

Dabei werden drei **idealtypische, klassische Formen** unterschieden:

- Funktionale Organisation
- Divisionale Organisation
- Matrixorganisation

Ihre Systematisierung richtet sich nach der Art der **Spezialisierung auf der zweiten Hierarchieebene**. Ob auf darunterliegenden Hierarchieebenen die gleiche oder eine andere Spezialisierung gewählt wird, ist für die Bezeichnung der Organisationsform nicht relevant.

Wird auf der zweiten Hierarchieebene nur ein einziges Gliederungskriterium verwendet, spricht man von **eindimensionalen Formen der Aufbauorganisation**. Werden gleichzeitig zwei oder mehrere Dimensionen auf der zweiten Ebene eingesetzt, handelt es sich um **zwei- bzw. mehrdimensionale Formen**.

Die funktionale und die divisionale Organisation sind eindimensionale Formen, die Matrixorganisation ist eine zweidimensionale Struktur. Die Tensororganisation ist eine drei- oder mehrdimensionale Primärorganisation. Sie ist ebenso wie die Holding-Organisation eine Erweiterung der klassischen Formen.

Die Abb. 4-1 gibt einen Überblick über die Formen der **Primärorganisation**. In der Praxis treten sie nicht immer in Reinform auf, stattdessen finden sich viele Kombinationen.

Primärorganisation

Spezialisierung auf der zweiten Hierarchieebene	Form der Primärorganisation
nach Verrichtungen	Funktionale Organisation
nach Objekten	Divisionale Organisation
nach Verrichtungen und Objekten **gleich-zeitig** und **gleichberechtigt**	Matrixorganisation
nach Verrichtungen, Objekten und mindestens einer weiteren Dimension **gleichzeitig** und **gleichberechtigt**	Tensororganisation
nach selbständigen Einheiten	Holding-Organisation

Abb. 4-1: Grundformen der Primärorganisation

4.1.2 Funktionale Organisation

Wenn ein Unternehmen auf der **zweiten** Hierarchieebene ausschließlich **nach Verrichtungen gegliedert** ist,[147] spricht man von funktionaler oder funktionsorientierter Organisation. Das Grundmodell zeigt die Abb. 4-2.

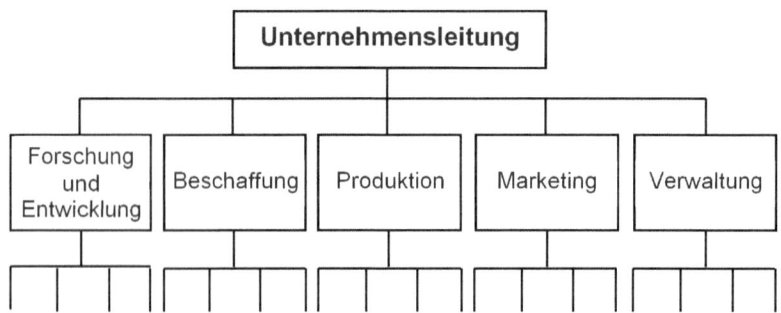

Abb. 4-2: Grundmodell der funktionalen Organisation

Die funktionale Organisation ist die **ursprüngliche Form eines Industrieunternehmens**. Sie war insbesondere zu Zeiten der Verkäufermärkte anzutreffen und ist noch immer in Unternehmen mit relativ geringer Produktdiversifikation weit verbreitet.

---

[147] Vgl. Johnson et al. (2018), S. 566.

Sie wird dann gebildet, wenn eine einzige Leitungsebene wegen des Wachstums nicht mehr ausreicht und deshalb eine weitere verrichtungsorientierte Ebene sinnvoll erscheint. Bei kleineren Unternehmen entstehen meist auf der Ebene unterhalb der Unternehmensleitung ein kaufmännischer und ein technischer Funktionsbereich, wobei die Aufgabenbereiche klar abzugrenzen und somit leicht kontrollierbar sind. Wächst das Unternehmen, werden weitere Hierarchieebenen eingeschoben und die funktionale Gliederung wird i.d.R. zunächst auch auf der dritten und den darunterliegenden Ebenen beibehalten (Abb. 4-3).

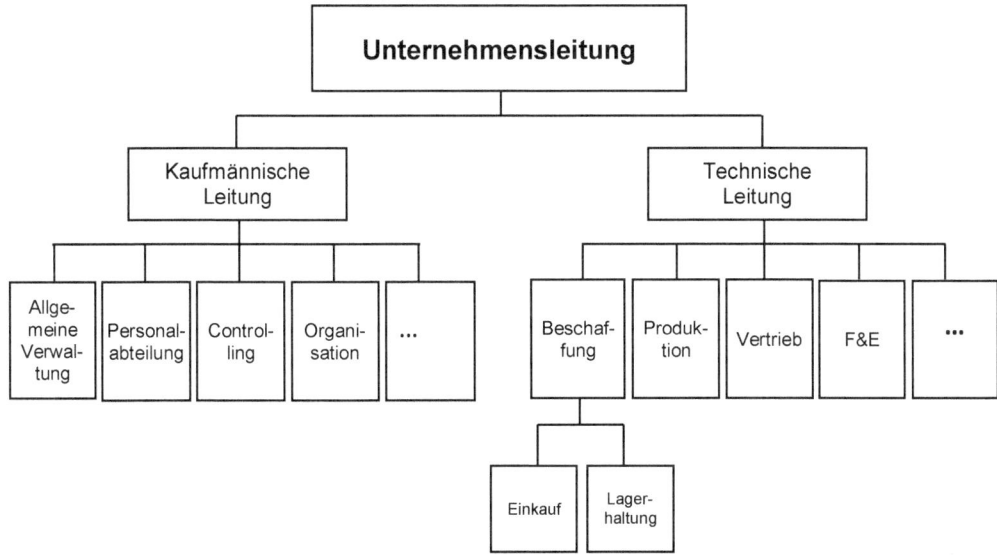

Abb. 4-3: Mehrstufige funktionale Organisation

Auf der dritten oder einer tieferen Hierarchieebenen kann auch von der Verrichtungs- auf die Objektzentralisation umgestellt werden. Trotzdem handelt es sich um eine funktionale Organisation. Die Bezeichnung der Organisationsform richtet sich nur nach der **zweiten** Hierarchieebene. Die Abb. 4-4 zeigt, dass zudem **Leitungshilfsstellen** einbezogen werden können.

Unter diesen **Voraussetzungen** hat sich die funktionale Organisation bewährt:[148]

- Funktionen sind gleichzeitig die Kernkompetenzen des Unternehmens[149]
- Kundengruppen unterscheiden sich nicht gravierend
- nur geringe Unterschiede auf den Absatzmärkten, z.B. Länder, Sprachen, Kulturaspekte etc.,
- Produkte sind weitgehend homogen

---

[148] Vgl. Schmidt (2019), S. 170 f.
[149] Zur Identifikation von Kernkompetenzen vgl. Helming/Buchholz (2008), S. 301 ff.

Entsprechend findet man die funktionale Organisation heute in vielen mittelständischen und kleineren Unternehmen mit einem relativ homogenen Produktionsprogramm.

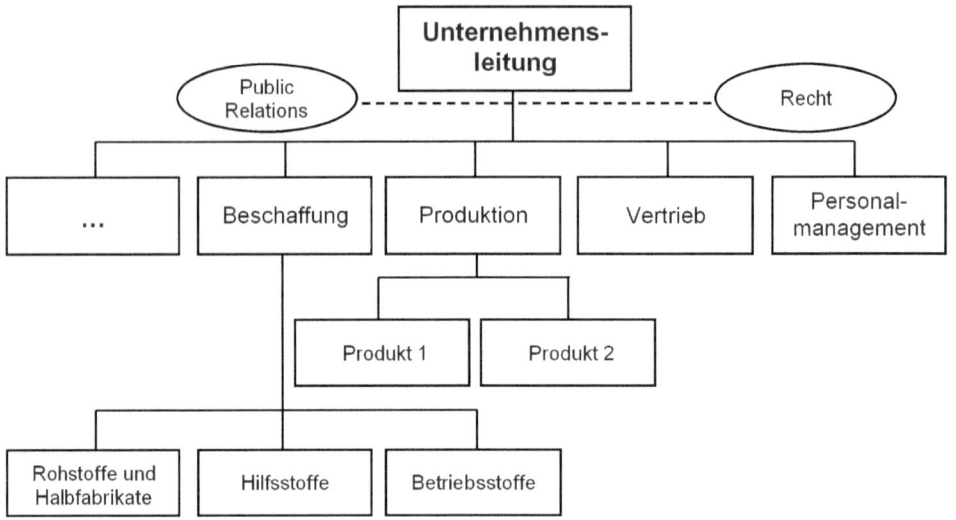

Abb. 4-4: Funktionale Organisation mit Stäben und mit Objektgliederung auf der dritten Ebene

Die **Vorteile**:

- es lassen sich Spezialisierungs- und Größenvorteile realisieren
- auf quantitative Umweltbedingungen kann flexibel reagiert werden
- leichte Personalbeschaffung, da viele Ausbildungsberufe funktionsorientiert ausgerichtet sind, z.B. Maler, Schreiner, Schweißer, Maurer, Bäcker etc.
- klare funktionale Zuständigkeiten
- leichte Kontrolle aufgrund der geschlossenen Funktionsbereiche
- es lassen sich funktionsorientierte Spezialmaschinen und -werkzeuge einsetzen

Nachteile der funktionalen Organisation:

- funktionsorientierte Instanzen haben oft keine Gesamtübersicht über das Betriebsgeschehen
- es kommt häufig zu Ressortegoismus
- zu geringe Orientierung am Markt und an den Kunden, da die Optimierung der Funktionen im Mittelpunkt steht
- Funktionen lassen sich oft nicht genau abgrenzen, daraus resultieren Machtkonflikte
- hoher Kommunikations- und Koordinationsbedarf zwischen den Instanzen, da die Produkte und Dienstleistungen mehrere Abteilungen durchlaufen müssen

- keine Gewinnorientierung der einzelnen Organisationseinheiten möglich, da die Produktverantwortlichkeit fehlt

- Schnittstellenprobleme erschweren eine funktionsübergreifende Prozessorientierung

- eingeschränkte Karrierechancen, da die Mitarbeiter auf bestimmte Funktionen festgelegt sind

Die funktionale Organisation kann als klassisches **Einliniensystem** oder in der erweiterten Form des **Stab-Liniensystems** konzipiert werden. Damit treffen auf sie auch die Vor- und Nachteile der jeweiligen Konfigurationsform zu.

Um die Nachteile zu verringern und die Vorteile beizubehalten, können in der Sekundärorganisation zusätzliche Organisationseinheiten mit nicht-funktionaler Entscheidungs- und Weisungsbefugnis in die funktionale Organisation integriert werden, z.B. in Form von Strategischen Geschäftseinheiten oder Projektorganisationen.

4.1.3 Divisionale Organisation

Mit zunehmender Unternehmensgröße und Diversifikation verringern sich die Vorteile der Funktionalorganisation. Der Koordinationsaufwand zwischen den Funktionsbereichen wird immer größer, was einen Wechsel zur Objektgliederung sinnvoll erscheinen lässt. Die Organisation wird dann auf der zweiten Hierarchieebene nach Objekten (Produktgruppen) zentralisiert.

Im Mittelpunkt der **divisionalen Organisation** steht die **Objektspezialisierung**. Man spricht auch von **Spartenorganisation** und **Geschäftsbereichsorganisation**. Die Organisationseinheiten, die dabei entstehen, nennt man **Divisionen, Sparten, Geschäftsbereiche** oder auch **Center**.

Da auf der zweiten Hierarchieebene nur ein einziges Spezialisierungsmerkmal eingesetzt wird, handelt es sich bei der divisionalen Organisation wie bei der funktionalen Organisation um eine **eindimensionale Organisationsstruktur**. Die Spartenorganisation kann ebenso wie die Funktionalorganisation als **Einlinien- oder Stab-Liniensystem** gestaltet werden.

In den USA gingen die ersten großen Unternehmen bereits in den 1930er Jahren von der Funktional- zur Spartenorganisation über. In Deutschland setzte der **Trend zur Divisionalisierung** erst Mitte der 1960er Jahre ein.

Typisch für die divisionale Organisation – aber nicht zwingend – ist die Gliederung nach Funktionen auf der dritten Ebene. Die divisionale Organisation ist heute die am weitesten verbreitete Organisationsform bei Großunternehmen. Die Abb. 4-5 zeigt das Grundmodell.

Statt nach Produktgruppen werden Sparten manchmal auch anhand von **Kundengruppen** gebildet, wenn sich diese in besonderer Weise, etwa hinsichtlich der Losgrößen, der erwarteten Serviceansprüche oder der Vertriebskanäle, unterscheiden.

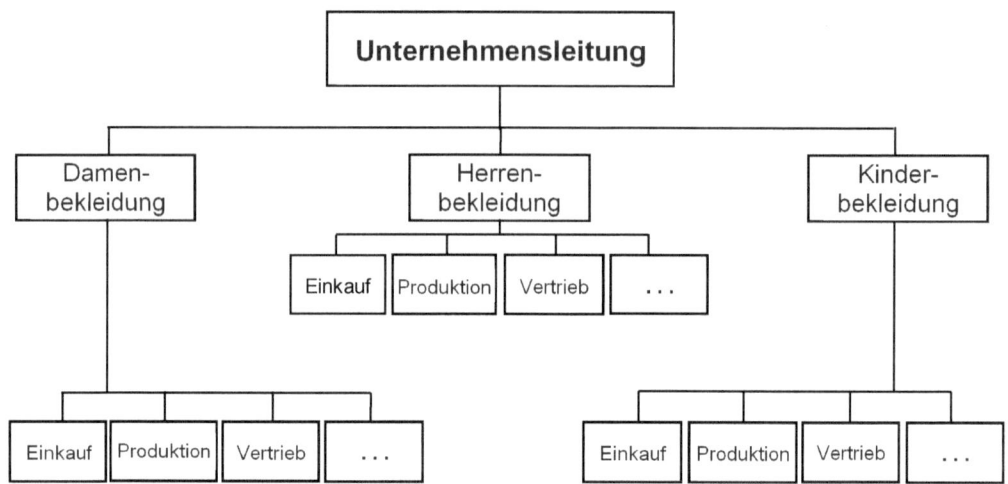

Abb. 4-5: Grundmodell der divisionalen Organisation

In Großunternehmen ist auch die Zentralisation nach **Regionen** auf der zweiten Hierarchie-ebene zu finden[150], um den unterschiedlichen Wettbewerbsbedingungen oder auch den gesetz-lichen Vorschriften bestimmter Länder besser Rechnung tragen zu können.

Idealerweise sind die Sparten als eine Art **Unternehmen im Unternehmen** konzipiert und besitzen weitgehende Selbständigkeit.

In der Praxis sind sie in unterschiedlichem **Maße mit unternehmerischen Kompetenzen und Erfolgsverantwortung** ausgestattet:[151]

- **Cost-Center**: Die Steuerung der Sparten durch die Unternehmensleitung erfolgt mit-tels eines vorgegebenen Kostenbudgets. Die Spartenleiter haben vor allem die Auf-gabe, die Leistungsprozesse optimal zu gestalten, um so die Kosten zu minimieren. Sie entscheiden nicht über das Umsatzvolumen und die Qualität der Erzeugnisse, da diese von der Unternehmensleitung festgelegt werden. Häufig wird auch vorgegeben, ob Vorprodukte und Dienstleistungen extern einzukaufen oder zu festgelegten Ver-rechnungspreisen von anderen Unternehmenseinheiten zu beziehen sind. Diese Divi-sion ist lediglich eine Art sehr großer Kostenstelle.

- **Revenue-Center**: Die Spartenleiter haben die Verantwortung für die Umsatzerlöse in ihren Divisionen. Sie haben aber keinen direkten Einfluss auf die Kosten der Pro-dukte und können auch deren Preise nicht oder nur in engen Grenzen (z.B. über Skonto oder Zahlungsziele) bestimmen. Es handelt sich zumeist um regionale Ver-triebsgesellschaften, die die Produkte von ihren unternehmensinternen Zulieferern zu

---

[150] Vgl, Johnson et al. (2018), S. 568.

[151] Vgl. Krüger (2005), S. 205 ff.; Scherm/Pietsch (2007), S. 177 f.; Krüger/v. Werder/Grundei (2007), S. 4 ff.; Pfähler/Vogt (2008), S. 746; Meissner (2004), S. 20.

festen Transferpreisen übernehmen und sie auf dem externen Markt verkaufen. Ihr Erfolg wird anhand des Umsatzvolumens gemessen, das sie vor allem durch die Wahl der absatzpolitischen Instrumente beeinflussen können.

- **Profit-Center**: Hier übernimmt die Spartenleitung die Verantwortung für das wirtschaftliche Ergebnis ihrer Division. Der Erfolg wird anhand des Gewinns oder des ROI (Return of Investment) ermittelt. Mit der größeren Verantwortung geht auch eine größere Entscheidungsbefugnis einher. So nimmt der Spartenleiter sowohl Einfluss auf die Kosten- als auch auf die Erlösseite. In der Regel gehören die gesamte Produktentwicklung und Produktion sowie der komplette Einkauf und Absatz zur Division. Über das Investitionsvolumen wird hingegen von der Leitung des Gesamtunternehmens entschieden. Auch beim Produktionsprogramm behält sie sich in der Regel Mitspracherechte vor. Die Einrichtung eines Profit-Centers ist nur dann sinnvoll, wenn sich der Erfolg unmittelbar der Sparte zurechnen lässt.

- **Investment-Center**: Wenn der Spartenleiter auch über die Investitionen in seiner Division und damit über die Verwendung mindestens eines größeren Teils des Gewinns entscheiden kann, handelt es sich um ein Investment-Center. Die Leitung des Gesamtunternehmens behält sich nur insofern ein Mitspracherecht vor, um sicherzustellen, dass die Investitionsentscheidungen den strategischen Gesamtunternehmenszielen nicht widersprechen.

Die **Grenzen** zwischen Profit- und Investment-Center sind **fließend**, da auch der Leiter eines Profit-Centers häufig die Befugnis erhält, über Teile der Investitionen selbst zu entscheiden.

Bei den meisten Formen der Spartenorganisationen werden **bestimmte Querschnittsfunktionen** in **Zentralabteilungen oder Zentralbereichen** zusammengefasst. Das gilt z.B. für die interne Revision, die Personalabteilung, das Controlling, die zentrale Materialbeschaffung oder die Rechtsabteilung (s. Abb. 4-6). Sie sind der Unternehmensleitung direkt zugeordnet und erbringen **spartenübergreifende Dienstleistungen** in einheitlicher Art und Weise. So wird der Autonomiegrad der Sparten ganz bewusst eingeschränkt.[152]

Bei allen Center-Konzepten besteht das Problem, wie die Kosten und Erlöse den Sparten zuzurechnen sind. Schwierigkeiten entstehen vor allem dann, wenn die Center häufig untereinander bzw. mit den Zentralbereichen des Unternehmens Leistungen austauschen, da dann **interne Verrechnungspreise** festgelegt werden müssen. Die Unternehmensleitung kann über diese Verrechnungspreise Einfluss darauf nehmen, zu welchen Preisen die Sparten untereinander Leistungen kaufen und verkaufen und damit auch darauf, wie erfolgreich die Sparten sind. So beeinflusst sie deren Selbständigkeit.

Spartenorganisationen sind unter diesen **Voraussetzungen** erfolgreich:

- Unternehmen muss hinreichend groß sein, damit sich sinnvoll selbständige Sparten bilden lassen
- Produktgruppen gelten als Kernkompetenzen

---

[152] Vgl. Schulte-Zurhausen (2013), S. 274.

- heterogenes Produktionsprogramm, damit die Produkte zu eindeutig unterscheidbaren Gruppen zusammengefasst werden können

- Sparten müssen klar abgrenzbare Absatzmärkte haben, damit sie nicht miteinander konkurrieren

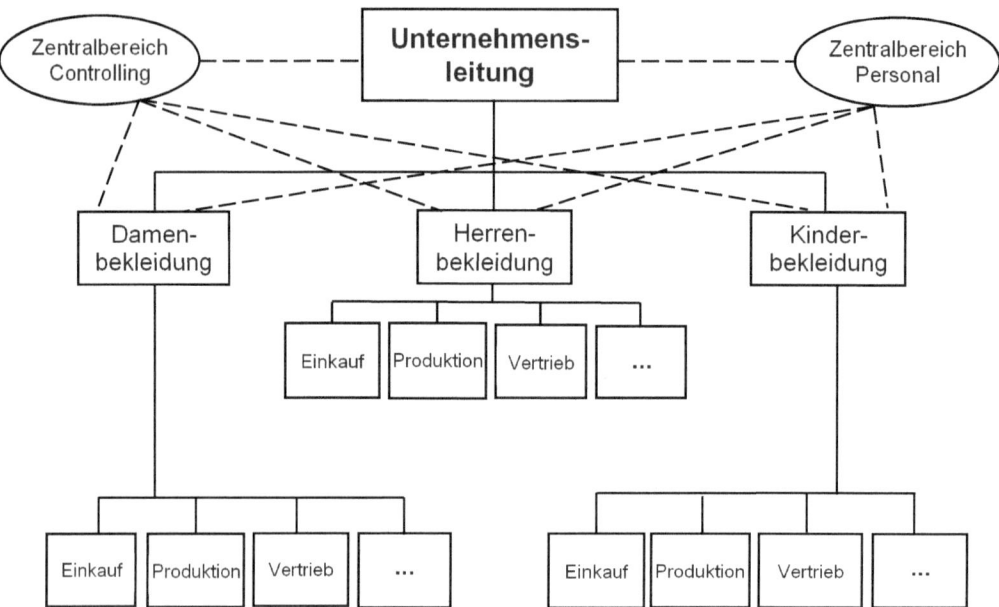

Abb. 4-6: Divisionale Organisation mit Zentralbereichen

Die Bildung von Zentralabteilungen geschieht aus diesen **Gründen**:

- **Nutzung von Synergieeffekten**: Für alle Sparten werden zentrale Dienstleistungen erbracht. Damit lassen sich Größenvorteile besser abschöpfen, beispielsweise wenn die Materialbestellungen aller Divisionen über die Zentralabteilung Einkauf erfolgen. Aufgrund der größeren Bestellmengen lassen sich dann bessere Konditionen erzielen. Auch mit einem spartenübergreifenden Zentralbereich Forschung und Entwicklung lassen sich oft Synergieeffekte realisieren.

- **Unterstützung bei allgemeinen Aufgaben der Unternehmensleitung**: Es handelt sich um Aufgaben, die für das Gesamtunternehmen anfallen und nicht einzelnen Sparten überlassen werden können oder sollen. Sie werden in Zentralbereichen zusammengefasst, z.B. Konzernrechnungslegung, Rechtsabteilung, Führungskräfteschulung oder Öffentlichkeitsarbeit.

- **Koordination der Sparten im Hinblick auf die Unternehmensziele**: Zentralabteilungen übernehmen häufig Koordinationsaufgaben, mit denen die Sparten „auf Kurs" gehalten und auf die langfristigen Ziele des Gesamtunternehmens ausgerichtet werden sollen. So gibt etwa das Zentralcontrolling Richtwerte vor und legt die Controlling-Instrumente für alle Sparten fest. Oder die zentrale Personalabteilung konzipiert verbindliche, spartenübergreifende High-Potential-Programme für den Führungsnachwuchs aller Divisionen.

Nicht nur die Aufgaben, auch die **Rechte der Zentralbereiche** sind unterschiedlich gestaltbar. Zum Teil nehmen sie Aufträge der Sparten entgegen, zum Teil beraten sie die Spartenleiter und verfügen über Informations- und Empfehlungsrechte. Manchmal können Zentralabteilungen den Sparten sogar auf bestimmten Gebieten Weisungen erteilen. Man kann diese Konfiguration auch als eine **besondere Art des Stab-Liniensystems**, die deutliche Tendenzen zu einem Mehrliniensystem bzw. einer Matrixorganisation aufweist, ansehen.

Vorteile der Spartenorganisation (insb. im Vergleich zur Funktionalorganisation) sind:

- relativ geringer Koordinationsaufwand zwischen den Divisionen, was zur schnelleren Entscheidungsfindung führt
- größere Transparenz
- durch die Beschränkung auf eine Produktgruppe erhöht sich die Sensibilität für Marktveränderungen
- größere Flexibilität und schnellere Reaktion innerhalb einer Sparte
- Unternehmensleitung wird vom operativen Geschäft entlastet
- Unternehmensleitung kann sich auf übergreifende, strategische Aufgaben konzentrieren
- Spartenleiter identifizieren sich mit ihrer Aufgabe, d.h. „ihrem Objekt"
- Spartenleiter sind motiviert, weil sie weitgehend selbständig unternehmerisch handeln können
- da die Erfolge der Sparten direkt messbar sind, können erfolgsabhängige Entgeltsysteme zur Motivation eingesetzt werden
- zunehmendes **Intrapreneurtum** (Intrapreneur ist eine Wortkombination aus „intracorporate" und „entrepreneur"), d.h. die eigenen Mitarbeiter aktivieren ihr unternehmerisches Potenzial
- Delegation von Entscheidungen an die Sparten fördert die Entwicklung von Führungsnachwuchskräften und Führungskräften aus den eigenen Reihen
- durch die Vorgabe betriebswirtschaftlicher Kennziffern für die jeweiligen Sparten lässt sich das Unternehmen leicht steuern
- Prozesse werden effizienter gestaltet, da die Spartenleiter sowohl Prozess- als auch Produktverantwortung übernehmen

Als **Nachteile** haben sich erwiesen:

- Tendenz zu großem Eigenleben der Sparten, d.h. die Spartenleiter stellen die Ziele ihrer eigenen Sparten stark in den Vordergrund und orientieren sich zu wenig an den Zielen des Gesamtunternehmens

- es kann zu Verteilungskämpfen zwischen den Sparten um die knappen Ressourcen des Gesamtunternehmens, insbesondere um finanzielle Mittel, kommen
- Erfüllung kurzfristiger Ziele rückt in den Vordergrund, da die Sparten eher operativ ausgerichtet sind
- Probleme des Stab-Liniensystems bei der Zusammenarbeit zwischen Zentralbereichen und Divisionen verschärfen sich durch deren relative Entfernung
- erschwerte Integration neuer Produkte, da erst geprüft werden muss, ob und in welche Sparte sich diese Produkte einfügen lassen
- es werden zunehmend Generalisten als Führungskräfte benötigt, da in jeder Sparte unternehmerisches Handeln notwendig ist
- funktionsorientierte Spezialisierungsvorteile gehen verloren, sofern sie nicht die Zentralbereiche betreffen

4.1.4   Matrixorganisation

Die bisher vorgestellten Organisationsstrukturen sind dadurch gekennzeichnet, dass auf der zweiten Hierarchieebene immer nur nach einer einzigen Dimension gegliedert wird, i.d.R. entweder nach Verrichtungen oder nach Objekten. Es handelte sich deshalb also um eindimensionale Strukturen.

Wird auf der **zweiten Ebene** gleichzeitig und gleichberechtigt nach **zwei Dimensionen** strukturiert, spricht man von einer Matrixorganisation. Auf diese Weise werden unternehmerische Probleme parallel und gleichwertig aus zwei Blickwinkeln betrachtet.[153]

In der Regel wird dabei eine **funktionale von einer divisionalen Organisation überlagert**, denn mit der Bildung einer Matrixorganisation sollen die positiven Aspekte der funktionalen und der divisionalen Organisation vereint werden.

Man findet aber auch diese **alternativen Kombinationen der Dimensionen**:[154]

- Verrichtung und Region
- Verrichtung und Kunden
- Objekt und Region
- Objekt und Kunden
- interne und externe Verrichtungen

Stabsstellen, Assistenten und/oder Zentralbereiche sind wie bei den anderen Grundformen integrierbar, sie können jedoch nicht im Organigramm dargestellt werden.

---

[153] Vgl. Müller-Stewens/Lechner (2016), S. 541.
[154] Vgl. Robbins (2001), S. 494.

Man verwendet die Bezeichnung Matrixorganisation, weil die optische Darstellung dieser Organisationsform einer Matrix entspricht (Abb. 4-7). In der Horizontalen werden klassischerweise die Funktionen und in der Vertikalen die Objekte aufgeführt.

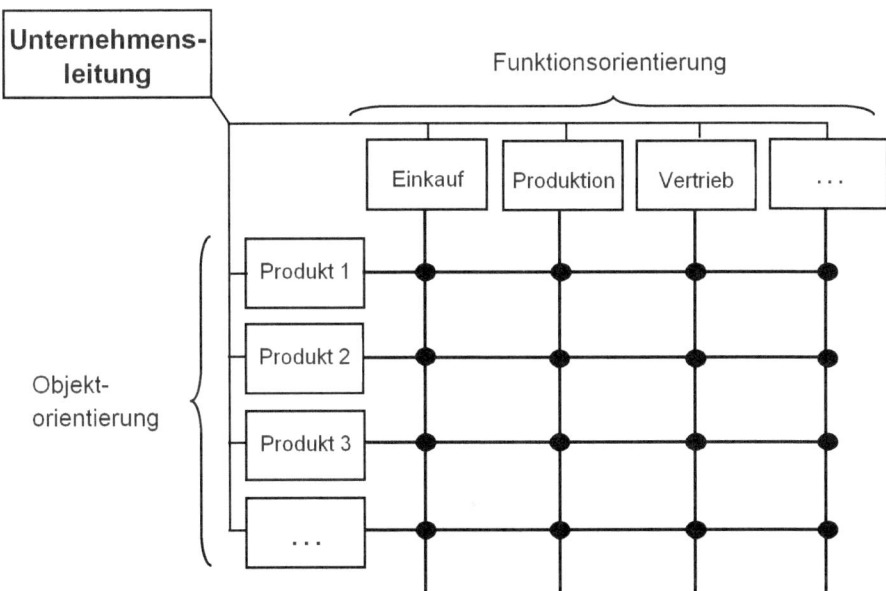

Abb. 4-7: Grundform der Matrixorganisation

Alle funktions- und objektorientierten Einheiten der zweiten Hierarchieebene unterstehen direkt der Unternehmensleitung und sind **gleichrangig und gleichberechtigt**. Die Leiter der funktionalen Abteilungen sind für ihre spezielle Verrichtung hinsichtlich aller Objekte zuständig. Die objektorientierten Instanzen sind für ihre Objekte über alle Funktionen hinweg verantwortlich. Die Linie von der Unternehmensleitung zu den objektbezogenen Einheiten ist lediglich aus Darstellungsgründen in der Abb. 4-7 abgeknickt. Das bedeutet jedoch nicht, dass die Objekt-Manager hierarchisch unter den funktionsorientierten Instanzen stehen würden.

Die Mehrdimensionalität der Matrixorganisation führt dazu, dass die **Matrixschnittstellen** (dicke Punkte) von zwei Vorgesetzten – entsprechend deren Spezialgebiet – Weisungen erhalten (Mehrfachunterstellung). Es handelt sich dabei um Mitarbeiter der **dritten Hierarchieebene**, die in größeren Unternehmen selbst wiederum als **Instanzen** ihre Abteilungen führen.

Mit der Mehrfachunterstellung lehnt sich die Matrixorganisation an das klassische **Mehrliniensystem** (Funktionsmeistersystem) an. Krüger bezeichnet die Matrixorganisation sogar als **moderne Variante des Funktionsmeistersystems**.[155]

---

[155] Vgl. Krüger (2005), S. 200.

Allerdings steht der Koordinationseffekt bei der Matrixorganisation wesentlich stärker im Vordergrund als beim Funktionsmeistersystem. Beim klassischen Mehrliniensystem war die fachliche (funktionsorientierte) Spezialisierung der Instanzen das Wichtigste. Die Mehrfachunterstellung verfolgt also bei der Matrixorganisation ganz **andere Ziele** als beim klassischen Mehrliniensystem.

Außerdem handelt es sich beim Funktionsmeistersystem um eine eindimensionale Struktur, da dort auf der zweiten Hierarchieebene nur nach Funktionen zentralisiert wird, während die Matrixorganisation auf der zweiten Ebene zweidimensional ist. Zudem ist die Mehrfachunterstellung im Funktionsmeistersystem als Beziehung zwischen der untersten Instanzenebene und den Ausführungsstellen vorgesehen. Bei der Matrixorganisation sind die zweite und dritte Hierarchieebene betroffen. Dabei handelt es sich in der Regel um das Upper Management und das Middle Management.

Damit die Matrixorganisation funktioniert, müssen diese **Voraussetzungen** erfüllt sein: [156]

- Vorhandensein zweier sehr komplexer und in gleichem Maße für das Unternehmen kritischer Dimensionen

- Agieren in einer dynamischen Umwelt, weshalb das Unternehmen auf innovative Lösungen angewiesen ist

- Einsatz hochqualifizierter Mitarbeiter auf der zweiten und dritten Hierarchieebene, die in der Lage sind, sehr zahlreiche Informationen zu verarbeiten und Probleme aus unterschiedlichen Perspektiven zu betrachten

- hohe Sozialkompetenz aller Beteiligten, die sie befähigt, auf die Sichtweisen und Argumente anderer Personen einzugehen und diese nachzuvollziehen

- kommunikations- und konfliktfähige Führungskräfte, die sich nicht durch Machtkämpfe profilieren wollen

- stressresistente Führungskräfte, die sich einem ständigen Koordinationsbedarf und entsprechenden Unsicherheiten gegenübersehen

Bei der Matrixorganisation werden die **Konflikte**, die aufgrund der Mehrfachunterstellung entstehen können, nicht als Problem, sondern als **positives Element** gesehen. Sie werden **bewusst institutionalisiert**, gezielt herbeigeführt und sogar als produktiv empfunden. Sie sollen dazu beitragen, einen entstehenden Abstimmungsbedarf möglichst frühzeitig zu erkennen und optimale, innovative Problemlösungen zu finden.[157]

Aus theoretischer Sicht werden Konflikte und Koordinationsprobleme bei der Matrixorganisation nicht mithilfe formaler Regeln gelöst. Stattdessen sollen die Instanzen argumentieren, verhandeln und überzeugen, um auf diese Weise – verbunden mit einer prinzipiellen Kooperationsbereitschaft der betroffenen Kollegen – gemeinsam zu sinnvollen Ergebnissen zu gelangen.

---

[156] Vgl. Scherm/Pietsch (2007), S. 185; Müller-Stewens/Lechner (2016), S. 542 f.
[157] Vgl. Thommen/Richter (2004), Sp. 828 ff.; Bea/Göbel (2019), S. 458.

Die **Praxis** sieht hingegen meist anders aus. Man hat es häufig nicht mit kooperations- und kompromissbereiten Managern zu tun, die klaglos auf einen Teil ihrer Macht verzichten. Viel eher ist mit Führungskräften zu rechnen, die darauf bedacht sind, ihre Macht zu wahren und auszubauen.

Um das Konfliktpotenzial zu verringern, werden in der Praxis oft **Regeln zur Kompetenz-verteilung** auf der zweiten Hierarchieebene aufgestellt:

- Die Objektmanager sind für das „was und wann" zuständig und die funktionsorientierten Instanzen bestimmen das „wie, wer und womit". Dennoch kommt es zu Problemen, da zwischen den Zuständigkeiten weiterhin Interdependenzen vorhanden sind.[158]

- Einer der beiden Dimensionen wird seitens der Unternehmensleitung eine größere Befugnis eingeräumt. Die andere Dimension hat dann nur einen ergänzenden Charakter und ist nicht mit der ersten Dimension gleichberechtigt. Ihre Manager fungieren eher als Berater und als Unterstützer der vorrangigen Dimension denn als eigenständige Entscheider.

- Die Matrixorganisation wird ganz bewusst nur auf bestimmte Aufgaben beschränkt und nicht auf das gesamte Unternehmen übertragen. Auch in diesem Fall hat eine der beiden Dimensionen meistens eine schwächere Stellung und dient eher der Beratung und Unterstützung.

Vorteile der Matrixorganisation:

- durch die Delegation von Entscheidungs- und Weisungsbefugnissen sowohl auf funktions- als auch auf objektorientierte Manager kommt es zur Entlastung der Unternehmensleitung

- durchdachtere und innovativere Problemlösungen, da die jeweiligen Themen aus unterschiedlichen Perspektiven betrachtet werden

- kurze Kommunikationswege

- Sachkompetenz, Kooperations- und Überzeugungsfähigkeit haben Vorrang vor der hierarchischen Macht

- indem die Führungskräfte an umfassenden Entscheidungsprozessen beteiligt werden, steigt ihre Motivation

- schnelle und flexible Reaktionen auf Veränderungen des Marktes

Nachteile der Matrixorganisation:

- Erfolg bzw. Misserfolg von Entscheidungen lässt sich meist nicht eindeutig zuordnen, da sie als Kompromisse funktions- und objektorientierter Instanzen zustande gekommen sind

---

[158] Vgl. Bea/Göbel (2019), S. 359; Bühner (2004), S. 164 f.

- häufiger Abstimmungsbedarf der verrichtungs- und objektorientierten Sichtweisen bringt einen hohen Kommunikationsbedarf und entsprechenden zeitlichen Aufwand mit sich

- langsame und schwerfällige Entscheidungsfindung, da häufig Kompromisse notwendig werden

- zum Teil erhebliche Machtkämpfe zwischen den Führungskräften der zweiten Hierarchieebene, da deren Entscheidungsbefugnisse nicht eindeutig geregelt werden können und sich überschneiden

- damit beide Seiten „das Gesicht wahren können", kann es zu „faulen" Kompromissen kommen

- Führungskräfte haben in der Matrixorganisation häufig weniger Verantwortungsbewusstsein, da sie die Entscheidungen nicht allein fällen und nicht allein verantworten müssen

- Mitarbeiter fühlen sich verunsichert und haben ein großes Sicherheitsbedürfnis, da die Einheit der Auftragserteilung wegfällt

- sinkende Motivation der mehrfachunterstellten Mitarbeiter

- alle Beteiligten müssen über eine hohe soziale Kompetenz und viel Einfühlungsvermögen verfügen

- hohe fachliche Anforderungen an die Vorgesetzten und an die Mitarbeiter, die sowohl funktionale als auch objektbezogene Argumentationen nachvollziehen und bewerten müssen

- notwendige höhere Qualifikation aller Beteiligten führt zu deutlich höheren Personalkosten

- Tendenz zur Entwicklung informaler Normen, da die fehlenden Regeln bei der Kompetenzverteilung von den Vorgesetzten und Mitarbeitern häufig negativ wahrgenommen werden

- zahlreiche potenzielle Konflikte belasten Vorgesetzte wie ausführende Stellen gleichermaßen

- starke Bürokratisierung, da die Entscheidungsfindung und deren Ergebnisse dokumentiert werden müssen

Die Matrixorganisation wird in der Praxis meistens in Industrieunternehmen vor allem für überschaubare Unternehmensbereiche eingesetzt und nur selten auf die Gesamtorganisation übertragen.[159]

Man findet sie ferner in großen Dienstleistungsunternehmen, etwa in Unternehmensberatungen und internationalen Anwaltskanzleien.

---

[159] Vgl. Picot et al. (2015), S. 323 ff.

Die Abb. 4-8 zeigt die Matrixstruktur der Unternehmensberatung Roland Berger, die in branchenorientierte und funktionsbezogene Competence Center aufgeteilt ist. Mit dieser Vorgehensweise soll erreicht werden, dass die interdisziplinär ausgerichteten Consultant-Teams über das jeweils für ihren Kundenauftrag erforderliche Know-how verfügen und die bestmöglichen Vorschläge erarbeiten können.[160]

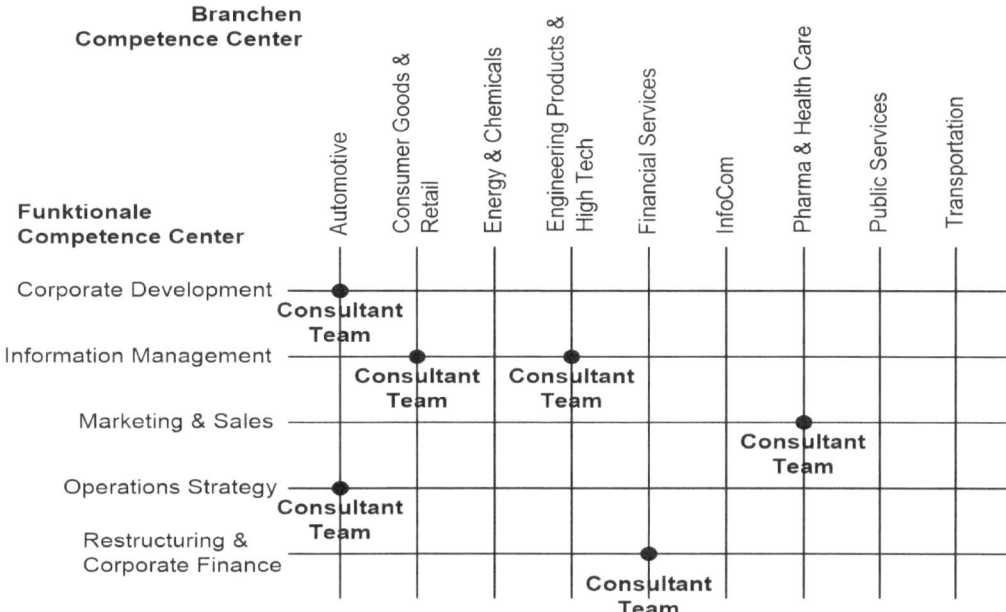

Abb. 4-8: Matrixstruktur der Unternehmensberatung Roland Berger[161]

4.1.5 Erweiterungen der Grundformen

4.1.5.1 Tensororganisation

Die Tensororganisation ist eine Weiterentwicklung der Matrixorganisation. Auf der **zweiten Hierarchieebene** kommt neben Verrichtung und Objekt **mindestens** eine **weitere gleichberechtigte Dimension** hinzu. Üblicherweise handelt es sich um Kundengruppen und/oder Regionen. Auf diese Weise kann den spezifischen Anforderungen bedeutender Abnehmer bzw. regionalen Besonderheiten besser entsprochen werden, da ihre Berücksichtigung im Upper Management angesiedelt ist.

Bei der Tensororganisation handelt es sich also eine **drei- bzw. n-dimensionale Organisationsstruktur**.

---

[160] Vgl. Klimmer (2016), S. 76.

[161] Entnommen ebd., S. 77.

Die Abb. 4-9 zeigt ein Beispiel einer dreidimensionalen Tensororganisation. Wie bei der Matrixorganisation sind auch bei der Tensororganisation alle Führungskräfte auf der zweiten Hierarchieebene grundsätzlich gleichberechtigt. Das bedeutet für die Mitarbeiter auf der nächsten Ebene – üblicherweise selbst Instanzen mit eigenen Abteilungen –, dass sie drei- oder mehrfach unterstellt sind.

Die **Voraussetzungen** für den Einsatz der Tensororganisation stimmen mit denen der Matrixorganisation überein, wobei mindestens eine weitere besonders wichtige Dimension zu berücksichtigen ist.

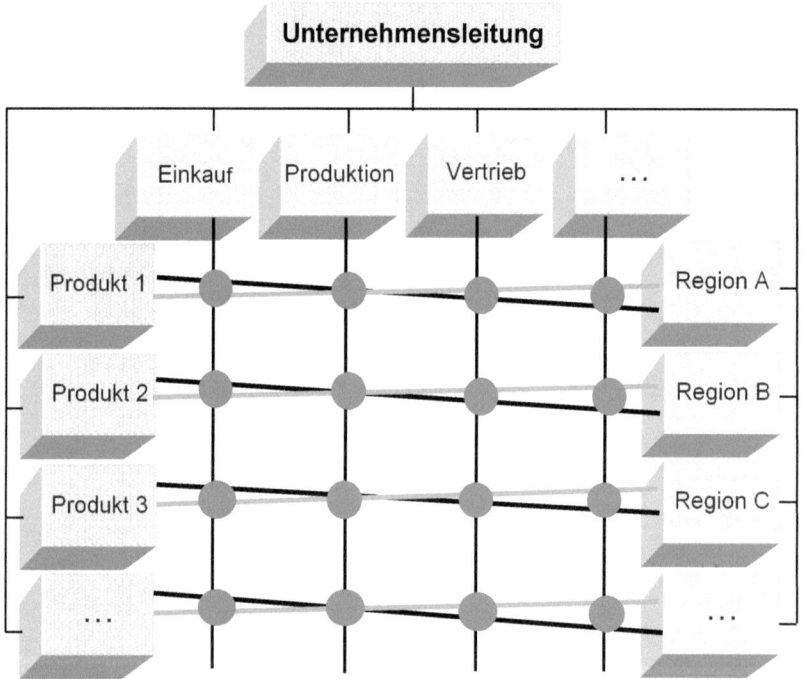

Abb. 4-9: Tensororganisation

Die **Vorteile** entsprechen denen der Matrixorganisation. Die **Nachteile** treten bei der Tensororganisation noch deutlicher hervor. Durch die zusätzliche Dimension gibt es Kommunikations- und Koordinationsprobleme in verstärktem Maße, außerdem nimmt die Unübersichtlichkeit zu. Die Unterstellung unter noch mindestens einen weiteren Vorgesetzten kann die Überforderung der Mitarbeiter der dritten Ebene verstärken, da sie nun mindestens drei Vorgesetzten gerecht werden müssen.

Diese Struktur wird vor allem von multinationalen Unternehmen präferiert, die sich in sehr heterogenen Märkten, in unterschiedlichen Regionen und in einer instabilen Umwelt bewegen.[162] So gliedert beispielsweise die Volkswagen AG ihre Tensororganisation nach Marken, Funktionen und Regionen.

4.1.5.2 Holding-Organisation

Die Holding-Organisation ist eine Weiterentwicklung der Spartenorganisation. In großen Unternehmen werden die Sparten oft nicht mehr als Abteilungen geführt, sondern **rechtlich verselbständigt**. Diese Verselbständigung ist jedoch nur dann gerechtfertigt, wenn die Sparten groß genug sind und weitgehend unabhängig agieren können. Sie operieren dann als mehr oder weniger eigenständige Unternehmen.

Die Holding ist ein betriebswirtschaftliches Konzept und **keine eigenständige Rechtsform**. Sie hat in den letzten Jahren in der Praxis erheblich an Bedeutung gewonnen.[163]

Das Ergebnis ist ein Verbund mehrerer rechtlich selbständiger Unternehmen unter einer einheitlichen Leitung, d.h. ein **Konzern** mit einer konzernleitenden **Dachgesellschaft (Muttergesellschaft, Corporate Center)**, die Beteiligungen an den rechtlich selbständigen Untergesellschaften, den **Tochterunternehmen,** hält. Teilweise agiert sie zusätzlich direkt auf dem Markt.

Tritt die Dachgesellschaft nicht selbst am Markt auf und betreibt keine eigenständigen operativen Geschäfte, sondern verwaltet und koordiniert lediglich ihre Tochtergesellschaften, spricht man von einem **Holding-Konzern** und aus organisatorischer Sicht von einer **Holding-Organisation**. Während die Untergesellschaften vorrangig für die **Leistungserstellung und -verwertung** zuständig sind, steuert die Dachgesellschaft das Gesamtunternehmen. Diese Art von Dachgesellschaft wird als **Holding** bezeichnet.

Der Begriff wird aber auch als Überbegriff für die gesamte Konzernkonstruktion verwendet, während die Dachgesellschaft dann **Holding-Mutter** oder **Muttergesellschaft** genannt wird. Die Untergesellschaften sind die **Holding-Töchter**.

Mithilfe der Holding Organisation sollen kleinere, dezentrale, selbständige Einheiten schneller und flexibler auf dem Markt agieren können.[164] Es geht darum, Dezentralisierungsvorteile bestmöglich zu nutzen.[165] Zum Teil wird deshalb ganz **bewusst auf Größenvorteile oder Synergieeffekte verzichtet**, stattdessen rücken Flexibilität und Innovationsfähigkeit der Untergesellschaften in den Mittelpunkt. Die Tochtergesellschaften sind sehr oft auf lokale Märkte ausgerichtet, was auch als „**close to the customer**" bezeichnet wird.[166]

Die **Voraussetzungen** der Holding-Organisation entsprechen denjenigen der divisionalen Organisation. Man will die Einheiten auf der zweiten Hierarchieebene hier aber **selbständiger und unabhängiger** agieren lassen.

---

[162] Vgl. Macharzina/Wolf (2017), S. 496 ff.; Keller (2004), Sp. 421 ff.

[163] Vgl. Bea/Haas (2017) S. 404.

[164] Vgl. Krüger (2005), S. 209.

[165] Vgl. Schreyögg/Geiger (2016), S. 50.

[166] Vgl. Vahs (2019), S. 172.

Die einzelnen Divisionen können wiederum eigene, rechtlich selbständige **Enkelunternehmen** umfassen. In diesem Fall handelt es sich um eine **mehrstufige Holding-Konstruktion**, bei der die Tochtergesellschaften als **Zwischen-Holding** fungieren und die Koordination für die untergeordneten Einheiten übernehmen. Die Zwischen-Holdings werden ihrerseits von der Dachgesellschaft verwaltet.

Die Dach- bzw. Zwischen-Holdings **koordinieren** ihre Untergesellschaften mithilfe dieser Instrumente:[167]

- **Unternehmensverträge**: Zwischen der Konzernmutter bzw. der Zwischengesellschaft und ihren Untergesellschaften wird ein Beherrschungsvertrag abgeschlossen, welcher der Holding-Mutter genau festgelegte Leitungs- und Weisungsbefugnisse einräumt. Er wird in der Regel um einen Gewinnüberlassungsvertrag ergänzt, der die Untergesellschaften dazu verpflichtet, ihren Gewinn ganz oder teilweise nach oben abzuführen.

- **Finanzhoheit**: Die Dachgesellschaft sammelt, verwaltet und verteilt die finanziellen Mittel. Ihr obliegt die Finanzhoheit über alle Untergesellschaften, womit sie die Konzerninteressen wahren und durchsetzen kann.

- **Personalunion**: Wichtige Positionen in den Untergesellschaften werden von Personen besetzt, die auch bedeutsame Stellen in der Dachgesellschaft innehaben. So kann ein Vorstandsmitglied der Dachgesellschaft gleichzeitig im Aufsichtsrat einer Untergesellschaft sitzen. Auf diese Weise nimmt die Dachgesellschaft in unterschiedlichem Maße Einfluss auf die **wirtschaftliche Selbständigkeit** der Untergesellschaften, während deren rechtliche Selbständigkeit unberührt bleibt.

Nach der **Leitungsintensität** lassen sich **drei Formen der Holding-Organisation** unterscheiden:[168]

- **Finanz-Holding**: Bei einer Finanz-Holding obliegt der Dachgesellschaft lediglich die Anteilsverwaltung, womit sie sich auf die Wahrung der finanziellen Interessen des Holding-Konzerns beschränkt. Die Untergesellschaften genießen umfangreiche Freiheiten. Neben den operativen Geschäften überlässt ihnen die Dachgesellschaft die gesamte strategische Leitung mit Ausnahme der Finanzfunktion. Die Zentrale setzt die finanziellen Zielgrößen wie Gewinn, Cash Flow oder ROI fest. Die Tochtergesellschaften erstatten in größeren Abständen in aggregierter Form Bericht über die Erreichung der finanziellen Ziele.[169] Die Dachgesellschaft konzentriert sich auf das Halten (deshalb die Bezeichnung Holding), Erwerben und Veräußern von Beteiligungen. Sie kümmert sich weder um die strategische Ausrichtung noch um die operativen Geschäfte der Untergesellschaften.

---

[167] Vgl. Bea/Göbel (2019), S. 354.

[168] Vgl. Krüger (2005), S. 209 f.; Breisig (2015). S. 172 f.

[169] Vgl. Schulte-Zurhausen (2013), S. 281.

Diese Form der Holdingstruktur wird häufig dann gewählt, wenn die Tochtergesellschaften nicht auf gemeinsame Ressourcen zurückgreifen können und sich kaum Synergieeffekte erzielen lassen.[170]

- **strategische Management-Holding**: Bei der strategischen Management-Holding obliegt der Dachgesellschaft die strategische Leitung des Konzerns. Entsprechend werden die Aktivitäten der Tochtergesellschaften koordiniert. Ihnen wird die Zuständigkeit und Verantwortung für das operative Geschäft zusammen mit all denjenigen Funktionen übertragen, die notwendig sind, um Gewinn zu erwirtschaften. In der Regel sind die Untergesellschaften – allerdings in Abstimmung mit der Dachgesellschaft – auch für ihre bereichsspezifische strategische Ausrichtung zuständig. Bei ihnen sind zumindest Produktion und Absatz angesiedelt, meistens auch die Forschung und Entwicklung. Die Untergesellschaften erstatten der Mutter regelmäßig ausführlich Bericht über die Ergebnisse, z.B. über Gewinn, Umsatz und Kosten. Auf Anforderung sind sie verpflichtet, weiterführende und genauere Informationen zu liefern.

  Eine strategische Management-Holding kommt der divisionalen Organisationsstruktur mit Profit- oder Investment-Centern am nächsten, wobei die rechtliche Selbständigkeit der Center hinzukommt

- **operative Management-Holding**: Bei der operativen Management-Holding greift die Dachgesellschaft auch in das operative (Routine-)Geschäft ihrer Tochtergesellschaften ein, bis hin zum Tagesgeschäft. Grundsätzlich kann es zu Interventionen in alle betrieblichen Funktionen kommen. Daneben werden in größerem Umfang Funktionen aus den Tochtergesellschaften abgezogen und Zentralbereichen, welche in der Dachgesellschaft angesiedelt sind, übertragen, z.B. Einkauf oder Personalentwicklung. Die Untergesellschaften haben die Pflicht, die Dachgesellschaft laufend über das Erreichen operativer Ziele bis hin zu Details, z.B. die Veränderung einzelner Kostenarten, die aktuellen Lagerbestände etc., zu informieren.

  Die operative Management-Holding gleicht am ehesten einer divisionalen Struktur mit Cost-Centern.

Die Holding-Organisation weist alle Vor- und Nachteile einer divisionalen Organisation auf. Es gibt jedoch weitere positive Merkmale und Schwachstellen.

Zusätzliche Vorteile der Holding-Organisation:[171]

- wegen der größeren Nähe zum Markt und der Eigenständigkeit der Tochtergesellschaften können diese schnell und flexibel handeln

- Kapitalkraft und Marktpräsenz des Holding-Konzerns können von den Divisionen genutzt werden

- durch die rechtliche Autonomie der Tochtergesellschaften wird das eigenverantwortliche Handeln gestärkt

---

[170] Vgl. Scherm/Pietsch (2007), S. 183.

[171] Vgl. Bea/Haas (2017) S. 411 f.

- indem sich die Untergesellschaften auf die Kernbereiche konzentrieren, erhöht sich die Kundenorientierung

- aufgrund der rechtlichen Selbständigkeit identifizieren sich die Mitarbeiter mehr mit ihrer Untergesellschaft

- mögliche Wechsel zwischen den verschiedenen Tochtergesellschaften und der Dachgesellschaft erhöhen die Karrieremöglichkeiten

- es entsteht ein umfangreicher Manager-Pool für den Gesamtkonzern, aus dem qualifizierte Führungskräfte in den Tochtergesellschaften rekrutiert werden können

- Erfolge der Tochtergesellschaften, die einen eigenen Jahresabschluss erstellen müssen, können eindeutig zugeordnet werden

- Haftungsbegrenzung auf die rechtlich selbständigen Einheiten mindert das Risiko des Konzerns

- steuerliche Vorteile können durch geschickte Ausgestaltung der Rahmenbedingungen genutzt werden

Die zusätzlichen **Nachteile** sind:[172]

- zum Teil muss bewusst gegen die Interessen einzelner Tochtergesellschaften verstoßen werden, um Vorteile für den Holding-Konzern als Ganzes zu erzielen

- Konflikte durch häufig schwammige Kompetenzabgrenzungen zwischen Holdingmutter und Tochtergesellschaften

- Gewinnabführung der Tochtergesellschaften führt zu Motivationsproblemen, vor allem wenn es dadurch zu Quersubventionierungen weniger erfolgreicher Untergesellschaften durch erfolgreiche Holding-Töchter kommt

- durch den Abstand zur Dachgesellschaft aufgrund der rechtlichen Selbständigkeit der Töchter kann das „Konzern-Wir-Gefühl" verloren gehen

- Autonomie der Töchter kann zum Verlust von Größen- und Synergievorteilen im Konzern führen

- verstärkte Bürokratie durch die oft umfangreichen Planungs- und Kontrollaktivitäten der Dachgesellschaft

- rechtliche Verselbständigung der Tochtergesellschaften führt zu zusätzlichem Aufwand, etwa für Gründungen, Jahresabschlüsse und Hauptversammlungen

---

[172] Vgl. Bea/Haas (2017) S. 413.

4.2 Sekundärorganisationen

4.2.1 Vorbemerkung

Während mit den bisher beschriebenen Strukturen der Primärorganisation die routinemäßigen Daueraufgaben geregelt werden, dient die Sekundärorganisation der Erfüllung besonderer, bedeutsamer Aufgaben, die keine Routineaufgaben sind. Diese Aufgaben und Ziele passen nicht in die „normale" Organisationsstruktur, deshalb werden für sie eigene Strukturen geschaffen.

Sekundärstrukturen bestehen neben und gleichzeitig mit der Primärorganisation und unterstützen diese. Je nach Zielsetzung kann eine Sekundärorganisation dauerhaft oder zeitlich befristet sein. Sie wird auch als **duale Organisation**, **Parallelorganisation** oder kollaterale Organisation bezeichnet.[173] Die Abb. 4-10 zeigt einen Überblick über die wichtigsten Formen.

Sekundärorganisation

Ergänzende Aspekte	Form der Sekundärorganisation
Produktorientierung	Produktmanagement-Organisation (Brand-Management)
Kundenorientierung	Key-Account Management
Marktorientierung	Marktmanagement-Organisation
Funktionsorientierung	Funktionsmanagement-Organisation
Strategische Planung	Strategische Geschäftseinheiten
Komplexe und innovative, zeitlich befristete Problemstellungen	Projektorganisation
Karriere	Parallelhierarchien

Abb. 4-10: Formen der Sekundärorganisation

Normalerweise sind Sekundärorganisation **auf Dauer angelegte Ergänzungen der Primärorganisation**.

Eine Ausnahme bildet die Projektorganisation, bei der es um eine **zeitlich befristete Sekundärstruktur** handelt, die eigens für ein konkretes Projekt gebildet wird. Nach der Beendigung dieses Projektes wird die Projektorganisation nicht mehr benötigt und somit aufgelöst. Wenn ein neues Projekt starten soll, wird sie erneut eingeführt und vorher ggf. modifiziert und auf die Bedingungen dieses neuen Projektes angepasst.

---

[173] Vgl. Vahs (2019), S. 141.

4.2.2 Produktmanagement-Organisation

Der Gedanke, in funktional organisierten Unternehmen auch die spezifischen Anforderungen unterschiedlicher Produktgruppen berücksichtigen zu müssen, führte zur Entwicklung der Produktmanagement-Organisation **(Brand Management)**. Die Anfänge finden sich in den 1920er Jahren in den USA. Mit dieser Struktur versuchte das Unternehmen Procter & Gamble den Absatzschwierigkeiten bei Konsumartikeln, insbesondere bei seiner Seife „Camay", zu begegnen.[174] Damit hatte man offensichtlich Erfolg, denn die Seife wird bis heute verkauft.

Die Produktmanagement-Organisation sieht – ergänzend zur Primärstruktur – die Bildung spezieller Produktmanager-Stellen zur Betreuung einzelner Produkte oder Produktgruppen vor. Sie wird häufig von Konsumgüterunternehmen mit funktionaler Organisation eingesetzt, die Markenartikel herstellen, da viele dieser Produkte ganz bestimmte Kundengruppen ansprechen sollen und ein spezielles Marketing erfordern. Damit will man die **Vorteile der Funktionalorganisation erhalten** und gleichzeitig der notwendigen Produkt- und Marktorientierung Rechnung tragen.

Bei einem hohen Diversifikationsgrad der Produkte kann es sinnvoll sein, statt der Produktmanagement-Organisation gleich eine produktorientierte Primärorganisation zu wählen. Deshalb wird sie als **Vorstufe zur Spartenorganisation** gesehen.

Das Produktmanagement kann man – allerdings eher selten – auch in Spartenorganisationen als Sekundärstruktur finden. Dabei handelt es sich meist um Divisionen mit unterschiedlichen Produktgruppen, in denen einzelne Produkte zusätzlich einer ganz gesonderten Betreuung bedürfen.

Die **Produktmanager** sind Produktspezialisten und Funktionsgeneralisten. Sie nehmen eine **Produkt-Markt-Querschnittsfunktion** ein.[175] Ihre **Aufgaben** sind:

- Sammeln und Aufbereiten aller produktrelevanten Informationen durch Markt-, Zielgruppen- und Wettbewerbsanalysen
- Bewertung produktbezogener Marktchancen
- Überprüfung, ob bestimmte Produkte besonderer Aktivitäten bedürfen
- Erstellung produktspezifischer Absatz-, Umsatz- und Kostenpläne
- Ausarbeitung, Umsetzung und Kontrolle von Marketing-Konzepten
- Unterstützung der Funktionalabteilungen bei der Entwicklung von Produktneuheiten, -variationen und -verbesserungen
- Hilfestellung bei der Produkteinführung

Produktmanager sind bei ihrer Aufgabenerfüllung auf die Unterstützung von Primärabteilungen, insb. auf Marktforschung, Werbung, Produkt-Design etc., angewiesen. Sie verfügen nicht über eine eigene Abteilung und Mitarbeiter, sondern sind i.d.R. auf sich allein gestellt.

---

[174] Vgl. Breisig (2015), S. 93.

[175] Vgl. Schulte-Zurhausen (2013), S. 314 f.

Eine Produktmanagement-Organisation ist unter diesen **Voraussetzungen** sinnvoll:[176]

- es handelt sich um ein heterogenes Produktprogramm
- für die Produkte gelten unterschiedliche Marktbedingungen, denen das Unternehmen Rechnung tragen muss
- Marktkomplexität und -dynamik, etwa kurze Innovations- und Produktlebenszyklen, erfordern, dass einzelne Produkte bzw. Produktgruppen gesondert betreut werden

Die **Kompetenzen der Produktmanager** sind sehr unterschiedlich gestaltet. Sie reichen von bloßen Informationsrechten und -pflichten über fundierte Entscheidungsvorbereitung, weitgehende Beratungsrechte und -pflichten bis zu fachgebundenen Entscheidungs- und Weisungsbefugnissen in die Primärabteilungen hinein. Der **Übergang zur Matrixorganisation** ist damit fließend.

Die **Vorteile** der Produktmanagement-Organisation sind:

- größere Kundennähe, da die Absatzpolitik an Produktbesonderheiten orientiert wird
- neue Trends und neue Anforderungen an Produkte können frühzeitig erkannt und umgesetzt werden
- schnelle und effiziente Abstimmung produktbezogener Aktivitäten über Funktionsbereiche hinweg
- Entlastung der Unternehmensleitung von Koordinationsaufgaben

Nachteile:

- zwischen den Vorgesetzten der Primärorganisation und den Produktmanagern kann es zu Kompetenzkonflikten kommen
- Erfolg des Konzepts hängt in starkem Maße von den sozialen Kompetenzen des Produktmanagers ab
- Einsatz hochqualifizierter Produktmanager bringt hohe Personalkosten mit sich

4.2.3 Key-Account Management

Während die Güter und Dienstleistungen des Unternehmens beim Produktmanagement im Mittelpunkt stehen, **konzentriert sich** das Key-Account-Management **auf die Abnehmer** dieser Leistungen. Statt von **Key-Account Management** wird auch von **Kundenmanagement-Organisation** gesprochen.

Um die Bedürfnisse einzelner Kunden oder Kundengruppen gezielt befriedigen zu können, erhalten diese einen festen Ansprechpartner, der sich speziell um sie kümmert und sie in allen Belangen betreut.

Das Key-Account-Management wird sowohl ergänzend als auch alternativ zum Produktmanagement eingesetzt. Es ist auf bestimmte Kundengruppen, insbesondere auf Großkunden,

---

[176] Vgl. Schulte-Zurhausen (2013), S. 315.

ausgerichtet. Vor allem in der **Investitionsgüterindustrie** ist es seit langem verbreitet, da hier viele Aufgaben kundenindividuell gelöst werden müssen. Seit den 1970er Jahren ist es in Deutschland auch in der **Konsumgüterindustrie** anzutreffen. So gibt es in vielen Konsumgüterunternehmen Kundenmanager (**Key-Account Manager**). Sie betreuen große Handelsketten wie Aldi, Lidl, REWE etc., da mit ihnen ein Großteil des Umsatzes erzielt wird.

Der Key-Account Manager geht auf die Wünsche seines **Großkunden** ein. Dabei kann es z.B. um Sondergrößen einzelner Produkte, bestimmte Liefertermine und Liefermengen für einzelne Filialen, um besondere Verpackungen, gezielte Werbekampagnen, Preisverhandlungen und Ähnliches gehen. Neben der individuellen Betreuung haben die Kunden den Vorteil, dass ihnen bei allen ihren Belangen stets derselbe Ansprechpartner zur Verfügung steht.

In letzter Zeit rücken auch **Privatkunden**, die als weitgehend homogene Gruppe mit gleichartigen Bedürfnissen gesehen werden, ins Blickfeld des Key-Account Managements. Viele Unternehmen bestimmen einen Kundenmanager, der sich nur und speziell um die Wünsche und Belange von Privatkunden kümmern soll.

Dem Key-Account Manager obliegen diese **Aufgaben**:

- Sammeln und Auswerten von Informationen über den Kunden
- Aufbau von Kontakten und Kontaktpflege
- Beratung des Kunden hinsichtlich der Produkte und Dienstleistungen des Unternehmens
- Betreuung des Kunden bei allen anfallenden Problemen
- Verhandlungen mit dem Kunden
- Verkauf der Produkte und Dienstleistungen an den Kunden und Abschluss von Verträgen
- Abwicklung und Koordination der Kundenaufträge
- Erstellung, Realisierung und Kontrolle eines auf den Kunden abgestimmten Marketing-Konzepts

Damit das Key-Account Management zum Erfolg führt, müssen diese **Voraussetzungen** erfüllt sein:

- überschaubare Zahl besonderer Kunden, bei denen eine differenzierte Betreuung angebracht ist
- Key-Account Manager muss über umfangreiche Kenntnisse der Produkte und Dienstleistungen seines Unternehmens und ebenso der Besonderheiten seines Kunden verfügen
- schneller Zugriff auf alle relevanten Kundeninformationen mit Hilfe eines hochwertigen Informations- und Kommunikationssystems
- Key-Account Manager muss innerhalb eines bestimmten Rahmens eigenständig entscheiden und handeln können

Bzgl. der Kompetenzen des Key-Account Managers gelten die gleichen Ausprägungsalternativen wie für Produktmanager. Auch hier ist der **Übergang zur Matrixorganisation** fließend.

Vorteile der Key-Account Management-Organisation:

- Kundenprofile lassen sich differenzierter erfassen

- zielgruppenspezifische Marketing-Konzepte können passgenau entwickelt und umgesetzt werden

- Vertriebsressourcen konzentrieren sich auf die besonders wichtigen Kunden, die umhegt werden sollen

- Interessengegensätze zwischen dem Unternehmen und den Kunden können früh erkannt, diskutiert und abgebaut werden

- durch den Aufbau und die Förderung der Kundenbeziehungen werden Wettbewerbsvorteile langfristig gesichert

- innerbetrieblicher Koordinationsaufwand bei der Kundengewinnung und -betreuung verringert sich, da beide Aufgaben in einer Hand liegen

- durch die einheitliche vertriebspolitische Vorgehensweise wird die Verhandlungsposition gegenüber dem Kunden gestärkt

Nachteile dieser Organisationsform:

- höhere Personalkosten durch hochqualifizierte Key-Account Manager

- zwischen den Key-Account Managern und der Vertriebsabteilung kann es zu Kompetenzkonflikten kommen

Eine besonders ausgeprägte Form der Kundenmanagement-Organisation ist das **Customer-Relationship Management** (CRM).[177] Es umfasst alle kundenbezogenen Aktivitäten, von der ersten Kontaktaufnahme über die Intensivierung bis zur Wiederaufnahme von Kundenbeziehungen. Beim **CRM** geht es um die langfristige, positive Gestaltung der Kundenkontakte und die Optimierung aller kundenbezogenen Prozesse. Den Kunden werden nicht nur einzelne Produkte oder Dienstleistungen offeriert, sondern umfassende Problemlösungen angeboten. Dazu gehört es auch, die bestmögliche Kombination von Wertschöpfungspartnern, angefangen von den Zulieferern über die Logistikunternehmen und die Mitarbeiter bis zur Verkaufsstelle des Kunden zu finden.[178]

Der Übergang zur **Prozessorganisation** ist fließend.

4.2.4 Marktmanagement-Organisation

Oft stellen Unternehmen fest, dass in bestimmten Ländern oder Regionen gleiche oder sehr ähnliche Anforderungen an ihre Produkte oder Dienstleistungen gestellt werden. So gelten beispielsweise häufig in der gesamten EU vorgegebene Qualitätsstandards, die einzuhalten

---

[177] Vgl. Bruhn (2002), S. 132 ff.
[178] Vgl. Vahs (2019), S. 181 f.

sind. Bei Kunden in islamischen Ländern müssen oft bestimmte Herstellungsstoffe (etwa Alkohol oder Schweinefleisch etc.) in Konsumgütern oder Medikamenten vermieden und stattdessen alternative Bestandteile eingesetzt werden. Deshalb kann es in solchen Fällen sinnvoll sein, eine **an diesen Marktsegmenten orientierte Sekundärorganisation** aufzubauen.

Die Beachtung der regionalen Besonderheiten obliegt dem **marktorientierten Manager**.

Die **Marktmanagement-Organisation** kann alternativ oder zusätzlich zum Kunden- und/oder Produktmanagement implementiert werden.

Die **Aufgaben** des marktorientierten Managers sind:

- Sammeln und Aufbereiten aller Informationen über die regionalen Märkte
- Bewertung, welche Produkte und Dienstleistungen in diesen Regionen abgesetzt werden können
- Feststellen, ob die jeweilige Region spezifische Variationen und Aktivitäten erfordert
- Vorbereitung und Kontrolle von Vertriebsaktivitäten, etwa hinsichtlich Konditionen und Distribution
- Koordination aller marktbezogenen, an regionalen Besonderheiten orientierten Unternehmensaktivitäten

Für den Einsatz einer Marktmanagement-Organisation müssen diese **Voraussetzungen** erfüllt sein:

- Unternehmen muss international ausgerichtet sein
- Anpassung an gebietsspezifische Kundenwünsche ist notwendig bzw. ausdrücklich gewünscht
- Marktmanager muss über genaue Kenntnisse der regionalen Besonderheiten sowie der Produkte und Dienstleistungen des Unternehmens verfügen

Was die **Kompetenzen** des marktorientierten Managers anbelangt, gilt das Gleiche wie bei den bereits beschriebenen anderen Formen der Sekundärorganisation.

Vorteile der Marktmanagement-Organisation:

- Möglichkeit der Entwicklung länder- bzw. regionenspezifischer Produkt- und Marketingstrategien
- Unternehmensleitung wird von Koordinationsaufgaben entlastet
- effektive Durchführung aller länderrelevanten Aktivitäten über die Funktionsbereiche des Unternehmens hinweg

Nachteile sind:

- mögliche Kompetenzkonflikte zwischen Linienmanagern und Marktmanagern
- höhere Personalkosten durch den zusätzlichen Einsatz hochqualifizierter marktorientierter Manager

Der Übergang zur **Matrixorganisation** ist fließend.

4.2.5 Funktionsmanagement-Organisation

Bei der funktionsorientierten Sekundärorganisation geht es darum, ausgewählte besonders bedeutsame Funktionen bereichsübergreifend zu planen, zu koordinieren, umzusetzen und zu kontrollieren.[179]

Eine **Funktionsmanagement-Organisation** ist dann angebracht, wenn sich die Unternehmensziele besser mit einer zentralen Planung und Koordination dieser besonderen Funktionen erreichen lassen. Typische Bereiche des Funktionsmanagements sind unternehmenswichtige Aufgaben, die in allen Abteilungen nach einheitlichen Standards erfüllt werden sollen, z.B.:

- Controlling
- Qualitätsmanagement
- IT-Management
- Logistik

Aktuell sind in vielen Unternehmen zwei Bereiche zur Sekundärorganisation hinzugekommen, das **Umweltmanagement** oder das **Nachhaltigkeitsmanagement**. Für sie werden einheitliche Grundsätze und Vorgehensweisen festgelegt, die dann in den Abteilungen der Primärorganisation umzusetzen sind.

Die Funktionsmanagement-Organisation unterscheidet sich von den zur Primärorganisation gehörenden **Querschnittseinheiten**, die im Zusammenhang mit den Leitungshilfsstellen beschrieben wurden (vgl. Kapitel 3.2.5.3), vor allem dadurch, dass nicht die **zentrale Erfüllung** einer bestimmten Funktion im Mittelpunkt steht, sondern die **zentrale Planung und Koordination** dieser Funktion.

So ist z.B. das Qualitätsmanagement als Teil der Funktionsmanagement-Organisation nicht dazu da, Qualitätsarbeit für die einzelnen Abteilungen zu leisten, sondern mittels Planung und Koordination sicherzustellen, dass in den Abteilungen ein bestimmtes Qualitätsniveau erreicht und **dort** in diesen Abteilungen vor Ort ein sinnvolles Qualitätsmanagement betrieben wird.

Die Funktionsmanagement-Organisation kann sowohl in Spartenorganisationen als auch in funktionalen Organisationen implementiert werden. Da es ein Nachteil der Spartenorganisation ist, dass funktionsorientierte Spezialisierungsvorteile verloren gehen, leuchtet die Sinnhaftigkeit der Implementierung einer Funktionsmanagement-Organisation als Sekundärorganisation in diesem Fall unmittelbar ein. Aber auch bei einer funktionalen Organisation kann zusätzlich eine funktional ausgerichtete Sekundärstruktur notwendig sein, obwohl bereits die Primärorganisation funktional ist. Es geht dabei dann um verrichtungsorientierte Querschnittsfunktionen, bei denen die übergreifende Koordination dafür sorgt, dass die übergeordneten Ziele des Unternehmens in den Funktionalabteilungen nicht aus den Augen verloren werden.

Die notwendigen **Kompetenzen** des Managers sind ebenso wie bei den anderen, bereits beschriebenen Formen der Sekundärorganisation.

---

[179] Vgl. Klimmer (2016), S. 95.

Vorteile des Funktionsmanagements sind:[180]

- durch die standardisierten Prozesse, die für das gesamte Unternehmen gelten, werden die Qualität und Effizienz wichtiger Funktionen sichergestellt
- durch die Zusammenfassung von funktionsorientiertem Know-how lassen sich die Organisationseinheiten gut koordinieren

Nachteile:[181]

- Gefahr, dass die Organisationseinheiten der Primärstruktur zu wenig Eigeninitiative entwickeln und sich stattdessen darauf verlassen, dass die Koordinationsstellen entsprechende Vorgaben machen
- aufgrund der vereinheitlichten Vorgehensweise für das Gesamtunternehmen werden länder-, kunden- und produktspezifische Besonderheiten weniger berücksichtigt

4.2.6 Strategische Geschäftseinheiten

Da die Primärorganisation auf die Erfüllung der regelmäßigen Daueraufgaben und auf die kurz- bis mittelfristige Zielerreichung ausgerichtet ist, ist sie bei strategischen Überlegungen wenig hilfreich. Deshalb werden **ergänzend Strategische Geschäftseinheiten** (SGE) oder **Strategic Business Units** (SBU) gebildet, die die strategische Ausrichtung und das langfristige Überleben des Unternehmens sichern sollen.[182] Sie bilden die Basis für die strategische Planung in Großunternehmen und für die Strategieentwicklung in den strategischen Geschäftsfeldern.

Strategische Probleme lassen sich nur in Ausnahmefällen einheitlich für das Gesamtunternehmen betrachten.

Dabei handelt es etwa um **Fragen nach**

- wichtigen Konkurrenten und ihren Strategien,
- dem Wachstum der Märkte, auf denen das Unternehmen agiert,
- Produktlebenszyklen und den Vorgehensweisen, diese zu beeinflussen,
- Möglichkeiten das Marktvolumen zu verändern,
- den neuesten technologischen Entwicklungen in verschiedenen Bereichen und deren sinnvoller Nutzung und
- den wesentlichen Faktoren für den Erfolg bzw. Misserfolg einzelner Unternehmensbereiche und Produktgruppen.

In der Regel gibt es auf diese Fragen keine Antworten, die für das gesamte Unternehmen gelten und auch keine allgemeingültigen Reaktionen für alle Produkte, Märkte, Kunden etc. Vielmehr

---

[180] Vgl. Klimmer (2016), S. 98.

[181] Vgl. ebd.

[182] Vgl. Jones/Bouncken (2008), S. 462; Vahs (2019), S. 194.

erfordern verschiedene Unternehmensbereiche **unterschiedliche Vorgehensweisen und Lösungen**. Deshalb bildet man **Strategische Geschäftseinheiten**.

Strategische Geschäftseinheiten werden als Einheiten **definiert**,

- die homogene Produkte oder Dienstleistungen so zusammenfassen, dass die Kunden und deren Wettbewerber genau bekannt sind, bzw.
- die über Kernfähigkeiten oder Kernprodukte verfügen, welche dem Unternehmen Wettbewerbsvorteile verschaffen bzw. diese langfristig sichern sollen.

Die Bildung Strategischer Geschäftseinheiten ist ein schwieriges Unterfangen. Sie gilt in der Praxis geradezu als Kunst.

Wichtige **Kriterien bei der Bildung** einer SGE sind:[183]

- eigenständige Marktaufgabe
- bedeutende, unternehmensrelevante Aufgabe
- eindeutig identifizierbare Konkurrenten
- Potenzial zur Erzielung relativer Wettbewerbsvorteile
- Möglichkeit, für die SGEs eigenständige und weitgehend unabhängige Entscheidungen zu treffen
- ausreichende Managementkompetenz der beteiligten Führungskräfte

Strategische Geschäftseinheiten können in alle Formen der Primärorganisation integriert werden. Grundsätzlich baut die Bildung Strategischer Geschäftseinheiten auf der vorhandenen Primärorganisation auf. Deren Organisationseinheiten müssen sich aber nicht zwangsläufig mit den Strategischen Geschäftseinheiten decken, da sie unterschiedliche Ziele verfolgen. Sie unterstehen direkt der Unternehmensleitung. Zu ihrer Koordination wird in der Regel ein **zentraler strategischer Planungsstab** oder ein Planungsausschuss gebildet.

Wie die Abb. 4-11 am Beispiel einer divisionalen Primärorganisation zeigt, gibt es bei der **organisatorischen Eingliederung** Strategischer Geschäftseinheiten jede Menge Alternativen:

- **Fall 1**: Die SGE ist mit einem bestimmten Bereich der Primärorganisation identisch. Dies ist die einfachste Variante. UB 3 der Primärorganisation entspricht beispielsweise SGE 6. Das Gleiche gilt für P 1 und SGE 1. Die Vorgesetzten der Primärorganisation sind in der Regel nicht gleichzeitig auch die Leiter der SGEs, da die Zielsetzung jeweils eine andere ist, womit die Mitarbeiter zweifach und beiden Vorgesetzten gleichermaßen unterstellt sind.
- **Fall 2**: Mehrere Einheiten der Primärorganisation bilden zusammen eine Strategische Geschäftseinheit. Unter strategischen Gesichtspunkten haben sie einen gemeinsamen Vorgesetzten, in der Primärorganisation sind sie aber unterschiedlichen Instanzen un-

---

[183] Vgl. Staehle (1994), S. 727; Bühner (2004), S. 208 f.

terstellt. In der Abb. 4-11 gehören die Divisionen D 3 und D 4 in der Primärorganisation zu verschiedenen Unternehmensbereichen, aus strategischer Sicht sind beide Teile von SGE 4.

▪ **Fall 3**: Eine Einheit der Primärorganisation wird verschiedenen SGEs zugeteilt. In der Primärorganisation hat sie einen Vorgesetzten, in der Sekundärorganisation sind die Untereinheiten verschiedenen Instanzen zugeordnet. In Abb. 4-11 unterstehen D 4 und D 5 in der Primärorganisation derselben Instanz und haben bei strategischen Belangen unterschiedliche Vorgesetzte.

▪ **Fall 4**: Einzelne Teile aus verschiedenen primären Einheiten bilden gemeinsam eine Strategische Geschäftseinheit. So gehören P 2 und P 3 in der Primärorganisation zu unterschiedlichen Divisionen und sind in der Sekundärorganisation zur SGE 2 zusammengefasst.

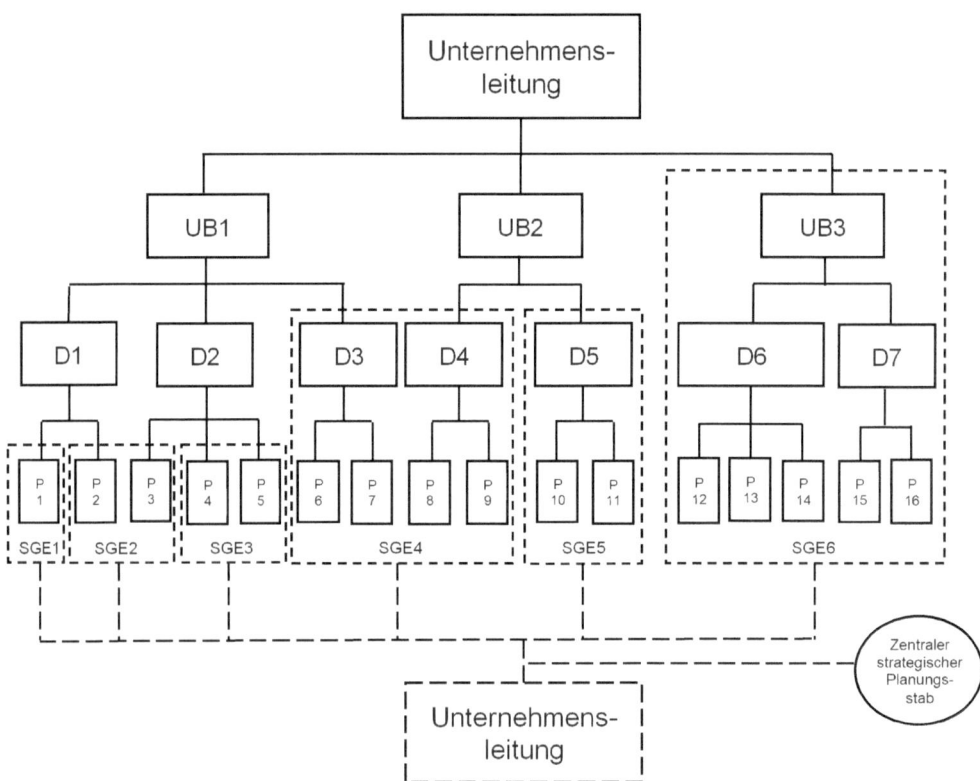

UB = Unternehmensbereich, D = Division, P = Produktgruppe, SGE = Strategische Geschäftseinheit

Abb. 4-11: Strategische Geschäftseinheiten in einer divisionalen Primärorganisation[184]

[184] Entnommen aus: Szyperski/Winand (1979), S. 203.

Die Zuordnung zu einer Strategischen Geschäftseinheit muss angepasst werden, falls eine andere Kombination sinnvoller erscheint, etwa, wenn neue Konkurrenten oder Großkunden hinzukommen, wichtige Kunden neue Bedürfnisse entwickeln oder neue Strategien verfolgt werden. Andernfalls würde eine sog. **organisatorische Lücke** entstehen, die Organisationsstruktur würde der Strategie gewissermaßen „hinterherhinken". Im Extremfall kann sie so ineffektiv werden, dass der Erfolg und die Überlebensfähigkeit des gesamten Unternehmens gefährdet werden.

Vorteile Strategischer Geschäftseinheiten sind:

- Unternehmensleitung wird von der Umsetzung der Strategien entlastet, da hierfür nun die Leiter der SGEs zuständig sind

- es lassen sich detaillierte Untersuchungen der spezifischen Markt-, Kunden- und Wettbewerbssituation durchführen

- Führungskräfte, denen die strategischen Produkt- und Marktentscheidungen obliegen, übernehmen die Verantwortung

- Zusammenarbeit von Primärorganisation und SGEs führt zu besseren Produkt- und Markt-Entscheidungen

- positive Auswirkungen für die Personalentwicklung, da die Führungsnachwuchskräfte bei Mitarbeit in den Sekundärorganisationen früh in strategischem Denken geschult werden

Nachteile Strategischer Geschäftseinheiten:

- Konflikte und Machtprobleme, da die Vorgesetzten der SGEs und der primären Abteilungen meist nicht identisch sind

- Koordinationsprobleme, da die Strategieentwicklung bei der Unternehmensleitung angesiedelt ist und die Strategieumsetzung bei den Leitern der Strategischen Geschäftseinheiten

- Notwendigkeit, neue Entgeltsysteme zu entwickeln, da die klassischen erfolgsorientierten Entgeltsysteme sich kaum auf Strategische Geschäftseinheiten übertragen lassen, weil ihre eher kurzfristige Ausrichtungen nicht zur strategischen Orientierung der SGEs passt

- gegenseitige Akzeptanzprobleme auf Seiten der SGE-Leiter und der Leiter der Primärabteilungen, da die Überlegungen zur Umsetzung der Strategien und die Verantwortung für das tägliche Geschäft getrennt sind

- Schwierigkeiten Erfolgskomponenten zu definieren, da es Probleme bereitet, langfristige Wettbewerbsvorteile zu messen

4.2.7 Projektorganisation

4.2.7.1 Abgrenzung

Die Projektorganisation ist eine **zeitlich befristete** Sekundärorganisation. Sie schafft einen Ordnungsrahmen, in dem Projekte abgewickelt werden können, ohne dass diese das regelmäßige Geschäft und die Daueraufgaben, d.h. die Primärorganisation, stören.[185]

Die Projektorganisation ist ein Teil des Projektmanagements. Sie wird auch als **Projektmanagement im engeren Sinn** bezeichnet.

Zusätzlich gehören zum Projektmanagement weitere projektbezogene Aufgaben wie

- Kostenplanung,
- Zeitpläne,
- Mittelbereitstellung,
- Untersuchung logischer Abhängigkeiten zwischen den Teilprojekten sowie
- Projektkontrolle.

Die Projektorganisation ergänzt als zeitlich befristete Sekundärorganisation die Primärorganisation. Nach Beendigung des Projekts wird sie aufgelöst. Beim nächsten Sonderproblem wird eine neue Projektorganisation gebildet und es wird neu überlegt, welche Projektform nun sinnvoll ist.

Daneben gibt es auch (selten) **Primärorganisationen**, die selbst **als Projektorganisation** gestaltet sind. Solche Unternehmen bzw. Unternehmensbereiche wickeln ausschließlich Projekte ab, Sonderaufgaben sind bei ihnen gewissermaßen die **alltägliche Routine**.

Ein **Projekt** ist **definiert** als ein für das Unternehmen neuartiges, zeitlich befristetes Sonderproblem, welches mit begrenzten sachlichen und personellen Ressourcen gelöst werden muss. Es ist hoch komplex, sodass es normalerweise nicht nur eine einzelne Abteilung betrifft und deshalb eine interdisziplinäre Zusammenarbeit notwendig ist, um einseitige, ressort- oder abteilungsspezifische Lösungen zu vermeiden.

Ein Projekt zeichnet sich demnach durch diese **Merkmale** aus:

- **Zielorientierung**: Die Aufgabenstellung ist genau definiert.
- **Komplexität**: Es geht um die Lösung eines umfangreichen Problems, das mehrere Bereiche betrifft.
- **Neuartigkeit**: Projekte befassen sich mit neuen Aufgabenstellungen und mit Herausforderungen, das bedeutet, es geht nicht um Kleinigkeiten oder um Routineaufgaben.
- **Interdisziplinäres Handeln**: Ressort- bzw. abteilungsbezogenes Denken und Handeln soll bewusst vermieden werden.

---

[185] Vgl. Breisig (2015), S. 85 f.

- **Einsatz von Spezialisten**: Die Projektmitarbeiter werden anhand ihrer fachlichen Eignung ausgesucht.

- **Zeitliche Befristung**: Das Projekt hat einen genau definierten Anfang und einen festgelegten Endtermin.

- **Begrenzte sachliche und personelle Ressourcen**: Bestimmte sachliche Hilfsmittel und eine festgelegte Mitarbeiterkapazität werden zur Verfügung gestellt.

- **Finanzielle Begrenzung**: Für das Projekt wird ein Budget festgelegt.

- **i.d.R. Teamarbeit**: Projekte werden aufgrund ihrer Komplexität in den meisten Fällen von Teams durchgeführt.

Ein Projekt kann ein **physisches Objekt** wie ein Bauvorhaben, die Entwicklung neuer Produkte oder den Umzug in ein neues Verwaltungsgebäude und ein **abstraktes Objekt** wie eine SAP-Einführung, die Schulung von Call-Center-Mitarbeitern oder eine Unternehmensfusion zum Gegenstand haben.

Neben den gemeinsamen Merkmalen weisen Projekte allerdings etliche **Eigenschaften** auf, in denen sie sich **unterscheiden**:

- zeitlicher Umfang
- Grad der Besonderheit des Projektes
- Komplexitätsgrad
- Schwierigkeitsgrad
- Bedeutung des Projekts für die Gesamtziele des Unternehmens
- Schaden, der entsteht, wenn die Projektziele nicht erreicht werden

Von diesen Unterschieden hängt es ab, welche Form der Projektorganisation sich im Einzelfall am besten eignet. Je nach deren Ausprägungen ist eine andere Projektform die sinnvollste Variante.

Es ergeben sich drei **Grundformen**:[186]

- Stabs-Projektorganisation
- Matrix-Projektorganisation
- Reine Projektorganisation

In der Praxis finden sich zahlreiche **Mischformen**.

4.2.7.2 Grundformen

4.2.7.2.1 *Stabs-Projektorganisation*

Bei dieser Projektform wird ein Mitarbeiter von der Unternehmensleitung für einen bestimmten Zeitraum zum **Projektleiter** ernannt. Er ist für diese Aufgabe und für die Dauer des Projektes in der Regel direkt dem Top Management bzw. dem Upper-Management unterstellt.

---

[186] Vgl. Jung/Heinzen/Quarg (2018), S. 455 ff.

Ähnlich wie bei einer normalen Stabsstelle der Primärorganisation hat auch der Leiter eines Stabs-Projektes in der Sekundärorganisation **keine Weisungsbefugnis**.[187]

Es wird zudem **kein Projektteam** gebildet, d.h. der Projektleiter hat also **keine** eigenen Projekt-Mitarbeiter, die ihm unterstellt sind. Dennoch soll er das Projekt nicht allein durchführen. Wegen der Komplexität des Problems, die entsprechend der Definition zum Projekt gehört, wäre dies auch nicht möglich.

Die **Aufgaben** des Projektleiters sind:

- Zerlegung des Projekts in Teilaufgaben
- Verteilung der Aufgaben auf die betroffenen Abteilungen
- Versorgung der Beteiligten mit Informationen
- Koordination der Aktivitäten
- Terminüberwachung
- Überwachung des Projektfortschritts
- Überprüfung, ob und inwieweit die (Teil-)Projektziele erfüllt sind oder von ihnen abgewichen wird
- Beratung der Unternehmensleitung und der Linieninstanzen im Rahmen seines Projektes
- Kostenkontrolle

Da der Projektleiter nicht über direkt unterstellte Projektmitarbeiter verfügt, ist er auf die **Unterstützung der Vorgesetzten der Linienabteilungen** angewiesen. Deren Mitarbeiter nehmen die Projektaufgaben neben ihren eigentlichen Aufgaben zusätzlich wahr. Sie verbleiben während der gesamten Projektdauer in ihren Abteilungen, werden nicht abgeordnet und erledigen die Projektaufgaben nebenher und zwar nur auf Anweisung ihres direkten Vorgesetzten.

Der Projektleiter kann keine Weisungen erteilen. Vielmehr muss er die jeweiligen Linieninstanzen von der Notwendigkeit und Dringlichkeit seines Projekts überzeugen. Stabs-Projekte werden deshalb auch als **Überzeugungsprojekte**, **Einflussprojekte** oder **Projektkoordination** bezeichnet. Die **Fähigkeit Einfluss zu nehmen** und zu überzeugen ist eine wesentliche Eigenschaft, über die der Projektleiter bei einem Stabs-Projekt verfügen muss. Neben seiner **fachlichen Kompetenz** benötigt er umfangreiche **Sozialkompetenz**, damit das Projekt nicht zum Scheitern verurteilt ist.

Die **Stabs-Projektorganisation** ist in Abb. 4-12 dargestellt.

---

[187] Vgl. Schwarze (2006), S. 299.

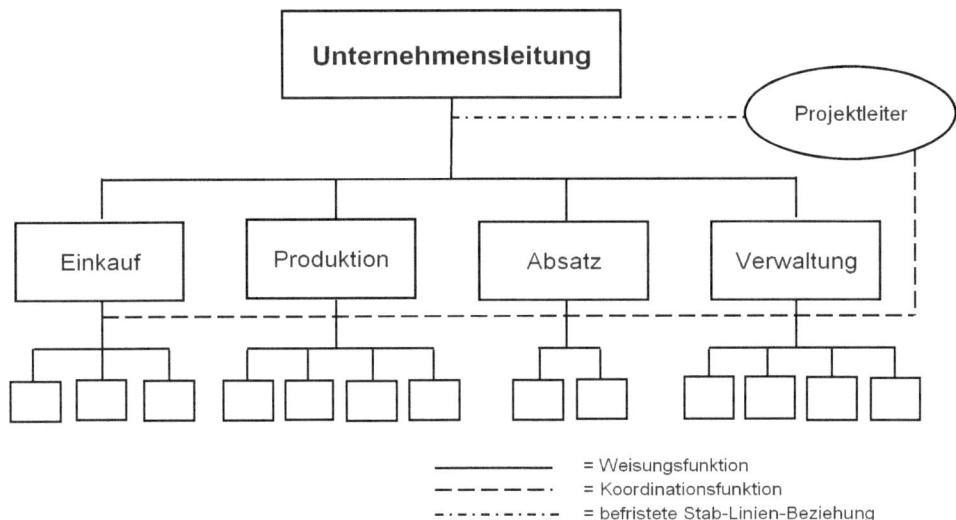

Abb. 4-12: Stabs-Projektorganisation

Die Stabs-Projektorganisation ist unter diesen **Voraussetzungen** sinnvoll:

- wegen der eher geringen Komplexität des Projektes ist die Abordnung von Mitarbeitern aus den betreffenden Abteilungen nicht gerechtfertigt
- Projekt muss sich in sinnvolle Teilaufgaben differenzieren lassen, die weitgehend unabhängig voneinander durchgeführt bzw. mit nur gelegentlichen Absprachen erfüllt werden können
- Projektleiter muss bei den Beteiligten hohes Ansehen genießen
- Projektleiter muss hohe fachliche Kompetenz und große Überzeugungsfähigkeit besitzen
- Projektleiter muss über informale Macht verfügen
- Projekt sollte nicht sehr dringlich sein
- Projekt ist für die Ziele und die Zielerreichung des Unternehmens von einer eher untergeordneten Bedeutung
- Scheitern des Projektes führt nicht zu einem großen Schaden für das Unternehmen

Vorteile der Stabs-Projektorganisation sind:

- laufende Arbeit in den Abteilungen bleibt weitgehend unbeeinträchtigt
- es sind lediglich geringfügige Ergänzungen der bestehenden primären Organisationsstruktur notwendig
- Projektmitarbeiter werden nur insoweit in Anspruch genommen als tatsächlich Aufgaben für sie vorliegen und können sich ansonsten ihren normalen Aufgaben widmen
- Mitarbeiter können an mehreren Projekten gleichzeitig mitarbeiten

Als **Nachteile** erweisen sich:

- Projektleiter ist vom „good will" der Linienvorgesetzten abhängig, da er keine Weisungsbefugnis hat
- Entscheidungsvorbereitung ist umständlicher als bei einem Projekt, bei dem der Projektleiter mit umfangreicheren Befugnissen ausgestattet ist
- schwerfällige Entscheidungsfindung, da die Linieninstanzen den üblichen Aufgaben ihrer Abteilungen normalerweise Priorität geben
- ständiges Ringen um die Kapazitäten der Mitarbeiter
- wegen der genannten Nachteile kommt es oft zu Verzögerungen
- außer dem Projektleiter fühlt sich niemand für das Projekt verantwortlich
- ständiger Koordinationsbedarf des Projektleiters belastet die Linienvorgesetzten
- bei den Mitarbeitern, die neben ihren Routinearbeiten zusätzlich Projektaufgaben erfüllen müssen, kann es zu Überlastung kommen

Trotz der aufgeführten Nachteile findet man Stabs-Projekte in der Praxis recht häufig.[188] Sie bieten sich vor allem an, um die **Leistungsfähigkeit einer Führungsnachwuchskraft** zu überprüfen, da der Projektleiter zeigen muss, dass er zu mehr in der Lage ist, als nur Anweisungen zu erteilen. Letzteres kann Jeder, der mit der entsprechenden formalen Macht ausgestattet wird. Bei Stabs-Projekten kommt es hingegen auf die **sozialen Kompetenzen** und vor allem auf die **Fähigkeit** an, **zu motivieren und zu überzeugen**. An der Kooperationsbereitschaft der Linieninstanzen wird die Wertschätzung, die der Projektleiter bei höherrangigen Instanzen genießt, sichtbar.

4.2.7.2.2   Reine Projektorganisation (Task Force)

Bei dieser Projektform passt sich die Organisation am stärksten an die Anforderungen des Projektes an, da die Projektaufgaben vollständig aus der Primärorganisation ausgelagert werden und eine eigenständige, neue Organisationseinheit gebildet wird. Die Reine Projektorganisation wird auch als **Task Force** oder als **Pure Project Management** bezeichnet.[189]

Die Projektmitarbeiter werden für die Dauer des Projekts von ihren bisherigen Aufgaben entbunden und aus ihrer Abteilung und dem bestehenden Stellengefüge der Primärorganisation herausgelöst. Sie werden zu einem **Projektteam** – ggf. mit Unterteams – zusammengefasst und sind bis zum Projektende dem Projektleiter zugeordnet. Anschließend kehren sie normalerweise wieder in ihre ursprünglichen Abteilungen zurück.[190]

Die bisherigen Rangunterschiede spielen während des Projektes keine Rolle. Die Projektmitarbeiter können in der Primärorganisation auf einer niedrigen, der gleichen oder auch einer

---

[188] Vgl. Vahs (2019), S. 189.

[189] Vgl. Olfert (2019), S. 350.

[190] Vgl. Schreyögg (2016), S. 55.

höheren Hierarchieebene als der Projektleiter tätig sein. Während des Projektes sind sie alle gleichrangig und dem Projektleiter unterstellt.

Die bevorzugte Arbeitsform der Task Force ist die **Teamarbeit**.

In der Regel hat der Projektleiter die **fachliche Weisungsbefugnis** bzgl. aller Projektmitarbeiter und bestimmt, wie die Projektaufgaben zu erfüllen sind. Demgegenüber verbleibt das **disziplinarische Weisungsrecht** beim Vorgesetzten der bisherigen Abteilung. Dazu gehört vor allem das Recht, personalpolitische Maßnahmen wie Versetzungen, Beförderungen, Entgeltmaßnahmen oder Kündigungen gegenüber den Mitarbeitern einzuleiten und durchzuführen. Die Weisungsbefugnisse werden getrennt, um die Verbundenheit mit der Primärabteilung aufrechtzuerhalten und den bisherigen Vorgesetzten mit in wichtige Entscheidungen über den Mitarbeiter einzubeziehen. Fachliche Weisungen darf er ihm während der Projektdauer jedoch nicht erteilen. Sie obliegen allein dem Projektleiter.

Bei länger dauernden Projekten wird die disziplinarische Weisungsbefugnis allerdings häufig geteilt, womit dem Projektleiter nicht nur fachliche, sondern auch kurzfristige disziplinarische Weisungsrechte eingeräumt werden. Die langfristigen disziplinarischen Entscheidungen bleiben weiterhin beim Vorgesetzten der „Heimatabteilung".

In der Luft- und Raumfahrtindustrie können Projekte bis zu zehn Jahre dauern, weshalb es bisweilen sogar zu **projektbezogenen Unternehmensausgründungen** kommt.[191] In derartigen Fällen wird dem Projektleiter die volle fachliche und disziplinarische Weisungsbefugnis übertragen. Die Projektmitarbeiter werden ganz aus ihren Abteilungen herausgelöst und kehren am Ende des Projektes auf eine adäquate Stelle, aber nicht unbedingt dieselbe Stelle in der früheren Abteilung zurück. Zum Teil werden sie auch neuen oder weiterführenden, sich anschließenden Projekten zugeteilt.

Mitarbeiter können auch nur **zeitweise** einem Projekt zugeordnet werden, falls dort nicht genug Arbeit für sie anfällt. So könnte z.B. in einer bestimmten Projektphase juristische Kompetenz erforderlich sein, vorher und nachher wird sie nicht mehr benötigt.

Wenn die notwendigen Qualifikationen im Unternehmen nicht vorhanden oder die entsprechenden Mitarbeiter in ihren Abteilungen unabkömmlich sind, stellt man eigens für das Projekt **befristet neue Mitarbeiter** ein. Nach dem Ende des Projekts scheiden sie normalerweise wieder aus dem Unternehmen aus, es sei denn, sie werden für Anschlussprojekte bzw. weitere Projekte benötigt oder ihnen wird – etwa aufgrund ihrer besonderen Qualifikation – eine befristete oder unbefristete Beschäftigung in der Primärorganisation angeboten.

Der **Projektleiter** muss über wesentlich mehr **Kompetenzen** als bei einem Stabs-Projekt verfügen. Er hat die volle **Entscheidungsbefugnis über alle Ressourcen** und übernimmt die alleinige **Verantwortung für die Durchführung und die Zielerreichung** dieses für das Unternehmen besonders bedeutsamen Projektes. Er kann über sämtliche mit dem Projekt verbundenen Vorgehensweisen selbständig entscheiden und ist gegenüber den Projektmitarbeitern unmittelbar weisungsberechtigt.

---

[191] Vgl. Frese et al. (2019), S. 416.

Die Abb. 4-13 zeigt eine funktionale Organisation mit zwei Task Forces.

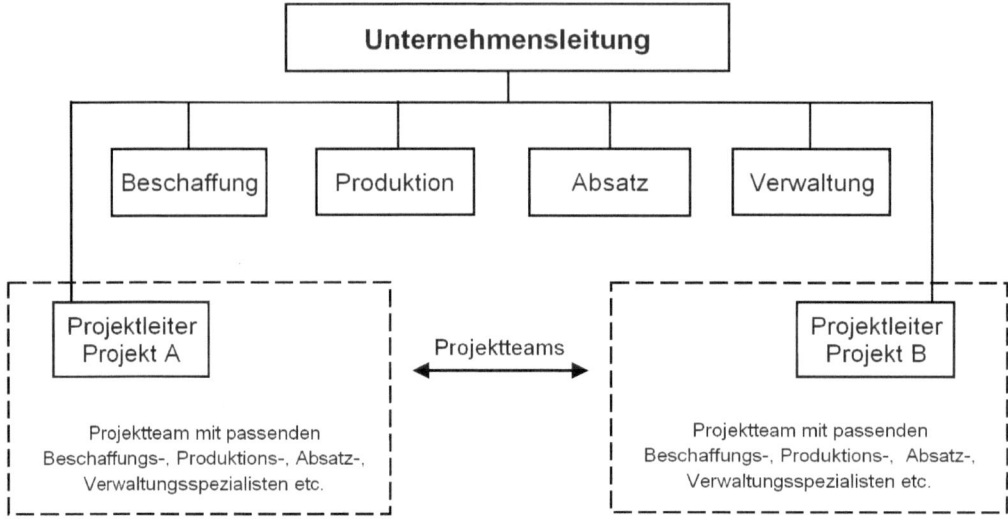

Abb. 4-13: Reine Projektorganisation

Eine Reine Projektorganisation ist unter diesen **Voraussetzungen** sinnvoll:

- es handelt sich um ein sehr komplexes und bedeutsames Projekt, das schnell zum erfolgreichen Abschluss gebracht werden muss
- werden die Projektziele nicht erreicht, kann es zu einem hohen Schaden für das Unternehmen kommen
- Arbeitsumfang des Projektes rechtfertigt die Freistellung mehrerer Mitarbeiter
- freigestellte Mitarbeiter können in der Primärabteilung kurzfristig durch andere ersetzt werden, bzw. Umstrukturierungen ermöglichen die schnelle Verteilung ihrer bisherigen Aufgaben
- ein qualifizierter und angesehener Projektleiter ist verfügbar, dem auch Mitarbeiter unterstellt werden können, die in der Primärorganisation gleich- oder höhergestellt sind

Vorteile sind:

- indem sich alle Beteiligten voll auf das Projekt konzentrieren, kann es schnell abgewickelt werden
- durch diese Projektform werden die laufenden Routineaufgaben nicht vernachlässigt, da die Mitarbeit im Projekt die einzige Pflicht der Projektmitarbeiter ist und in der Primärorganisation Vertretungsmaßnahmen für sie gefunden wurden
- es kommt kaum zu Konflikten zwischen den Fachabteilungen und der Projektleitung, da diese weitgehend selbständig ist und i.d.R. keine zusätzlichen Ressourcen aus den Fachabteilungen benötigt werden

- schnelle und einheitliche Entscheidungen, da der Projektleiter volle Entscheidungsbefugnis besitzt

- auf Störungen und Abweichungen kann umgehend reagiert werden, da keine Absprachen mit den Linienvorgesetzten erforderlich sind

- die Projektmitarbeiter identifizieren sich mit dem Projekt, da es nicht als lästige Nebenpflicht empfunden wird

Als **Nachteile** der Task Force erweisen sich:

- hoher organisatorischer Aufwand

- erhebliche Umstellungskosten in der Primärorganisation

- für freigestellte Mitarbeiter sind umfangreiche Vertretungsregelungen notwendig

- lange Vorbereitungsphase

- Projektmitarbeiter müssen Teamarbeit häufig erst lernen

- Unsicherheit bei den beteiligten Mitarbeitern, ob sich ihre Mitwirkung an dem Projekt positiv oder negativ auf ihre berufliche Zukunft in der Linienhierarchie auswirken wird

- Rekrutierungsprobleme, falls Mitarbeiter ihre Abteilungen nicht für längere Zeit verlassen wollen

- Rekrutierungsprobleme, falls die Abteilungsleiter besonders qualifizierte Mitarbeiter nicht längere Zeit freistellen wollen

- mögliche Unterauslastung der Mitarbeiter, da sie vollzeitlich für das Projekt abgestellt werden

- Mitarbeiter können aufgrund ihrer neuen Erfahrungen und Erkenntnisse das Interesse an ihrer bisherigen Stelle verlieren

- Probleme bei der Wiedereingliederung der Mitarbeiter in die hierarchische Struktur nach Projektende, da sie sich möglicherweise an die Teamarbeit gewöhnt haben und sie bevorzugen

- mögliche Entfremdung von der Fachabteilung, da sich Mitarbeiter oft stark mit dem Projekt identifizieren, das gilt vor allem bei langer Projektdauer

4.2.7.2.3 Matrix-Projektorganisation

Bei der **Matrix-Projektorganisation** wird die Primärorganisation durch zusätzliche **projektbezogene Weisungsrechte** überlagert, wodurch eine Art zeitlich befristete Matrixorganisation entsteht.

Die Abb. 4-14 zeigt eine funktionale Primärorganisation, in der es drei aktuelle Projekte als Sekundärorganisationen gibt.

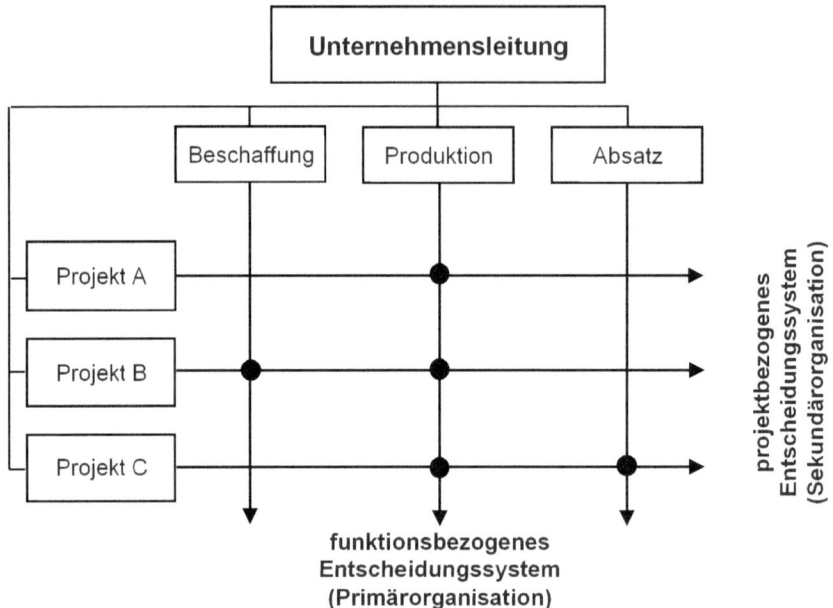

Abb. 4-14: Matrix-Projektorganisation

Der **Projektleiter** trägt die **volle Verantwortung** für sein Projekt. Er hat anders als bei der Task Force **keine direkt unterstellten Projektmitarbeiter**. Ähnlich wie ein Stabs-Projektleiter delegiert er die Teilaufgaben an die Linienabteilungen, und die Mitarbeiter erfüllen die Projektaufgaben zusätzlich neben ihren regulären Aufgaben.

Der Projektleiter kann jedoch bei dieser Projektform **Weisungen in den Linienabteilungen** erteilen. Die Mitarbeiter sind also zweifach – ihrem Linienvorgesetzten im Rahmen ihrer regulären Aufgaben und dem Projektleiter im Rahmen der Sonderaufgaben – unterstellt. Da beide Manager formal gleichberechtigt sind, sind die Konflikte um die „Ressource Mitarbeiter" gewissermaßen vorprogrammiert.

Deshalb hat sich in der Praxis eine **modifizierte Form** der Matrix-Projektorganisation durchgesetzt, bei der der Projektleiter nicht direkt auf ganz bestimmte Mitarbeiter zugreift. Stattdessen wendet er sich an den zuständigen Fachabteilungsleiter, fordert bestimmte Leistungen an und legt den Termin für deren Erfüllung fest.

Der Projektleiter bestimmt also das „**wo, was und bis wann**". Der jeweilige Abteilungsleiter legt daraufhin fest, welche Mitarbeiter die Aufgabe übernehmen und welche Hilfsmittel sie dabei einsetzen. Er ist für das „**wer, wie und womit**" zuständig. Sollten sich Projekt- und Linienmanager nicht einigen können, muss die übergeordnete Instanz entscheiden.[192]

---

[192] Vgl. Bühner (2004), S. 219.

Eine Matrix-Projektorganisation muss diese **Voraussetzungen** erfüllen:

- mehrere Abteilungen sind betroffen, jedoch nicht in dem Maße, dass es gerechtfertigt wäre, Mitarbeiter freizustellen
- Projekt kann in relativ klar zu trennende Teilaufgaben gegliedert werden, die sich einzeln bearbeiten lassen
- Fachabteilungen verfügen über ausreichende Kapazität und ausreichend qualifizierte Mitarbeiter
- Projektleiter verfügt neben den formalen Befugnissen über die notwendige informale Macht und Überzeugungsfähigkeit, um dem Projekt entsprechenden Nachdruck zu verleihen
- Projekt ist dringlicher als ein Stabs-Projekt, jedoch nicht so dringlich, dass eine Task Force gebildet werden müsste

Folgende **Vorteile** ergeben sich bei der Matrix-Projektorganisation:

- geringer Umstellungsaufwand
- weniger Akzeptanzprobleme bei den Mitarbeitern, da sie nicht aus ihren Abteilungen herausgelöst werden
- Mitarbeiter müssen nicht durch Stellvertreter ersetzt werden
- Personal lässt sich je nach Bedarf flexibel einsetzen
- einfachere Koordination als beim Stabsprojekt, da der Projektleiter Weisungsbefugnis besitzt
- Vorgesetzte in den Linienabteilungen fühlen sich für das Projekt mitverantwortlich, da sie und ihre Mitarbeiter an der Durchführung beteiligt sind

Die wichtigsten **Nachteile** sind:

- Projektleiter und Linienvorgesetzter konkurrieren um knappe personelle Ressourcen
- finden mehrere Projekte gleichzeitig statt, verschärfen sich die Konflikte
- Verzögerungen des Projektes, falls die Linieninstanzen ihrem Tagesgeschäft Vorrang einräumen
- Routine- und Projektaufgaben werden in den Fachabteilungen erfüllt und führen zu erhöhtem Koordinierungsaufwand bei den Linienvorgesetzten
- möglicherweise Überforderung der Mitarbeiter durch Mehrfachbelastung

Neben den beschriebenen Formen findet man in der Praxis auch eine **ungleichberechtigte Form der Matrix-Projektorganisation**. In diesem Fall hat der Projektleiter **mehr Kompetenzen** als der Linienvorgesetzte. Bei Konflikten gehen die Wünsche des Projektleiters vor. So soll die vorrangige und zügige Erledigung des Projektes sichergestellt werden. Um die Bedeutung eines solchen Projektes zu unterstreichen, ist der **Projektleiter** in der Regel direkt der Unternehmensleitung unterstellt. Häufig werden diese Projekte sogar unmittelbar von der Unternehmensleitung betreut, um sofort auf Planabweichungen reagieren zu können und dem

Projekt zusätzlich Gewicht zu verleihen. Der Projektleiter besitzt hier ähnlich umfangreiche Weisungsbefugnisse und Entscheidungsrechte wie bei der Reinen Projektorganisation. Er ist für die Ressourcen, die Durchführung und den Erfolg des Projektes und alle personellen Aspekte verantwortlich. Die Projektmitarbeiter verbleiben je nach Arbeitsaufwand in ihren Abteilungen oder werden auch manchmal für eine bestimmte Zeit aus ihnen herausgelöst. Da die Projektmitarbeiter überwiegend in ihren Linienfunktionen verbleiben, werden ihre dortigen Aufgaben weiter erfüllt, ohne dass umstrukturiert werden müsste. Allerdings sind Überstunden notwendig.

In vielen Unternehmen werden die Produktlebenszyklen immer kürzer und es sind ständig Anpassungen und neue Projekte notwendig. Hinzu kommt, dass diese Projekte zügig erledigt werden müssen, um Produktvarianten und neue Produkte schnell auf den Markt bringen zu können. Hier wird diese ungleichberechtigte Form der Matrix-Projektorganisation für solche Aufgaben oft **dauerhaft** installiert.[193]

4.2.8 Parallelhierarchien

Primärorganisationen sind hierarchisch gegliedert. Wegen des pyramidalen Unternehmensaufbaus verringern sich die Aufstiegsmöglichkeiten nach oben hin zwangsläufig, da der Stellenkegel immer enger wird. Außerdem haben neue organisatorische Strukturen aufgrund des **Lean Managements** zu einer Reduzierung der Instanzen geführt, was die **vertikalen Aufstiegsmöglichkeiten stark einschränkt**. Gleichzeitig sind in den letzten Jahren in vielen Unternehmen ganze Hierarchieebenen weggefallen, wodurch der regelmäßige, stufenweise Aufstieg, d.h. der Aufstieg in der **vertikalen Führungslaufbahn** weiter erschwert wird.

Auch die **Träger nicht-operativer Linienaufgaben** ohne Personalverantwortung haben wenige Aufstiegschancen. Dies gilt insbesondere für Spezialisten und Forscher. Ihnen stehen kaum hierarchieorientierte Karrieren offen, es sei denn, sie wechseln in Linienpositionen, die in der Regel jedoch kaum ihren Berufsvorstellungen oder ihrer Spezialisierung entsprechen.

Um Unzufriedenheit und Demotivation beim Führungsnachwuchs und bei hochwertigen Experten zu vermeiden, führen Unternehmen zunehmend alternative Laufbahnformen ein, die als **Parallelhierarchien** bezeichnet werden. Auch die Bezeichnungen **Dual Hierarchy** und **Dual Ladder** sind üblich. Man findet sie häufig im Forschungs- und Entwicklungssektor, im Vertrieb und im EDV-Bereich.[194]

Alternative Laufbahnen sind:

- Führungslaufbahnen
- Fachlaufbahnen
- Projektlaufbahnen
- Funktionshierarchien

---

[193] Vgl. Bühner (2004), S. 220.
[194] Vgl. Berthel/Becker (2003), S. 335.

Einige Unternehmen fördern den Wechsel zwischen den Laufbahnarten im Rahmen ihrer systematischen Personalentwicklung bzw. planen ihn bei Management Development Programmen und den Karriereschritten ihres Führungsnachwuchses systematisch ein. Damit ermöglichen sie es ihren Nachwuchskräften auszuprobieren, wo ihre Stärken sind.

Als **Führungslaufbahn** bezeichnet man die klassischen Karrieremöglichkeiten in einem Unternehmen. Diese können **vertikal** oder **horizontal** angelegt sein. **Vertikale Versetzungen** sind i.d.R. mit einem hierarchischen Aufstieg verbunden. Ein absichtlich eingeplanter Abstieg – etwa zum Erwerb besonderer sozialer Kompetenzen – vollzieht sich nicht in der bisherigen Abteilung, sondern ist mit einem Wechsel des Ressorts verbunden. Eine **horizontale Versetzung** ist ein Stellenwechsel auf der gleichen Hierarchieebene in der Regel in einen verwandten Aufgabenbereich, z.B. vom Leiter der Buchhaltung zum Leiter des internen Rechnungswesens. Hier steht oft die **Entwicklung zum Generalisten** im Vordergrund.[195]

Fachlaufbahnen bieten die Möglichkeit, mit zunehmender Fachqualifikation in einer Parallelhierarchie aufzusteigen. Die Positionen sind i.d.R. mit einem Titel – z.B. Senior Consultant oder Ober-Ingenieur – verbunden. Andere Statussymbole wie Dienstwagengröße, Reiseregelungen oder Büroausstattung ähneln denen der Führungslaufbahn. Das Entgelt verändert sich ebenso wie bei einer klassischen Karriere in der hierarchischen Laufbahn. Problematisch an Fachlaufbahnen ist die einseitige Spezialisierung, die den inner- und zwischenbetrieblichen Wechsel erschwert.[196]

Oft sind auch Karriereschritte in einer **Projektlaufbahn** vorgesehen. Durch die Übernahme von zeitlich befristeter Führungsverantwortung im Projekt kann eine Fachkraft feststellen, ob ihr diese Aufgaben liegen. Umgekehrt lernen Führungskräfte, die an einem Projekt teilnehmen, die Vorzüge der Spezialisierung kennen und können – befreit von den Zwängen des Tagesgeschäfts – ihr Fachwissen vertiefen. Durch die bei Projekten vorherrschende Teamarbeit werden zudem soziale Kompetenzen, wie Kommunikations-, Kooperations- und Konfliktlösungsfähigkeiten, gestärkt,[197] was im Führungsalltag ebenfalls vorteilhaft ist.

Fach- und Projektlaufbahnen sind nur dann eine echte Alternative zur Führungslaufbahn, wenn sie **in- und außerhalb des Unternehmens als gleichwertig gelten**. Andernfalls sind sie für die Mitarbeiter kaum attraktiv. Deshalb ist es notwendig, die Distanz zwischen den Karriereschritten und die Schwierigkeit, die nächste Ebene zu erreichen, bei allen Karrierewegen ähnlich zu gestalten und offenzulegen.

Vorteile von Fach- und Projektlaufbahnen:

- Anerkennung guter Leistungen seitens des Unternehmens durch Verleihung eines höheren formalen Status
- bessere Karriereaussichten trotz flacher Unternehmenspyramide
- regelmäßige Karriereschritte

---

[195] Vgl. Nicolai (2019), S. 380.

[196] Vgl. Olesch (2003), S. 72 f.; o.V. (2004), S. 55.

[197] Vgl. Majer/Mayrhofer (2007), S. 36 ff.; Modi/Tschabrun (2004), S. 38 ff.

▢   Erweiterung des Horizonts und der Kompetenzen bei einem Wechsel zwischen den Laufbahnarten

Nachteile:

▢   weniger Machtzuwachs bei Aufstieg in der Parallelhierarchie

▢   Aufstieg in der Parallelhierarchie wird oft nicht als gleichwertig angesehen

▢   längeres Verbleiben in der Parallelhierarchie wird häufig als Misserfolg angesehen und so interpretiert, dass man es nicht geschafft hat, auf eine Führungsposition in der Linie zu wechseln

▢   klassische Hierarchie bietet dem Mitarbeiter mehr Möglichkeiten, auf andere Positionen – auch außerhalb des bisherigen Unternehmens – zu wechseln und sich weiterzuentwickeln

▢   es lassen sich oft nur schwer Kriterien finden, an denen die Leistung in der Parallelhierarchie gemessen werden kann

▢   in Unternehmen, die keine Parallelhierarchien haben und nicht mit solchen Karriereschritten vertraut sind, wird dem Aufstieg in der Linienhierarchie mehr Wert beigemessen, was den Wechsel in diese Unternehmen erschweren kann

In großen Unternehmen werden manchmal Funktionsstufen in der Führungslaufbahn eingeführt, womit **Funktionshierarchien innerhalb der Führungslaufbahn** gebildet werden.[198] Dabei wird auf die sachliche Bedeutung der Aufgaben und nicht auf die Hierarchieebene der Stelle abgestellt und ein entsprechendes Gehaltsband geschaffen. Man berücksichtigt die Tatsache, dass die Stellen zwar hierarchisch auf der gleichen Ebene angesiedelt sind, sie sich in der Wertigkeit der jeweiligen Funktionen und ihrer Bedeutung für den Unternehmenserfolg aber unterscheiden können.

Die Abb. 4-15 zeigt ein Beispiel. Im unteren Management sind bei der Führungslaufbahn drei Bereiche mit drei Führungskräften dargestellt. Diese Stellen befinden sich auf der gleichen Hierarchieebene. Unter **sachlichen Gesichtspunkten** betrachtet, sind sie jedoch für das Unternehmen von **unterschiedlicher Bedeutung**, deshalb sind sie nur in der Führungshierarchie, nicht aber in der Funktionshierarchie gleichrangig. Dies wird durch die graue Markierung deutlich. Die mittlere Stelle dieser Ebene hat die höchste Bedeutung, die linke Stelle hat die niedrigste Wichtigkeit für das Unternehmen. Obwohl die drei Stellen mit gleichen Titeln (z.B. Abteilungsleiter) und gleichem hierarchischen Rang in der Führungslaufbahn stehen, sind aus diesem Grund die materiellen und immateriellen Anreize nicht gleich. In der unteren Managementebene liegt das Gehalt des Managers der linken Abteilung unterhalb des Gehaltsbandes der beiden anderen Abteilungsleiter. Das Gehalt der mittleren Stelle ist am höchsten. Auch Statussymbole, wie Dienstwagenregelungen, Büroausstattung und ähnliche Merkmale werden oft differenziert.

---

[198] Vgl. Krüger (2005), S. 166 f.

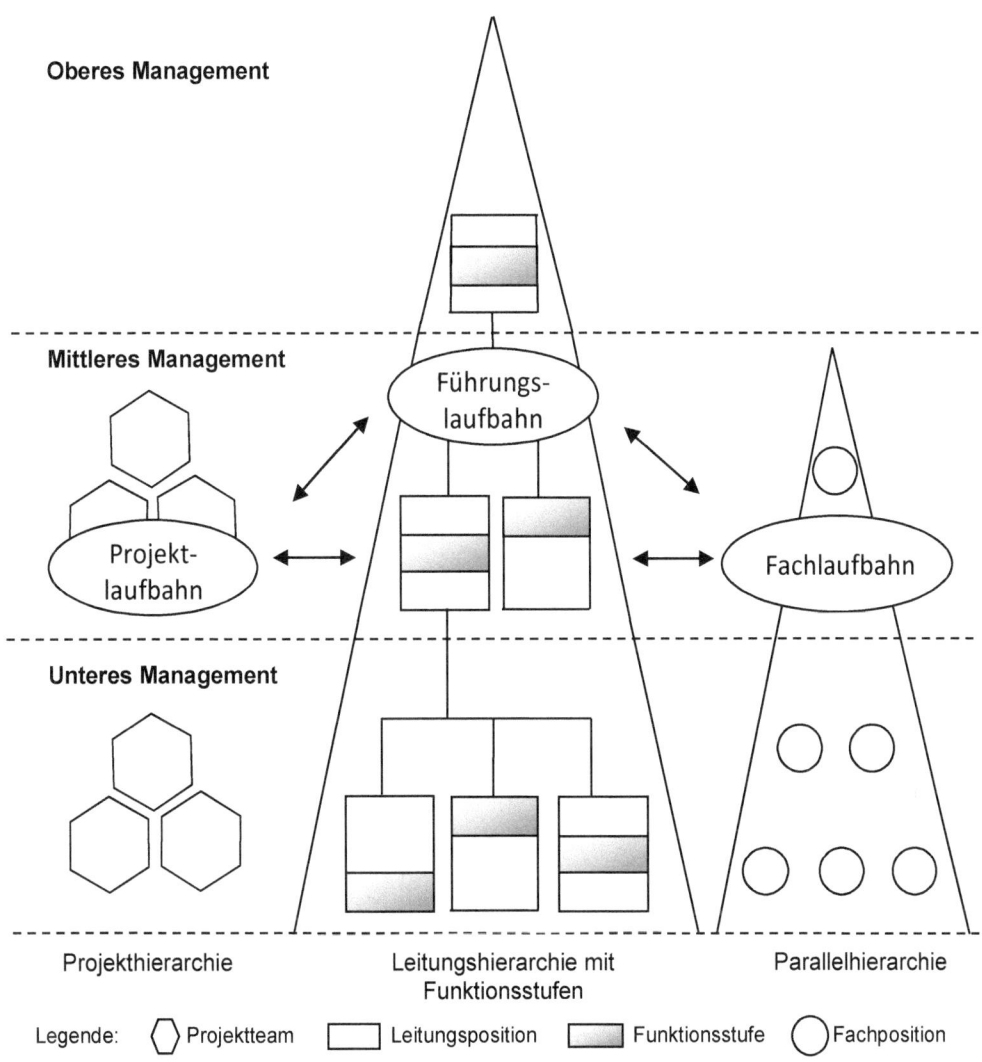

Oberes Management

Mittleres Management

Führungs-laufbahn

Projekt-laufbahn

Fachlaufbahn

Unteres Management

Projekthierarchie

Leitungshierarchie mit Funktionsstufen

Parallelhierarchie

Legende: ⬡ Projektteam   ▭ Leitungsposition   ▭ Funktionsstufe   ◯ Fachposition

Abb. 4-15: Parallelhierarchien[199]

Die Funktionshierarchie wertet eine Stelle also gegenüber den hierarchisch gleichrangigen Stellen gehalts- und statusmäßig auf oder ab. Abteilungstitel und hierarchischer Rang treten damit gegenüber der Funktion und der Bedeutung für das Unternehmen in den Hintergrund. Genauso wird in diesem Beispiel auch auf der mittleren Managementebene verfahren. Hier ist die rechte Stelle bedeutsamer als die linke.

---

[199] Entnommen aus: Krüger (2005), S. 167.

In der Praxis gibt es neben den beschriebenen echten Karriereformen auch die sogenannten **Pseudokarrieren**:[200]

- Bei **Titelkarrieren** werden Stellen mit hochtrabenden Titeln versehen, ohne dass damit tatsächlich eine Änderung der Aufgaben und Verantwortungen einhergeht. Oft handelt es sich um die Ernennung zum Vice President oder Senior Vice President. Auch Stabsstellen, die der obersten Leitung zugeordnet werden, werden regelmäßig zum „Director", ohne dass sie tatsächlich die Rechte und Pflichten einer solchen Instanz hätten. Bei dieser Vorgehensweise geht es vor allem darum, die **Wertschätzung** seitens des Unternehmens gegenüber einer hochqualifizierten und verdienten Führungskraft zu verdeutlichen.

- **Einkommenskarrieren** sollen Mitarbeiter bei der Stange halten, wenn Aufstiegsmöglichkeiten zurzeit nicht vorhanden sind, der Mitarbeiter aber im Unternehmen gehalten werden soll. Die Wartezeit auf eine höherwertige Stelle wird mit einer vorweggenommenen Einkommenssteigerung „versüßt".

- **Berufskarrieren** zeigen, dass unsere Gesellschaft den Berufen eine unterschiedliche Wertigkeit zuweist. Facharbeiteraufgaben werden oft (zu Unrecht) als niederwertiger angesehen als viele kaufmännische Tätigkeiten. Das Arbeiten im Mehrschichtbetrieb gilt oft weniger als die klassische Arbeit tagsüber. Der Wechsel von einem Berufsfeld in ein aus Sicht der Gesellschaft höherwertigeres wird als Berufskarriere bezeichnet. Die Person hat jetzt einen „besseren Beruf" als vorher.

4.3 Zusammenfassung und Ausblick

Als Grundformen der Aufbauorganisation gelten die funktionale, die divisionale und die Matrixorganisation. Klassische Erweiterungen sind die Tensor- und die Holding-Organisation. In allen Formen können Leitungshilfsstellen einbezogen werden.

Ein zentraler Mangel der Primärorganisationen liegt in ihrer Schwäche, kein Klima für das Gedeihen von neuen Ideen und somit kaum Innovationen zu schaffen.[201] Häufig werden deshalb in der Praxis zusätzlich verschiedene Formen von Sekundärorganisationen dauerhaft implementiert. Die wichtigsten sind Produkt-, Kunden-, Markt- und Funktionsmanagement-Organisation. Sie gewährleisten die besondere Beachtung verschiedener für das Unternehmen bedeutsamer Problembereiche.

Zudem sollen Strategische Geschäftseinheiten (Strategic Business Units) sicherstellen, dass das Unternehmen strategisch und langfristig ausgerichtet wird und das kurzfristige operative Geschäft nicht zu sehr in den Vordergrund rückt.

Mit der Projektorganisation lassen sich zeitlich befristete, bedeutsame und umfangreiche Sonderaufgaben meistern.

---

[200] Vgl. Oechsler/Paul (2019), S. 481 f.; Nicolai (2019), S. 383.
[201] Vgl. Staehle (1994), S. 732.

In den letzten Jahren ist neben den klassischen Grundformen und ihren typischen Mischformen eine ganz neue Projektform ins Blickfeld gerückt: **agile Projekte**. Die Vorgehensweise setzte sich zunächst bei Projekten in der Softwareentwicklung durch, kommt aber mittlerweile auch in allen anderen Unternehmensbereichen zum Einsatz. Der Schwerpunkt liegt auf der Erzielung von raschen, kleinteiligen und kurzfristigen Ergebnissen, die durch Selbstabstimmung der Teammitglieder erreicht werden sollen. Hierarchie ist dabei von untergeordneter Bedeutung und die Mitarbeiter übernehmen selbst die Verantwortung für ihr Handeln und die Resultate ihrer Arbeit. Schnelle Anpassungsfähigkeit tritt gegenüber strategischem Vorgehen in den Vordergrund. Der ständige Focus auf den Wünschen des externen oder auch internen Kunden ist ein wesentliches Merkmal. Das agile Arbeiten wird ausführlicher in Kapitel 9 betrachtet.

Parallelhierarchien ermöglichen es trotz der Tendenz zu flachen Hierarchien, karriereorientierten Mitarbeitern Aufstiegsmöglichkeiten zu bieten.

Es kann nicht grundsätzlich festgelegt werden, welche Form der Aufbauorganisation die beste ist, da es nicht gelingt, klare Ursache-/Wirkungszusammenhänge zwischen Organisationsstruktur und Erfolg herzustellen. So lässt sich nicht exakt erfassen, wie sich große Autonomie auf die Leistung eines Stelleninhabers auswirkt. Es gibt jedoch etliche Untersuchungen, welche Organisationsstrukturen in bestimmten Umweltsituationen vorherrschen.[202] Daraus wird geschlossen, dass diese sich bewährt haben und es sich zumindest um eine geeignete Aufbauorganisation handelt. So bevorzugen Unternehmen, die in einer **sicheren Umwelt** agieren, eher **bürokratische Strukturen** mit vielen Hierarchieebenen. Je unsicherer die Umweltsituation ist, desto stärker zeichnet sich eine **Tendenz zur Verflachung** der Hierarchie ab.

Auch zwischen der Wettbewerbsstrategie und der Organisationsstruktur besteht ein Zusammenhang. Unternehmen, die die Kostenführerschaft anstreben, weisen eher eine **funktionale Organisation** auf, während die Differenzierungsstrategie eher bei Unternehmen mit **divisionaler Organisation** anzutreffen ist.[203] Interessanterweise hat die in der Theorie so vielbeachtete Matrixorganisation in der Praxis wenig Bedeutung erlangt.[204] Wird Kostenführerschaft angestrebt, gilt sie als zu aufwändig. Für die Differenzierungsstrategie ist sie wegen der internen Abstimmungsprobleme und der notwendigen Kompromisse nicht konsequent genug auf den Markt und die Kunden ausgerichtet. Verschiedene Untersuchungen zeigen im Übrigen, dass Anspruch und Realität weit auseinanderklaffen.[205] Echte Matrixkonzepte sind meistens nur in einzelnen Unternehmensbereichen anzutreffen und werden sehr selten auf das Gesamtunternehmen übertragen.

Wolf untersuchte Struktur und Strategie deutschen, national und international tätigen Unternehmen und deren Veränderungen innerhalb von 40 Jahren. Danach nimmt die funktionale

---

[202] Einen ausführlichen Überblick geben Macharzina/Wolf (2017), S. 474 ff.; Kieser/Walgenbach (2010), S. 201 ff. und Dillerup/Stoi (2016), S. 440 ff.

[203] Vgl. Hungenberg (2004), S. 315.

[204] Vgl. ebd.; Helfrich (2002), S. 33.

[205] Vgl. Staehle (1994), S. 680.

Organisation zu Gunsten divisionaler Strukturen deutlich ab. Man bildet verstärkt Zentralbereiche, zudem hat die Holding-Organisation stark an Bedeutung gewonnen. Es finden sich heute auch mehr Matrixformen und gemischte Strukturen als früher.[206]

Insgesamt orientieren sich deutsche Unternehmen stark an angloamerikanischen Vorbildern. Die neuen Trends bei der Gestaltung der betrieblichen Organisation werden mit einer gewissen zeitlichen Verzögerung übernommen.

4.4 Wiederholungsfragen

1. Was versteht man unter einer funktionalen Organisation?

2. Unter welchen Voraussetzungen hat sich die funktionale Organisation bewährt?

3. Welche Vor-und Nachteile hat die funktionale Organisation?

4. Wann ist der Wechsel von der funktionalen zur divisionalen Organisation sinnvoll?

5. Was kennzeichnet eine divisionale Organisation?

6. Welche Vor- und Nachteile treten bei der Spartenorganisation auf?

7. Was versteht man unter Zentralabteilungen und welchen Zweck erfüllen sie?

8. Worin unterscheiden sich die verschiedenen Center-Formen?

9. Was kennzeichnet die Matrixorganisation?

10. Unter welchen Voraussetzungen sind Matrixorganisationen sinnvoll?

11. Wie löst man in der Praxis das Kompetenzproblem zwischen den beiden Dimensionen der Matrixorganisation?

12. Welche Vor- und Nachteile hat die Matrixorganisation?

13. Was versteht man unter einer Tensororganisation?

14. Wann ist eine Tensororganisation sinnvoll?

15. Welche Aufgaben hat die Dachgesellschaft bei einer Holding-Struktur?

16. Welche Formen der Holding-Organisation kennen Sie?

17. Ist das klassische Mehrliniensystem eine ein- oder mehrdimensionale Organisationsform?

18. Warum handelt es sich beim Stab-Liniensystem um eine eindimensionale Organisationsstruktur?

19. Worin unterscheiden sich Primär- und Sekundärorganisation?

20. Welche Sekundärstrukturen kennen Sie?

---

[206] Vgl. Wolf (2000), S. 414 ff.

21. Welche Besonderheiten weist das Key-Account Management auf?

22. Was versteht man unter Customer-Relationship Management?

23. Was kennzeichnet die Marktmanagement-Organisation?

24. Welche Vor- und Nachteile hat eine Marktmanagement-Organisation?

25. Was versteht man unter Strategischen Geschäftseinheiten?

26. Welche Alternativen gibt es bei der organisatorischen Einordnung von Strategischen Geschäftseinheiten?

27. Welche Vor- und Nachteile hat das Führen mittels Strategischer Geschäftseinheiten?

28. Was kennzeichnet ein Projekt?

29. Welcher Zusammenhang besteht zwischen Projektorganisation und Projektmanagement?

30. Welche Grundformen der Projektorganisation kennen Sie?

31. Welche Besonderheiten weist die Task Force auf?

32. Warum werden disziplinarische und fachliche Weisungsbefugnisse bei der Reinen Projektorganisation meist getrennt?

33. Weshalb wird eine Task Force eher selten eingesetzt?

34. Worin unterscheiden sich Matrixorganisation und Matrix-Projektorganisation?

35. Wann empfiehlt sich der Einsatz einer Matrix-Projektorganisation?

36. Was versteht man unter der modifizierten Form der Matrix-Projektorganisation?

37. Weshalb werden Parallelhierarchien gebildet?

38. Was versteht man unter einer Fachlaufbahn?

39. Welche Möglichkeiten bietet eine Projektlaufbahn für die Mitarbeiter?

40. Weshalb ist die Akzeptanz von Parallelhierarchien auf Mitarbeiterseite oft gering?

5 Darstellungstechniken der Aufbauorganisation

5.1 Überblick

Aufbauorganisatorische Darstellungen dienen dazu, organisatorische Sachverhalte verdichtet abzubilden und Zusammenhänge überblicksmäßig zu beschreiben.

Sie können sowohl zur Illustration von Ist- als auch von Soll-Zuständen verwendet werden. Durch die **Dokumentation von Ist-Zuständen** wird das Verständnis für organisatorische Sachverhalte verbessert und eine einheitliche Wahrnehmung erzielt. Schwachstellen können schneller erkannt und Verbesserungsmaßnahmen dementsprechend rascher eingeleitet werden.[207] Die **Darstellung von Soll-Zuständen** ermöglicht es, angestrebte Änderungen aufzuzeigen, zu veranschaulichen und Probleme zu erkennen.

Mit den Darstellungen lässt sich auch das **Verhalten steuern**, da sich die Mitarbeiter mit deren Hilfe einen Überblick über Aufgaben, Kompetenzen, Verantwortungsbereiche etc. verschaffen können.

Aufbauorganisatorische Sachverhalte lassen sich auf diese Weise dokumentieren:

- **Verbale Darstellungen**: Der Schwerpunkt liegt auf der ausführlichen Beschreibung und der Erklärung einzelner Strukturmerkmale und Regelungen. Es handelt sich um fortlaufende Texte, die der Übersichtlichkeit wegen in Absätze gegliedert werden, und Hervorhebungen, Aufzählungen etc. enthalten.

- **Grafische Darstellungen**: Sie sollen organisatorische Zusammenhänge in übersichtlicher und oft auch vereinfachter Form aufzeigen. Dabei werden bildhafte Elemente wie Formen oder Symbole verwendet, die durch Schlagwörter ergänzt werden. Vollständige Sätze werden nicht benutzt.

- **Mathematische Darstellungen**: Hier werden organisatorische Regeln anhand von Formeln und mathematischen Auswertungen verdeutlicht.

Die drei Darstellungsarten werden in der Praxis kombiniert.

Je mehr organisatorische Regeln vorhanden sind, desto höher ist der **Organisationsgrad** eines Unternehmens. Er wird auch als **Formalisierungsgrad** bezeichnet.

Ein hoher Organisationsgrad führt zu mehr Transparenz und erhöht die Verbindlichkeit der Regeln. Mit zunehmender Formalisierung steigt allerdings der Erstellungs- und Änderungsaufwand. Außerdem besteht die Gefahr, dass die Mitarbeiter die Regelungen als Besitzstand betrachten, was dazu führen kann, dass Eigeninitiative, Selbständigkeit, Flexibilität und Kreativität nachlassen.[208]

---

[207] Vgl. Schulte-Zurhausen (2013), S. 565.

[208] Vgl. Klimmer (2016), S. 104.

Weit verbreitet sind diese Darstellungstechniken der Aufbauorganisation, die jeweils unterschiedliche Sachverhalte wiedergeben:

- Organigramme
- Stellenbeschreibungen
- Funktionendiagramme
- Kommunigramme

Die Abb. 5-1 zeigt den Zusammenhang zwischen den Inhalten und den Darstellungstechniken der Aufbauorganisation.

Darstellungstechniken der Aufbauorganisation

Inhalte	Techniken
Aufgaben	Stellenbeschreibungen Funktionendiagramme
Leitungsbeziehungen	Organigramme Funktionendiagramme
Kommunikationsbeziehungen	Kommunigramme

Abb. 5-1: Inhalte und Darstellungstechniken der Aufbauorganisation

Im **Organisationshandbuch** werden die betrieblichen Regelungen zusammengefasst. Es ist eine Art „Gesetzbuch des Unternehmens", das als Nachschlagewerk für alle formalen Regeln dient und wird normalerweise in elektronischer Form erstellt, um den Mitarbeitern per Intranet den direkten Zugriff auf die jeweils aktuellste Version zu ermöglichen. Oft enthält es zusätzliche Informationen wie Aussagen zu den Unternehmenszielen, der Unternehmenspolitik, Auszüge aus der Satzung, Geschäftsbedingungen oder Lage- und Wegepläne.

5.2 Organigramme

5.2.1 Begriff und Aufgaben

Organigramme sind die in der Praxis am häufigsten verwendete Darstellungsform der Aufbauorganisation. Sie werden auch als **Organisationspläne, Organisationsschaubilder, Stellenschaubilder** oder **Stellenpläne** bezeichnet. Es handelt sich dabei um die grafische **Darstellung der Leitungsorganisation**, d.h. der hierarchischen Beziehungen.

Organigramme sind in allen Unternehmen und Non Profit Organisationen einsetzbar und dienen dazu, einen schnellen Überblick über die hierarchische Einordnung einer Stelle und deren Beziehungen im Unternehmensgefüge zu vermitteln. Sie machen die Unternehmenshierarchie transparent und ermöglichen es Mitarbeitern und manchmal auch Kunden, Lieferanten und anderen interessierten Gruppen, schnell den richtigen Ansprechpartner zu finden.[209]

Organigramme können diese aufbauorganisatorischen Sachverhalte veranschaulichen:

- Zusammenfassung der Stellen zu Abteilungen
- Über- und Unterstellungsverhältnisse
- Verteilung der Aufgaben auf Stellen und Abteilungen
- Kommunikations- und Weisungsbeziehungen
- Leitungsspannen und -tiefen
- Einordnung von Leitungshilfsstellen

Vorteile von Organigrammen:

- schneller Überblick über die Aufbauorganisation
- leicht verständliche Darstellung
- bei Ist- und Soll-Darstellungen einsetzbar

Nachteile:

- Strukturen werden stark vereinfacht abgebildet
- reduzierte Übersichtlichkeit bei hohem Detailliertheitsgrad
- meist nur auf obere Hierarchieebenen bezogen
- hoher Erstellungs- und Änderungsaufwand
- Verdeutlichung der Hierarchie kann demotivierend wirken

5.2.2 Symbole

Zur Darstellung der organisatorischen Einheiten in einem Organigramm werden **geometrische Flächenformen** als Symbole verwendet. Ihre Beziehungen werden durch verschiedene Linienformen verdeutlicht.

Bei der Verwendung der Symbole haben sich bestimmte **Konventionen** herausgebildet:

Instanz, teilweise auch allgemein für eine Stelle gebräuchlich

Ausführungsstelle

Stabsstelle bzw. Leitungshilfsstelle

---

[209] Vgl. Bühner (2004), S. 45.

Bei **Stellenmehrheiten** werden der Übersichtlichkeit halber meist doppelte oder fettgedruckte Linien verwendet und nicht alle Stellen einzeln aufgeführt. So bedeuten die folgenden Symbole, dass es sich um fünf Ausführungsstellen bzw. zwei Stabsstellen handelt.

 5 Ausführungsstellen    2 Stabsstellen

Die Symbole sind beschriftet. Je nach **Verwendungszweck** enthalten sie eine Auswahl dieser **Informationen**:

- Stellenbezeichnung
- hierarchischer Rang der Stelle
- Kostenstellenzugehörigkeit
- Stellenkurzzeichen
- Ausschussbeziehungen
- Stellvertreterregelungen
- besondere Kommunikationshinweise wie z.B. E-Mail-Adressen, Telefonnummern, Raumbezeichnungen
- rechtliche Vollmachten
- Lohn- und Gehaltsgruppen
- Angaben zu den derzeitigen Stelleninhabern wie Namen und Titel

Da Organigramme schnell unübersichtlich werden, sollten die Symbole nicht zu viele Informationen enthalten, was sie überfrachten würde. Zudem steigt mit dem Umfang der Angaben der Erstellungs- und Änderungsaufwand stark an. Deshalb werden zweckbezogen nur die passenden Informationen einbezogen. Zum Beispiel sind in einem Organigramm für Kunden keine Gehaltsaspekte enthalten, auch Kostenstellenzugehörigkeit, Stellenkurzzeichen und Ausschussbeziehungen interessieren die Kunden nicht. Eher kämen stattdessen die Namen der Stelleninhaber hinein. Solche Namensnennungen führen aber dazu, dass dann bei jedem Wechsel eines Stelleninhabers das Organigramm angepasst werden muss. Deshalb werden meist nur bei höheren Hierarchieebenen die Namen genannt. Ansonsten beschränkt man sich i.d.R. auf die Bezeichnung der Stelle.

Die **Beziehungen** zwischen den Organisationseinheiten werden im Organigramm durch Linien gekennzeichnet:

_____   Über-/Unterordnungsbeziehung mit Entscheidungs- und Weisungsbefugnis

- - - - - - - - -   Beziehung zwischen Leitungshilfsstelle und Instanz sowie Teilkompetenzen

Für Über- und Unterstellungsverhältnisse verwendet man **durchgezogene Linien**, für Teilkompetenzen bzw. Stabsbeziehungen **gestrichelte Linien**.

5.2.3 Organigrammformen

Bei der **Anordnung der Symbole** gibt es mehrere Alternativen. Die gängigsten sind:

- horizontale Pyramidenform
- vertikale Pyramidenform
- Säulendiagramm
- Blockdiagramm

Daneben gibt es weitere Möglichkeiten, die in der Praxis jedoch eher selten genutzt werden. Bei den folgenden Abbildungen wird die jeweils selbe Aufbauorganisation in unterschiedlichen Formen dargestellt.

Am häufigsten ist die **horizontale Anordnung** der Symbole zu finden. Sie entspricht dem pyramidenähnlichen Unternehmensaufbau. Je weiter oben eine Stelle im Organigramm eingezeichnet ist, desto höher steht sie in der Hierarchie. Untergeordnete Stellen finden sich unter ihrem Vorgesetzten und sind durch Linien mit diesem verbunden. Die durchgezogene Linie zeigt die Entscheidungs- und Weisungsbeziehungen.

Leitungshilfsstellen stehen direkt neben bzw. etwas unter der Instanz, zu der sie gehören. Die gestrichelte Linie zeigt, dass sie einer bestimmten Instanz unterstehen, gleichzeitig wird deutlich, dass sie keine Entscheidungs- und Weisungsbefugnis nach unten haben, da die Linie unterbrochen ist.

Bei der horizontalen Pyramidenform lässt sich die Aufgabenverteilung gut übersehen. Der Leitungszusammenhang zwischen Instanzen und unterstellten Mitarbeitern wird deutlich. Außerdem lassen sich Leitungshilfsstellen leicht einzeichnen. Die Mitarbeiter erkennen problemlos, auf welcher Hierarchiestufe sie stehen. Kritiker geben hier allerdings zu bedenken, dass das hierarchische Denken durch die Pyramidenform sehr stark betont wird, da sie deutlich sichtbar macht, welche Position der Einzelne in der Unternehmenshierarchie einnimmt.[210]

Die Abb. 5-2 zeigt vier Hierarchieebenen. Der obersten Leitung ist eine Leitungshilfsstelle zugeordnet, auf der darunterliegenden Ebene steht einer der Instanzen ebenfalls eine Leitungshilfsstelle zur Verfügung. Die Leitungsspanne der obersten Leitung beträgt drei Mitarbeiter. Auf den darunterliegenden Ebenen variieren die Leitungsspannen zwischen zwei und fünf Mitarbeitern.

Wenn viele Stellen in das Organigramm einbezogen werden, geraten horizontale Anordnungen recht schnell unhandlich und unübersichtlich, da sie zu sehr in die Breite gehen und den Umfang eines üblichen DIN-A4-Blattes überschreiten. Deshalb werden in größeren Unternehmen meist nur Schaubilder für die obersten drei bis vier Hierarchieebenen erstellt.

Bei Bedarf können relativ schnell und einfach zusätzlich bereichs- oder abteilungsbezogene **Teilorganigramme** angefertigt werden.

---

[210] Vgl. Schmidt/Konz (2019), S. 351.

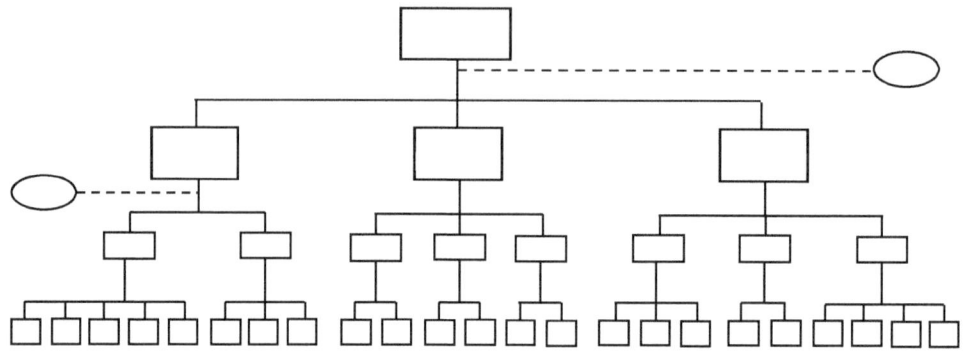

Abb. 5-2: Organigramm mit horizontaler Anordnung

Aufbauorganisatorische Beziehungen lassen sich auch **vertikal** anordnen (vgl. Abb. 5-3). Das Organigramm wird dazu um 90° gekippt und dann nicht mehr von oben nach unten, sondern von links nach rechts gelesen. Auf diese Weise lässt sich der vorhandene Platz besser nutzen.

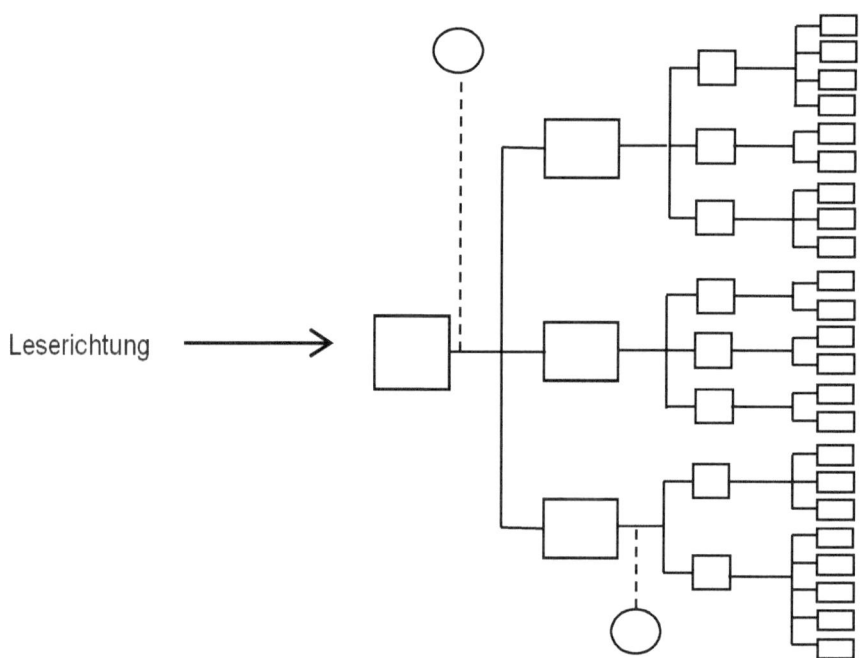

Abb. 5-3: Organigramm mit vertikaler Anordnung

Eine **Mischform** aus horizontaler und vertikaler Form, stellt das **Säulendiagramm** in der Abb. 5-4 dar. Die oberen zwei bis drei Hierarchieebenen werden horizontal und die darunterliegenden vertikal eingezeichnet.

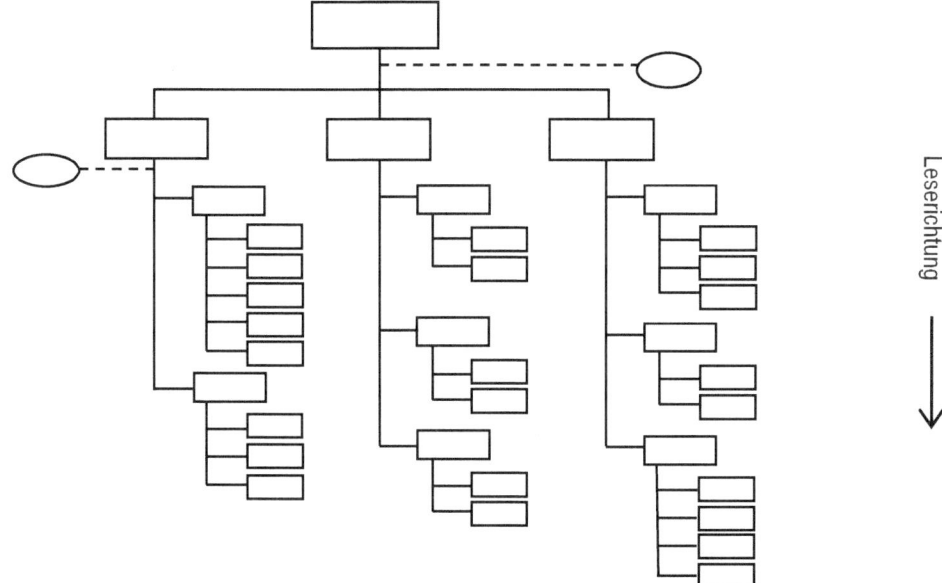

Abb. 5-4: Säulendiagramm

Mit einem **Blockdiagramm** (Abb. 5-5) lässt sich sehr viel Platz sparen. Die Zwischenräume entfallen und die Hierarchieebenen werden direkt untereinander gestellt. Jede Ebene ist als Block dargestellt. Als Erstes wird die oberste Leitung eingezeichnet. Der darunterliegende Block wird entsprechend der Zahl der Instanzen in Segmente unterteilt. Unterhalb jeder Instanz wird der nächste Block wieder nach der Zahl der Unterstellten segmentiert.

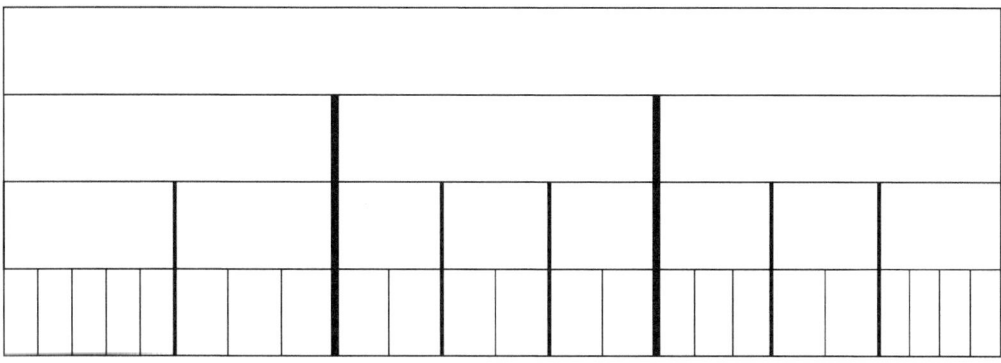

Abb. 5-5: Blockdiagramm

Das Blockdiagramm legt die falsche Vermutung nahe, dass kleine bzw. schmale Segmente unwichtigere Aufgaben haben als große und breite. Die Breite des Segments hängt jedoch von der Leitungsspanne des Vorgesetzten und nicht von der Bedeutung der Aufgaben dieser Stelle ab. Die **Wertigkeit** der Aufgaben wird lediglich durch die **Entfernung von der obersten Leitung** zum Ausdruck gebracht.

Bei tiefen Gliederungen wird das Segment für die einzelne Stelle sehr klein und kann kaum mehr beschriftet werden.

Leitungshilfsstellen lassen sich nicht im Blockdiagramm darstellen.

Da der hierarchische Aspekt bei den bisher dargestellten Organigrammen unverkennbar hervortritt, wurden mit dem **Sonnendiagramm** und der **Ringsegmentform** weitere Formen entwickelt (s. Abb. 5-6), bei denen die Über- und Unterstellungsverhältnisse nicht so deutlich auf den ersten Blick sichtbar sind.

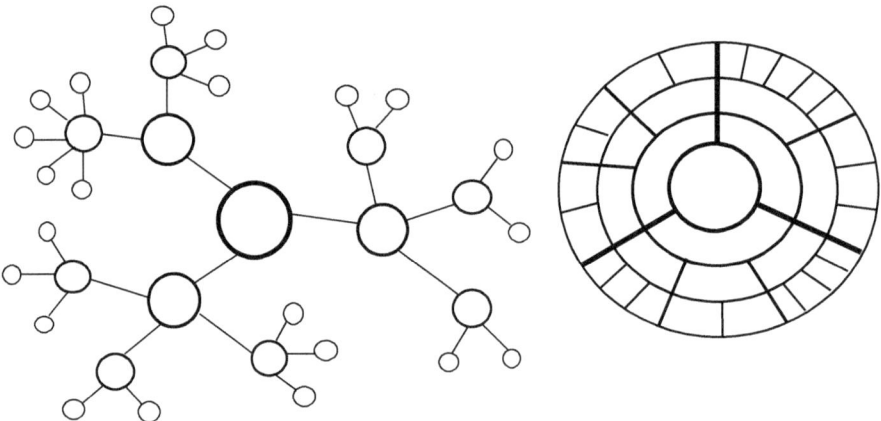

Abb. 5-6: Sonnendiagramm und Ringsegmentdiagramm

Beim **Sonnendiagramm** werden alle Stellen als Kreise abgebildet. Die oberste Leitung steht nicht oben, sondern in der Mitte, weil sie das Zentrum (die Sonne) des Unternehmens ist. Die nächste Ebene wird satellitenartig darum herum angeordnet. Diese Instanzen sind ihrerseits das Zentrum für die ihnen unterstellten Mitarbeiter, die wiederum um sie herum platziert werden. Mit den anderen Stellen wird ebenso verfahren. Je weiter eine Stelle vom Unternehmensmittelpunkt entfernt ist, desto kleiner wird sie dargestellt und desto niedriger steht sie in der Hierarchie. Das Sonnendiagramm soll die Kooperation zwischen den Unternehmensmitgliedern besonders betonen, da die Stellen, die oben eingezeichnet sind, in der Unternehmenshierarchie nicht oben stehen. Die Kreisform der Stellen erschwert die Beschriftung der Symbole. Hinzu kommt, dass die weiter entfernten Kreise immer kleiner werden und damit noch schlechter zu beschriften sind als die näher am Mittelpunkt liegenden. Leitungshilfsstellen können in dieser Darstellung nicht einbezogen werden.

Bei der **Ringsegmentform** werden ebenfalls Kreise verwendet. Auch hier steht die oberste Leitung in der Mitte. Die darunterliegenden Hierarchieebenen werden als Ringe um das Zentrum dargestellt. Jeder Ring entspricht einer Hierarchieebene. Er wird entsprechend der Zahl der Einheiten, die zu dieser Hierarchieebene gehören, in Segmente unterteilt. Je weiter ein Ring von der Mitte entfernt ist, desto weiter unten stehen seine Elemente in der Unternehmenshierarchie. Bei der Ringsegmentform ist der Platzbedarf relativ gering, da jede weitere Hierarchieebene nur einen weiteren, in Segmente unterteilten Ring erfordert. Wie beim Sonnendiagramm lassen sich die Segmente nur schwer beschriften. Auch hier können keine Leitungshilfsstellen eingezeichnet werden.

Das Ringsegmentdiagramm legt ebenso wie das Blockdiagramm die Vermutung nahe, dass kleinere Segmente geringwertigere Aufgaben haben als große. Dies ist nicht der Fall. Die Breite des Segments hängt von der Leitungsspanne des Vorgesetzten und nicht von der Qualität der Aufgabenstellung ab. Die **Wertigkeit** der Aufgaben wird durch die **Entfernung vom Mittelpunkt** – der obersten Leitung – zum Ausdruck gebracht.

5.3 Stellenbeschreibungen (Job Description)

5.3.1 Definition und Abgrenzung

Während Organigramme einen ersten Überblick über das Unternehmensgefüge geben, befassen sich **Stellenbeschreibungen** detailliert mit den Stelleninhalten. Es handelt sich um formalisierte, verbale Beschreibungen der Aufgaben, Kompetenzen und Verantwortung einer einzelnen Stelle und er Darstellung ihrer Beziehungen zu anderen Stellen. Sie geben meist auch einen Überblick über die Anforderungen an den Stelleninhaber. Sie sind generell, also personenunabhängig, ohne Berücksichtigung des aktuellen Stelleninhabers angelegt. Im Anhang der Stellenbeschreibung finden sich häufig Anforderungsprofile und Beurteilungskriterien.

Es gibt mehrere Begriffe, die synonym oder ergänzend verwendet werden, den Inhalt der Stellenbeschreibung jedoch nur unvollständig erfassen. Der Ausdruck **Arbeitsplatzbeschreibung** wird in der Praxis recht häufig verwendet. Sie würde korrekterweise eher den Ort der Aufgabenerfüllung präzisieren, nicht jedoch die Inhalte der Stelle als solche. **Positionsbeschreibungen** und **Rollenbilder** enthalten die in der BWL nicht eindeutig definierten Begriffe Position und Rolle. In der Praxis sind diese Bezeichnungen wenig verbreitet. **Dienstanweisungen** beziehen sich auf Vorgehensweisen bei der Durchführung der Aufgaben und gehören damit eher zur Ablauforganisation. Beim **Pflichtenheft** entsteht der Eindruck, dass lediglich Pflichten und nicht auch Rechte beschrieben werden.

Allein die englische Bezeichnung **Job Description** ist ein vollwertiges Synonym. Dieser Begriff setzt sich auch im deutschen Sprachraum mehr und mehr durch und verdrängt die Bezeichnung Stellenbeschreibung.

Stellenbeschreibungen haben vorrangig die Aufgabe, dem Stelleninhaber Informationen zu liefern, womit sie auch der zielorientierten Eingliederung der Mitarbeiter in die betriebliche Organisation dienen. Dabei wird sowohl auf vertikale, d.h. instanzielle, als auch auf horizontale, die Aufgaben betreffende Beziehungen, abgestellt. So soll die rationale, kontinuierliche und reibungslose Erfüllung der Aufgaben sichergestellt werden.

Die Job Description soll so knapp formuliert werden, dass einerseits die Flexibilität und Eigeninitiative des Mitarbeiters nicht eingeengt wird und andererseits so umfangreich, dass Aufgaben, Kompetenzen und Verantwortungsbereiche klar daraus hervorgehen. Der Mitarbeiter weiß dann, was er zu tun hat, erkennt aber auch seine Freiräume für selbständiges Handeln, Eigeninitiative und Kreativität.

5.3.2 Inhalte und Einsatzmöglichkeiten

Um diese Forderungen erfüllen zu können, müssen Stellenbeschreibungen bestimmten formalen Anforderungen entsprechen. So ist darauf zu achten, dass Aussagen über Input, Prozesse und Output einbezogen werden. Während es beim Input um das „womit", also z.B. um Aufträge, Informationen, Arbeitsmittel, Qualifikationen geht, steht beim Prozess das „wie" im Vordergrund, etwa die Zusammenarbeit, die Kommunikation sowie Über- und Unterstellungsverhältnisse. Der Output befasst sich mit erzielbaren Ergebnissen, Qualität und Terminen.[211]

In der Praxis hat sich ein **Umfang** von ein bis drei Seiten bewährt. Die Stellenbeschreibungen bleiben dann **übersichtlich**, während trotzdem genügend Raum für **notwendige Details** bleibt. Was den **Inhalt** anbelangt, sollte man sich auf diejenigen Aspekte konzentrieren, die für die Aufgabenerfüllung tatsächlich entscheidend sind.

Es gibt keinen allgemein üblichen **Aufbau** einer Job Description. Eine **unternehmenseinheitliche** Vorgehensweise erleichtert es aber allen Beteiligten, sich in den Unterlagen zurechtzufinden.

Eine systematische Gliederung in diese **sechs inhaltlichen Teilbereiche** ist sinnvoll:

- **Allgemeine Informationen**: Dazu gehört zunächst die Stellenbezeichnung. Sie gibt Auskunft über den Schwerpunkt des Aufgabenbereichs und die organisatorische Einordnung des Stelleninhabers. Sie kann durch Stellenkurzzeichen ergänzt werden. Hier sind auch die Abteilung und das Sachgebiet, soweit sie sich nicht bereits aus dem Wortlaut der Stellenbezeichnung ergeben, aufzuführen. Des Weiteren finden sich in dieser Rubrik Informationen zum Rang des Stelleninhabers sowie über die Bedeutung der Stelle, ob es sich z.B. um einen Abteilungsleiter, einen Handlungsbevollmächtigten oder Prokuristen handelt. Für personalpolitische Zwecke wird bei tariflichen Mitarbeitern oft auch die Gehaltsgruppe festgehalten.

- **Instanzenbild**: Die instanzielle Einordnung der Stelle wird durch die Unter- und Überstellungsverhältnisse sowie die aktive und passive Stellvertretung präzisiert. Die Unterstellung gibt Auskunft über den direkten Vorgesetzten des Mitarbeiters, bzw. bei getrennten Vorgesetztenfunktionen über den fachlichen und den disziplinarischen Vorgesetzten. Die Überstellung informiert über die fachlich und/oder disziplinarisch unterstellten Mitarbeiter. Die Stellvertretung bestimmt, durch wen der Stelleninhaber bei Abwesenheit vertreten wird (passive Stellvertretung), bzw. wen er seinerseits zu vertreten hat (aktive Stellvertretung).

---

[211] Vgl. Ulmer (2019), S. 25.

- **Zielsetzung**: Hier wird beschrieben, welche Verhaltenserwartungen an den Stelleninhaber gestellt werden. Damit werden ihm einerseits eine Orientierungshilfe und ein Maßstab zur Selbstkontrolle an die Hand gegeben, andererseits kann der Vorgesetzte diese Informationen für die Personalbeurteilung heranziehen. Stellenbeschreibungen enthalten allerdings keine konkreten, operational formulierten Zielvereinbarungen für bestimmte Zeitperioden. Die Zielvereinbarungen bauen vielmehr auf den grundsätzlichen Aussagen der Stellenbeschreibung auf und ergänzen diese. Es ist unbedingt darauf zu achten, dass bei der Festlegung der Ziele keine inhaltsleeren Formulierungen verwendet werden, die nichts zum Stellenverständnis beitragen.

- **Aufgabenbild**: Damit wird ein klar umrissener Handlungs- und Entscheidungsspielraum festgelegt. Der Aufgabenbereich wird präzisiert und die mit der Stelle verbundenen Aufgaben werden detailliert aufgelistet. Hinzu kommen Informationen über die Entscheidungs- und Weisungsbefugnisse des Stelleninhabers. Bei ausführenden Stellen wird häufig auch noch festgehalten, wie viel Prozent eine Teilaufgabe an der Gesamtaufgabe ausmachen soll. Bei Mitarbeitern mit höherer Qualifikation und bei Führungskräften werden normalerweise die erfolgskritischen Arbeitsinhalte aufgeführt, weil sie dem Stelleninhaber verdeutlichen, worauf er sich besonders konzentrieren muss.

- **Kommunikationsbild**: Hier geht es insbesondere um Koordinations-, Beratungs-, Informations- und Berichtsaspekte. Viele Stellenbeschreibungen enthalten keine Hinweise auf die betriebsinternen und externen Kommunikationsbeziehungen, obwohl die Darlegung der Zusammenarbeit mit anderen Stellen für Mitarbeiter und für Vorgesetzte eine wichtige Informationsquelle wäre.

- **Leistungsbild**: Auch Leistungsbilder sind – anders als in englischsprachigen Ländern – hierzulande eher selten in einer Job Description enthalten. Sie konkretisieren die Anforderungen an den Stelleninhaber, die erforderlichen Kenntnisse und Erfahrungen, die für die Stelle notwendige Ausgangsqualifikation und die Leistungsstandards, die der Stelleninhaber erfüllen muss. Damit ist das Leistungsbild eine wichtige Informationsbasis für die Erstellung des Anforderungsprofils einer Stelle und für die Zielvereinbarungen.

Job Descriptions werden oft nur für die **unteren Hierarchieebenen** erstellt. Bei Führungskräften fehlen sie mit der Begründung, dass deren Aufgaben sich häufig verändern und zu wenig genau definiert werden können. Eine Stellenbeschreibung ist sicher umso einfacher zu erstellen, je größer der Anteil der Routineaufgaben ist. Bei **Führungskräften** lässt sich die Job Description deshalb nur in beschränktem Maße konkretisieren. Der Schwerpunkt liegt hier stärker auf der Festlegung der Ziele und der Erwartungen an den Stelleninhaber und der Konkretisierung der kritischen Arbeitsinhalte. Entsprechend ist sie zu modifizieren.

Auch bei **Teamarbeit** insbesondere in Form von teilautonomen Arbeitsgruppen wird häufig auf Stellenbeschreibungen verzichtet. In der Tat ist eine Aufgabenzuweisung auf einzelne Teammitglieder nicht sinnvoll und wird in der Regel auch nicht gewünscht, denn das Team ist als Ganzes für den (Teil-)Prozess verantwortlich, ohne dass die einzelnen Aufgaben von vornherein und auf Dauer bestimmten Mitgliedern übertragen werden. Deshalb lassen sich Ziele,

Aufgaben, Kompetenzen und Verantwortung nur für das Team als solches regeln. Separate Stellenbeschreibungen für jedes Mitglied sind nicht zielführend und erübrigen sich.

Aus organisatorischer Sicht ist ein teilautonomes Team als **Mehrpersonen-Stelle** anzusehen, da die Aufgabenerfüllung in gemeinsamer Verantwortung der Mitglieder liegt. Deshalb ersetzt die **Teambeschreibung** die einzelnen Stellenbeschreibungen. Sie weist dem Team als Organisationseinheit eine Aufgabe zu, außerdem werden seine Handlungsspielräume festgelegt. Team- und Stellenbeschreibung unterscheiden sich insb. dadurch, dass diese Aspekte auf eine Mehrpersonen-Stelle statt auf mehrere Einpersonen-Stellen bezogen werden. Zielsetzung und Aufgabenbild gelten für das Team als Ganzes. Bei der Erstellung des Kommunikations- und des Leistungsbildes der Teambeschreibung man überprüfen, ob hier eine Differenzierung nach einzelnen Teammitgliedern sinnvoll erscheint, etwa was die Koordination und Berichterstattung bzw. die besonderen Anforderungen an den Teamleiter oder -sprecher und deren Stellvertretung anbelangt.[212] Die Teambeschreibung muss dann entsprechend ergänzt werden.

Es gibt allerdings auch **Situationen**, in denen Job Descriptions überhaupt **keinen Sinn** machen. So sind in der Pionier- und Expansionsphase neugegründeter Unternehmen laufend einschneidende Anpassungen notwendig, die sich oft nur durch geschicktes Improvisieren bewältigen lassen. Aufgaben, Kompetenzen und Verantwortung lassen sich meist erst dann eindeutig zuordnen, wenn die hektische erste Pionierphase durchschritten ist und ruhigere Gewässer erreicht werden. Auch für umfangreichere Umstrukturierungsphasen – insbesondere für Rationalisierungs- und Expansionsphasen – etablierter Unternehmen sind Stellenbeschreibungen (zeitweise) nicht hilfreich.

Grundsätzlich sind Job Descriptions nur dann nützlich, wenn sie stets auf dem **aktuellen Stand** sind, was voraussetzt, dass sie regelmäßig überprüft und neuen Situationen angepasst werden.

Job Descriptions haben diese **Vorteile**:

- eindeutige Verteilung von Aufgaben, Kompetenzen und Verantwortung
- Delegation wird festgelegt und ist klar ersichtlich
- klare Stellvertretungsregelungen
- eindeutige Unterstellungsverhältnisse
- Selbständigkeit und Eigeninitiative werden gefördert
- höhere Transparenz führt zu besserer Koordination der Stellen
- schnellere Einarbeitung und Integration der Mitarbeiter
- objektivere Entgeltfindung
- objektivere Mitarbeiterbeurteilung
- fundierte Grundlage für den gesamten Human-Resource-Kreislauf von der Personalbedarfsermittlung bis zur Freisetzung

---

[212] Vgl. ausführlich zu Teambeschreibungen Ulmer (2019), S. 84 ff.

Nachteile:

- Einführung und Änderungen sind mit hohem Aufwand verbunden

- Mitarbeiter sehen den Inhalt der Stellenbeschreibung evtl. als sozialen Besitzstand an

- Überorganisation, falls den Mitarbeitern zu wenig Entscheidungsspielraum eingeräumt wird

- der hinter den einzelnen Aufgaben stehende Gesamtzusammenhang wird nicht sichtbar, womit sich Überschneidungen und Lücken nicht erkennen lassen

5.3.3 Verknüpfung mit anderen Führungsinstrumenten

Job Descriptions können bei sehr vielen Führungsaufgaben unterstützend herangezogen werden:[213]

- **Personalbeschaffung und -auswahl**: Eine sorgfältige und genaue Stellenausschreibung, die auf der Stellenbeschreibung beruht, führt in der Regel zu einer geringeren Bewerberanzahl. Die Bewerber sind jedoch im Sinne der Stellenanforderungen qualifizierter. Es wird vermieden, ungeeigneten Personen durch zu allgemeine Aussagen Hoffnung auf die Stelle zu machen. Um den besten Kandidaten zu ermitteln, werden die Qualifikationsprofile mit dem Anforderungsprofil der ausgeschriebenen Stelle verglichen. Grundlage für das Anforderungsprofil ist die Stellenbeschreibung.

- **Entgeltfindungsprozess**: Die Höhe des Entgelts hängt bei modernen Entgeltsystemen sowohl vom Schwierigkeitsgrad der Arbeit, d.h. von ihren Anforderungen, als auch von den Leistungen des Stelleninhabers ab. Dazu bedarf es einer Leistungsbewertung, die sich an der Job Description orientiert. Aus dem Aufgabenbild lassen sich die erfolgskritischen Tätigkeiten ersehen. Im Leistungsbild werden die erforderlichen Kenntnisse und Erfahrungen präzisiert. Die mit der Stelle verbundenen Ziele sind ebenfalls erkennbar. Die genauere Spezifizierung und die zeitlichen Vorgaben erfolgen durch darauf aufbauende, zeitbezogene Zielvereinbarungen. Die Qualität der Stellenbeschreibungen hat also Auswirkungen auf den kompletten Entgeltfindungsprozess.[214]

- **Management by Delegation (MbD)**: Kennzeichen dieses Führungsinstruments ist die weitgehende Delegation von Aufgaben, Entscheidungen und Verantwortungen auf untere Hierarchieebenen. Damit sollen einerseits Vorgesetze entlastet und andererseits Eigeninitiative und Verantwortung sowie Leistungsmotivation der Mitarbeiter gesteigert werden. Dazu ist es notwendig, die Aufgabenbereiche mit den notwendigen Kompetenzen sowie die Zielsetzung der Stelle und die Verantwortungsbereiche des Stelleninhabers genau zu definieren, was durch eine gute Stellenbeschreibung erfolgt.

- **Management by Objectives (MbO)**: Hier legen Vorgesetzter und Mitarbeiter gemeinsam Ziele fest. An die Stelle der Aufgabenorientierung tritt die Zielorientierung.

---

[213] Vgl. Ulmer (2019) S. 93 ff.

[214] Vgl. Oechsler/Paul (2019), S. 381 f.

Man soll nicht einfach „vor sich hinarbeiten", sondern bestimmte Ziele anstreben. Die dazu notwendigen Maßnahmen und Vorgehensweisen sucht der Mitarbeiter selbst aus. Der Vorgesetzte beschränkt sich im Wesentlichen auf die Zielvereinbarung und kontrolliert, ob die Ziele erreicht werden.[215] Besonders wichtig für die Verwirklichung des MbO ist es, eine zielorientierte Organisationsstruktur mit Job Descriptions zu schaffen, aus denen sich die eindeutige Zuordnung von konkreten Subzielen für die einzelnen Mitarbeiter ableiten lässt.[216]

- **Leistungsbeurteilungen und Mitarbeitergespräche**: Die Leistungsbeurteilung erfolgt üblicherweise im Rahmen von Mitarbeitergesprächen. Sie dient dazu, dem Mitarbeiter das Ergebnis seiner Leistung und seines Verhaltens zu verdeutlichen. Häufig ist sie Grundlage für die Entgeltfindung und für Bonuszahlungen. Mitarbeiter und Vorgesetzter setzen sich im Gespräch mit der Erfüllung der Ziele und mit den erfolgskritischen Tätigkeiten auseinander. Als Basis dazu dient neben den Zielvereinbarungen die Stellenbeschreibung. Das Ergebnis des Gesprächs sollte seinerseits Eingang in die Stellenbeschreibung finden, indem undeutliche Formulierungen, kritische Aufgabeninhalte, unklare Kompetenzen, ungenaue Leistungsanforderungen etc. berichtigt werden und die Stellenbeschreibung auf diese Weise gleich aktualisiert wird.[217]

- **Personal- und Organisationsentwicklung**: Anhand der Job Descriptions lässt sich feststellen, ob und inwieweit ein Mitarbeiter den derzeitigen und künftigen Stellenanforderungen gewachsen ist. Sie liefern Anhaltspunkte, ob fachliche oder Verhaltensdefizite vorliegen, die sich mithilfe von Personalentwicklungsmaßnahmen beseitigen lassen. Außerdem werden die Vorgesetzten auf Lücken bei den Aufgabenzuordnungen aufmerksam gemacht. Da damit Problemlösungs- und Erneuerungsprozesse angeregt werden, initiieren und fördern gut gemachte Stellenbeschreibungen auch den organisatorischen Wandel,[218] obwohl ihnen oft vorgeworfen wird, dass sie dazu beitragen, die bestehende Struktur zu zementieren.

- **Qualitätsmanagement**: Zur Überprüfung, ob qualitative Anforderungen eingehalten wurden, sind Audits von großer Bedeutung. Dabei geht es in erster Linie um qualitätssichernde Maßnahmen. Ein Beispiel dafür ist die Normenreihe ISO 9000 ff. Das Qualitätsbewusstsein der Mitarbeiter lässt sich unter u.a. durch klare Aussagen in den Stellenbeschreibungen erhöhen.

- **Personalfreisetzung**: Personalfreisetzungsmaßnahmen müssen besonders sorgfältig und juristisch einwandfrei begründet und durchgeführt werden. Die Job Description dient dabei dem Nachweis von Pflichtverletzungen oder auch mangelnder Qualifikation für die zu erfüllenden Aufgaben, womit sie nicht nur bei Abmahnungen hilfreich ist, sondern auch bei arbeitsgerichtlichen Auseinandersetzungen herangezogen werden kann.

---

[215] Vgl. zu regelmäßigen Mitarbeitergesprächen Mentzel (2015), S. 51 ff.

[216] Vgl. Jung (2017), S. 501 f.

[217] Vgl. Nicolai (2004), S. 179.

[218] Vgl. ebd.

Die obigen Überlegungen zeigen, welche hohe Bedeutung Stellenbeschreibungen für den gesamten Human-Resource-Kreislauf haben können. Sie sind ein wirkungsvolles Führungsinstrument, bieten zudem dem Stelleninhaber Transparenz und erleichtern es ihm, sich mit seinen Aufgaben zu identifizieren.[219]

Die Aktualisierung der Stellenbeschreibungen kann in die Mitarbeitergespräche einbezogen werden, womit sich der Aufwand für Änderungen sehr deutlich reduzieren lässt. Durch die regelmäßige Überprüfung und Korrektur wird auch der Gefahr vorgebeugt, dass die Inhalte von den Mitarbeitern als sozialer Besitzstand angesehen werden. Ebenso lassen sich auf diese Weise mangelnde Entscheidungsspielräume erkennen und beseitigen.

Der unzureichenden Übersichtlichkeit über den Aufgabenerfüllungsprozess und über den Zusammenhang mit anderen Stellen muss durch andere Instrumente, z.B. durch die **Funktionendiagramme**, begegnet werden.

5.4 Funktionendiagramme

5.4.1 Begriff und Aufgaben

Mit einem Funktionendiagramm werden die Aufgaben einer Stelle und deren Zusammenhang zu Aufgaben anderer Stellen tabellarisch dargestellt. Man spricht auch von **Funktionenmatrix**, **IMV-Matrix** (Information-Mitarbeiter-Verantwortung-Matrix), **Kompetenzdiagramm** und **Aufgaben-Kompetenzen-Matrix**.[220]

Im Vergleich zur Stellenbeschreibung enthält das Funktionendiagramm keine ausführliche Beschreibung der Aufgaben und wesentlich weniger Informationen zur einzelnen Stelle. Dafür bezieht es die anderen an der Aufgabenerfüllung beteiligten Organisationseinheiten mit ein und gibt einen Überblick über den **Zusammenhang zwischen den Einheiten**.

Obwohl es sich bei den Funktionendiagrammen um ein sehr übersichtliches und relativ einfach zu erstellendes Instrument handelt, wird es nicht so häufig wie die anderen bereits beschriebenen Darstellungsformen eingesetzt. Seit Standard-Software zur Verfügung steht, nimmt seine Verbreitung jedoch zu.[221]

Ein Funktionendiagramm enthält diese **Informationen**:[222]

- alle Teile einer Gesamtaufgabe
- beteiligte Stelleninhaber
- interne Aufgabenverteilung
- Übersicht über die Aufgaben jedes beteiligten Stelleninhabers

---

[219] Vgl. Oechsler/Paul (2019), S. 380 f.

[220] Vgl. Klimmer (2016), S. 108; Nicolai (2012), S. 174.

[221] Vgl. Schmidt/Konz (2019), S. 120 f. und S. 214.

[222] Vgl. ebd.

5.4.2 Symbole und Formen

Das Funktionendiagramm ist wie eine Matrix aufgebaut. In der **Vertikalen** werden die **Aufgaben** eines Bereichs eingetragen, die mit Schlagworten beschrieben werden. In der Horizontalen sind die beteiligten **Stellen** aufgelistet. Die **Schnittstelle** zeigt die **jeweilige Funktion**, die eine bestimmte Stelle bei der Erfüllung dieser Aufgabe leistet. Dabei kann unterschiedlich vorgegangen werden:

- **Ankreuzen**: Bei einem einfachen Funktionendiagramm zeigt ein X lediglich an, welche Stellen an der Aufgabenerfüllung mitwirken, ohne dass die Art der Beteiligung deutlich gemacht wird. Die Stelleninhaber erhalten dann nur einen Überblick darüber, mit welchen Einheiten sie sich koordinieren müssen. Zum Teil wird das X auch als Kurzzeichen für die Gesamtverantwortung verwendet, womit es dann bereits zur nächsten Vorgehensweise gehört.

- **Kurzzeichen**: Sie geben den Umfang und die Art der Zuständigkeit einer Stelle mithilfe eines oder weniger Buchstaben wieder. M steht beispielsweise oft für Mitarbeit, P für Planung, E für Entscheidung oder K für Kontrolle. Durch die Verwendung zusätzlicher, meist tiefergestellter Lettern werden diese Kurzzeichen zum Teil weiter präzisiert. So bedeutet K_V Kontrolle des Verlaufs und K_E Ergebniskontrolle. Um das Funktionendiagramm verstehen zu können, ist es notwendig, dass die Kurzzeichen in einer beigefügten Legende erläutert werden.

Piktogramme: Mit piktografischen Zeichen versucht man Informationen zu vermitteln, die **sprachenunabhängig** verstanden werden. Viele haben als standardisierte Formen Eingang in das alltägliche Leben gefunden. Man denke z.B. an Verkehrsschilder. Auch **Emojis** sind eine Form von Piktogrammen und übermitteln sprachenunabhängig bestimmte Informationen. Piktografische Zeichen in Funktionendiagrammen sind aufgrund ihrer mangelnden Übersichtlichkeit und Verständlichkeit in den letzten Jahren jedoch gänzlich unüblich geworden. Standardsoftware steht hierfür nicht zur Verfügung. Früher hat man standardisierte Formen und Kombinationen von Strichen verwendet. So steht ein Kästchen mit vielen Querstrichen für die Erteilung von Ratschlägen auf Rückfrage des Sachbearbeiters. Verlaufen die Striche schräg statt quer, hat die betreffende Stelle Hilfsarbeiten vorzunehmen. Eine Längsschraffierung bedeutet, dass diese Stelle die Aufgabe hat, sich Kenntnis zu verschaffen, ob bestimmte Aufgaben erledigt wurden. Entfallen mehrere Teilaufgaben auf einen Stelleninhaber, enthält ein Kästchen auch mehrere Informationen. Dazu wird es in Unterkästchen aufgeteilt, die jeweils mit eigenen piktografischen Zeichen versehen werden. Es sind ausführliche Erläuterungen und eine sorgfältige Legende notwendig, um die Zeichen deuten zu können. In Zeiten der zunehmenden Verwendung von Emojis im Alltag kann man sich durchaus vorstellen, dass diese auch in die Darstellungstechniken der Organisation Eingang finden und Piktogramme – wenn auch sehr wahrscheinlich in einer anderen Optik als früher – wieder eine stärkere Verbreitung finden.

Die Abb. 5-7 zeigt ein Funktionendiagramm mit Kurzzeichen. Dabei stehen D für Durchführung, E für Entscheidung, M für Mitarbeit und I für Information. Aus den **Zeilen** ist ersichtlich, wie die verschiedenen Einheiten an einer Gesamtaufgabe beteiligt sind und welche der

Stellen an welcher Teilaufgabe keinen Anteil haben. So wirken z.B. Geschäftsleitung, Marketing-Leitung, Controlling, Logistik und Produktion nicht bei der Marktbeobachtung mit. Die **Spalten** geben einen Überblick darüber, welche Teilaufgaben die einzelnen Einheiten erbringen müssen. Diese werden dann in der Stellenbeschreibung konkretisiert.

STELLEN / AUFGABEN	Geschäfts-führung	Marketing-leitung	Produkt-management	Forschung & Entwicklung	Controlling	Vertrieb	Einkauf	Logistik	Produktion	Externe
Markt-beobachtung			D	M		M	M			M
Neuprodukt-entwicklung		E	D/E	M	M	M/E	M/I	M/I	M/I	M/I
Sortiments-pflege			D							
Verkaufs-planung	E	E	D/E	M/I	M	M/E	M/I	M/I	M/I	M/I
Beschaffung von Ver-packungen und Etiketten	E	M	M		M		D/E	I	M	M
...										

Abb. 5-7: Funktionendiagramm[223]

Vorteile des Funktionendiagramms:

- vergleichsweise geringer Erstellungs- und Änderungsaufwand
- gute Übersichtlichkeit
- viele Informationen werden in übersichtlicher Form verdichtet
- leicht verständlich, wenn Kurzzeichen oder Kreuze verwendet werden
- Zusammenwirken bei der Aufgabenerfüllung wird kompakt dargestellt
- sowohl fehlende als auch unzweckmäßige organisatorische Regelungen werden optisch verdeutlicht

---

[223] Entnommen aus: Klimmer (2016), S. 109.

Die **Nachteile** sind:

- Unübersichtlichkeit, wenn zu viele Stellen und Aufgaben einbezogen werden
- Sonderfälle lassen sich nicht darstellen
- Kurzzeichen geben die Sachverhalte nur unvollständig wieder
- Mehrfachunterstellungen können nicht abgebildet werden

5.5 Kommunigramme

Kommunigramme dienen dazu, Kommunikationsbeziehungen übersichtlich darzustellen. Sie werden bei der Planung der Kommunikationsmittel herangezogen. Es geht darum, die optimalen Kommunikationsmittel für bestimmte Aufgaben, Stellen auszuwählen. So könnten sich bei häufigen internationalen Kontakten Videokonferenzen anbieten, da sie weniger Zeit als Reisen in Anspruch nehmen und mehr Zeit für die eigentliche Aufgabenerfüllung bleibt. **Kommunikationsbeziehungen** sind insbesondere durch diese Kriterien charakterisiert:

- abgebende Einheiten
- aufnehmende Einheiten
- Kommunikationsdauer
- Kommunikationshäufigkeit

Die Abb. 5-8 zeigt ein Kommunigramm, bei dem die beteiligten Stellen als Kreise dargestellt sind, die beschriftet werden können. Je dicker die Verbindungslinie, desto größer die Kommunikationshäufigkeit der Einheiten untereinander.

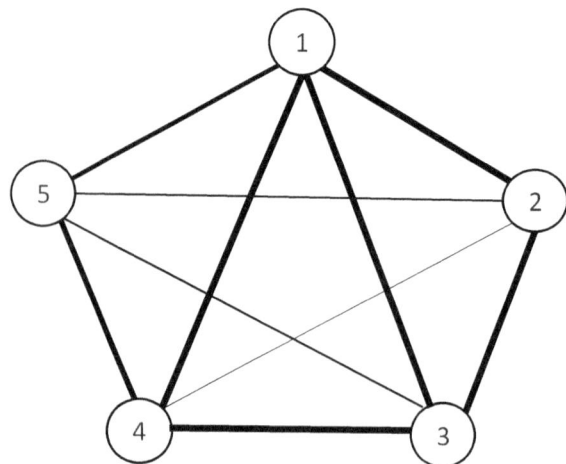

Abb. 5-8: Kommunigramm in Kreisform

Soll die Kontakthäufigkeit genauer betrachtet werden, kann dies mittels eines **Kommunigramms in Dreiecksform** geschehen (Abb. 5-9).

Organisationseinheit

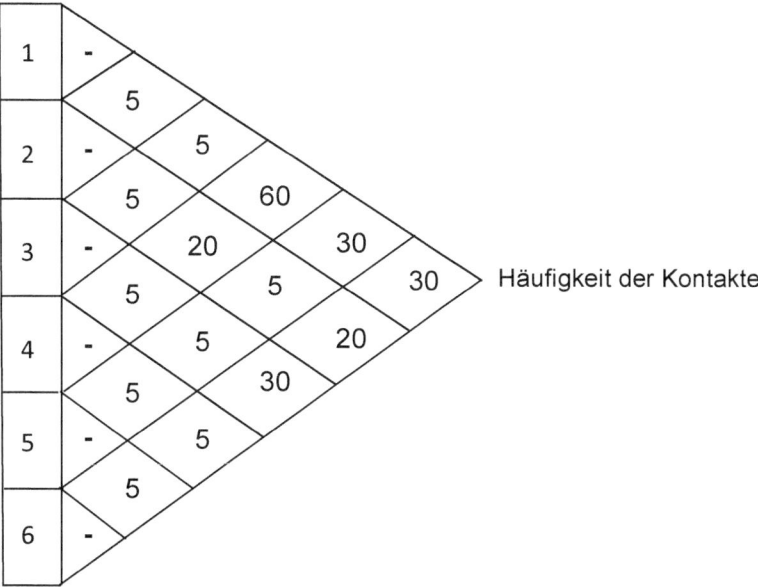

Abb. 5-9: Kommunigramm in Dreiecksform

Untersuchungen zu den Kommunikationsbeziehungen **erübrigen sich heute jedoch in vielen Fällen**. Die meisten Instrumente der modernen Informationstechnik sind in Anschaffung und Nutzung im Vergleich zu früheren Jahren so günstig geworden, dass die Mitarbeiter beliebig oft und schnell miteinander kommunizieren können, womit persönliche Zusammentreffen und eine räumliche Nähe bei der Aufgabenerfüllung immer stärker an Bedeutung verlieren. Lediglich wenn sehr teure IT notwendig ist, werden für die Auswahlentscheidungen noch Kommunikationsuntersuchungen durchgeführt.

5.6 Zusammenfassung und Ausblick

Darstellungstechniken der Aufbauorganisation werden zur Veranschaulichung aufbauorganisatorischer Sachverhalte herangezogen. Sie können Ist-Situation oder Soll-Zustände zeigen. Ihr Ziel ist es, das Verständnis für organisatorische Sachverhalte zu erhöhen und eine einheitliche Wahrnehmung zu erreichen. Man kann Schwachstellen schnell erkennen und Verbesserungen einleiten sowie Neuerungen im Überblick veranschaulichen. Die moderne IT hat dazu beigetragen, dass sich die Abbildungen leicht erstellen lassen und der zeitliche Änderungsaufwand gering ist, weshalb die Visualisierung aufbauorganisatorischer Sachverhalte eine gängige Vorgehensweise der Organisation ist.

5.7 Wiederholungsfragen

1.   Welche Aufgabe haben Darstellungstechniken?

2.   Was versteht man unter einem Organigramm?

3.   Welche Sachverhalte werden mithilfe von Organigrammen dargestellt?

4.   Welche Formen von Organigrammen kennen Sie?

5.   Welche Vorteile bietet die Verwendung von Organigrammen?

6.   Was ist die Aufgabe von Stellenbeschreibungen?

7.   Welche Inhalte sollten Stellenbeschreibungen haben?

8.   Wie müssen Stellenbeschreibungen bei Teamarbeit geändert werden?

9.   Bei welchen Führungsaufgaben können Stellenbeschreibungen herangezogen werden?

10.   Welche Nachteile treten bei der Verwendung von Stellenbeschreibungen auf?

11.   Wozu dienen Funktionendiagramme?

12.   Können piktografische Zeichen in Funktionendiagrammen verwendet werden?

13.   Erläutern Sie den Zusammenhang zwischen Funktionendiagrammen und Stellenbeschreibungen.

14.   Was versteht man unter einem Kommunigramm?

15.   Weshalb erübrigen sich Untersuchungen zu Kommunikationsbeziehungen heute in vielen Fällen?

6 Gestaltung der Prozessorganisation

6.1 Vorbemerkung

6.1.1 Ablauforganisation versus Prozessorganisation

Die Gestaltung der Aufbauorganisation ist mit der Bildung der formalen Unternehmenshierarchie abgeschlossen. Bei der Strukturierung der Abläufe wird der Blick nun auf den Vollzug der Leistungserstellung und -verwertung, d.h. auf die Prozesse, gelenkt. Deren zügige, kostengünstige und ebenso deren qualitativ hochwertige Gestaltung ist die **Aufgabe der Prozessorganisation**.

Nach der traditionellen Auffassung vervollständigt die Ablauforganisation die in der Aufbauorganisation vorgenommenen Zuordnungen.[224] Sie strukturiert vorrangig die Arbeitsabläufe innerhalb einzelner Stellen und Abteilungen. Die klassische Organisationslehre misst der Aufbauorganisation absolute Priorität bei und sieht die Strukturierung der Prozesse lediglich als ein nachgelagertes, raum-zeitliches Gestaltungsproblem. Dazu wird das Analyse-Synthese-Konzept, welches in der Aufbauorganisation angewendet wird, in Form einer Arbeitsanalyse und -synthese fortgesetzt. Es verfeinert die aufbauorganisatorischen Regelungen, indem die Teilaufgaben niedrigster Ordnung in die Arbeitsanalyse übernommen werden. Sie werden nun als **Elementaraufgaben** bezeichnet. Anschließend werden sie nach den aus der Aufbauorganisation bekannten Kriterien mehrfach in Arbeitsgänge, Gangstufen und Gang-elemente weiter differenziert. Dafür werden in der Literatur bis zu sieben Stufen vorgeschlagen.[225]

Je einfacher und stereotyper die Aufgaben sind, desto tiefer soll die Gliederung sein. Im Fertigungsbereich ist sie traditionell ausgeprägter als im Dienstleistungsbereich und in der Verwaltung. Die Gangelemente werden im Anschluss an die Arbeitsanalyse in der Arbeitssynthese unter räumlichen und zeitlichen Aspekten sachlich und logisch integriert und einem Aufgabenträger zugeordnet.

Dabei geht der Blick über die Abteilungsgrenzen hinweg jedoch weitgehend verloren. Es wird kaum berücksichtigt, dass ein Prozess mehrere Abteilungen durchläuft und – um ihn optimal zu gestalten – seine ganzheitliche Betrachtung notwendig wäre. Entsprechend kommt es dann oft zu beträchtlichen Schnittstellenproblemen bei der Prozessdurchführung.

Während Prozesse früher in der Organisation viel zu wenig betrachtet wurden, geht man inzwischen davon aus, dass die Vernachlässigung der Prozesse und der Tatsache, dass Prozesse stellen- und abteilungsübergreifend ablaufen, zu einem **Zerrbild der organisatorischen Wirklichkeit** führen.[226] Die Vertreter dieser Sichtweise machen ihre Überzeugung auch

---

[224] Vgl. Bea/Göbel (2019), S. 3235 ff.; Breisig (2015), S. 98.

[225] Vgl. Nordsieck (1962), S. 40 ff.

[226] Vgl. Schulte-Zurhausen (2013), S. 48.

dadurch deutlich, dass sie nicht mehr die Bezeichnung **Ablauforganisation**, sondern den Begriff **Prozessorganisation** verwenden.

Dafür, dass sich das Denken in Prozessen durchgesetzt und die **Prozessgestaltung** als ein **entscheidender Erfolgsfaktor** bei der Erreichung der Unternehmensziele angesehen wird, gibt es mehrere Gründe:[227]

- Individualisierung der Kundenbedürfnisse
- immer kürzer werdende Produktlebenszyklen
- hohe Personalkosten für Koordinierungstätigkeiten bei schlechter Prozessgestaltung
- bessere Nutzung des Mitarbeiterpotenzials durch die Verringerung hochgradiger funktionaler Spezialisierung
- Mitarbeitermotivation durch abwechslungsreiche Aufgaben
- größere Handlungsspielräume durch Einbezug der Fortschritte der Informations- und Kommunikationstechnologie

Die **Wettbewerbsfähigkeit** hängt heute in besonderem Maße davon ab, ob es gelingt, alle Geschäftsprozesse zügig, kostengünstig, flexibel, fehlerfrei und – mit oberster Priorität an den **Wünschen der internen oder externen Kunden** ausgerichtet – abzuwickeln. Um dies zu erreichen, differenziert die Prozessorganisation das Gesamtunternehmen in **Geschäftsprozesse** und anschließend weiter in einzelne **Teilprozesse** bis hin zu den **Elementarprozessen**. **Abteilungsgrenzen** sind dabei irrelevant und werden dementsprechend auch **nicht beachtet**.

Abb. 6-1 zeigt diesen Sachverhalt am Beispiel einer funktional orientierten Organisation.

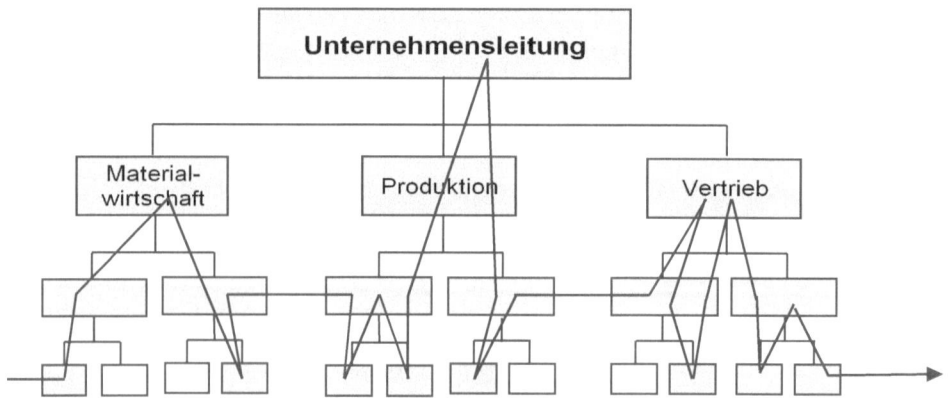

Abb. 6-1: Prozessabwicklung in einer funktionalen Organisation[228]

---

[227] Vgl. Bea/Göbel (2019), S. 334.

[228] Entnommen aus: Vahs (2019), S. 209.

Im Extremfall wird gefordert, bei der Strukturierung der Organisation gleich mit der Prozess-strukturierung zu starten und die Aufbauorganisation hintanzustellen. Zur Prozessgestaltung wird zunächst eine Prozessanalyse vorgenommen, um die Gesamtprozesse in Teilprozesse zu gliedern und in eine sinnvolle Reihenfolge zu bringen. Außerdem werden zeitliche und räumliche Notwendigkeiten festgelegt. Die Stellen- und Abteilungsbildung richten sich an den spezifischen Anforderungen des Ablaufs der betrieblichen Prozesse aus. Sie folgen deren Gestaltung nach.[229]

Einer der deutschsprachigen Hauptvertreter dieser Vorgehensweise der Prozessorganisation ist Gaitanides. Er sieht **Unternehmen als eine Summe von Prozessen** zur Umwandlung von Inputs in Outputs.[230]

Vorteile einer stärkeren Prozessorientierung:[231]

- Die **Abhängigkeiten** zwischen den Tätigkeiten von Stelleninhabern und die damit verbundene **Schnittstellenproblematik** werden **verringert**, wenn die Organisation von vornherein auf die Prozesse ausgerichtet wird.

- Es besteht die Möglichkeit, eine oder mehrere Stellen für einen gesamten Prozess über Abteilungsgrenzen hinweg verantwortlich zu machen. Diese **ganzheitliche Prozess-verantwortung** ermöglicht den Stelleninhabern Freiräume bei der Gestaltung der eigenen Aufgaben. Als Koordinationsinstrument gewinnt die **Selbstabstimmung** erheblich an Bedeutung.

- Die größere Eigenverantwortung für umfassendere Aufgabenbereiche soll die **Motivation der Mitarbeiter** steigern.

- Durch die strikte **Kundenorientierung** in der Prozessorganisation wird das überbetriebliche Denken gefördert und die **Konzentration auf wertschöpfende Aktivitäten** erreicht.

- Diese Schwerpunktsetzung erfordert von allen Mitarbeitern **unternehmerisches Denken** und organisationales Lernen, wodurch **kontinuierliche Verbesserungs-prozesse** ausgelöst werden.

Dass man in Lehrbüchern noch immer eine gedanklich-analytische Trennung in Aufbau- und Prozessorganisation vornimmt, hat rein **didaktische Gründe**. Sie dient dazu, die Auseinandersetzung mit organisatorischen Fragestellungen zu erleichtern.

6.1.2 Prozessorganisation als Primär- oder Sekundärorganisation

Eng verbunden mit der zunehmenden Bedeutung der Prozessorganisation ist die Frage nach ihrer **strukturellen Integration**. Dabei geht es darum, ob sie als **Primär- oder als Sekundärorganisation** gebildet werden soll.

---

[229] Vgl. Krüger (2005), S. 178.

[230] Vgl. Gaitanides (2007).

[231] Vgl. Vahs (2019), S. 212.

Eine Prozessorganisation, die als **Sekundärorganisation** gestaltet wird, überlagert eine aufbauorganisatorische Primärorganisation. Damit entsteht eine prozessorientierte Matrixstruktur bzw. eine Tensorstruktur, wenn bereits vorher eine primäre Matrixorganisation vorhanden ist. Die funktionsübergreifenden Prozesse werden von einem **Prozessmanager** über mehrere Stellen und ggf. über Abteilungsgrenzen hinweg betreut. Man verspricht sich davon die Vorteile, die eine Matrix- bzw. Tensororganisation ansonsten auch aufweist (vgl. dazu Kapitel 4.1.4 und 4.1.5). Diese Form des Prozessmanagements kommt in der Praxis am häufigsten vor.

Ein Beispiel für eine Prozessorganisation, die als Sekundärorganisation eine funktional gegliederte primäre Aufbauorganisation überlagert, zeigt die Abb. 6-2.

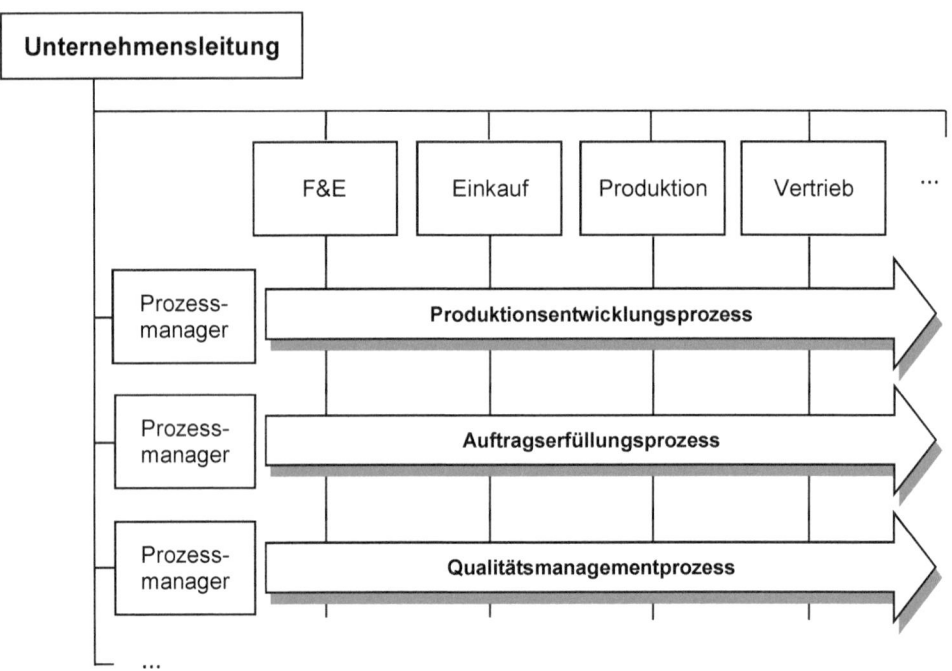

Abb. 6-2: Prozessorganisation als Sekundärorganisation

Bei der konsequentesten Umsetzung der Prozessorientierung wird die Prozessorganisation selbst als **Primärorganisation** konzipiert. Dabei wird das gesamte Unternehmen als eine Vielzahl miteinander vernetzter Wertschöpfungsprozesse gesehen. Jeder Prozess bildet für sich eine eigenständige Organisationseinheit, die eigenverantwortlich und ganzheitlich ihren Auftrag erfüllt. Die **kleinste organisatorische Einheit** ist also nicht mehr eine Stelle, sondern ein **Prozess**.

Diese Vorgehensweise führt konsequenterweise zum **Case Management**[232], bei dem die Koordination der Organisationseinheiten nicht über die Hierarchie, sondern über die Kunden-Lieferanten-Beziehungen erfolgt. Gemeint sind sowohl die direkten, nach außen gerichteten, als auch die indirekten, internen Prozesse, da zumindest theoretisch alle Leistungen auch von außen bezogen werden könnten.

Das Case Management erfordert von den Führungskräften und Mitarbeitern ein völliges **Umdenken**. Die herkömmlichen, gewohnten Strukturen gelten nicht mehr. Stattdessen sind unternehmerisch denkende **Prozessmanager und Prozessmitarbeiter** gefragt, die sich flexibel auf die Kundenwünsche einstellen. Sie werden zu einem **Case Team** zusammengefasst. Der Prozessmanager erhält Weisungs- und Entscheidungsbefugnis für sämtliche Planungs-, Durchführungs- und Kontrollaspekte eines Geschäftsprozesses. Er gliedert seinen Geschäftsprozess selbständig in sinnvolle Teilprozesse, die er seinen Mitarbeitern zuweist. Die Unternehmensleitung übernimmt neben strategischen Aufgaben lediglich die Koordination der Geschäftsprozesse und interveniert nur in Ausnahmefällen, wenn Probleme von einem Case Team nicht vor Ort gelöst werden können. Unterstützt wird das Team von unternehmens- bzw. **prozessübergreifenden Zentralfunktionen** wie dem Human Resources Management und dem zentralen Finanzbereich. In der Praxis hat sich diese Vorgehensweise bislang allerdings zur ansatzweise durchgesetzt, gewinnt aber immer mehr an Beachtung.

6.2 Grundlagen der Prozessorganisation

6.2.1 Begriffsbestimmungen

Unter **Prozessorganisation** versteht man die dauerhafte, zielgerichtete Strukturierung von Prozessen, sodass das geforderte Prozessergebnis möglichst effizient erreicht wird. Bevor man sich Gedanken über diese optimale Gestaltung von Prozessen machen kann, muss zunächst genauer ermittelt werden, was unter einem Prozess zu verstehen ist.

Ein **Prozess** ist eine Folge logisch zusammengehöriger Aktivitäten, die darauf gerichtet sind,

- eine bestimmte Leistung
- zielgerichtet
- mit einem definierten Ressourceneinsatz
- innerhalb eines festgelegten Zeitraumes
- nach vorgegebenen Regeln

zu erstellen.

Ein Prozess ist somit ein **inhaltlich abgeschlossener Vorgang**, der unabhängig von vor-, neben- oder nachgelagerten Vorgängen betrachtet werden kann. Er wird durch ein **Ereignis**, etwa einen Kundenauftrag, ausgelöst und benötigt einen definierten **Input** an Ressourcen, um

---

[232] Vgl. Seidenbiedel (2001), S. 170 f.

ein vorgegebenes Arbeitsergebnis, den **Output**, zu erzeugen.[233] Während eines Prozesses entsteht nach dem Anstoß durch Ressourcenkombination ein Wertzuwachs, die sog. **Wertschöpfung**. Darunter versteht man die Differenz zwischen dem Wert des Inputs zu Beginn des Prozesses und dem Wert des Outputs nach dessen Beendigung.

Bei der Wertschöpfung muss es sich nicht notwendigerweise um einen geldlichen Wertzuwachs handeln. Man denke z.B. an **Non Profit Organisationen**, die nicht gewinnorientiert handeln. Wenn der Prozessgedanke auf sie übertragen wird, sind auch nicht monetäre Wertzuwächse als Wertschöpfung anzusehen, z.B. Verbesserungen beim Umweltschutz, Erleichterungen bei der Kindererziehung oder die Steigerung des Erholungswertes einer Region.

6.2.2 Merkmale von Prozessen

Aus der obigen Definition folgt, dass sich Prozesse durch diese Merkmale auszeichnen:[234]

- **Aufgaben- und Zielorientierung**: Prozesse sind auf definierte Ergebnisse, die **Prozessziele**, ausgerichtet. Diese werden vor Beginn des Prozesses zwischen den Leistungserbringern und -empfängern festgelegt. Die Ziele werden durch die Erfüllung von **Aufgaben** erreicht.

- **Anstoß und Beendigung durch ein Ereignis**: Prozesse werden durch eine neue Situation, ein bestimmtes Ereignis, angestoßen. Man unterscheidet zwischen internen, externen und zeitlichen Ereignissen. **Interne Ereignisse** werden durch den Prozessmanager, der für den Prozess verantwortlich ist, bzw. seine Mitarbeiter initiiert. **Externe Ereignisse** haben einen von außen gegebenen Input als Grundlage, etwa den Eingang einer Bestellung. **Zeitliche Ereignisse** werden durch einen bestimmten Zeitpunkt in Gang gesetzt, z.B. durch den Beginn oder das Ende eines Geschäftsjahres. Ein Prozessergebnis selbst kann wiederum Ereignis für den Anstoß eines neuen Prozesses sein. Ein Prozess endet, wenn das anfangs definierte **Endereignis** eintritt.

- **Transformation von Input zu Output**: Die angestrebten Ergebnisse entstehen durch die Kombination von Ressourcen. Als **Input** können materielle und immaterielle Güter eingesetzt werden, z.B. Rohstoffe oder Informationen. Entsprechend kann auch der **Output** aus materiellen und immateriellen Leistungen – etwa einem fertiggestellten Produkt oder einer Dienstleistung – bestehen.

- **Abfolge mehrerer Aktivitäten**: Die Kombination der Ressourcen erfolgt in einer **festgelegten Reihenfolge** von inhaltlich miteinander verknüpften Aktivitäten (Arbeitsgängen), die entweder nacheinander oder parallel ablaufen.

- **vorgegebener Einsatz von Ressourcen**: Um die Ziele zu erreichen, müssen **Arbeitskräfte, Sachmittel und Informationen** kombiniert werden.

- **Quelle und Senke**: Jeder Prozess hat mindestens eine **Quelle** (**Lieferant**), die den Input liefert und mindestens eine **Senke** (**Kunde**), welche das Prozessergebnis empfängt. Interne Prozessquellen und -senken sind die vor- bzw. nachgelagerte Teile einer

[233] Vgl. Klimmer (2016), S. 116; Vahs (2019), S. 216; Schulte-Zurhausen (2013), S. 52 ff.

[234] Vgl. Vahs (2019), S. 218 f.; Klimmer (2016), S. 116 ff.; Schulte-Zurhausen (2013), S. 52 f.

Prozesskette, die im Unternehmen ausgeführt werden. Externe Quellen und Senken sind nicht Bestandteil des Unternehmens. Es handelt sich dabei um außenstehende Geschäftspartner, zu denen das Unternehmen z.B. Beschaffungs-, Absatz- oder Forschungsbeziehungen unterhält.

▪ **Definierte Durchlaufzeit**: Prozesse beginnen und enden zu bestimmten Zeitpunkten. Sie sollen außerdem innerhalb des vorgegebenen Zeitraumes abgeschlossen werden.

▪ **Kundenorientierung**: Die konsequente Ausrichtung an den Wünschen der internen und externen Kunden ist ein weiteres wesentliches Merkmal von Prozessen.

6.2.3 Systematisierung von Prozessen

Weder in der Literatur noch in der Praxis findet sich eine einheitliche Klassifizierung der Prozessarten. Im Hinblick auf die organisatorische Gestaltung erscheint, wie in der Abb. 6-3 dargestellt, die **Systematisierung nach fünf Gesichtspunkten** zweckmäßig:

▪ Prozessgegenstand

▪ Ebene der Aktivitäten

▪ Marktbezug

▪ Wiederholungsgrad

▪ Art der Tätigkeiten

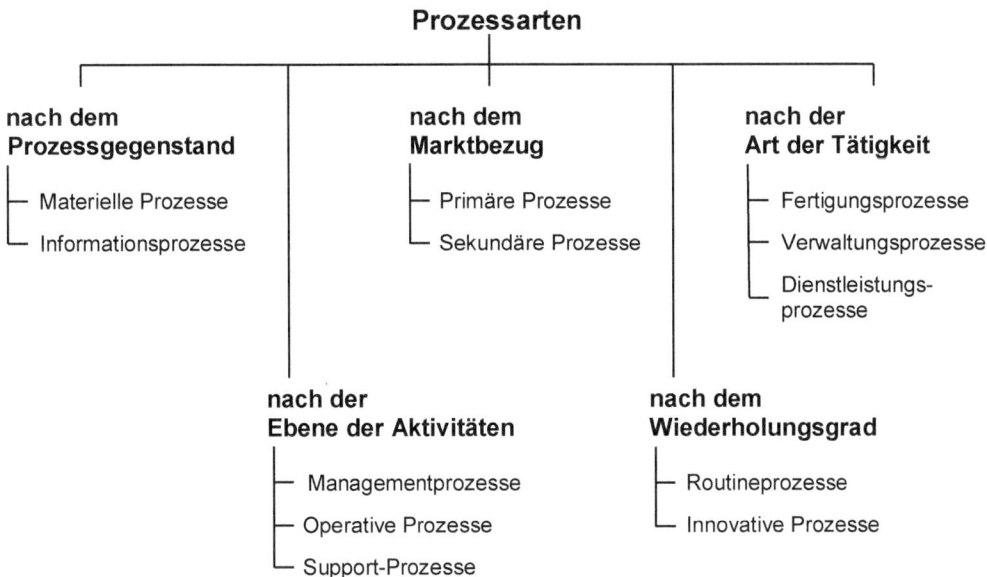

Abb. 6-3: Systematisierung von Prozessen

Die **Gliederung nach dem Prozessgegenstand** stellt auf die betrieblichen Leistungen ab. Dabei kann es sich um materielle Güter und immaterielle Dienstleistungen sowie eine Kombination aus beiden handeln. Entsprechend differenziert man zwischen **materiellen Prozessen und Informationsprozessen**:[235]

- **Materielle Prozesse** haben Bearbeitung, Lagerung und Transport von realen Objekten, d.h. von Roh-, Hilfs- und Betriebsstoffen sowie von Halb- und Fertigfabrikaten zum Inhalt. Durch deren Kombination entstehen neue physische Objekte. Bei der Gestaltung der materiellen Prozesse kommt der räumlichen und zeitlichen Anordnung der Prozessaktivitäten eine besondere Bedeutung zu.

- Bei **Informationsprozessen** geht es um Beschaffung, Verarbeitung, Weiterleitung und Speicherung von Informationen. Sowohl der Input als auch der Output von Informationsprozessen besteht aus Daten. Beispiele sind die Beratung von Kunden, die Entwicklung eines Marketing-Konzepts oder die Erstellung der Gewinn- und Verlustrechnung. Aus praktischen Gründen wird auch die Handhabung der materiellen Datenträger – also der Sticks, Festplatten, CDs, Formulare, Akten etc. – zu den Informationsprozessen gezählt.

Nach der **Ebene der Aktivitäten** lassen sich **Management-, operative und Support-Prozesse** unterscheiden:

- **Managementprozesse** beschäftigen sich mit der Führung des Unternehmens oder eines größeren Teilbereiches. Sie dienen der Festlegung von Zielen, Strategien und Umsetzungsmaßnahmen und schließen deren Planung, Steuerung und Kontrolle mit ein. Nach ihrer Bedeutung für das Unternehmen und dem Zeithorizont lassen sie sich in **strategische und taktische Managementprozesse** untergliedern. Die Entwicklung einer Marketing-Strategie ist ein Beispiel für die erste und die Festlegung von Produktionskennzahlen für eine Abrechnungsperiode ein Beispiel für die zweite Form von Managementprozessen.

- **Operative Prozesse** werden auch **Kern- oder Leistungsprozesse** genannt. Sie befassen sich mit der Erstellung und Vermarktung der betrieblichen Leistungen für externe Kunden. Diese können materieller oder immaterieller Art sein. Beispiele sind die Herstellung eines Laptops in einem Industrieunternehmen oder die Erstellung einer Steuererklärung durch eine Steuerberatungskanzlei.

- Bei **Support-Prozessen** handelt es sich um Unterstützungsprozesse, die sowohl auf der Management- als auch auf der operativen Ebene zu finden sind.[236] Sie umfassen alle Aktivitäten, die diese Prozesse überhaupt erst ermöglichen. Dazu gehören z.B. die Personalbeschaffung, die Kosten- und Leistungsrechnung oder die Wartung von Maschinen. Sie haben eine indirekte Bedeutung für die Leistungserstellung und sind für Externe nicht sichtbar. Unter dem Aspekt des Marktbezuges handelt es sich hierbei um Sekundärprozesse.

---

[235] Vgl. Breisig (2015), S. 103 ff.
[236] Vgl. Klimmer (2016), S. 119 f.

Betrachtet man Prozesse danach, ob sie einen **Marktbezug** haben, ergibt sich eine Gliederung in **primäre und sekundäre Prozesse**:

- **Primäre Prozesse** haben einen unmittelbaren Bezug zum Leistungsprogramm des Unternehmens. Sie sind auf dessen Erstellung und Absatz ausgerichtet. Beispiele für primäre Prozesse sind Produktion, Marketing und Vertrieb.

- **Sekundärprozesse** haben die Aufrechterhaltung der Betriebsbereitschaft zum Ziel. Sie unterstützen die kontinuierliche Durchführung der primären Prozesse und haben selbst keinen direkten Bezug zur Leistungserstellung. Dazu gehören z.B. Wartungsaufgaben, Personalentwicklung und Controlling. Betrachtet man diese Aufgaben unter dem Aspekt der Ebene der Aktivitäten, gehören sie zu den Support-Prozessen.

Nach dem **Wiederholungsgrad** ist die Unterscheidung zwischen **Routineprozessen und innovativen Prozessen** sinnvoll. Sie bietet sich dann an, wenn nach der Prozessanalyse die Arbeitsschritte der Prozesse vereinheitlicht werden sollen, um die Effizienz zu steigern:

- **Routineprozesse** zeichnen sich durch häufige Wiederholungen in gleicher oder sehr ähnlicher Form. Die Aktivitäten sind genau bekannt und können weitgehend standardisiert werden. Ein Beispiel ist die Herstellung von Großserien am Fließband.

- Dagegen findet eine Wiederholung in gleicher Art und Weise bei **innovativen Prozessen** nicht oder nur sehr selten statt. Solche Prozesse sind kaum strukturiert, die Aktivitätsfolgen und die einzusetzenden Ressourcen sind ebenso wie der zeitliche Aufwand nicht genau vorhersehbar. Sie haben Produkt-, Prozess- oder Strukturinnovationen zum Gegenstand und können sich auf technische Aspekte sowie auf neue administrative Verfahren oder sonstige Dienstleistungen erstrecken.[237]

Wenn man die **Art der Tätigkeiten** in den Mittelpunkt stellt, dann ergibt sich eine Aufteilung in **Fertigungs-, Verwaltungs- und Dienstleistungsprozesse**. In allen Fällen finden materielle und informationelle Prozesse statt, allerdings in unterschiedlichem Umfang:

- **Fertigungsprozesse** betreffen die Bearbeitung bzw. Herstellung von materiellen Gütern. Ein Beispiel ist die Lackierung der Pkw bei einem Automobilhersteller.

- **Verwaltungsprozesse und Dienstleistungsprozesse** beziehen sich auf die Abwicklung administrativer Aufgaben. Es kann sich um Dienstleistungen für den externen Markt oder die direkte und indirekte Unterstützung interner Prozesse handeln. Es geht dabei insb. um die Umwandlung von Input- in Output-Informationen.

6.2.4 Prozessketten

Prozesse sind über ihre Output-Input-Beziehungen miteinander verbunden. Der Output des einen Prozesses ist oft gleichzeitig der Input eines anderen Prozesses. Diese Verknüpfungen erfolgen aus funktionalen Gründen. Die zeitliche und sachlich-logische Verknüpfung von inhaltlich zusammenhängenden Prozessen nennt man **Prozessketten**.[238]

---

[237] Vgl. Schulte-Zurhausen (2013), S. 55 f.
[238] Vgl. Vahs (2019), S. 222.

Aus organisatorischer Sicht sind zunächst **Geschäftsprozesse** besonders von Bedeutung. Sie werden direkt aus den Unternehmenszielen abgeleitet und auch als **Schlüssel- oder Hauptprozesse** bezeichnet. Ihre Prozessergebnisse sind unmittelbar für externe Kunden bestimmt. Geschäftsprozesse sollen zu einem zuvor definierten Ergebnis führen und auf diesem Weg einen **Beitrag zur Wertschöpfung** und zum Unternehmenserfolg leisten.[239] Die Verbindung aller Geschäftsprozesse wird in Anlehnung an Porter als **Wertschöpfungskette** bezeichnet.[240]

Unter einem Geschäftsprozess versteht man eine Prozesskette, bei der diese Aktivitäten miteinander verbunden sind:[241]

- Erstellung und Vertrieb materieller Güter oder Dienstleistungen
- Steuerung und Verwaltung der Ressourcen
- Beeinflussung der Umwelt, d.h. der Kunden, der Lieferanten und der sonstigen Öffentlichkeit

Die **wichtigsten Geschäftsprozesse** (vgl. Abb. 6-4) sind:

- Produktentstehungsprozesse
- Auftragsgewinnungsprozesse
- Auftragserfüllungsprozesse
- Serviceprozesse

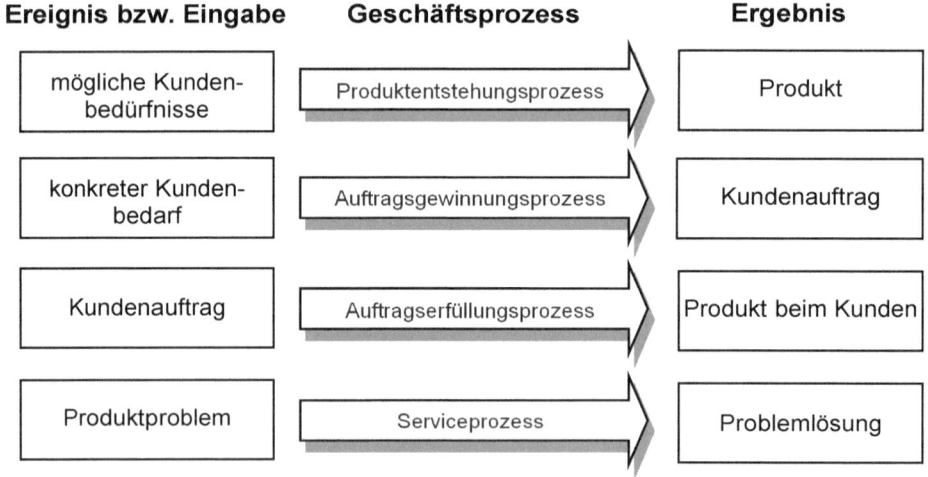

Abb. 6-4: Grundlegende Geschäftsprozesse in einem Industrieunternehmen[242]

---

[239] Zu möglichen Wettbewerbsvorteilen vgl. Dietl/Frank/Royer (2008), S. 332 ff.
[240] Vgl. Porter (2000), S. 63; Vahs (2019), S. 222.
[241] Vgl. Schulte-Zurhausen (2013), S. 57.
[242] Entnommen aus Dillerup/Stoi (2016), S. 587.

Das Resultat eines **Produktentstehungsprozesses** sind materielle Produkte oder Dienstleistungen. Er wird passend zu möglichen Kundenbedürfnissen strukturiert. Das Ergebnis eines **Auftragsgewinnungsprozesses** ist ein Kundenauftrag, der sich am konkreten Kundenbedarf ausrichtet. **Auftragserfüllungsprozesse** dienen dazu, dass die Güter oder Dienstleistungen, die der Kunde in Auftrag gegeben hat, hergestellt werden. **Serviceprozesse** werden i.d.R. durch Produktprobleme angestoßen und sollen eine passende Lösung finden.

Geschäftsprozesse stehen auf der obersten hierarchischen Ebene in der **Prozesshierarchie**. Wenn ein Geschäftsprozess schrittweise in seine Teilprozesse differenziert wird, entsteht eine sog. Prozesshierarchie. Die Zerlegung wird solange fortgeführt, bis eine weitere Teilung nicht mehr sinnvoll erscheint. In der Praxis werden diejenigen Prozesse, die sich häufig wiederholen, i.d.R. tief gegliedert, da man sich davon eine Optimierung des Prozessablaufs verspricht. Selten auftretende Prozesse sind hingegen tendenziell geringer differenziert. Dies gilt auch für Prozesse mit niedriger Wertschöpfung. Die unterste Hierarchieebene in der Prozessorganisation bilden die Elementarprozesse. Sie können komplett von einer einzelnen Stelle ohne Unterbrechung ausgeführt werden und haben zwischendurch keine Verbindung zu anderen Stellen oder Prozessen.

In Abb. 6-5 ist eine Prozesshierarchie am Beispiel des Geschäftsprozesses Auftragserfüllung dargestellt.

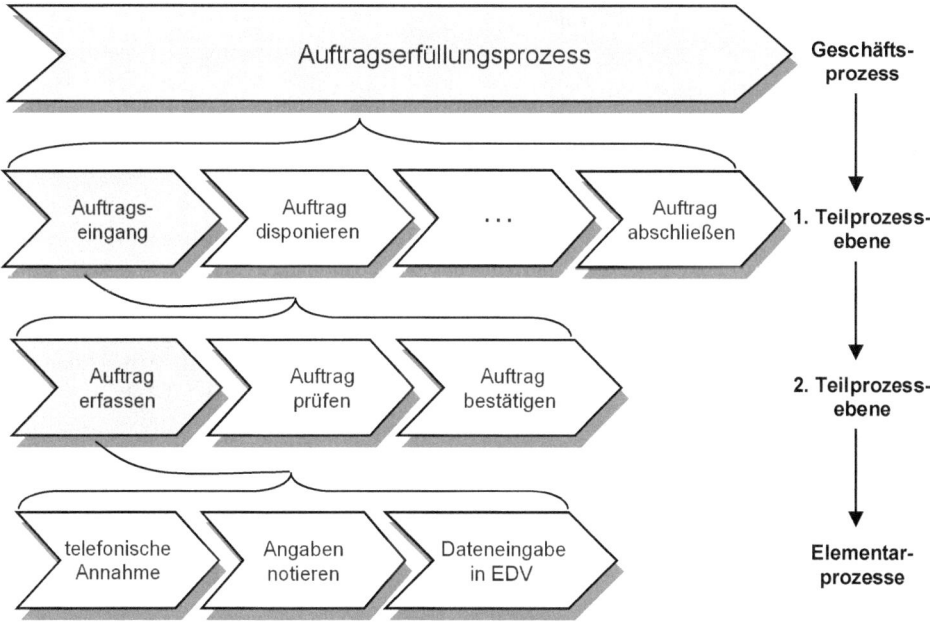

Abb. 6-5: Prozesshierarchie am Beispiel des Geschäftsprozesses Auftragserfüllung[243]

---

[243] Entnommen aus: Dillerup/Stoi (2016), S. 588.

Werden neben den unternehmensinternen auch unternehmensübergreifende Prozesse, insbesondere auf der Beschaffungsseite, berücksichtigt, spricht man von **Supply Chain Management**. Dabei werden die **Wertschöpfungsketten von Lieferanten, Unternehmen und Kunden gedanklich verknüpft.**[244]

Ein Beispiel für eine solche unternehmensübergreifende Wertschöpfungskette ist in Abb. 6-6 dargestellt.

Gesamte Supply Chain

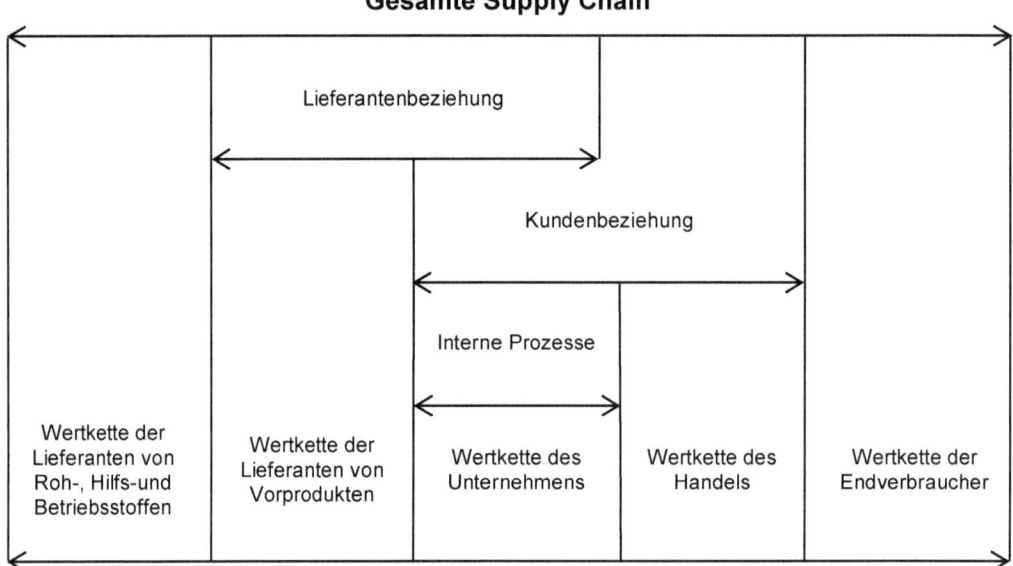

Abb. 6-6: Bereiche des Supply Chain Managements[245]

Eine Prozessstrukturierung, die sich stark am Output orientiert, wird als **Customer Relationship Management** (CRM) bezeichnet.[246] Die Einbeziehung der verschiedenen Stufen der Wertschöpfungskette reicht hierbei im Extremfall von Forschungs- und Entwicklungszentren mehrerer Universitäten und Forschungsinstitute über diverse Rohstofflieferanten, Zulieferer von Teilprodukten, interne Prozesse des Unternehmens und Zwischenhändler bis hin zum Endverbraucher.

6.2.5 Gegenstand der Prozessorganisation

Prozesse gut zu organisieren bedeutet, sie so zu gestalten, dass der bestmögliche Prozess-Output erreicht wird. Allerdings sind **nicht alle Prozesse gut organisierbar**, sondern vorrangig solche, die durch häufige **Wiederholungsvorgänge** gekennzeichnet sind. Es ist dabei nicht

---

[244] Vgl. Schmidt/Konz (2019), S. 306.

[245] In Anlehnung an Otto (2002), S. 99 und Klimmer (2007), S. 84.

[246] Vgl. Krüger (2005), S. 177.

entscheidend, ob die Ergebnisse identisch sind, vielmehr geht es um die wiederkehrenden **Gemeinsamkeiten oder Ähnlichkeiten der Abläufe**.

Wesentlich ist, dass immer wieder ähnliche Folgen von Aktivitäten durchgeführt werden. Nur dann lassen sich Prozesse weitgehend standardisieren und routinisieren.[247] Solche Prozesse sind der **Gegenstand der Prozessorganisation**.

Wenn Prozesse wegen ihrer Verschiedenartigkeit stets unterschiedlich ablaufen, können sie nicht organisiert werden, bzw. ist ihre Organisation nicht sinnvoll.

Das trifft vor allem auf

- Managementprozesse und
- Innovationsprozesse zu.

Bei **Managementprozessen** ist die regelmäßige Wiederholung normalerweise nicht gegeben. Sie laufen aufgrund der Verschiedenheit der zu lösenden Probleme stets unterschiedlich ab, sodass eine Organisierbarkeit hier kaum möglich ist.

Auch den **Innovationsprozessen** fehlt die Eigenschaft der häufigen gleichartigen Wiederholungen. Sie finden normalerweise nur einmal statt. Dauer, Umfang und Art dieser Aktivitäten sind unsicher, womit – ebenso wie bei den Managementprozessen – eine dauerhafte, vorgegebene Strukturierung nicht sinnvoll ist. Damit entziehen auch sie sich der Möglichkeit der Organisation.

Bei beiden Prozessarten lässt sich allerdings ein **grober Rahmen** für die einzelnen Phasen festlegen. Diese Grobstrukturierung könnte bereits als ein erster Schritt bzw. eine rudimentäre **Form der Prozessorganisation** angesehen werden, insofern wären dann auch **Management- und Innovationsprozesse organisierbar**. Details sind hier jeweils im Einzelfall zu klären und nicht im Voraus zu strukturieren. Diese Prozesse stehen aber auch dann nicht im Mittelpunkt der Prozessorganisation.

Der Schwerpunkt der Prozessorganisation liegt somit auf Gestaltung der **Ausführungsprozesse**.

Sie sind durch diese Merkmale gekennzeichnet:[248]

- häufige Wiederholung
- eher geringe Komplexität
- große Ähnlichkeit
- relativ große Konstanz
- hoher Dokumentationsbedarf

---

[247] Vgl. Schulte-Zurhausen (2013), S. 61.

[248] Vgl. Breisig (2006), S. 141 f.

6.2.6 Ziele der Prozessorganisation

6.2.6.1 Überblick

Mit der optimalen Gestaltung von Prozessen werden mehrere **Ziele** verfolgt:[249]

- Minimierung der Durchlaufzeiten
- Minimierung der Prozesskosten
- Sicherstellung der geforderten Qualität
- Steigerung der Innovationsfähigkeit

So entsteht das **magische Viereck der Prozessgestaltung** (Abb. 6-7).

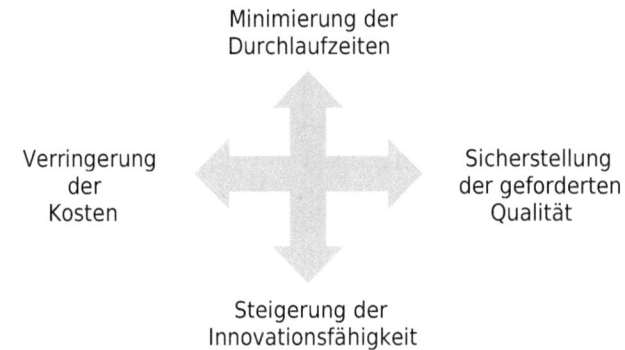

Abb. 6-7: Magisches Viereck der Prozessgestaltung

Die **Bedeutung dieser Ziele** und der daraus abzuleitenden **Unterziele** variiert im Einzelfall. In den letzten Jahren liegt die Aufmerksamkeit auf der Minimierung der Materialbestände, der Verkürzung von Durchlaufzeiten und der Termintreue.[250]

Zwischen den vier Zielen der Prozessorganisation bestehen vielfältige Beziehungen. Oft kommt es kurzfristig zu einer **Zielkonkurrenz**. Erhöht man den Zielerreichungsgrad des einen Ziels, führt dies zwangsläufig zur Verringerung bei anderen Zielen. So steigen bei einer Verringerung der Durchlaufzeiten oft kurzfristig die Prozesskosten an, etwa, weil neue Maschinen angeschafft werden oder Mitarbeiter zunächst neue Vorgehensweisen erlernen müssen, bzw. andere Mitarbeiter eingesetzt werden. Darunter kann auch die Produktqualität kurzfristig leiden. Gleichzeitig werden aber Optimierungsanstrengungen gemacht, womit auf Dauer die laufenden Kosten sinken. Maßnahmen zur Verbesserung der Prozessqualität verursachen häufig zunächst längere Durchlaufzeiten. Auf lange Sicht verringert sich dann aber die Fehlerrate, die Qualität steigt und die Kosten sinken und letztlich

---

[249] Vgl. Vahs (2019), S. 225 f.
[250] Vgl. Klimmer (2016), S. 126.

nimmt auch die Durchlaufzeit ab. Auf (sehr) lange Sicht kann deshalb in der Regel **Zielharmonie** bei den Zielen der Prozessgestaltung unterstellt werden.

Bei der Prozessorganisation geht es allerdings nicht allein darum, **wie** Prozesse gestaltet werden, sondern auch darum, **ob** sie überhaupt im eigenen Unternehmen stattfinden sollen. Man spricht von **Make or buy-Entscheidungen**, bei denen geprüft wird, ob Outsourcing, d.h. die Ausgliederung bisher selbst erbrachter Leistungen außerhaus, eine sinnvolle Alternative wäre, etwa weil der Prozess dort **kostengünstiger, schneller oder qualitativ hochwertiger** zu bewältigen ist.[251] Für diese Aufgaben sucht man dann entweder unternehmensfremde Zulieferer oder lagert selbst Mitarbeiter und Ressourcen in rechtlich selbständige Einheiten aus und überträgt die Teilprozesse auf diese.

Eine solche Entscheidung ist auch als **Investitionsproblem** anzusehen, bei dem man alternative Möglichkeiten der Investition prüft und sich unter den oben genannten Gesichtspunkten für die beste entscheidet.

6.2.6.2 Minimierung der Durchlaufzeiten

Unter Durchlaufzeit versteht man die gesamte Zeitspanne, die ein materieller oder ein informationeller Prozess vom Anstoß bis zu seiner Beendigung benötigt. Sie endet mit der Übergabe an den Folgeprozess bzw. mit der Abgabe an den nächsten internen oder einen externen Kunden. Die **Minimierung der Durchlaufzeit** setzt an drei **Komponenten** an:[252]

- **Durchführungszeit**: Darunter versteht man den Zeitaufwand, der notwendig ist, um Inputs in Outputs zu transformieren. Die Durchführungszeit enthält **Ausführungszeiten** und **Rüstzeiten**. Rüstzeiten dienen der Vorbereitung der eigentlichen Arbeitsgänge. Während der Ausführungszeiten wird die Be- und Verarbeitung der Inputs vorgenommen.

- **Transportzeiten**: Sie werden auch – insbesondere, wenn es sich um informationelle Prozesse handelt – als **Transferzeiten** bezeichnet. Sie umfassen die Zeit, die benötigt wird, um ein Prozessergebnis an den nächsten internen oder externen Prozesskunden zu übermitteln.

- **Liegezeiten**: Den Zeitraum, in dem Objekte nicht bearbeitet und auch nicht transportiert werden, nennt man Liegezeit. Beispiele sind die Dauer zwischen Auftragseingang und Auftragsbearbeitung oder der Zeitraum, den eingekaufte Materialien bis zur Weiterverarbeitung im Lager verbleiben. Liegezeiten können in allen Prozessphasen anfallen. Ihre Ursachen sind vielfältig, etwa defekte oder fehlende Produktionsanlagen, zu langsam arbeitende oder zu wenige Arbeitskräfte sowie fehlendes oder mangelhaftes Material. Liegezeiten machen in der Praxis bei vielen Prozessen einen sehr großen Teil der Durchlaufzeit aus.

---

[251] Vgl. Gauss (2008), S. 6; Franck (2008), S. 12.
[252] Vgl. Schmidt/Konz (2019), S. 103 f.

Oft wird nur kleiner Teil der Durchlaufzeit für die eigentliche Verarbeitung verwendet. Der größere Teil besteht aus Liege- und Transferzeiten. Den Zusammenhang zwischen den drei Durchlaufzeitkomponenten verdeutlicht Abb. 6-8.

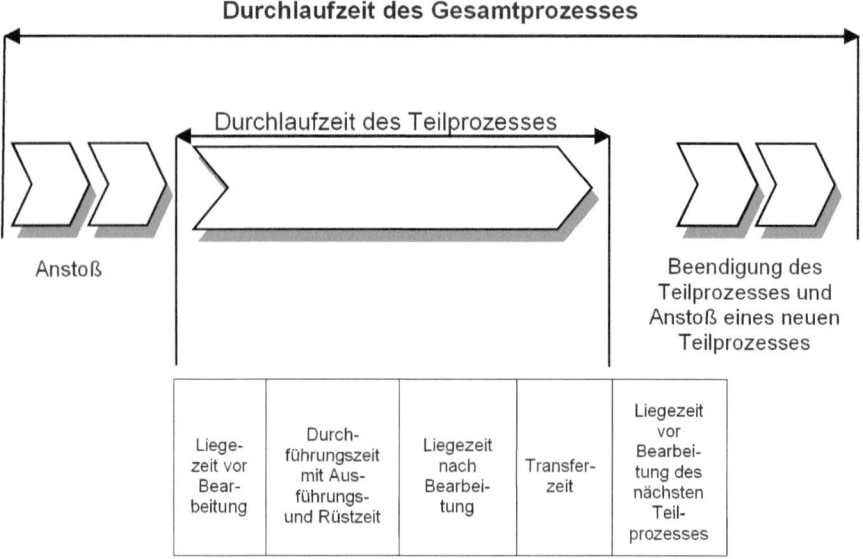

Abb. 6-8: Komponenten der Durchlaufzeit eines Prozesses

Durchlaufzeiten werden oft als Messgröße für die **Qualität eines Prozesses** angesehen. Während der Rüst- und Liegezeiten werden keine wertschöpfenden Tätigkeiten durchgeführt. Es gilt also, sie zu verringern.

Je besser die Teilprozesse einer Prozesskette aufeinander abgestimmt sind, desto weniger Rüst- und Liegezeiten fallen an und desto mehr Zeit verbleibt für die eigentliche Wertschöpfung bzw. desto schneller wird ein vorgegebenes Wertschöpfungsziel erreicht.

Eine Verringerung der Durchlaufzeiten ist mit sinkenden Kapitalbindungskosten und meist auch mit geringeren Personalkosten verbunden. Sie wirkt sich zudem positiv auf die Zufriedenheit der Kunden aus, da diese Lieferfähigkeit und Termintreue in der Regel als besonders wichtig ansehen. Ferner wird das Image des Unternehmens durch die Einhaltung der Termine positiv beeinflusst.

Auf Märkten mit kurzen Produktlebenszyklen spielen bereits die Durchlaufzeiten bei den Entwicklungsprozessen und der Einführung neuer Produkte eine wichtige Rolle. Wenn Konkurrenten ein ähnliches Produkt früher auf den Markt bringen oder es schneller bekannt machen, sichern sie sich Marktanteile und können frühzeitig Markteintrittsbarrieren, z.B. in Form von Preissenkungen, aufbauen.[253]

---

[253] Vgl. Klimmer (2016), S. 128.

6.2.6.3 Minimierung der Prozesskosten

Prozesskosten bestehen im Wesentlichen aus:

- Rüstkosten
- Ausführungskosten
- Transportkosten
- Lagerkosten
- Kosten für die Koordination der Abläufe
- Kosten für die Fehlerbeseitigung

Die Organisation der Prozesse wirkt sich auf die genannten Kosten und ihre Höhe aus. Deshalb legen Unternehmen für die Erstellung ihrer Produkte und Dienstleistungen Plan- und Sollkosten sowie Prozesskosten fest. Dazu ist die Durchführung einer **Prozesskostenrechnung** notwendig, welche die traditionelle Kosten- und Leistungsrechnung **ergänzen** muss, da die Prozessabläufe ansonsten zu ungenau abgebildet würden.[254] Sie ermittelt detailliert, welche Ressourcen in den einzelnen Geschäftsprozessen und Teilprozessen bzw. Prozessabschnitten verbraucht werden und welche Kosten für diesen Verbrauch anfallen. So lassen sich Soll-Ist-Vergleiche durchführen.

Diese Größen werden als **Messzahlen** bei der Verringerung der Prozesskosten verwendet:

- Höhe der Herstellkosten
- Verhältnis zwischen Einzel- und Gemeinkosten
- Anteil der fixen und variablen Kosten in einem Prozess
- Höhe der Prozesskosten insgesamt

Die Informationen werden mit vergangenen bzw. geplanten Werten sowie mit Zahlen aus anderen Unternehmensbereichen oder ggf. anderen Unternehmen verglichen. Anschließend wird analysiert, woher die Unterschiede kommen. Dann werden mögliche Maßnahmen ausgewählt, um die Prozesskosten niedrig zu halten. Nur wenn alle Kapazitäten, d.h. vor allem Arbeitskräfte und Sachmittel, möglichst gut ausgelastet sind, kann eine Kostenreduzierung gelingen. Sie ist also eng mit der **Maximierung der Kapazitätsauslastung** verbunden, da umso weniger unproduktive **Leerzeiten** und **Leerkosten** entstehen, je besser die Ressourcen beansprucht werden.

Wenn der Arbeitsanfall nicht gleichmäßig ist, kommt es zum Konflikt zwischen der Maximierung der Kapazitätsauslastung und der Minimierung der Durchlaufzeiten, dem **Dilemma der Prozessorganisation**. Es entsteht, weil die Optimierung des Leistungserstellungsprozesses aus zwei unterschiedlichen Blickwinkeln und mit unterschiedlichen Zielsetzungen betrachtet wird. Es besteht eine **Zielkonkurrenz** (Abb. 6-9).

---

[254] Vgl. Horváth (2006), S. 529 f.; Mayer/Coners/Hardt (2005), S. 123 ff.

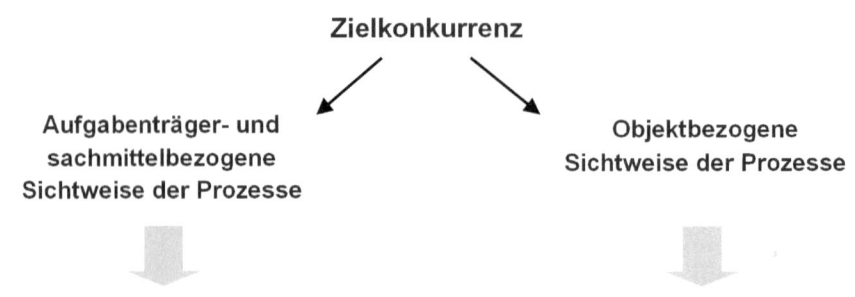

Zielkonkurrenz

Aufgabenträger- und
sachmittelbezogene
Sichtweise der Prozesse

Objektbezogene
Sichtweise der Prozesse

Mögliche Maßnahmen zur **Maximierung der Kapazitätsauslastung**

Mögliche Maßnahmen zur
Minimierung der Durchlaufzeiten

- Reduktion der Wartezeit der Aufgabenträger
- Verringerung der Anzahl der Aufgabenträger
- Erhöhung der Anzahl der durchzuführenden Aufgaben
- Reduktion der Leerzeiten bei Sachmitteln
- Verringerung der Sachmittelanzahl

- Verringerung der Bearbeitungszeiten
- Reduktion der Transportzeiten
- Verringerung der Liegezeiten
- Steigerung der Anzahl der Aufgabenträger
- Erhöhung des Sachmittelumfangs

Abb. 6-9: Dilemma der Prozessorganisation

Bei der **Maximierung der Kapazitätsauslastung** stehen die Aufgabenträger und die Sachmittel im Zentrum. Es gilt, ihren Einsatz zu optimieren, indem sie möglichst umfänglich beansprucht werden und möglichst geringe Leerkosten anfallen. Diese sind umso geringer, je weniger Leerzeiten bei den Aufgabenträgern entstehen und je häufiger die Sachmittel genutzt werden. Aus diesem Grund sollte die bereitgestellte **Kapazität** an Mitarbeitern und Sachmitteln möglichst **knapp bemessen** sein.

Allerdings verlängern sich dadurch oft die Durchlaufzeiten, da es zu Wartezeiten bei der Auftragsbearbeitung kommt, wenn die Mitarbeiter bereits mit anderen Aufgaben beschäftigt sind. Man verstößt mit der Verbesserung der Kapazitätsauslastung also gleichzeitig gegen das Ziel der **Minimierung der Durchlaufzeiten**, bei dem der Auftrag im Mittelpunkt steht. Er durchläuft den Betrieb am schnellsten, wenn **jederzeit genügend Aufgabenträger und Sachmittel** zu seiner Bearbeitung zur Verfügung stehen. Diese sind andererseits nicht ausgelastet, wenn der Auftragsanfall ungleichmäßig ist. Sie warten dann ohne eine Aufgabe, bis der nächste Prozess startet.

Das Dilemma der Prozessorganisation wird kurzfristig gelöst, indem die konkurrierenden **Ziele gewichtet** werden und ein Kompromiss zwischen kurzen Durchlaufzeiten mit geringer Kapazitätsauslastung und hohen Kosten auf der einen und längeren Durchlaufzeiten mit hoher Kapazitätsauslastung und geringeren Kosten auf der anderen Seite gefunden wird. Wie die

Bewertung im Einzelfall aussieht, hängt von vielen Faktoren ab, beispielsweise der Wettbewerbssituation, den Rentabilitätszielen und der Liquidität. Es gibt dazu eine Vielzahl **rechnergestützter, analytischer Methoden**, die in großen Unternehmen durchaus verbreitet sind. In kleineren Unternehmen werden sie selten angewendet, obwohl es auch für sie brauchbare günstige Software gibt, behilft man sich oft mit **Prioritätsregeln**, die die einzelnen Aufträge nach nur einem der Zielkriterien in eine Rangfolge bringen.

6.2.6.4 Sicherstellung der geforderten Qualität

Unter Qualität ist die **Übereinstimmung zwischen den erwarteten und den tatsächlichen Eigenschaften einer Leistung** zu verstehen. In Form von **Produktqualität** ist sie für die Kunden ein entscheidendes Kaufkriterium und hat einen großen Einfluss auf ihre Zufriedenheit mit dem Produkt.

Die Qualität des Endproduktes hat zwei **Dimensionen**:

- Zum einen muss die erstellte Leistung selbst mängelfrei sein und über eine uneingeschränkte technisch-funktionale Gebrauchstauglichkeit verfügen. Man spricht hier von **objektiver Qualität**.

- Daneben gibt es die **subjektive Qualität** einer Leistung. Sie ist an der Befriedigung der individuellen Bedürfnisse der Kunden ausgerichtet und geht über die bloße Funktionsfähigkeit hinaus.

Unternehmen versuchen, den Kundenerwartungen an die objektive und subjektive Qualität ihrer Leistungen Rechnung zu tragen. Wenn die Wünsche der Kunden von Anfang an berücksichtigt werden, vermeidet man Fehlentwicklungen und erhöht die Wahrscheinlichkeit, dass die Leistungen vom Abnehmer gewünscht und nachgefragt werden.[255] Man verspricht sich davon für die Zukunft eine hohe **Kundenloyalität**.

Qualität bezieht sich jedoch nicht ausschließlich auf das Endprodukt, sondern ebenso auf den gesamten Prozess der Leistungserstellung. Wie wichtig die Unternehmen die **Prozessqualität** nehmen, zeigt sich in ihren Bemühungen um eine Zertifizierung nach den **ISO 9000 ff.-Normen**. Hier werden sowohl Prozesse der Güter- oder Dienstleistungserstellung als auch Verwaltungsprozesse von unabhängigen Institutionen in regelmäßigen Abständen bewertet und mit einem Gütesiegel zertifiziert. Mit diesem Gütesiegel werben die Unternehmen um Kunden. Sie gehen davon aus, dass **Prozessqualität** auch von ihnen **als wesentliche Voraussetzung für hohe Produktqualität** angesehen wird.

Man berücksichtigt, dass die Qualität eines Produktes nicht erst am Ende der Wertschöpfungskette entsteht und entsprechend auch nicht erst dort überprüft werden darf. Ein fehlerhaftes Produkt, das zurückgebaut, verbessert und dann nochmals neu zusammengesetzt werden muss, verursacht erhebliche zusätzliche Kosten. Besser ist es, bereits im Laufe des Prozesses die Qualität zu überprüfen und bei Abweichungen von vorgegebenen Sollgrößen sofort gegenzusteuern. Die Qualität des Produktes wird also durch die Einhaltung einer definierten Prozessqualität bei der Leistungserstellung gewährleistet.

---

[255] Vgl. Schulte-Zurhausen (2013), S. 75 f.

Das Streben nach **Qualität eines Produktes** findet in dem **Streben nach Fehlerfreiheit des Erstellungsprozesses** seinen Ausdruck. **Qualitativ hochwertige Prozesse** sind durch eine **hohe Prozesssicherheit** gekennzeichnet. Sie enthalten wenige iterative Schleifen, die festgelegte Durchlaufzeit wird eingehalten, der Prozessablauf erfolgt reibungslos, und die vorgegebenen Prozesskosten werden nicht überschritten.

In der Praxis zieht man häufig diese **Messgrößen für die Prozessqualität** heran:[256]

- **Qualitätskosten**: Insbesondere die **Fehlleistungskosten** sind hier zu nennen. Sie zeigen an, wie hoch die Kosten für das Suchen und Beseitigen von Fehlern und für den zusätzlichen Ressourcenverbrauch sind. Qualitätsverbessernde Maßnahmen sollen dazu führen, diese Art von Kosten zu minimieren.

- **Fehlerquote**: Fehlerhaft sind alle Prozesse, bei denen die **Erwartungen** der internen oder externen Kunden **nicht vollständig erfüllt** sind. Um die Fehlerquote zu ermitteln, werden die Prozessfehler ins Verhältnis zur Gesamtzahl der Prozesse gesetzt. Sie wird in der Regel in Prozent ausgedrückt.

  Eine in diesem Zusammenhang sowohl im Produktions- als auch im Dienstleistungsbereich verbreitete Managementmethode ist **Six Sigma**.[257] Sie verwendet die Kennzahl **ppm** bzw. **FpMM**, das bedeutet parts per million bzw. Fehler pro Million Möglichkeiten. Es wird angestrebt, 3,4 Fehler pro eine Million Möglichkeiten nicht zu überschreiten.[258]

- **First Pass Yield**: Diese Messgröße zeigt an, wie viele Ereignisse bereits im ersten Durchlauf des Prozesses fehlerfrei und ohne Nacharbeit erfüllt wurden. Der Wert kann zwischen 0 und 1 liegen. Je größer die Anzahl der Fehler ist, desto mehr geht er gegen 0. Eine Verbesserung des Wertes führt zu sinkenden Fehlleistungskosten.[259] Bei 1 wäre völlige Fehlerfreiheit gegeben.

Wenn die komplette Wertschöpfungskette in den Qualitätsverbesserungsprozess einbezogen wird, spricht man von **Total Quality Management** (TQM).[260] Dessen oberstes Gebot ist es, alle Handlungen am Kundennutzen auszurichten und **fehlerfreie Leistungen durch fehlerfreie Prozesse** zu erreichen. Das Qualitätsbewusstsein muss dazu auf alle Mitarbeiter und in alle Unternehmensbereiche ausgedehnt werden. Unterstützt wird TQM durch den Einsatz moderner Informations- und Kommunikationstechnik.

Dabei gewinnt die **Radiofrequenzidentifikationstechnologie** (RFID) im Produktionsbereich immer stärker an Bedeutung. Es handelt sich um eine „Technologie zur Kennzeichnung und anschließenden berührungslosen Identifikation beliebiger physischer Objekte über

---

[256] Vgl. Klimmer (2016), S. 129.

[257] Vgl. Wolf (2006), S. 70 f.

[258] Vgl. Rehbehn/Yurdakul (2005), S. 60.

[259] Vgl. Schmelzer/Sesselmann (2004), S. 199.

[260] Vgl. ausführlich Breisig (2015), S. 198 ff.

Funk"[261]. Sie bietet die Möglichkeit, einen Informationsträger jederzeit im Hinblick auf seine Solldaten dezentral zu kontrollieren. Bei signifikanten Abweichungen wird eine Steuerungsstelle automatisch informiert. Für eine überbetriebliche Prozesskette würde das z.B. bedeuten, dass eine zum Kunden gelieferte Produktpalette automatisch Nachschub beim Lieferanten anfordert, wenn ein vorgegebener Sollwert unterschritten wird.[262]

6.2.6.5 Steigerung der Innovationsfähigkeit

Innovationsprozesse betreffen alle Bereiche des Unternehmens und beziehen sich auf Verbesserungen der Technologie im Produktionsbereich genauso wie auf Veränderungen der Arbeitsabläufe im Verwaltungsbereich.

Es geht also um:

- Produktinnovationen
- Strukturinnovationen
- Prozessinnovationen

Von der **Prozessorientierung bei Innovationen** verspricht man sich, dass erforderliche Neuerungen schneller erkannt und notwendige Maßnahmen rascher und flexibler initiiert und umgesetzt werden. Dazu müssen die Mitarbeiter möglichst frühzeitig und dauerhaft in die Gestaltung und Verbesserung der Prozesse eingebunden werden. So lassen sich ihre Kompetenzen und ihre Kreativität bestmöglich nutzen. Diese Idee geht auf das aus Japan stammende **Kaizen** zurück, welches auf das fortwährende Streben aller Mitarbeiter nach Verbesserungen abzielt.[263]

In Deutschland ist es auch unter dem Schlagwort **kontinuierlicher Verbesserungsprozess** (KVP) bekannt. Alle Mitarbeiter sollen diejenigen Prozesse, an denen sie beteiligt sind, ständig auf Schwachstellen hin durchforsten. Ihre Verbesserungsvorschläge gehen an den Vorgesetzten, der dem Mitarbeiter (und auch seinem eigenen Vorgesetzten) begründen muss, wenn er einen Vorschlag nicht annimmt. Oft ist zur Motivationssteigerung ein Prämiensystem für umgesetzte Verbesserungen integriert.

---

[261] Fleisch/Müller-Stewens (2008), S. 273.

[262] Vgl. ebd., S. 277 f.; Klimmer (2016), S. 284.

[263] Vgl. Stevens/ten Have/ten Have/van der Elst (2005), S. 472.

6.3 Vorgehensweise zur Prozessgestaltung

6.3.1 Vorbemerkung

Prozessgestaltung bedeutet, dass Prozesse verbindlich **festgelegt**, regelmäßig **überprüft** und **weiterentwickelt** werden, wenn neue Erkenntnisse vorliegen.

Schlecht gestaltete Prozesse gefährden die Unternehmensziele. Typische Auswirkungen sind:[264]

- geringe Ausbringungsmenge pro Zeiteinheit
- Unzufriedenheit der Kunden aufgrund der Nichtbeachtung ihrer Wünsche
- hohe Fehlerquoten im Prozess
- schlechte Produktqualität
- ständiger Änderungsbedarf
- hohe Kosten
- lange Durchlaufzeiten
- schlechte Qualität der empfangenen und abgegebenen Informationen
- fehlende Transparenz
- ungenügende Termintreue
- zu hohe oder zu geringe Materialbestände
- mangelnde Flexibilität
- unausgeschöpfte Potenziale
- unmotivierte und unzufriedene Mitarbeiter

Zur Vorgehensweise bei der Prozessgestaltung als auch bzgl. der verwendeten Begriffe existiert eine unübersehbare Zahl von Vorschlägen und Konzepten. Im Laufe der Zeit hat sich jedoch ein häufig verwendetes **Vorgehensmodell** herauskristallisiert, welches die Prozessgestaltung in diese **Phasen** untergliedert:

- Prozessdefinition und -analyse
- Prozessstrukturierung (= Prozessgestaltung im engeren Sinn)
- Prozesseinführung
- Prozessoptimierung

6.3.2 Prozessdefinition und -analyse

Bei der Prozessorganisation geht man davon aus, dass sich die Anforderungen des Marktes, bzw. der internen und externen Kunden, in der eigenen Organisationsstruktur widerspiegeln

---

[264] Vgl. Schmelzer/Sesselmann (2004), S. 4; Klimmer (2016), S. 124.

müssen. Da jedes Geschäftsfeld unterschiedliche Merkmale, Erfolgsfaktoren und Anforderungen aufweist, gilt es zunächst, diese zu identifizieren. Erst anschließend kann die Frage beantwortet werden, welche Prozesse notwendig sind, um die Anforderungen der Leistungsempfänger bestmöglich zu erfüllen.

Grundsätzlich gibt es zwei unterschiedliche **Vorgehensweisen**. Die Auswahl hängt davon ab, ob der Geschäftsprozess auf eine allgemein übliche Weise oder unternehmensspezifisch gestaltet werden soll:

- **Orientierung an idealtypischen, standardisierten Prozessmodellen**: Die meisten Unternehmen greifen auf Software zurück, die sie von spezialisierten IT-Unternehmen fertig kaufen. Sie basiert auf standardisierten Prozessmodellen, in denen unterstellt wird, dass branchen- oder unternehmensspezifischen Besonderheiten relativ unbedeutend sind und überall weitgehend identische oder nur geringfügig unterschiedliche Prozesse ablaufen. SAP bietet z. B. Standardsoftware für viele Prozesse an, die dann vor Ort noch auf das jeweilige Unternehmen zugeschnitten wird. Sie wird von SAP regelmäßig verbessert und an neue betriebswirtschaftliche und technologische Entwicklungen, die für die meisten Unternehmen relevant sind, angepasst.[265]

- **Entwicklung eigener unternehmensspezifischer Prozessmodelle**: Dabei wird unterstellt, dass sich die Handhabung von Prozessen von Unternehmen zu Unternehmen stark unterscheidet. Deshalb müssen **unternehmensspezifische Prozessmodelle** erstellt werden. Unternehmen lassen solche Prozessmodelle selbst und individuell auf sie angepasst entwickeln, wenn sie beispielsweise ihre Stärken, Strategien, Probleme, Schwachstellen etc. individueller berücksichtigen wollen, als dies bei der Verwendung und Anpassung von Standardsoftware möglich wäre. Eine solche Vorgehensweise ist jedoch sehr teuer und zeitaufwändig.

Aufgrund begrenzter finanzieller oder personeller Ressourcen werden oft nicht alle Prozesse in die Prozessanalyse einbezogen. Man setzt **Prioritäten** hinsichtlich ihrer Bedeutung.

Wichtige und somit **kritische Prozesse** sind solche,

- die für die Kundenzufriedenheit maßgeblich sind,
- die Wettbewerbsposition stark beeinflussen oder
- durch hohen Ressourcenverbrauch gekennzeichnet sind.

Im Anschluss an diese Vorauswahl gilt es, die Prozesse zu analysieren und eine detaillierte Prozessstruktur festzulegen. Die Transparenz ist für eine sinnvolle Prozessgestaltung unabdingbar. Dazu müssen die ausgewählten Prozesse zunächst **beschrieben und anschließend bewertet** werden.

Die wichtigsten **Dimensionen**, anhand derer Prozesse beschrieben werden, sind:[266]

- **Prozessgegenstand**: Hier geht es um Objekt, Menge und Dauer eines Prozesses.

---

[265] Vgl. Klimmer (2016), S. 154 f.
[266] Vgl. ebd., S. 115 ff.; Dillerup/Stoi (2016), S. 584.

- **Input und Output**: Dazu gehören Anstoß für den Prozess, Lieferanten und Arten des Inputs, Art und Empfänger des Outputs.

- **Prozessablauf**: Hier steht die Frage nach Art und Reihenfolge der Aktivitäten und deren Auslöser im Mittelpunkt. Auch die Beschreibung möglicher Ablaufvarianten gehört dazu.

- **Ressourcen**: Qualität und Menge der benötigten personellen, finanziellen, informationellen und materiellen Ressourcen werden festgelegt.

- **Schnittstellen mit anderen Prozessen**: Man betrachtet die Wechselwirkungen zwischen Prozessen, d.h. wie die Prozesse miteinander verknüpft sind und welche materiellen und informationellen Input-Output-Beziehungen es zwischen ihnen gibt bzw. geben soll.

- **Notwendigkeit von Dokumenten**: Hier wird festgehalten, welche Unterlagen für und über den Prozess benötigt werden, z.B. Arbeits- und Verfahrensanweisungen und Prüfberichte.

- **Prozesssteuerung:** Sie beschäftigt sich damit, anhand welcher Kriterien ein Prozess gelenkt werden soll, wie die Messung der Steuerungskriterien zu erfolgen hat und wie deren Ergebnisse kommuniziert sowie Veränderungen eingeleitet werden sollen.

- **Prozessbeteiligte und -verantwortliche**: Hier wird bestimmt, welche Stellen wie und in welchem Umfang am Prozess mitarbeiten und wer wofür verantwortlich ist.

Bei der Prozessbeschreibung werden umfangreiche Geschäftsprozesse zunächst üblicherweise anhand der Kriterien Verrichtung oder Objekt in Teilprozesse bis hin zu Elementarprozessen zerlegt (vgl. Kapitel 2.2.1). Für jeden Teil- bzw. Elementarprozess werden Beginn und Ende, Input, Aktivitäten und Output festgelegt. Diese Vorgehensweise bei der eine Prozesshierarchie entsteht (vgl. Kapitel 6.2.4), wird als Prozess-Differenzierung oder Prozess-**Dekompression** bezeichnet.[267]

Für die **Auflösungstiefe** eines Prozesses gibt es keine eindeutigen Regeln, sie hängt von der Art des Prozesses ab. Wenn ein Prozess mithilfe einer speziellen Software abgebildet werden soll, ist in der Regel eine tiefe Differenzierung notwendig. Das gilt auch für Routineprozesse mit hoher Wiederholungsrate. Dann kann man Probleme detailgenau erkennen und den Ablauf optimieren. Teilprozessen, die selten durchgeführt werden oder die eine geringe Bedeutung für die Wertschöpfung haben, widmet man weniger Aufmerksamkeit und beschreibt und gliedert sie eher oberflächlich.

Die Prozesshierarchie eines Geschäftsprozesses wird in die **Prozesslandschaft** des Unternehmens eingebettet. Die Prozesslandschaft verdeutlicht den **Zusammenhang** zwischen den einzelnen Prozessen und zeigt die Schnittstellen auf, welche die einzelnen Prozesse miteinander verbinden.

Je detaillierter ein Prozess beschrieben wird, desto leichter fällt im Anschluss die **Prozessanalyse**. Sofern es sich um bereits bestehende Prozesse handelt, ermittelt man zunächst die Ist-

---

[267] Vgl. Schulte-Zurhausen (2013), S. 98.

Situation und stellt fest, ob und in welchem Umfang die Prozessziele bisher erreicht werden. Dann deckt man mögliche Schwachstellen auf, an denen eine Neugestaltung und Verbesserung ansetzen kann.

Zur besseren Analyse werden **Referenzwerte** herangezogen. Das können unternehmensinterne Soll-Werte, Branchenwerte oder Vergleiche mit anderen Unternehmen im Rahmen eines Benchmarkings sein. Mögliche **Analysekriterien** sind:[268]

- **Kosten**: Hier sind sowohl die Kostenarten als auch die Höhe der Kosten von Interesse. Es wird untersucht, welche Kosten in welcher Höhe für einen (Teil-)Prozess bzw. prozessübergreifend anfallen.

- **Kapazitätsauslastung**: Sie betrachtet die Auslastung der beteiligten Stellen und den Nutzungsgrad der Anlagen.

- **Produktivität und Rentabilität**: Hier geht es um den Anteil wertschöpfender Tätigkeiten und die Ausbringungsmenge pro Mitarbeiter, Arbeitsgruppe, Schicht etc. in einem bestimmten Zeitraum. Auch Kennziffern zur Umsatz- und Eigenkapitalrentabilität werden erhoben.

- **Zeit**: Dabei handelt es sich um Analysen über die Durchlauf-, Bearbeitungs-, Rüst-, Transport- und Liegezeiten in einem Prozess.

- **Qualität**: Die Prozesse werden bzgl. der Fehler- und Ausschussquote untersucht. Dauer und Häufigkeit von Nacharbeiten sind ebenfalls relevant. Auch die Reklamations- und Retourenquote sowie Befragungen zur Kundenzufriedenheit gehören zur Qualitätsanalyse.

Eine differenzierte **Schwachstellenanalyse** deckt zunächst die vorhandenen Problembereiche auf und ermittelt anschließend die möglichen Ursachen. Deren Beseitigung soll mittels einer organisatorischen Umgestaltung des betrachteten Prozesses zu einer Verbesserung der Situation führen.

6.3.3 Prozessstrukturierung

Die Ergebnisse der Prozessdefinition und -analyse bilden die Grundlage für die Prozessstrukturierung. **Idealtypische Gestaltungsmuster**, wie sie für die Aufbauorganisation existieren, können in der Prozessorganisation aufgrund der Vielzahl heterogener Prozesse **nicht formuliert** werden. Es gibt also keine festen Vorschriften für die Prozessgestaltung.

Gleichwohl haben sich in der Praxis einige **Grundregeln** herausgebildet:

- Wenn eine Aktivität keinen Beitrag zur Wertschöpfung leistet, ist sie in der Regel unnötig und kann **eliminiert** werden. Ansonsten ist sie auf den unbedingt notwendigen Umfang zu reduzieren.

- Aktivitäten, die gleichzeitig in mehreren Stellen durchgeführt werden, sollten bei einer Stelle **zusammengefasst** werden, um Doppelarbeit zu vermeiden.

---

[268] Vgl. Klimmer (2007), S. 108.

- Aktivitäten, die durch Automatisierung schneller und effizienter erfüllt werden könnten, sind zu **automatisieren**.

- Aktivitäten, die bei einem gleichen Wertschöpfungsbeitrag auf eine andere Art und Weise **schneller oder einfacher als bisher** durchgeführt werden könnten, sind neu zu gestalten.

- Wenn eine Aktivität nicht zwingend auf verschiedene Aufgabenträger verteilt werden muss, soll sie nur **von einer Stelle** durchgeführt werden.

- Zusammenhängende Aktivitäten sind zu bündeln und zu integrierten Prozessketten **zusammenzufassen**.

- Häufige Fremdkontrollen kosten viel Zeit und sollten durch vermehrte **Selbstkontrollen** ersetzt werden.

- Fehleraufdeckende Kontrollen sollten durch Kontrollen ersetzt werden, die auf **Fehlervermeidung** ausgerichtet sind.

- Manuelle Kontrollen sollten gegenüber **automatisierten Kontrollen** in den Hintergrund treten.

- Voneinander unabhängige Aktivitäten eines Prozesses sollten nach Möglichkeit **parallel bearbeitet** werden, um die Durchlaufzeit zu verringern.

- Sämtliche Teilprozesse sollten regelmäßig darauf überprüft werden, ob sich die **Geschwindigkeiten erhöhen** lassen.

Die Phase der Prozessstrukturierung ist selbst wiederum in **mehrere Phasen** untergliedert:

- **Festlegung der (Teil-)Prozessstruktur**: Die **Bildung von Teil- und Elementarprozessen** und die Aufstellung einer **Prozesshierarchie** werden bei umfangreichen Prozessen sinnvollerweise bereits im Rahmen der Prozessanalyse erledigt. Ansonsten werden sie nun zu Beginn der Prozessstrukturierung durchgeführt. Damit ist der Standardablauf eines Prozesses festgelegt.

  Anschließend muss man entscheiden, in welcher **Reihenfolge** die Teilprozesse ablaufen sollen. Häufig ist sie bereits durch die Input-Output-Beziehungen weitgehend determiniert und ergibt sich aus sachlichen und technischen Überlegungen. Es entstehen **Prozessketten**. Falls es sinnvoll erscheint, vom Standardablauf abgeleitete **Prozessvarianten** zu definieren, werden sie jetzt beschrieben. Dazu ist lediglich noch erforderlich, auf die Abweichungen einzugehen. Ein solcher Standardablauf wäre z.B. der Verkauf von Ware an Kunden. Ab einer gewissen Menge wird vom Standardverfahren abgewichen und eine höherrangige Stelle mit umfangreicheren Kompetenzen eingeschaltet, weil z.B. Lieferbedingungen oder Rabatte verhandelt werden müssen. Die Prozessvariante muss nur für diese abweichende Vorgehensweise beschrieben werden.

  Das Ergebnis ist die **Prozessarchitektur**, die den Standardablauf eines Prozesses beschreibt. Sie besteht aus der **Prozesshierarchie**, d.h. der hierarchischen Darstellung der Teilprozesse eines Geschäftsprozesses sowie den **Prozessketten**, d.h. deren Input-Output-Beziehungen.

Integration der Prozesse: In dieser Phase steht die **Vermeidung von Redundanzen** im Mittelpunkt. Wenn ein Geschäftsprozess in mehreren Geschäftsfeldern vorkommt, ist zunächst zu prüfen, ob und inwieweit es eventuell doch einen inhaltlichen Unterschied gibt, der auf den ersten Blick nicht erkennbar war. Anschließend ermittelt man, ob der Stellenwert dieses Prozesses innerhalb der betroffenen Geschäftsfelder unterschiedlich ist. Danach wird der Prozess demjenigen Geschäftsfeld, in dem er die größte Bedeutung hat, zugeordnet.

Andernfalls erfolgen die Auslagerung dieses Prozesses aus allen betroffenen Geschäftsprozessen und seine Integration auf einer höheren Ebene. Beispielsweise könnte man den Teilprozess Auftragseingang oder die Rechnungserfassung, wenn sie sich in mehreren Geschäftsprozessen finden, übergreifend zusammenfassen und auslagern. Es ist darauf zu achten, dass die Zahl der Prozessvarianten dadurch nicht zu groß und unübersichtlich wird.

Design der Prozessketten: In dieser Phase geht es um die **Gestaltung des Ablaufs im engeren Sinn**. Zunächst werden **Zeitaufwand** für Teilprozesse und für Gesamtprozess ermittelt und Soll-Zeiten festgelegt. Anschließend definiert man **Leistungsanforderungen**. Sie beziehen sich auf den Input und den Output. Der Output eines Teilprozesses ist – außer am Ende der Prozesskette – gleichzeitig der Input für den nächsten Teilprozess. Je genauer man die Abstimmung zu den Prozessergebnissen mit Kunden und Lieferanten vornimmt, desto reibungsloser läuft die Prozesskette später ab. Eine schriftliche Fixierung der Leistungsanforderungen unterstützt die Einhaltung der Vorgaben.

Die **Festlegung von regelmäßigen, standardisierten Prozesskontrollen** dient dazu, festzustellen, ob alle Aktivitäten richtig, vollständig und zeitgenau abgelaufen sind und die vorgegebenen Prozessanforderungen eingehalten wurden. Außerdem sollen die Prozesskontrollen sicherstellen, dass die Prozessziele erreicht werden.[269] Sie beziehen sich auf Quantität, Qualität, Durchlaufzeit und Kosten eines Prozesses.

Inwieweit ein Prozess den Anforderungen entspricht, wird mithilfe prozessspezifischer Kennzahlen, den **Kontrollindikatoren**, die auf ein frühzeitiges Erkennen und Beseitigen von Schwachstellen ausgerichtet sind, ermittelt. Zu diesem Zweck werden im Prozessverlauf **feste Kontrollpunkte** definiert. Für Entwicklungsprozesse verwendet man zum Beispiel die Kontrollindikatoren Time to Market, Einhalten der Anforderungen im Lastenheft und Anzahl der Änderungen. Kennzahlen für Produktionsprozesse sind Durchlaufzeit, Ausschussquote, Nutzungs- und Leerzeiten der Anlagen und Vertriebskosten. In Dienstleistungsprozessen werden häufig Lieferzeiten und Anzahl der Reklamationen herangezogen.

Auch die **Gestaltung der Informationsinfrastruktur** gehört zum Design der Prozessketten dazu. Dabei geht es um die Bereitstellung aller zur Aufgabenerfüllung benötigten Informationen zum richtigen Zeitpunkt in der richtigen Menge und Qualität am richtigen Ort.

---

[269] Vgl. Hentze/Heinecke/Kammel (2001), S. 185.

Es schließt sich die **zeitliche und räumliche Gestaltung** der Abläufe an. Das Ziel der zeitlichen Strukturierung ist es, die Durchlaufzeiten zu verringern und die Auslastung der Aufgabenträger zu steigern. Die räumliche Strukturierung der Prozesse bezieht sich auf die Anordnung der Arbeitsplätze und ihre ergonomische Gestaltung. Außerdem werden Art und Länge der Transportwege festgelegt, die wiederum Auswirkungen auf die Durchlaufzeiten haben.

Den **Abschluss** des Prozesskettendesigns bildet die **Prozessdokumentation**. Sie soll Transparenz bei Prozessinhalten, -zielen und -strukturen schaffen. Sie ist umso detaillierter, je geringer die Entscheidungs- und Handlungsspielräume der Mitarbeiter und je repetitiver die Aktivitäten sind. Eine umfassende Prozessdokumentation erleichtert den Nachweis eines Qualitätsmanagements, der für die Zertifizierung nach den ISO 9000 ff.-Normen erforderlich ist.

- **Zuweisung von Prozessverantwortung**: In der Aufbauorganisation werden bei der Stellen- und Abteilungsbildung die Zahl der benötigten Stellen bestimmt und deren Aufgaben, Kompetenzen und Verantwortungsbereiche festgelegt. In der Prozessorganisation werden den Organisationseinheiten **Prozessaktivitäten und Prozessverantwortung** auf Basis der Prozessdokumentation zugewiesen.[270] Es ist dabei sinnvoll, dass komplette Abläufe zusammengefasst und einer Stelle oder einem Team übertragen werden.

  Zwei **Vorgehensweisen** sind denkbar: Meist wird ein Prozess so gestaltet, dass er mehrere Organisationseinheiten bzw. Unternehmensbereiche durchläuft. Er wird in verschiedenen Abteilungen anteilig durchgeführt. Sie sind mit entsprechender Kompetenz und Verantwortung ausgestattet. Man baut also auf der bestehenden primären Aufbauorganisation auf und fügt Prozesse als **Sekundärorganisation** ein. Bei dieser Vorgehensweise kann es sinnvoll sein, zusätzlich einen **Prozessmanager**, den sog. **Prozesseigner**, zu bestimmen, der für den Gesamtprozess verantwortlich ist. Ihm obliegt die Koordination der Teilprozesse über Abteilungsgrenzen hinweg. Außerdem ist er für die Einhaltung der vorgegebenen Durchlaufzeiten, Qualitätskriterien und Kosten verantwortlich. Zum anderen kann man auch **prozessorientierte Organisationseinheiten** bilden und mit der entsprechenden Entscheidungskompetenz ausstatten. Sie übernehmen die Prozessaufgaben und tragen die Prozessverantwortung. Die Prozessorganisation ist dann eine **Primärorganisation**, und das Gefüge des Unternehmens besteht aus einem System miteinander verknüpfter Prozesse. In der Praxis trifft man diese Vorgehensweise allerdings noch selten an.

- **Gegebenenfalls Verkettung mit externen Prozessen**: Immer üblicher wird es, Kunden, Lieferanten, Transportunternehmen und andere Externe in die Prozessgestaltung einzubeziehen, dann ist eine zwischenbetriebliche Kopplung der Geschäftsprozesse notwendig. Sie wird als **externe Prozessverkettung** bezeichnet. So sollen z.B. Lieferanten passgenaue Teilfabrikate liefern und externe Transportunternehmen die fertigen Waren zum richtigen Zeitpunkt abholen und fristgemäß beim Kunden anliefern. Qualitätsanforderungen, Design- und Verpackungswünsche und sonstige

---

[270] Vgl. Hentze/Heinecke/Kammel (2001), S. 185; Scherm/Pietsch (2007), S. 195.

Forderungen der Auftraggeber werden von Anfang an bei Produktentwicklung, Produktion, Verpackung und Lieferung berücksichtigt.

Die Weitergabe der erforderlichen Informationen zwischen den Prozessbeteiligten wird häufig per **Electronic Data Interchange** (EDI) vorgenommen. Darunter versteht man den direkten Austausch von genormten und formatierten Daten per Datenfernübertragung vom Informations- und Kommunikationssystem des Senders zum Informations- und Kommunikationssystem des Empfängers. Diese Vorgehensweise ermöglicht eine schnelle, fehlerfreie und papierlose Abwicklung von Routinefällen. Der Einsatz der Radiofrequenzidentifikationstechnologie (RFID) ist hilfreich. Das erleichtert die Kommunikation und führt zur schnelleren und genaueren Informationsübertragung.[271]

6.3.4 Prozesseinführung

An die Prozessstrukturierung schließt sich die Prozesseinführung an. Mitarbeiter und Führungskräfte sind über ihre Aufgaben zu informieren, ggf. müssen Personalentwicklungs- und -beschaffungsmaßnahmen eingeleitet werden. Die physischen Arbeitsplätze und die notwendige Informationsverarbeitungstechnik müssen bereitgestellt werden. Für die Implementierung wird in der Regel ein **fester Zeit- und Kostenrahmen** vorgegeben.

Drei **Vorgehensweisen** stehen bei der Prozesseinführung zur Verfügung:[272]

- **Pilothafte Einführung**: Die neuen Prozesse werden zunächst in einem kleinen, überschaubaren Bereich eingeführt und erprobt. Die dabei gesammelten Erfahrungen wertet man anschließend aus. Falls erforderlich, wird die Prozessstruktur anschließend korrigiert. Der verbesserte Prozess wird dann nach und nach in anderen Organisationseinheiten umgesetzt. Auf diese Weise können die wichtigsten Schwachstellen frühzeitig erkannt und beseitigt werden. Allerdings besteht das Risiko, dass innovative Vorgehensweisen nur zögerlich umgesetzt werden und es lange dauert, bis es zu einer umfassenden Implementierung der neuen Prozesse kommt.

- **Schrittweise Umsetzung**: Anhand eines festen Stufenplans werden die Prozesse Schritt für Schritt in den betroffenen Organisationseinheiten eingeführt. Da die anderen Bereiche weiterhin arbeitsfähig bleiben, reduzieren sich die Umsetzungsrisiken. Umfang und Geschwindigkeit der Implementierung lassen sich an die Gegebenheiten des Unternehmens bzw. der Abteilung anpassen. Allerdings kann es Verwirrung auslösen, dass gleichzeitig unterschiedliche organisatorische Vorgaben gültig sind, d.h. im einen Bereich noch die alten und im anderen Bereich schon die neuen Vorgaben und Vorgehensweisen angewendet werden.

- **Schlagartige Implementierung**: Diese Vorgehensweise wird auch als „**Big Bang**" bezeichnet. Nach sorgfältiger Vorbereitung werden die neuen Prozesse zu einem festgelegten Zeitpunkt in allen Bereichen gleichzeitig eingeführt. Auf die alten, gewohnten Pfade kann nicht mehr ausgewichen werden, da sie nicht mehr existieren. Die

---

[271] Vgl. Fleisch/Müller-Stewens (2008), S. 280.

[272] Vgl. Klimmer (2016), S. 166 f.

Mitarbeiter werden gezwungen, sofort umzudenken und nach den neuen Vorgaben zu arbeiten. Es besteht das Risiko, dass Schwachstellen aufgrund der hohen Komplexität erst mit Verzögerung erkannt und Gegenmaßnahmen deshalb sehr spät eingeleitet werden.

6.3.5 Prozessoptimierung

Die Situation, in der sich Unternehmen befinden, wandelt sich ständig. Es ändern sich z.B. Kundenwünsche, Marktgegebenheiten, Beziehungen zu Lieferanten und Kreditgebern, Vorgehensweisen der Konkurrenz etc., deshalb ist die **Prozessgestaltung nicht statisch**. Regelmäßig muss man den **Optimierungsbedarf** ermitteln. Solche Überprüfungen werden **Audits** genannt. Sie untersuchen vor allem zwei Fragen:[273]

- Werden die zuvor definierten Vorgaben im Rahmen des Prozesses umgesetzt bzw. eingehalten?

- Bewähren sich die Vorgaben und werden die gewünschten Prozessergebnisse damit erzielt?

Es ist sinnvoll, ein **Auditprogramm** zu erstellen, in dem alle notwendigen Überprüfungen zeitlich und inhaltlich festgehalten werden. Als Faustregel wird empfohlen, alle Prozesse mindestens einmal im Jahr zu auditieren.[274] In der Praxis dürften sich die Überprüfungen zur Prozessoptimierung jedoch eher an der Zeitspanne orientieren, die bis zur nächsten offiziellen Rezertifizierung vergeht. Sofern Abweichungen von den Prozessvorgaben festgestellt werden, müssen im Anschluss an eine Ursachenanalyse Verbesserungsmaßnahmen eingeleitet werden.

Es können zwei unterschiedliche **Vorgehensweisen** für die Prozessoptimierung zum Einsatz kommen. Sie ergänzen sich und werden als **evolutionärer und revolutionärer Ansatz** bezeichnet. Auch die Begriffe **kontinuierlicher Verbesserungsprozess** und **abrupte Prozessorganisation** sind gebräuchlich:

- **Kontinuierliche Verbesserungsprozesse** (**KVP**): Man unterstellt, dass die Prozessleistung durch Verbesserungen auf der Ausführungsebene ständig gesteigert werden kann. Sie erfolgen in kleinen Schritten und können bzw. sollen von allen beteiligten Stellen initiiert werden.

  Hinter KVP steht die japanische Philosophie des Kaizen, die davon ausgeht, dass kein Prozess so gut ist, dass er noch nicht weiter verbessert werden könnte. Durch viele kleine Veränderungen wird die Leistungsfähigkeit allmählich gesteigert. Deshalb gibt es keine festen Zeitvorgaben, wann mit der Optimierung Schluss ist. Vielmehr vollzieht sich der Verbesserungsprozess langsam und schrittweise. So können beispielsweise Prozessschritte in ihrer Reihenfolge vertauscht, verwendete Dokumente verbessert, einzelne Prozessschritte anderen Organisationseinheiten zugeordnet, Verschwendungen beseitigt oder Prozesse vereinfacht werden. Der Schwerpunkt liegt auf

---

[273] Vgl. Wilhelm (2007), S. 73.
[274] Vgl. ebd.

der Verringerung von nicht-wertschöpfenden Aktivitäten. Da die zur Verfügung stehenden Ressourcen i.d.R. begrenzt sind, ist es kaum möglich, alle denkbaren Verbesserungsvorschläge umzusetzen. Der Prozessmanager muss beurteilen, welche Schritte den größten Erfolg versprechen und welche nicht weiterverfolgt werden.

Abrupte Prozessreorganisation: Sie stellt nicht auf die kleinen Schritte ab, sondern wählt den Weg der grundlegenden Erneuerung bestehender Prozesse. Man spricht auch von **Prozess-Reengineering**. Dabei geht es nicht nur darum, die Leistungsfähigkeit eines Prozesses zu verbessern, sondern sie **gewaltig und plötzlich** zu steigern und sich dadurch von der Konkurrenz deutlich abzusetzen. Die gesamte Spezifikation eines Prozesses inklusive seiner Leistungsanforderungen wird in Frage gestellt. Sämtliche Phasen der Prozessgestaltung werden von neuem durchlaufen. Das Ergebnis ist ein vollständig neu gestalteter Prozess.

Diese Vorgehensweise wird in der Praxis **seltener angewendet**, am häufigsten noch bei Prozessen, die für den Unternehmenserfolg von erheblicher Bedeutung sind. Eine langsame, schrittweise Optimierung macht dann manchmal keinen Sinn. Prozess-Reengineering ist allerdings mit hohen Risiken verbunden, da sich erst im Nachhinein herausstellt, ob die neue Prozessgestaltung den Prozesszielen tatsächlich besser entspricht oder ob erneut eine Reorganisation gestartet werden muss.

Die Abb. 6-10 soll verdeutlichen, dass sich schrittweise Prozessverbesserungen und abrupte Reorganisationen in der Praxis häufig ablösen.

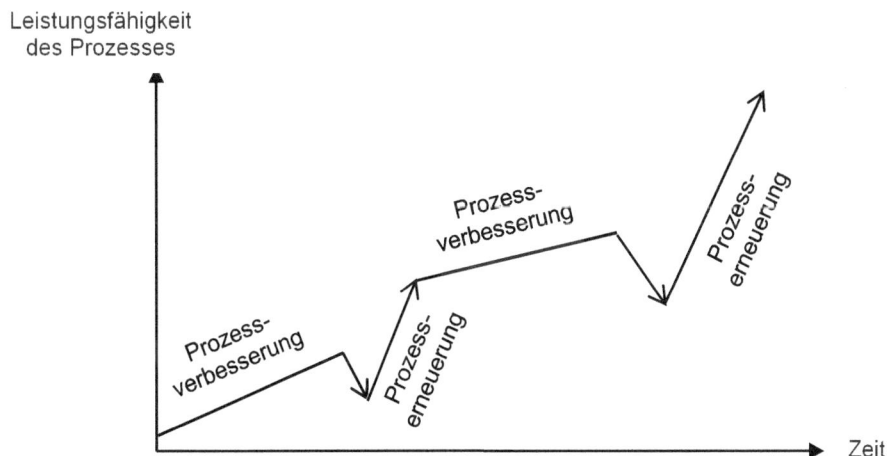

Abb. 6-10: Zusammenhang zwischen Prozessverbesserung und -erneuerung[275]

Zunächst werden kontinuierliche Verbesserungsmaßnahmen ergriffen und auf diesem Wege die Leistungsfähigkeit eines Prozesses fortlaufend gesteigert. Wenn der Punkt erreicht ist, an dem eine weitere Verbesserung nicht mehr möglich oder zu aufwändig und teuer erscheint,

---

[275] Vgl. Imai (2001), S. 59.

steht eine abrupte Reorganisation an. Häufig nimmt danach die Leistungsfähigkeit des Prozesses kurzzeitig ab, bis Routine eintritt und sie wieder ansteigt.

6.4 Besonderheiten der Organisationsgestaltung von Fertigung und Verwaltung

6.4.1 Vorbemerkung

Im Fertigungsbereich ist es seit langem selbstverständlich, regelmäßig auf eine Verbesserung der Abläufe hinzuarbeiten. Die Prozessorientierung stellt deshalb für materielle Prozesse keine neue Denkweise dar.

Dagegen finden in der Verwaltung eine systematische Analyse und Optimierung der Arbeitsprozesse erst seit einigen Jahren statt. Entsprechend groß sind hier die Rationalisierungspotenziale.

Die Fertigungs- und Verwaltungsorganisation wird auch als **Arbeitsorganisation** bezeichnet.[276] Nicht die Gestaltung von Führungsaktivitäten, die ohnehin sehr schwer strukturierbar sind, sondern von **Ausführungsprozessen** steht dabei im Mittelpunkt. Um die Ziele der Prozessorganisation zu erreichen, ist es notwendig, die logischen Folgebeziehungen der Ausführungsprozesse unter

- mengenmäßigen,
- zeitlichen und
- räumlichen Gesichtspunkten

zu konkretisieren. Denn zum einen sind die Mitarbeiter in aller Regel an mehreren Prozessen beteiligt, zum anderen greifen Prozesse normalerweise zeitlich und räumlich ineinander.

Es geht vor allem um diese Problembereiche:

- **Spezialisierungsart der Teilprozesse**: Hier liegt der Schwerpunkt auf der Fragestellung, ob es sinnvoller ist, die Aktivitäten verrichtungs- oder objektorientiert zu gestalten.

- **Spezialisierungsgrad**: Inhalt und Umfang der Teilaufgaben für die einzelnen Arbeitskräfte werden festgelegt. Je höher der Spezialisierungsgrad des Prozesses ist, desto häufiger muss ein Mitarbeiter seine Aufgaben wiederholen und desto einfacher sind sie in der Regel.

- **Automatisierungsgrad**: Hier muss entschieden werden, ob es sinnvoller ist, Teilprozesse manuell durchzuführen oder sie automatisiert ablaufen zu lassen und für welche Teilprozesse welche Vorgehensweise gelten soll.

---

[276] Vgl. Breisig (2015), S. 105.

- **Standardisierung**: Es geht um die Frage, ob ein Prozess unter Verwendung vorgegebener Arbeitsmethoden immer auf dieselbe Weise abläuft oder ob es Spielraum für individuelle Vorgehensweisen geben soll.

- **Reihenfolge der Auftragsbearbeitung**: Hier werden Regelungen erstellt, die die Durchlaufzeiten der Teilprozesse minimieren sollen. Gleichzeitig sollen auch die Kosten geringgehalten und außerdem die vorhandenen Kapazitäten bestmöglich genutzt werden.

- **Anordnung der Prozessstationen**: Wenn die Anordnung der Prozessstationen passend zu einem speziellen Prozess vorgenommen wird, liegt eine prozessgebundene Vorgehensweise vor. Alternativ ist es möglich, Stationen so zu bilden, dass unterschiedliche Teilprozesse ablaufen können. Man spricht dann von prozessungebundener Anordnung. Der Aufbau der Prozessstationen ist eng mit der Art der Spezialisierung der Teilprozesse verbunden.

- **Arbeitsplatzgestaltung und Gestaltung der Arbeitsumgebung**: Bei der Gestaltung von Arbeitsplätzen sind wirtschaftliche, ergonomische und soziale Gesichtspunkte zu berücksichtigen. Gleiches gilt für die Gestaltung der Arbeitsumwelt.

Die Organisationslehre verwendet für diese Problembereiche die Begriffe **personale, temporale und lokale Synthese**.[277]

Die ersten vier der oben genannten Bereiche werden im Rahmen der **personalen Synthese** bearbeitet.

Die genaue Reihenfolge der Auftragsbearbeitung wird in der **temporalen Synthese** festgelegt.

Die **lokale Synthese** beschäftigt sich mit den beiden letzten Aspekten.

Einige Beispiele für mögliche Regelungen zeigt die Abb. 6-11.

6.4.2 Organisation im Fertigungsbereich

Im Folgenden werden grundsätzliche Aspekte der Arbeitsorganisation im Fertigungsbereich behandelt. Speziellere Fragenstellungen und die Untersuchung von Detailproblemen gehören eher in die Industriebetriebswirtschaftslehre bzw. in die Produktionswirtschaftslehre und die Logistik. Auch die Wirtschaftsinformatik setzt hier an. Es werden diese Bereiche betrachtet:[278]

- **personale Synthese**: Hier geht es um die Arbeitsteilung zwischen den beteiligten Aufgabenträgern und die Festlegung des Arbeitspensums.

- **temporale Synthese**: Sie beschäftigt sich damit, die Durchlaufzeiten eines Prozesses möglichst gering zu halten.

- **lokale Synthese**: Die Wahl des Organisationstyps der Fertigung und die Gestaltung der räumlichen Anordnung der Arbeitsplätze sind hier die Themen.

---

[277] Vgl. Breisig (2015), S. 99.

[278] Vgl. Bea/Göbel (2019), S. 247 f.

Ausführungsprozesse

Dimensionen			Beispiele
Menge	wie viel	Anzahl	Tägl. müssen bis zu 100 Aufträge bewältigt werden
		Gruppierung	Bestellungen gehen in Stapeln > 10 an den Versand
Zeit	wann	Zeitpunkt der Aufgabenerledigung	Übermitteln der Rechnungsdaten an die Buchhaltung um 16 Uhr
		zeitliche Folge und Dauer der Aufgabenerfüllung	erst E-Mails öffnen, dann speichern, dann weiterleiten (zeitlicher Rahmen: täglich 20 Min.)
		Zeitpunkt der Weiterleitung von Informationen	Abgabe einer Verkaufsstatistik jeweils zum Monatsende
	wie lange	Zeitraum der Bearbeitung	verpacken und versenden zwischen 13 bis 17 Uhr
Raum	wo	Standort	- Arbeitsplatz Versand: im Tiefparterre - Standort Drucker: im Raum X - Ort des Buchlagers: im Keller
	woher/ wohin	Wege	- Abholen der Post vom Posteingang - Übermittlung der Auftragsdaten an den Versand über internes Netzwerk

Abb. 6-11: Mengenmäßige, zeitliche und räumliche Strukturierung von Ausführungsprozessen[279]

6.4.2.1 Strukturierung der Arbeitsteilung und -verteilung (personale Synthese)

Die personale Synthese im Fertigungsbereich befasst sich vorrangig mit zwei Problemen:

- **Arbeitsteilung** zwischen den Aufgabenträgern
- **Arbeitsverteilung**, d.h. Festlegung des Arbeitspensums

6.4.2.1.1 Strukturierung der Arbeitsteilung

Bei der **Arbeitsteilung** geht es darum, Elementarprozesse sinnvoll auf Aufgabenträger zu übertragen und aufeinander abzustimmen. Im Ergebnis sollen die Durchlaufzeiten möglichst gering sein und die Aufgabenträger bestmöglich ausgelastet werden. Elementarprozesse sind in der Fertigung durch häufige Wiederholungen gekennzeichnet. Oft ist die Reihenfolge der Teilprozesse durch das Arbeitsverfahren bereits vorgegeben, ansonsten muss zunächst eine logische Folge gebildet werden. Alle Abläufe bestehen aus einer Kombination von sechs möglichen **Grundformen** von Folgebeziehungen.[280] Sie sind in Abb. 6-12 wiedergegeben.

---

[279] Vgl. Schmidt/Konz (2019), S. 100.

[280] Vgl. ebd., S. 104 ff.; Fischermanns/Liebelt (2000), S. 47 ff.; Wilhelm (2007), S. 48 ff.

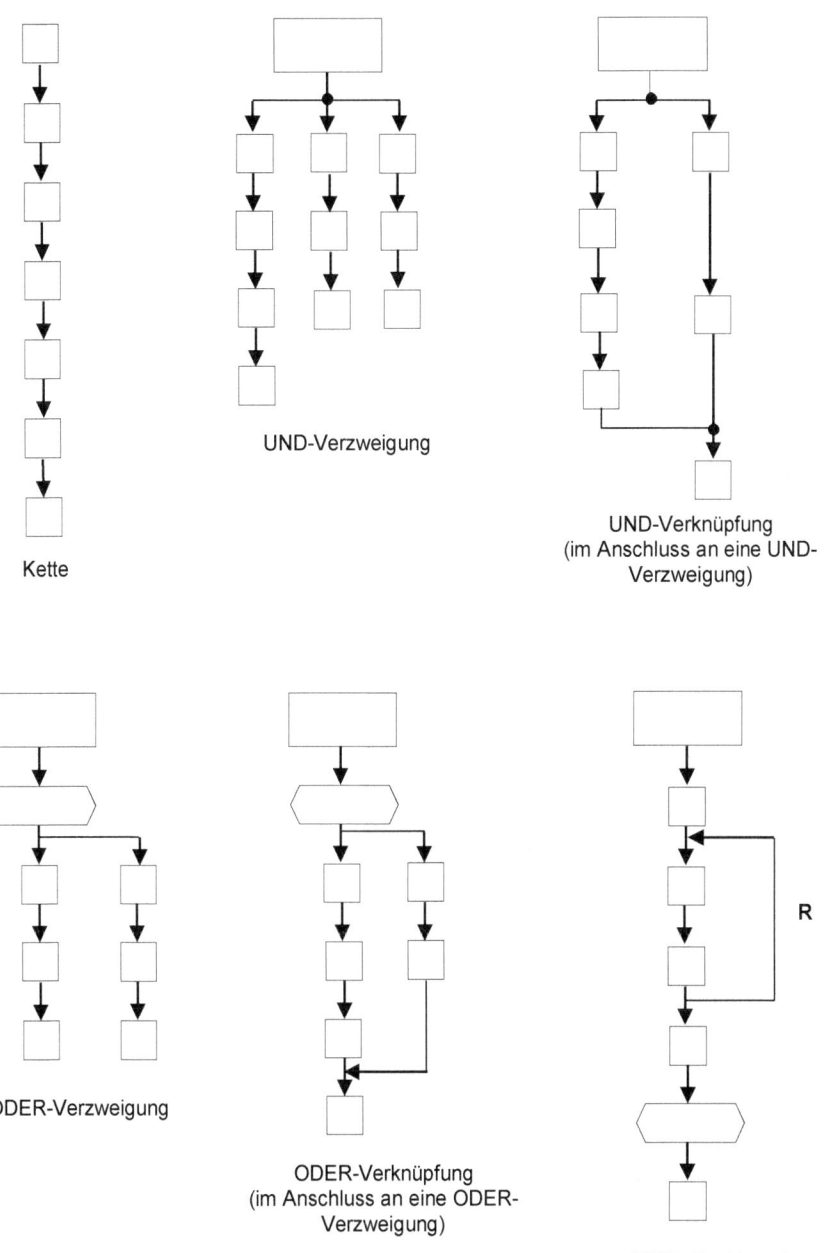

Kette

UND-Verzweigung

UND-Verknüpfung
(im Anschluss an eine UND-
Verzweigung)

ODER-Verzweigung

ODER-Verknüpfung
(im Anschluss an eine ODER-
Verzweigung)

ODER-Rückkopplung

Abb. 6-12: Grundformen von Ablauffolgen[281]

---

[281] Vgl. Schmidt/Konz (2019), S. 109.

Von einer **Kette** spricht man, wenn es sich um eine unverzweigte Abfolge von Prozessschritten, die einzeln nacheinander durchgeführt werden, handelt. Sie ist die einfachste Form der Folgebeziehung.

Bei einer **UND-Verzweigung** werden Prozessschritte nebeneinander und unabhängig voneinander durchgeführt. Der Beginn der Aufspaltung wird meist durch einen Punkt gekennzeichnet. UND-Verzweigungen sind nur möglich, wenn genügend Aufgabenträger und Sachmittel zur Verfügung stehen, um gleichzeitig arbeiten zu können.

Eine **UND-Verknüpfung** tritt auf, wenn Aktivitäten zunächst arbeitsteilig durchgeführt und anschließend zu einem gemeinsamen Ergebnis zusammengeführt werden. Der Beginn der Verknüpfung wird meist mit einem Punkt markiert. Der Prozessschritt, der unmittelbar auf die Zusammenführung folgt, kann erst erfüllt werden, wenn alle vorangegangenen Aufgaben komplett bearbeitet sind, sodass es bei einem schnelleren Teilprozess zu Wartezeiten kommen kann. Je genauer die Parallelprozesse zeitlich aufeinander abgestimmt sind, desto geringer sind die Zeitdifferenzen.

Von einer **ODER-Verzweigung** spricht man, wenn ab einem bestimmten Prozessschritt mehrere alternative, d.h. sich gegenseitig ausschließende Vorgehensweisen (exklusives ODER) möglich sind. Eine Raute kennzeichnet den Beginn der Verzweigung.

Wenn nach einer ODER-Verzweigung in einem späteren Prozessstadium die alternativen Vorgehensweisen wieder einheitlich fortgeführt werden, d.h. die Oder-Zweige wieder zusammengefasst werden, handelt es sich um eine **ODER-Verknüpfung**.

Bei einer **ODER-Rückkopplung** ist die Fortführung des Arbeitsprozesses ab einem bestimmten Arbeitsschritt an eine Bedingung geknüpft. Die davorliegenden Teilprozesse werden solange wiederholt, bis diese Bedingung erfüllt ist. Den Pfeil, mit dem die Rückkopplung dargestellt wird, kennzeichnet man mit einem R.

Art und Umfang der Arbeitsteilung orientieren sich an ökonomischen und sozialen Gesichtspunkten. Früher herrschte im Fertigungsbereich ein hoher Grad der Arbeitsteilung, verbunden mit geringer Entscheidungsbefugnis der Ausführenden. Sie mussten sehr kleine Aufgaben in ständigen Wiederholungen durchführen und hatten nur geringe Entscheidungsbefugnisse. Die Übertragung von Kontroll- und Planungsaktivitäten auf übergeordnete Einheiten und eine zentrale Instandhaltung waren selbstverständlich.

Heute geht man davon aus, dass eine geringere Spezialisierung sowohl wirtschaftlicher als auch humaner ist. Diese Sichtweise führt dazu, dass umfangreiche Maßnahmen ergriffen werden, um **Prozesse zu generalisieren**, wie beispielsweise die Bildung von teilautonomen Arbeitsgruppen, Job Enlargement und Job Enrichment.[282] Auf die jeweiligen Vor- und Nachteile dieser Vorgehensweisen wurde bereits an anderer Stelle ausführlich eingegangen (vgl. Kapitel 3.2.8).

---

[282] Vgl. dazu ausführlich Kieser/Walgenbach (2010), S. 72 ff.; Picot et al. (2015), S. 437 ff.; Kirchler/Hölzl (2005), S. 303 ff.

6.4.2.1.2   Bestimmung des Arbeitspensums

Eng verbunden mit Entscheidungen zur Arbeitsteilung ist der zweite Schwerpunkt der personalen Synthese, die **Festlegung des Arbeitspensums**.

Die **Höhe des Arbeitspensums** hängt vor allem von diesen **drei Komponenten** ab:

- Leistungsfähigkeit des Mitarbeiters
- zur Verfügung stehende Sachmitteln und Arbeitsmethoden
- Arbeitsmenge

Die **Leistungsfähigkeit** eines Mitarbeiters wird durch seine körperlich-geistigen **Anlagen**, sein **Wissen** und sein **Können** bestimmt. Inwieweit er seine Leistungsfähigkeit tatsächlich ausschöpft, hängt von seiner **Leistungsdisposition** ab. Darunter versteht man das momentane körperliche und seelische Befinden eines Menschen. Die Leistungsdisposition verändert sich unter anderem durch Faktoren wie Ermüdung und Erholung, Lebensalter und Gesundheitszustand. Außerdem hat der menschliche Biorhythmus Auswirkungen auf das Befinden. Auch psychische Faktoren spielen eine Rolle. **Wissen** und **Können** sind Bestandteile der Kompetenz des Mitarbeiters (vgl. Kapitel 3.2.4.2).

Neben der Leistungsfähigkeit beeinflussen die zur Verfügung stehenden **Sachmittel und Arbeitsmethoden** den Umfang des Arbeitspensums. Das Spektrum der Sachmittel reicht von einfachen Handwerkzeugen bis zu hochwertigen elektronischen Geräten. Ihre Funktionalität hat Auswirkungen auf Qualität, Kosten und Dauer der Prozesse.

Insbesondere in der Fertigung werden einfache, früher von den Mitarbeitern ausgeübte Tätigkeiten mehr und mehr durch maschinelle Arbeitsleistung substituiert. Es wird insbesondere dann automatisiert, wenn Arbeitsgenauigkeit, -qualität und -geschwindigkeit der Maschine höher sind als diejenigen der Menschen. Auch sind die Kosten oft niedriger, wenn Maschinen einen Prozess ausführen.

Die Frage nach einem angemessenen Umfang der Sachmittelverwendung, also dem **optimalen Automatisierungsgrad**, kann dabei nicht allgemeingültig beantwortet werden. In jedem einzelnen Fall müssen die Vor- und Nachteile der Automatisierung in der Fertigung abgewogen werden. **Vorteile** der Automatisierung:[283]

- geringere Personalkosten
- gleichbleibende Genauigkeit und Qualität auch bei großen Mengen
- große Arbeitsgeschwindigkeit
- Vermeidung einseitiger körperlicher Belastung
- Verringerung monotoner Aufgaben

---

[283] Vgl. Klimmer (2016), S. 151.

Die **Nachteile** sind:[284]

- hohe Investitionskosten

- hohe Fixkosten

- geringere Flexibilität gegenüber den Markterfordernissen aufgrund stark spezialisierter Technologie

Durch die Auswahl einer Maschine oder eines Werkzeugs ist die **Arbeitsmethode** häufig bereits festgelegt. Sie beinhaltet die generellen Regelungen, auf welche Art und Weise eine bestimmte Arbeit zu erfüllen ist, d.h. es findet eine **Standardisierung** der Aufgabenerfüllung bzw. der Arbeitsmethoden statt. Diese Standardisierung ist vor allem bei sich häufig wiederholenden Arbeitsprozessen sinnvoll, bei denen **gleichzeitig** Kosten, Durchlaufzeiten und Qualität von zentraler Bedeutung sind.

Vorteile der Standardisierung von Arbeitsmethoden:

- Reduzierung der Durchlaufzeiten durch Lerneffekte

- effiziente Ausnutzung der Sachmittel, die für die Arbeitsmethode benötigt werden

- Verringerung der Herstellkosten

- Verbesserung der Prozessqualität

- Steigerung der Prozesssicherheit

- Verringerung der Fehlerquote

Nachteile, die mit der Standardisierung von Arbeitsmethoden verbunden sind:

- hoher zeitlicher Erstellungs- und Aktualisierungsaufwand

- Verringerung der Kreativität und Flexibilität der Mitarbeiter

- Einschränkung der Entscheidungsfreiheit der Mitarbeiter

- negative Auswirkungen auf die Motivation durch Monotonie

Die Leistungsfähigkeit, der Sachmitteleinsatz und die Methodenauswahl haben Auswirkungen auf die **Arbeitsmenge**, die ein Mitarbeiter bewältigen kann. Sie ist die dritte Komponente, die bei der Festlegung des Arbeitspensums bedacht werden muss.

Ein dauerhaft leistbares Arbeitspensum entspricht derjenigen Arbeitsmenge, mit der ein **durchschnittlicher** Mitarbeiter ausgelastet ist. Es geht also um eine übliche **Standardleistung**, die eine sog. „Normalarbeitskraft" langfristig bewältigen kann.

Einzelne Höchstleistungen, die ausnahmsweise erzielt werden können, sind nicht Gegenstand der Betrachtung. Auch tägliche oder gar stündliche Festlegungen von Arbeitsmengen sind nicht die Angelegenheit der personalen Synthese. Diese kurzfristige Steuerung der Arbeitsmengenverteilung ist Bestandteil der temporalen Synthese.

---

[284] Vgl. Klimmer (2016), S. 151 f.

6.4.2.2 Zeitliche Strukturierung (temporale Synthese)

Die temporale Synthese hat die Aufgabe, die Durchlaufzeiten möglichst gering zu halten. Im Idealfall gäbe es nur Bearbeitungszeiten und keine Rüst-, Liege- oder Transportzeiten.

Gleichzeitig soll auch die Auslastung der Arbeitskräfte und der Maschinen möglichst hoch sein.

Um dieses Ziel zu erreichen, baut man auf den Arbeitspensen, die in der personalen Synthese festgelegt wurden, auf und bestimmt die zeitliche Abfolge der Arbeitsmengen für diejenigen Mitarbeiter, die gemeinsam an einem Prozess arbeiten. Sowohl die Aktivitäten der einzelnen Aufgabenträger als auch die Teilaufgaben werden zeitlich angeglichen. Je besser diese Abstimmung gelingt, desto geringer sind die Wartezeiten und desto weniger Zwischenlager müssen eingerichtet werden.

Nur bei einer gelungenen Leistungsabstimmung ist es sinnvoll, ein leistungsorientiertes Entgelt zu zahlen. Wenn es dagegen häufige, ablaufbedingte Unterbrechungen der Arbeit gibt und die Mitarbeiter auf fehlendes Material oder auf Zulieferungen von anderen Stellen/Abteilungen warten müssen, hängt die Höhe ihrer Leistungsmenge stärker vom Zufall als von ihrer individuellen Leistung ab.

Besonders schwierig ist die temporale Synthese, wenn die Teilprozesse für einzelne Aufträge unterschiedlich lang sind und immer wieder unterschiedliche Stellen damit betraut werden, da dann das Ziel der Minimierung der Durchlaufzeiten mit den Forderungen nach maximaler Kapazitätsauslastung und hoher Termintreue kollidiert.[285]

Dieses **Dilemma der Prozessorganisation** ist am besten mit einer simultanen Termin- und Kapazitätsplanung zu lösen.

Zur optimalen Kapazitätsterminierung sind eine Vielzahl rechnergestützter, analytischer Methoden im Rahmen des Operations Research entwickelt worden, die in großen Unternehmen vielfältige Verbreitung gefunden haben.

In den meisten kleineren Unternehmen werden OR-Methoden kaum angewendet. Zwar gibt es ebenfalls brauchbare und relativ günstige Software (z.B. von Microsoft), aber kleinere Unternehmen gehen häufig noch auf „alt bewährte Art" vor, sodass zunächst eine grobe Terminplanung mit vorläufigen Anfangs- und Endterminen für einzelne Prozessabschnitte vorgenommen wird. Personelle und maschinelle Kapazitätsgrenzen bleiben zunächst noch unberücksichtigt. Ausgangspunkt sind entweder der frühestmögliche Bearbeitungsbeginn (**Vorwärtsrechnung**) oder der vom Auftraggeber vorgegebene spätestmögliche Fertigstellungstermin (**Rückwärtsrechnung**).

Später wird die Grobplanung durch eine Terminfeinplanung unter Berücksichtigung der vorhandenen Kapazitäten ergänzt. Es dominieren heuristische Vorgehensweisen in Form von **Prioritätsregeln**, die die einzelnen Aufträge nach nur einem Zielkriterium in eine Rangfolge bringen.

---

[285] Vgl. Bea/Göbel (2019), S. 321.

Oft verwendete Prioritätsregeln sind:[286]

▫ **Kürzeste Operationszeit-Regel**: Derjenige Auftrag, der die kürzeste Fertigungszeit erfordert, wird zuerst erfüllt. Umfangreichere Aufträge mit langen Durchlaufzeiten werden dann bei jedem neuen Teilprozess wieder nach hinten ans Ende der Warteschlange gestellt.

▫ **Frühester Liefertermin-Regel**: Der Auftrag, der zuerst beendet werden muss, besitzt die höchste Priorität. Alle Aufträge, deren Liefertermin noch nicht in naher Zukunft liegt, werden solange nach hinten geschoben, bis sie dringlich sind, und dann vorgezogen.

▫ **Dynamischer Wert-Regel**: Vorrang hat der Auftrag, der bisher die höchsten Herstellkosten verursacht hat, also zurzeit den größten Wert darstellt. Aufträge mit niedrigeren Kosten werden im Anschluss bearbeitet.

▫ **First-come-first-serve-Regel**: Sie wird auch als First-in-first-out-Regel bezeichnet. Die Aufträge werden in der Reihenfolge des Eingangs abgearbeitet. Dringlichkeit oder Kosten finden keine Beachtung.

▫ **Schlupfzeit-Regel**: Der Auftrag mit der geringsten Schlupfzeit, d.h. dem kürzesten Zeitraum zwischen Liefertermin und restlicher Durchlaufzeit, wird zuerst erfüllt. Alle Aufträge mit geringerer Dringlichkeit werden nachrangig bearbeitet, auch wenn sie hohe Finanzierungs- oder Lagerkosten verursachen.

Das Optimum kann mit diesen Methoden nicht erreicht werden. Deshalb ist es fast immer notwendig, kurzfristig nachzusteuern und mit Überstunden, Aushilfskräften und Springern etc. zu arbeiten.

In größeren Unternehmen wird die Prozessorganisation im Fertigungsbereich heute üblicherweise mithilfe computergestützter Produktionsplanungs- und Steuerungssysteme (**PPS-Systeme**) vorgenommen. Dabei handelt es sich um Entscheidungsunterstützungsprogramme, die Mitarbeiter, Maschinen sowie deren Arbeits-, Informations- und Kommunikationsbeziehungen berücksichtigen.[287]

Zur bedarfsgerechten Einsatzplanung der Mitarbeiter wird PEP-(Personaleinsatzplanungs-) Software eingesetzt.[288]

Aufgabe eines PPS-Systems ist es, alle Produktionsprozesse vom Start bis zur Auslieferung eines Auftrags so zu arrangieren, dass unter den vorgegebenen Bedingungen die angestrebten Ziele erreicht werden. PPS-Systeme gibt es von auf Groß- und Mittelbetriebe spezialisierten Herstellern (z.B. SAP und Oracle) und in einfacherer Form auch für kleinere Unternehmen (z.B. von Microsoft).

---

[286] Vgl. Bea/Göbel (2019), S. 324; Schulte-Zurhausen (2013), S. 140.

[287] Vgl. Blohm/Beer/Seidenberg/Silber (2016), S. 443.

[288] Vgl. o.V. (2005 b), S. 18.

Üblicherweise werden Standard-Bauelemente unternehmensspezifisch zusammengesetzt und ggf. geringfügig variiert. Bei großen Unternehmen erfolgen teilweise auch gezielte anwenderbezogene Neuentwicklungen.

In der Regel enthält ein PPS-System mehrere Module, die sukzessive abgearbeitet werden. Man beginnt meist mit der **Produktionsprogrammplanung**. Hier werden die Produktarten und -mengen festgelegt. Anschließend werden Materialmengen, Termine sowie maschinelle und personelle Kapazitäten unter Berücksichtigung der vorgegebenen Anforderungen eingepflegt. Die **Produktionssteuerung** sorgt im Anschluss für die Durchsetzung und Sicherung des Planvollzugs.[289]

6.4.2.3 Räumliche Strukturierung (lokale Synthese)

6.4.2.3.1 Vorbemerkung

Die Schwerpunkte der lokalen Synthese liegen auf

- der Gestaltung der räumlichen Anordnung der Arbeitsplätze sowie
- der Gestaltung der Arbeitsplätze und der Arbeitsumgebung.

Das Ergebnis der Gestaltung der räumlichen Anordnung der Arbeitsplätze wird als **Organisationstyp der Fertigung** bezeichnet. Die Wahl des Organisationstyps bestimmt maßgeblich die Art des Durchlaufs der zu bearbeitenden Aufträge und beeinflusst die Länge der Transportwege und -zeiten und damit die Durchlaufzeit. Welcher Typ am besten geeignet ist, hängt vor allem vom **Leistungs- oder Fertigungstyp** ab, der u.a. durch die Anzahl der gleichartigen Objekte bestimmt wird.

Daneben geht es bei der lokalen Synthese auch um die **Gestaltung der Arbeitsplätze und der Arbeitsumgebung**. Es werden **ergonomische Aspekte der Arbeitssituation** mit dem Ziel untersucht, gute Voraussetzungen für ein hohes Leistungsvermögen und eine hohe Leistungsbereitschaft zu schaffen. Die Ergonomie ist die Lehre von der menschlichen Arbeit. Sie befasst sich mit der Anpassung der Arbeitssituation an die Eigenschaften und Fähigkeiten der arbeitenden Menschen unter wirtschaftlichen und humanitären Gesichtspunkten. Die optimale Konstruktion der Werkzeuge und der technischen Einrichtungen sowie die Verbesserung der Bewegungsabläufe sind dabei von großer Bedeutung.

Eine sachgerechte Arbeitsumgebung lässt sich außerdem durch Beeinflussung von Temperatur, Luftfeuchtigkeit, Zugluft, Lichtstärke und Lichteinfall, Lärm und Farbgestaltung erreichen.

6.4.2.3.2 Organisationstypen der Fertigung

In der Praxis gibt es unendlich viele Möglichkeiten, Arbeitsobjekte, Mitarbeiter und Sachmittel zu kombinieren und räumlich anzuordnen.

Sie basieren alle auf **drei Grundformen** von Organisationstypen, die nach den Prinzipien der Verrichtungs- bzw. Objektzentralisation systematisiert werden.

---

[289] Vgl. ausführlich Günther/Tempelmeier (2005), S. 303 ff.

Die Abb. 6-13 gibt einen Überblick.

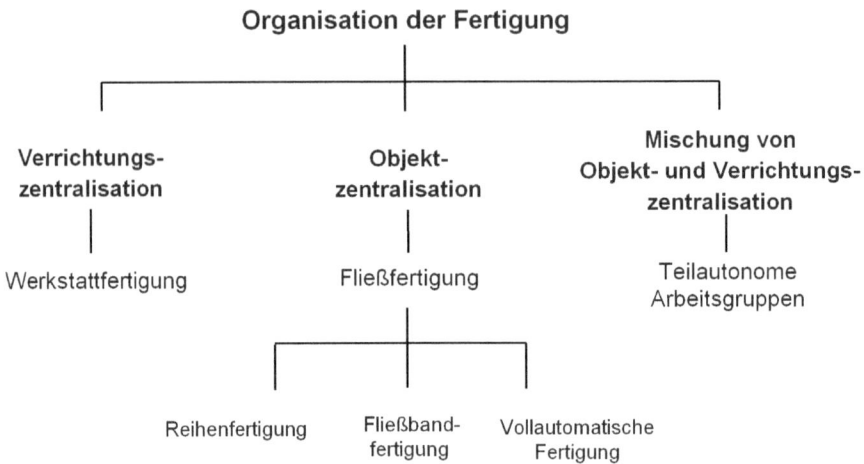

Abb. 6-13: Organisationstypen der Fertigung

6.4.2.3.2.1   Werkstattfertigung

Bei der **Werkstattfertigung** werden gleichartige Verrichtungen zu einer fertigungstechnischen Einheit, einer sog. Werkstatt, zusammengefasst. Es findet also eine **Verrichtungszentralisation** statt.

Das Ergebnis sind funktional spezialisierte Fertigungsstätten, wie z.B. Fräserei, Schleiferei, Lackiererei und Montagewerkstätten. Die dortigen Mitarbeiter sind auf die Erfüllung dieser Verrichtungen spezialisiert. Meist nutzen sie an ihren Funktionsbereich angepasste Universalmaschinen und Werkzeuge, die vielseitig einsetzbar sind und in unterschiedlichen Prozessen zur Bearbeitung variierender Produkte verwendet werden können.

Wie die Abb. 6-14 zeigt, können Werkstattfertigungen **sehr flexibel auf Kundenwünsche** reagieren. Die zu bearbeitenden Aufträge wandern von Werkstatt zu Werkstatt. Je nachdem welche Verrichtungen in welcher Reihenfolge notwendig sind und welche Wünsche die Kunden haben, kann eine Werkstatt mehrmals oder auch gar nicht angelaufen werden, weil sie an diesem Prozess nicht beteiligt ist.

Die notwendigen Fertigungsteile müssen für jeden Arbeitsgang in die zuständige Werkstatt befördert werden.[290] Wenn es zu Wartezeiten kommt, ist zur Entkopplung der Fertigungsschritte die Einrichtung von **Zwischenlagern** sinnvoll. Die ständig wechselnde Bearbeitungsfolge bringt erhebliche Probleme für die Arbeitsvorbereitung mit sich. Sie führt in einzelnen Werkstätten zu Engpässen, während andere nicht ausgelastet sind.

---

[290] Vgl. Blohm/Beer/Seidenberg/Silber (2016), S. 282 ff.

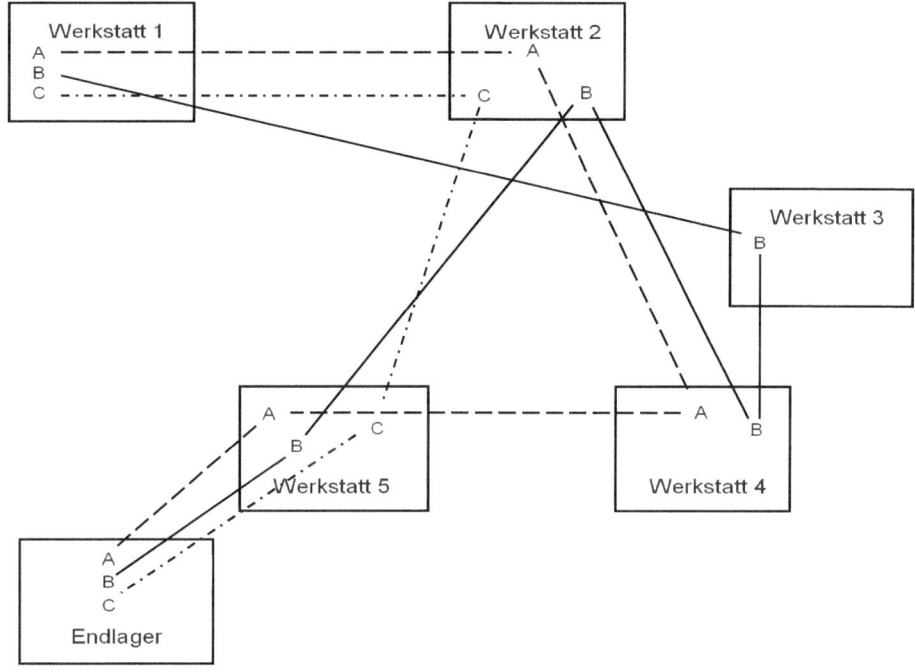

Abb. 6-14: Ablauf in einer Werkstattfertigung

In Abb. 6-14 wandert Objekt A von Werkstatt 1 zu 2, danach geht es zu 4 und 5, bevor das fertige Objekt A im Endlager aufbewahrt wird. Objekt B lässt nach Werkstatt 1 die Werkstatt 2 aus und wird zunächst in 3 und 4 und erst danach in 2 und darauf in 5 bearbeitet. Produkt C durchläuft die Werkstätten in der Reihenfolge 1 - 2 - 5, bevor es ins Endlager kommt.

Die Mitarbeiter in den Werkstätten müssen den häufig wechselnden Anforderungen, die sich aufgrund unterschiedlicher Fertigungsaufträge und wechselnder Produkte ergeben, gerecht werden. Deshalb sind solche Mitarbeiter meistens gut qualifizierte Facharbeiter und Meister.

Die Werkstattfertigung eignet sich besonders für

- wechselnde Aufträge, die nur in geringem Maße wiederholt werden, und

- für wenig strukturierte Aufgaben, bei denen eine hohe Flexibilität und Anpassung an Kundenwünsche gefordert ist.

Schwerpunkte sind **Einzelaufträge und kleine Serien**.

Vorteile der Werkstattfertigung:

- hohe Flexibilität bei Kundenwünschen

- leichte Abteilungsbildung nach funktionalen Schwerpunkten

- große Anpassungsfähigkeit bei unvorhergesehenen Ereignissen

- hoher Nutzungsgrad der Universalmaschinen
- hohes Qualitätsniveau
- leichte Umstrukturierung einzelner Werkstätten bei Nachfrageänderungen, ohne dass die gesamte Fertigungsstruktur betroffen ist
- hohe Motivation durch abwechslungsreiche Aufgaben

Die **Nachteile**:

- lange Transportwege
- hohe Transportkosten
- unregelmäßige, oft lange Durchlaufzeiten
- hohe Lager- und Zinskosten aufgrund der Notwendigkeit von Zwischenlagern
- aufwändige Fertigungssteuerung
- ungleichmäßige Auslastung der Kapazitäten
- Leerkosten durch mangelnde bzw. ungleichmäßige Auslastung der Werkstätten und der Mitarbeiter
- hohe Rüstkosten durch häufige Umstellung der Fertigungsprozesse bzw. des Produktionsprogramms
- hohe Personalkosten aufgrund der guten Qualifikation der Mitarbeiter
- mangelnde Transparenz des Fertigungsprozesses
- hoher Flächenbedarf für Fertigung und Zwischenlagerung

6.4.2.3.2.2   Fließfertigung

Den Gegenpart zur Werkstattfertigung bildet die **Fließfertigung**, die nach dem Prinzip der **Objektzentralisation** aufgebaut ist. **Reihen-, Fließband- und vollautomatische Fertigung** sind verschiedene Ausprägungen dieses Organisationstyps.

Wenn die Organisation eines Fertigungsprozesses auf einen ganz bestimmten Auftrag oder ein Objekt zugeschnitten wird, handelt es sich um eine **Reihenfertigung**. Arbeitsplätze und Maschinen werden dazu „in einer Reihe", d.h. an der Bearbeitungsreihenfolge eines konkreten Auftrags ausgerichtet, sodass der Fertigungsprozess ohne Unterbrechung durchgeführt werden kann. Das Objekt wandert „die Reihe entlang". Auch die Bezeichnungen Linien- oder **Straßenfertigung** sind gebräuchlich.

Das obige Beispiel 6-14 würde folgendermaßen verändert werden: Für die Fertigung von Produkt A würden die Arbeitsplätze 1 - 2 - 4 - 5 hintereinander gestellt werden. Nummer 3 wäre unnötig, diesen Arbeitsplatz würde es nicht mehr geben. Bei Produkt B wäre die Reihenfolge 1 - 3 - 4 - 2 - 5. Alle Arbeitsplätze sind weiterhin vorhanden, allerdings ist deren Anordnung geändert. Bei C entfallen der Bearbeitungsschritt 3 und 4, die neue Reihenfolge der Arbeitsplätze ist 1 - 2 - 5.

Da die Arbeitsplätze bei der Reihenfertigung nur ungefähr zeitlich aufeinander abgestimmt werden, sind – wenn auch sehr begrenzt – **Produktvariationen** möglich, sofern sich die dafür notwendigen Arbeitsschritte einigermaßen im vorgegebenen zeitlichen Rahmen halten. Auch sind kleine Zwischenlager, Puffer genannt, zwischen den Arbeitsplätzen üblich. Sie dienen dem Ausgleich von geringfügigen Schwankungen und Störungen. Größere Abweichungen sind nicht möglich.

Bei der **Fließbandfertigung** werden die Arbeitsschritte nicht nur hintereinander angeordnet, sondern zusätzlich **zeitlich exakt** aufeinander abgestimmt. Außerdem werden die Werkstücke mithilfe von Fließbändern von Arbeitsplatz zu Arbeitsplatz befördert. So werden die Transportzeiten und -wege minimiert. Die zeitliche Abstimmung der Teilaufgaben, die als **Taktung** bezeichnet wird, führt dazu, dass an allen Arbeitsplätzen dieselbe Zeit, die sog. Taktzeit, für die Verrichtungen zur Verfügung steht. Leerzeiten sollen nicht mehr anfallen, allerdings sind auch nicht eingeplante Produktvariationen nicht mehr möglich.

Fließfertigung ist durch **hohe Hilfsmittel- und Stellenspezialisierung** gekennzeichnet. Häufig müssen die eingesetzten Spezialmaschinen und Werkzeuge erst für einen bestimmten Fertigungsprozess entwickelt und eigens angefertigt werden. An die Qualifikation der Mitarbeiter stellt die Fließfertigung relativ geringe Anforderungen. Im Extremfall sind nur wenige Handgriffe immer wieder zu erfüllen. Ausführende Arbeit wird von dispositiven Aufgaben, wie z.B. Planungs- und Kontrollaufgaben, weitgehend getrennt. Diese werden i.d.R. zentralen Abteilungen überlassen. Die negativen Auswirkungen einer extremen Arbeitsteilung, wie sie in der Fließfertigung stattfindet, wurden bereits in Kapitel 3.2.8 behandelt.

Eine Extremform der Fließbandfertigung ist die **vollautomatische Fertigung**. Sie setzt CNC- (Computerized Numerical Control-)Maschinen ein. Dabei handelt es sich um computergesteuerte Maschinen, die Objekte transportieren, in die richtige, für die Bearbeitung erforderliche Lage bringen und auch gleich die notwendigen Bearbeitungsschritte durchführen. Die Qualitätskontrolle und das Aussortieren von Ausschuss sowie die Zustandskontrolle der Maschinen können ebenfalls integriert werden. Menschen sind fast überflüssig, sie werden nur noch für die Programmierung und Überwachung des Fertigungsprozesses benötigt.

Fließfertigung bietet sich bei gut strukturierten und standardisierten Aufgaben an, die sehr oft wiederholt werden. Klassischerweise wird sie in der **Großserien-, Großsorten- und Massenproduktion** eingesetzt.[291] Hier besteht eine relativ große Wahrscheinlichkeit, dass die festgelegten Prozesse über einen langen Zeitraum wiederholt werden und nicht häufig verändert werden müssen.

Die **Vorteile** der Fließfertigung sind:

- einfache Fertigungssteuerung
- kurze Transportwege
- geringe Transportkosten
- Verringerung bzw. Abschaffung von Zwischenlagern

---

[291] Vgl. Blohm/Beer/Seidenberg/Silber (2016), S. 285.

- kurze Durchlaufzeiten

- einfacher, übersichtlicher Fertigungsprozess

- unproblematische Terminplanung, Maschinenbelegung und Reihenfolgeplanung

- gleichmäßige Kapazitätsauslastung

- schnelle und einfache Ersetzbarkeit der Arbeitskräfte

- niedrige Personalkosten aufgrund gering qualifizierter Mitarbeiter

- Spezialisierungsvorteile durch weitgehend homogene Produkte

- hohe Produktivität

Nachteile der Fließfertigung:

- hoher Kapitalbedarf durch den Einsatz von Spezialmaschinen

- geringe Flexibilität bei Kundenwünschen

- mangelnde Anpassungsfähigkeit bei Nachfragerückgang oder -änderung

- hohe Störanfälligkeit des Fertigungsprozesses

- hoher Instandhaltungsaufwand

- einseitige körperliche Belastung der Mitarbeiter durch ständig wiederkehrende Verrichtung weniger Handgriffe

- psychische und soziale Probleme bei den Mitarbeitern aufgrund der Monotonie ihrer Aufgaben

Bei der **Reihenfertigung** treten in abgeschwächter Form die gleichen Vor- und Nachteile wie bei der Fließbandfertigung auf.

6.4.2.3.2.3 Teilautonome Arbeitsgruppen

Die **dritte Grundform** von Organisationstypen der Fertigung sind die **teilautonomen Arbeitsgruppen**. Ursprünglich wurden sie vor allem eingesetzt, um die sozialen, psychischen und körperlichen Belastungen und die damit verbundene Arbeitsunzufriedenheit von Mitarbeitern in der Fertigung zu verringern.

Heute hat man längst erkannt, dass sich damit die wichtigsten **Vorteile der Werkstatt- und Fließfertigung** kombinieren lassen und gleichzeitig ein großer Teil der negativen Folgen dieser beiden Vorgehensweisen vermieden wird. Das Konzept geht mittlerweile also weit über die soziale Verbesserung der Fertigungsorganisation hinaus und rückt die ökonomischen Vorteile das Blickfeld.

Bei der Bildung der teilautonomen Teams fasst man Aufgabenträger und die notwendigen Maschinen und Werkzeuge zu sog. **Funktionsgruppen** zusammen. Die Gruppen sind untereinander nach dem **Verrichtungsprinzip** verbunden. Innerhalb einer Gruppe gilt das **Objektprinzip**.

Jede Arbeitsgruppe übernimmt die Verantwortung für einen zusammenhängenden Aufgabenkomplex. Entscheidungs-, Planungs-, Ausführungs- und Kontrollmaßnahmen führen die Mitarbeiter selbst durch, sodass Vorgesetzte im Extremfall überflüssig sind. Die Verbindung der Gruppen erfolgt über Leistungsziele und Qualitätsstandards. Jede Gruppe übergibt ihren fertiggestellten Auftrag an die nächste, bis das Endprodukt zum Kunden geht. Da Aufgaben, die früher auf anderen Hierarchieebenen bzw. in anderen Abteilungen durchgeführt wurden, nun von den teilautonomen Arbeitsgruppen erfüllt werden, ergeben sich im gesamten Unternehmen zwangsläufig weitreichende **Veränderungen der Arbeitsteilung und der Führungsorganisation**.

Die **Besonderheiten** der teilautonomen Gruppen leiten sich aus dem Begriff ab:

- Gruppenarbeit und
- Teilautonomie

Bei der **Gruppenarbeit** ist nicht mehr die einzelne Stelle die kleinste organisatorische Einheit, stattdessen wird die **Arbeitsgruppe** selbst zum **organisatorischen Basissystem**. Einzelne Stellen sind nicht mehr relevant.

Eine Gruppe weist diese **Merkmale** auf:

- Zusammenfassung von komplexen Teilaufgaben
- Übertragung des Aufgabenkomplexes auf eine Personenmehrheit und nicht auf mehrere einzelne Mitarbeiter
- gemeinsame Aufgabenerfüllung in Teamarbeit
- Zuordnung von passenden technischen Hilfsmitteln und von entsprechender Informations- und Kommunikationstechnik

Man kann nur dann von Teamarbeit oder **echter Gruppenarbeit** sprechen, wenn

- mehrere Personen
- über einen längeren Zeitraum
- in unmittelbarer Zusammenarbeit
- nach gemeinsamen Werten und Regeln
- gemeinsame Aufgaben bewältigen, um dadurch
- gemeinsame Ziele zu erreichen.
- Dazu entwickeln die Mitglieder ein Wir-Gefühl und
- eine bestimmte Rollenverteilung innerhalb der Gruppe.

Grundlegend für die Gruppenarbeit ist immer das **Prinzip des gegenseitigen Vertretens**. Jedes Gruppenmitglied muss mehrere Aufgaben beherrschen, um einen systematischen Arbeitsplatzwechsel zu gewährleisten und kurzfristig für einen verhinderten Teamkollegen einspringen zu können. Viele Unternehmen würdigen diese zusätzlichen Qualifikationen ihrer

Mitarbeiter sowie die Fähigkeit und die Bereitschaft, sich in wechselnde Aufgaben einzuarbeiten, durch ein **höheres Gehalt**. Man spricht in diesem Zusammenhang auch von „**pay for performance**".

Beim zweiten Charakteristikum – der **Teilautonomie** – betrachtet man

- Autonomiebereiche und
- Autonomiegrade.

Die **Autonomiebereiche** teilautonomer Gruppen sind in der Praxis unterschiedlich ausgeprägt. Da die Gruppenmitglieder einem Lernprozess unterliegen und sich häufig erst an die neue Arbeitsweise gewöhnen müssen, beginnt man zunächst mit einigen wenigen Autonomiebereichen, die im Laufe der Zeit passend zum Lernfortschritt der Gruppe erweitert werden.

Beispiele für Bereiche, in denen Autonomie übertragen wird, sind:[292]

- eigenständige Aufgabenverteilung innerhalb der Gruppe
- Bestimmung der Arbeitsgeschwindigkeit
- Urlaubsplanung, Vertretungsregelungen und Pausenregelung
- eigenständige Erledigung von Reparaturen und Wartungsaufgaben
- Wahl eines Koordinators und Gruppensprechers
- Vertretungsregelungen
- Regeln zu Materialumschlag und -transport
- Serienplanung
- Wareneingangskontrolle
- Prozess- und Qualitätskontrolle
- Initiierung kontinuierlicher Verbesserungsprozesse
- Auswahl von Fertigungsmethoden und technologischer Ausstattung
- Notwendigkeit von Personalentwicklungsmaßnahmen
- Mitsprache bei der Neueinstellung von Gruppenmitgliedern
- Mitsprache bei der Entlassung von Gruppenmitgliedern

Je nach Fähigkeiten und Potenzial der Gruppenmitglieder ergeben sich für die Autonomiebereiche sukzessive neue und umfangreichere Entscheidungsgebiete.

Dies gilt auch für die **Autonomiegrade**, die für jeden Autonomiebereich unterschiedlich gestaltet und jederzeit variiert werden können. Dabei unterscheidet man:

- Alleinentscheidungsrecht
- Mitbestimmungsrecht

---

[292] Vgl. Antoni, C.H. (1994), S. 36 f.

- Vetorecht
- Informationsrecht

Die Autonomie der Gruppe ist durch **Plan- und Zeitvorgaben** sowie durch **Produktions- und Qualitätsvorgaben** begrenzt. An strategischen Entscheidungen und Beschlüssen hinsichtlich des Produktionsprogramms sind teilautonome Gruppen **nicht** beteiligt.

Ihre **erfolgreiche Arbeit** hängt davon ab, ob das technische Arbeitsumfeld, die Arbeitsumgebung und die Führungsorganisation angepasst und außerdem die notwendigen personellen Veränderungen vorgenommen werden. Teilautonome Arbeitsgruppen bieten sehr gute Möglichkeiten zur Persönlichkeitsentfaltung und Selbstverwirklichung. Die Möglichkeiten der sozialen Interaktion sind ebenfalls hoch.

Auch die **Arbeitstechnologie** ist an die neue Arbeitssituation anzupassen. Dabei geht es nicht nur um die Werkzeuge und Sachmittel für den Produktionsprozess. Die zusätzlichen Aufgaben der Teams erfordern, dass bedarfsgerechte IT zur Verfügung gestellt wird. Außerdem werden zur Koordination und Kommunikation Besprechungsräume benötigt.

Besonders weitreichende Änderungen betreffen die **Führungsorganisation**. Wenn anspruchsvollere Aufgaben in die Gruppenarbeit integriert werden sollen, wird die nächst höhere Ebene (Meister, Vorarbeiter, Gruppenleiter) nicht mehr oder nur noch in geringerem Umfang benötigt. Außerdem ist kooperatives Führen notwendig. Die Vorarbeiter müssen in die Gruppe eingebunden werden, aus Gruppenleitern und Meistern werden Gruppenmanager und Koordinatoren.

Die personellen Änderungen erfordern umfangreiche **Personalentwicklungsmaßnahmen** hinsichtlich der Fach-, Methoden- und Sozialkompetenz sowohl bei den Gruppenmitgliedern als auch auf den anderen betroffenen Hierarchieebenen.

Des Weiteren muss ein effektives und **verständliches Kennzahlensystem** aufgebaut werden, da die Kommunikations- und Informationsbeziehungen zwischen den Arbeitsgruppen zunehmen und die Koordination weitgehend über Leistungsvorgaben, die in Kennzahlen gemessen werden, erfolgt.

Schließlich ist auch die **Entgeltstruktur** der Gruppensituation anzupassen. Anreizsysteme, die nicht mehr die individuelle Leistung eines einzelnen Mitarbeiters, sondern die Gruppenleistung im Focus haben, müssen entwickelt und eingesetzt werden.

Um Unsicherheit abzubauen bzw. gar nicht erst entstehen zu lassen und die Akzeptanz zu fördern, ist zudem eine frühzeitige und umfassende **Information** der Gruppenmitglieder und der anderen Betroffenen notwendig.

Vorteile von teilautonomen Arbeitsgruppen sind:

- optimale Nutzung der Human Resources
- hohe Arbeitszufriedenheit
- geringere Fluktuations- und Absentismus-Rate
- breite Einsetzbarkeit der Gruppenmitglieder

- große Flexibilität bei Änderungen des Produktionsprogramms
- kurze Transportwege und übersichtlicher Materialfluss
- Produktivitätssteigerungen
- hohes Qualitätsniveau

Als **Nachteile** des Einsatzes teilautonomer Arbeitsgruppen erweisen sich:

- Notwendigkeit umfassender Umstrukturierungen
- hoher sozialer Druck innerhalb der Arbeitsgruppen
- zum Teil langwierige Entscheidungsfindung
- zusätzliche Personalentwicklungskosten für die Anpassung der Kompetenzen
- hohe Personalkosten aufgrund der besseren Qualifikation der Mitarbeiter
- hohe Investitionskosten für zusätzliche Sachmittel
- hohe Anlaufkosten

Eine besondere Form der teilautonomen Gruppen sind **Fertigungsinseln**. Deren zentrales Merkmal ist die „räumliche Zusammenfassung des zur Fertigung einer Teilfamilie erforderlichen Teilespektrums, der Maschinen und Anlagen sowie der Mitarbeiter"[293]. Alle Teile, die mit gleichen Maschinen und Werkzeugen gefertigt werden können, verbindet man zu **Fertigungsfamilien**. Die benötigten Maschinen und Werkzeuge werden räumlich in einer sog. **Insel** konzentriert. Die Gruppen erhalten feste Autonomiebereiche und -grade für die Erfüllung des Fertigungsprozesses. Fertigungsinseln bestehen zumeist aus sechs bis acht Mitarbeitern. Da man davon ausgeht, dass nicht immer alle Arbeitsplätze gleichmäßig ausgelastet sind, ist die Zahl der Arbeitsplätze in der Regel höher als die Mitarbeiterzahl. Jedes Mitglied der Arbeitsgruppe muss deshalb mehrere Funktionen beherrschen und an mehreren Arbeitsplätzen tätig sein können.

Unternehmen versprechen sich vom Einsatz teilautonomer Gruppen insbesondere große ökonomische Vorteile. Die Praxis zeigt jedoch auch, dass sich nicht alle Mitarbeiter in teilautonome Teams integrieren lassen, weil sie entweder nicht in der Lage oder bereit sind, komplexe wechselnde Tätigkeiten zu übernehmen, oder auch weil sie nicht teamfähig oder -willig sind.

In den letzten Jahren ist eine neue Form der teilautonomen Arbeitsgruppen ins Blickfeld gerückt, es handelt sich um teilautonome Gruppen, die **agil arbeiten**. Der Schwerpunkt liegt auf raschen, kleinteiligen und kurzfristigen Ergebnissen, die durch Selbstabstimmung erreicht werden sollen. Hierarchie ist dabei von untergeordneter Bedeutung und die Teammitglieder übernehmen Verantwortung für ihr Handeln und richten es an den Wünschen der internen oder externen Kunden aus.

---

[293] Bühner (2004), S. 277.

6.4.2.3.3 Zusammenhang zwischen Organisations- und Leistungstypen

Je homogener die Erzeugnisse und je größer die Stückzahl, desto stärker kann der Fertigungsprozess auf die herzustellenden Produkte ausgerichtet werden. Die Entscheidung, welcher Organisationstyp für die Fertigung am besten geeignet ist, hängt also im Wesentlichen von zwei Faktoren ab:

- Homogenität der Aufträge bzw. der herzustellenden Produkte
- Wiederholungshäufigkeit einzelner Fertigungsprozesse

Nach der Ausprägung dieser Merkmale unterscheidet man die folgenden **Leistungstypen**:[294]

- Einzelfertigung
- Serienfertigung
- Sortenfertigung und Chargenfertigung
- Massenfertigung

Neben dem Leistungstyp spielen bei der Auswahl des Organisationstyps außerdem

- die baulichen Gegebenheiten im Fertigungsbereich,
- Art und Umfang der vorhandenen Transportsysteme,
- die Qualifikation der eingesetzten Arbeitskräfte
- und die finanziellen Ressourcen

eine wichtige Rolle.

Einzel- und Massenfertigung bilden die Extremformen, zwischen denen Serien-, Sorten- und Chargenfertigung liegen.

Bei der **Einzelfertigung** werden individuelle Produkte, die den Wünschen eines Kunden entsprechen, hergestellt. Man unterscheidet **einmalige und wiederholte Einzelfertigung**. Im ersten Fall wird jeder einzelne Auftrag neu konstruiert und gefertigt. Bei der wiederholten Einzelfertigung wird ein Produkt mit Abwandlungen mehrmals hergestellt. Die ursprüngliche Konstruktion kann weitgehend wiederverwendet werden und muss nur auf den neuen Fall angepasst werden. Die Abstände zwischen den Fertigungszeiten sind jedoch so groß, dass die erforderlichen Fertigungseinrichtungen nicht vorgehalten werden, sondern im Bedarfsfall neu angeschafft bzw. neu zusammengefügt werden müssen. Die Arbeitsvorbereitung ist bei der Einzelfertigung aus diesem Grund sehr umfangreich.

Einzelfertigung findet man vor allem in der **Investitionsgüterindustrie**, z.B. im Hoch- und Tiefbau, Schiffsbau und Großmaschinenbau.

---

[294] Vgl. Blohm/Beer/Seidenberg/Silber (2016), S. 281; Wetzel/Fischer/Mentze/Nieß (2001), S. 155; Schulte-Zurhausen (2013), S. 132 f.

Wenn gleichartige Produkte in einer begrenzten Stückzahl hergestellt werden, handelt es sich um eine **Serienfertigung**. Sie erfolgt häufig auf Wunsch eines Kunden, der auch die zu erstellende Menge, die sogenannte **Losgröße**, bestimmt.

Je nach Auftragsvolumen unterscheidet man zwischen **Groß- und Kleinserienfertigung**. Die Produkte einer Serie sind homogen, die Fertigung ist stark standardisiert. Für jede neue Serie müssen die technischen Einrichtungen umgerüstet und angepasst werden. Bei großen Serien werden sie teilweise extra entwickelt.

Die Serienfertigung ist beispielsweise in der **Auto-, Möbel- und Elektroindustrie** weitverbreitet.

Bei eng verwandten Produkten, die nur geringe Unterschiede im Herstellungsprozess aufweisen, kann man i.d.R. mit denselben Maschinen und Werkzeugen mehrere Varianten herstellen, ohne dass dazu große Umrüstarbeiten erforderlich sind. Man bezeichnet solche Produkte als Sorten und den Fertigungsprozess dementsprechend als **Sortenfertigung**. Sorten werden meist in großen Mengen hergestellt und die Sortenzusammensetzung wird über längere Zeit konstant gehalten.

Die Sortenfertigung ist in der **Konsumgüterindustrie** weit verbreitet. Beispiele sind die Herstellung von Bier, Schokolade, Zigaretten und auch von Kraftstoff.

Bei der **Chargenfertigung** handelt es sich um eine Sonderform der Sortenfertigung. Hier sind die Unterschiede zwischen den Produkten nicht beabsichtigt, sondern sie entstehen ungewollt von selbst. Sie treten auf, weil der Fertigungsprozess aus technischen Gründen nicht immer ganz genau gleich abläuft oder weil die Rohstoffe oder andere Ausgangsmaterialien geringfügig variieren. Bei der Herstellung von **Farben und Lacken** entstehen zum Beispiel bei jeder neuen Farbmischung Produkte mit geringfügigen farblichen Abweichungen, sodass die Chargen nicht gemeinsam weiterverarbeitet werden können. Deshalb sind solche Produkte mit **Chargennummern** gekennzeichnet, die angeben, aus welchem Fertigungsprozess ein Erzeugnis stammt.

Die Chargenfertigung findet man häufig in der **chemischen Industrie** und der **Arzneimittelindustrie**.

Massenfertigung ist durch eine sich ständig wiederholende Fertigung gleichartiger Produkte gekennzeichnet. Die Stückzahlen werden auf unbegrenzte Zeit und mit **unbegrenzten Wiederholungen** geplant, es wird also **keine Losgröße** festgelegt und auch ein Ende der Herstellung dieses Produktes ist nicht vorgesehen. Deshalb ist es sinnvoll, dass für den Fertigungsprozess ganz genau passende Maschinen, Werkzeuge, Fließbänder etc. eingesetzt werden. Oft werden die Maschinen und Werkzeuge eigens für diese Produktionsprozesse konstruiert.

Ein typisches Beispiel für die Massenfertigung ist die **Energieerzeugung**.

Für jeden Leistungstyp der Fertigung gibt es besser und schlechter geeignete Organisationstypen. Den **Zusammenhang zwischen Organisations- und Leistungstypen** zeigt die Abb. 6-15.

Organisations- und Leistungstypen

Organisationstypen / Leistungstypen	Werkstatt-fertigung	Reihen-fertigung	Fließband-fertigung	vollauto-matische Fertigung	teilautono-me Arbeits-gruppen
Einzel-fertigung	X				X
Kleinserien-fertigung	X				X
Sorten-fertigung	X	X			X
Großserien-fertigung		X	X		X
Massen-fertigung			X	X	X

Abb. 6-15: Zusammenhang zwischen Organisations- und Leistungstypen der Fertigung

6.4.3 Organisation im Verwaltungs- und Dienstleistungsbereich

Hier werden grundsätzliche Aspekte der Arbeitsorganisation im Verwaltungs- und Dienstleistungsbereich behandelt. Die Wirtschaftsinformatik betrachtet deren detaillierte Strukturierung als ihre Domäne, weshalb sie nicht Gegenstand dieses Grundlagenbuchs ist.

6.4.3.1 Personale, temporale und lokale Synthese

Nicht nur in der Fertigung sind Arbeitsabläufe zu organisieren, auch die Erfüllung von **Verwaltungs- und Dienstleistungsaufgaben** muss strukturiert werden. Sie bestehen hauptsächlich aus dem Austausch, der Bewertung und der Verarbeitung von **Informationen**.

In der **personalen Synthese** werden **Spezialisierungsgrad und -art** der Aufgaben bestimmt. Da Denkprozesse hier den Schwerpunkt bilden, ist die Zerlegung in sehr kleine Arbeitselemente – anders als bei vielen Fertigungsprozessen – nicht sinnvoll. Der Spezialisierungsgrad ist deshalb häufig geringer als im Fertigungsbereich.

Die Art der Spezialisierung ist i.d.R. verrichtungs- oder objektzentralisiert. Die Gliederung des Personalbereichs in Führungskräfte-, Mitarbeiter- und Auszubildenden-Betreuung stellt z.B. eine Objektzentralisation dar. Die Spezialisierung im Verwaltungsbereich auf Controlling-, Marketing- oder Finanzierungsaufgaben ist ein Beispiel für eine Verrichtungszentralisation.

Eine detaillierte **zeitliche Leistungsabstimmung** zwischen den Stellen erfolgt normalerweise nicht. Nur bei sehr wenigen, sehr stark standardisierten Aktivitäten ist eine genaue zeitliche Bestimmung überhaupt möglich. Ansonsten werden lediglich relativ grobe Festlegungen von üblichen, normalen Arbeitsmengen vorgenommen, die für jeden Mitarbeiter in etwa gleich groß sind.

Die **Automatisierung** von Routineaufgaben ist im Verwaltungsbereich durch den umfangreichen Einsatz von Informations- und Kommunikationstechnik sehr ausgeprägt, man denke nur an viele Tätigkeiten in der Buchhaltung oder die Erstellung eines Betriebsabrechnungsbogens in der Kosten- und Leistungsrechnung. Trotzdem oder gerade deshalb ist die **Standardisierung der verbleibenden Verwaltungs- und Dienstleistungsaufgaben** deutlich geringer ausgeprägt als in der Fertigung. Der Mitarbeiter hat in diesen Fällen einen größeren Freiraum bei der Auswahl seiner Vorgehensweisen und Arbeitsmethoden.

Die Festlegung der **Reihenfolge der Auftragsbearbeitung**, die im Rahmen der temporalen Synthese erfolgt, wird unter logischen und sachlichen Gesichtspunkten vorgenommen. Da Verwaltungs- und Dienstleistungsaufgaben sehr heterogen sind, kann man ein genaues Pensum oder gar feste Taktzeiten kaum bestimmen. So dauert z.B. die Bearbeitung einer Kundenbeschwerde nicht immer gleich lang, auch wenn die prinzipielle Vorgehensweise jeweils identisch ist. Deshalb werden zwar meistens die **Prozessschritte**, jedoch keine genauen Vorgabezeiten definiert.

In der **lokalen Synthese** überwiegt im Verwaltungs- und Dienstleistungsbereich die **verrichtungsorientierte Anordnung der Arbeitsplätze**. Man richtet z.B. Büros für den Einkauf, das Lager, das Marketing, die Personalbetreuung etc. ein. Aufträge, die verschiedene Bereiche betreffen, werden weitergegeben und durchlaufen verschiedene Abteilungen. Der abteilungsübergreifende Kommunikationsbedarf ist deshalb sehr hoch.[295]

Der ergonomischen **Gestaltung der Arbeitsplätze und der Arbeitsumgebung** wird heutzutage schon allein aus Motivationsgründen eine große Bedeutung beigemessen. Ganz selbstverständlich werden humanitäre und gesundheitliche Aspekte bei der Gestaltung berücksichtigt. Allerdings sind bzw. waren in der Verwaltung die Arbeitsplatzmerkmale viel mehr als im Fertigungsbereich auch ein **Statussymbol**, z.B. ein großes Büro, ein Ledersessel, ein zusätzliches Stehpult etc. In den letzten Jahren standen hier **große Veränderungen** an. Unternehmen gehen immer mehr dazu über, ihren Mitarbeitern keine festen Arbeitsplätze zuzuordnen. Sie bekommen erst beim Eintreffen im Unternehmen einen wechselnden Arbeitsplatz zugewiesen. Man spricht in diesem Zusammenhang von der **Dezentralisierung von Arbeitsplätzen** (vgl. Kapitel 6.4.3.2.2).

6.4.3.2 Auswirkungen der Digitalisierung auf die Organisation des Verwaltungs- und Dienstleistungsbereichs

6.4.3.2.1 Vorbemerkung

Die Verwaltungs- und Dienstleistungsorganisation hat sich durch den Einsatz moderner Informations- und Kommunikationstechniken stark gewandelt. Die Gründe, weshalb man in diesen Bereichen so stark auf moderne Technologie setzt, sind diese:

- Steigerung der Arbeitsproduktivität
- Erhöhung der Arbeitsqualität

---

[295] Vgl. Bea/Göbel (2019), S. 330 ff.

- Beschleunigung des Informationsflusses
- Verbesserung der Servicequalität gegenüber externen und internen Kunden

Es sind neue Formen der Zusammenarbeit zwischen den Mitarbeitern sowie zwischen Mitarbeitern und Unternehmen entstanden, bei denen **Abteilungsgrenzen und hierarchische Strukturen verwischen** und an Bedeutung verlieren.[296]

Zwei Entwicklungen, die im Folgenden näher betrachtet werden, sind zu beobachten:[297]

- Dezentralisierung von Arbeitsplätzen
- Dezentralisierung von Entscheidungen

6.4.3.2.2 Dezentralisierung von Arbeitsplätzen

Mit der Flexibilisierung des Arbeitsortes verabschiedet man sich von dem Postulat, dass die Qualität und auch die Quantität von Arbeitsleistung davon abhängen, dass sie immer am selben Ort – am besten in einem Büro im Unternehmen – zu erbringen ist. In den letzten Jahren haben vor allem zwei Formen der Arbeitsplatzdezentralisierung Bedeutung gewonnen:

- Desk-Sharing-Konzepte oder virtuelle Büros
- Telearbeit oder Telework

6.4.3.2.2.1 Desk-Sharing-Konzepte oder virtuelle Büros

Durch den Einsatz moderner IT ist es oft nicht mehr notwendig, dass eine Arbeitsleistung immer am selben Ort durchgeführt werden muss. In vielen dienstleistungsorientierten Unternehmen halten sich Mitarbeiter zudem nur selten an ihrem Arbeitsplatz auf. Sie befinden sich bei Kunden, bei Lieferanten, bei Kollegen, in Konferenzräumen etc. Ein großer Teil der Büros ist demzufolge regelmäßig unbesetzt, dennoch fallen Miet-, Heizungs-, Reinigungs- und Stromkosten etc. an. Auch während der Urlaubszeit und bei Dienstreisen stehen Büros leer bzw. sind Arbeitsplätze unbesetzt.

Desk-Sharing-Konzepte oder **virtuelle Büros** versuchen diesen Leerstand zu verringern, indem Mitarbeiter auftragsbezogen zusammengefasst werden und ggf. bei neuen Aufgaben ihren Arbeitsplatz wechseln.[298] Im Extremfall steht gar kein fester Arbeitsplatz mehr zur Verfügung, stattdessen melden die Mitarbeiter ihren Bedarf in der Zentrale an und erfahren beim Eintreffen im Unternehmen, wo ein Schreibtisch bzw. ein Büro für sie reserviert ist,[299] oder sie reservieren gleich selbst über das Intranet.

Oft erhalten Mitarbeiter, die gemeinsam an einer Aufgabe oder an einem Projekt arbeiten, Büros bzw. Arbeitsplätze in räumlicher Nähe zueinander. So können sie nicht nur über die IT, sondern einfach und schnell auch „face to face" kommunizieren. Für ein neues Projekt werden

---

[296] Vgl. Kieser/Walgenbach (2010), S. 394 ff.

[297] Vgl. Bühner (2004), S. 337 ff.

[298] Vgl. o. V. (2002), S. 54 f.

[299] Vgl. Kröger/Dürand/Seeger (1998), S. 106 f.

die Gruppen neu zusammengesetzt und die Mitarbeiter wechseln die Büros. Just-in-time werden die benötigten Arbeitsunterlagen, Schreibtischutensilien und persönlichen Dinge herbeigeschafft. Sie sind – sofern es sie überhaupt noch gibt – in der Regel in einem Rollcontainer eingeschlossen, der in einem Lagerraum abgestellt wird, solange der Mitarbeiter nicht anwesend ist bzw. sie nicht braucht. Oft benötigt man heute gar keine zusätzlichen Utensilien mehr, weil man mit Laptop und Smartphone bereits bestens ausgerüstet ist. Auch auf persönliche Gestaltungsmerkmale am Arbeitsplatz wird immer weniger Wert gelegt. Die entsprechenden Lagerhaltungskosten entfallen dann ebenfalls. Vor allem Unternehmensberatungen verfahren so mit ihren Consultants, die den Großteil ihrer Arbeitszeit beim Kunden verbringen. Sie reduzieren die notwendigen Arbeitsplätze und die anfallenden Kosten auf diesem Wege teilweise um mehr als die Hälfte.[300] Auch Lufthansa und Fraport strukturieren ihre Arbeitsplätze größtenteils nach Desk-Sharing -Konzepten.

Als **Vorteile** von Desk-Sharing-Konzepten haben sich erwiesen:

- Kosteneinsparungen bei Büroausstattung, Miete, Heizung, Strom und Reinigung
- kürzere und schnellere Informationswege
- bessere Kommunikations- und Kontaktmöglichkeiten durch räumliche Nähe zu den anderen Projektmitgliedern
- Motivationssteigerung bei den an einem Projekt beteiligten Mitarbeiter, die sich aufgrund der räumlichen Nähe häufiger und schneller besprechen können
- Steigerung der Kreativität durch räumliche Nähe der Teammitglieder
- größere Befriedigung sozialer Bedürfnisse durch wechselnde Büronachbarn

Nachteile sind:

- Verlust an Individualität
- keine eigene Gestaltung des Arbeitsplatzes möglich
- Verlust von Statussymbolen bei Führungskräften

Das Frauenhofer-Institut für Arbeitswirtschaft und Organisation stellte in einer Studie fest, dass Das Wohlbefinden und die Leistungsfähigkeit der Mitarbeiter bei Desk-Sharing leicht schlechter als bei festen Schreibtischen ist. Es mangele an der Zufriedenheit mit der Büroumgebung, der man keine persönliche Note geben kann.[301] Das Gefühl der Entwurzelung behindert die Produktivität und verstärkt den Trend zu psychischen Erkrankungen und Herz-Kreislauf-Leiden.[302]

Desk-Sharing-Konzepte eignen sich **nicht gleichermaßen für alle Stellen und Abteilungen**. Bei Mitarbeitern, die keine häufig wechselnden Aufgaben erfüllen, interne Ansprechpart-

---

[300] Vgl. Oberhuber (2017), S. 39; Gsteiger (1996), S. 71.

[301] Vgl. Oberhuber (2017), S. 39.

[302] Vgl. ebd.

ner für andere Mitarbeiter sind, spezielle (technische) Arbeitsmittel benötigen oder üblicherweise ihre Aufgaben an einem festen Ort erfüllen, kommen die Vorteile nicht richtig zum Tragen. Das gilt häufig für Logistik- und Controlling-Abteilungen, Rechenzentren und Personalabteilungen.

6.4.3.2.2.2 Telework

Viele Aufgaben müssen überhaupt nicht im Unternehmen erfüllt werden, sondern können stattdessen als **Telearbeit** (Telework) ausgeführt werden. Hierunter versteht man Tätigkeiten, die ganz oder teilweise an einem Arbeitsplatz verrichtet werden, der außerhalb der zentralen Betriebsstätte liegt. Der Arbeitsplatz ist mittels Informations- und Kommunikationstechnik mit dem Unternehmen verbunden.

Telework eignet sich für Arbeiten, die keinen häufigen, persönlichen Kontakt zu anderen Stellen erfordern, z.B. Programmierarbeiten, standardisierte Sachbearbeitungsaufgaben und auch bestimmte kreative Tätigkeiten.

Nach dem räumlichen **Dezentralisationsgrad** unterscheidet man diese **Formen**, zwischen denen es Mischformen gibt:

- Home Based Telework (Homeoffice)
- Center Based Telework
- On-site Telework
- Mobile Telework
- Coworking Spaces,

Die **Home Based Telework**, die Telearbeit zu Hause, ist die bekannteste und am weitesten verbreitete Form der Telearbeit. Im Extremfall steht dem Mitarbeiter gar kein eigener Arbeitsplatz beim Arbeitgeber zur Verfügung. Da er in seiner häuslichen Umgebung arbeitet, spricht man in der Praxis von **Homeoffice**. Auch die Bezeichnungen **Flexwork** und **iFlex** hört man.

Um seine Aufgaben zu erfüllen, benötigt der Arbeitnehmer zusätzliche Räumlichkeiten und passende Arbeits- und Kommunikationsmittel vor Ort. Mit dem Unternehmen tritt er per Internet und Intranet bzw. Telefon, Videokonferenz, Skype, Zoom etc. in Kontakt. Auf diesem Wege erhält er die notwendigen Informationen und Arbeitsanweisungen und liefert auch seine Arbeitsergebnisse ab. Die Kosten für Technik und Kommunikation trägt in der Regel der Arbeitgeber. Etliche Unternehmen beteiligen sich auch an den Kosten für die Räumlichkeiten, z.B. zahlen sie anteilige Miete für ein Arbeitszimmer und übernehmen die häusliche Büroausstattung.

Während der „Corona-Krise" 2020 arbeitete ein großer Teil der Belegschaft vieler Unternehmen aller Branchen im Homeoffice, Beispiele großer Unternehmen sind ProSieben-Sat.1, EY, JP Morgan, die DZ Bank, BMW, PSA, die EZB, Facebook und Twitter.[303]

---

[303] Vgl. Diem/Nezik (2020), S. 26; Kanning/Neuscheler/Preuß/Schubert (2020), S. 22; o.V. (2020), S. 23.

Entgegen aller Befürchtungen waren die Erfahrungen von Unternehmen und Mitarbeitern überwiegend positiv. Deshalb kündigten viele namhafte Unternehmen bereits an, auch zukünftig ihre Mitarbeiter zu einem großen Teil von zu Hause aus arbeiten zu lassen und Homeoffice zumindest an einigen Tagen pro Woche zur Regel zu machen.[304] Sie erwarten langfristig durch diese Flexibilisierung schneller, kostensparender und nachhaltiger arbeiten zu können.[305] Es bestätigten sich damit die Ergebnisse vieler früherer Studien.

Die (erzwungenen) Erfahrungen waren jedoch nicht durchweg positiv. Teilweise zeigten Kunden wenig Verständnis für diese Maßnahmen, die Technik funktionierte nicht reibungslos, es gab Datenschutzprobleme und viele Mitarbeiter fühlten sich nicht etwa freier, sondern erheblich mehr gestresst, da die Trennung von Privat- und Berufsleben nur schwer gelang. Solche Ergebnisse haben sich während der Corona-Krise bestätigt.[306]

Seit Langem ist bekannt, dass an Mitarbeiter im Homeoffice neben der fachlichen Qualifikation **hohe soziale Anforderungen** gestellt werden. Es muss ihnen gelingen, in der häuslichen Umgebung familiäre und berufliche Verpflichtungen zu trennen.[307] Als „Einzelkämpfer" müssen sie in der Lage sein, sich selbst zu motivieren, zu disziplinieren und zu kontrollieren und mit der sozialen Isolation fertig zu werden. Da die Kommunikation kaum „face-to-face", sondern meistens schriftlich per Internet oder Intranet bzw. mündlich per Telefon abläuft, müssen sie über ein sehr präzises Ausdrucksvermögen und hohe sprachliche Sensibilität verfügen, weil Mimik und Gestik die Kommunikation nicht bzw. nur selten unterstützen können.

Um die Nachteile der Arbeit im Homeoffice zu verringern, wird in vielen Arbeitsverträgen inzwischen eine vertraglich geregelte **Anwesenheitspflicht** im Unternehmen vereinbart, z.B. nimmt der Mitarbeiter immer dienstags am Jour fix der Arbeitsgruppe teil und verbringt diesen Arbeitstag im Unternehmen. Da er zwischen mehreren Arbeitsplätzen wechselt, wird eine solche Kombination **alternierende Telearbeit** oder **Flexwork** genannt. Der dafür benötigte betriebliche Arbeitsplatz kann zum Beispiel als Desk-Sharing-Platz zur Verfügung gestellt werden. Auch die regelmäßige Teilnahme an Fortbildungsveranstaltungen wird oft vertraglich festgehalten. Homeoffice, dass überwiegend aus IT-gestützter Arbeit besteht, wird auch als **iFlex** bezeichnet.

BMW stellte bereits vor Längerem fest, dass die Fehlzeiten von Telearbeitskräften deutlich niedriger sind als bei Mitarbeitern, die ihren Arbeitsplatz im Unternehmen haben. Teleworker legen Behörden- und Arztbesuche seltener in die Arbeitszeit und fangen nach Krankheiten früher an zu arbeiten, da sie das Haus nicht verlassen müssen.[308]

---

[304] Vgl. Kanning/Neuscheler/Preuß/Schubert (2020), S. 22; o.V. (2020), S. 23; Ceballos Becantur et al. 2020), S. 17.

[305] Vgl. Kanning/Neuscheler/Preuß/Schubert (2020), S. 22; Pennekamp (2020), S. 20.

[306] Vgl. Diem/Nezik (2020), S. 26.

[307] Vgl. Kals (2020), C 1; Winker (2001), S. 52 ff.

[308] Vgl. Sauermann (2005), S. 38.

Vorgesetzte wenden gegen Home Based Telework oft ein, dass sie keine Kontrolle über die Arbeit ihres Mitarbeiters haben. Dies ist jedoch nur insofern richtig, als hinsichtlich der Arbeitszeit genaue Informationen fehlen.

Ein traditionelles Führungsverständnis, das auf direkten Anweisungen und häufigen Fremdkontrollen beruht, ist hier nicht mehr angebracht. Der Vorgesetzte muss seine Art zu führen ändern. Personalisierte, direkte Führung muss zugunsten von klaren Zielvereinbarungen und Management by Objectives verringert werden.[309] Mit diesen Maßnahmen kann der Vorgesetzte die Arbeitsergebnisse und die Zielerreichung kontrollieren und nicht das (manchmal völlig unproduktive) „Sitzen am Schreibtisch". Wenn der Umfang der Arbeit auf ein normales Maß festgelegt ist, dann kann der Vorgesetzte davon ausgehen, dass ein normal qualifizierter Mitarbeiter eine durchschnittliche Arbeitszeit für seine Aufgabenerfüllung benötigt und nicht „heimlich nichts tut". Solche Gedanken sind vielen Führungskräften noch immer fremd. Die „Corona-Krise" hat sie jedoch gezwungen, sich auf Homeoffice für ihre Mitarbeiter einzulassen. Die vielen positiven Erfahrungen lassen Homeoffice nun in den Augen vieler Führungskräfte als sinnvolles Anreizinstrument erscheinen.[310]

Häufig wird diese Form der Telearbeit **mit Teilzeitarbeit kombiniert**. Sie wird insbesondere von Personen geschätzt, die Familie und Beruf in Einklang bringen möchten. Auch für behinderte Menschen mit eingeschränkter Mobilität schafft Home Based Telework bessere Integrationsmöglichkeiten.[311] Dem Unternehmen bietet sie Gelegenheit, qualifizierte und eingearbeitete Mitarbeiter zu gewinnen bzw. zu halten, die es ansonsten eventuell nicht beschäftigen könnte oder verlieren würde.

Vorteile der Arbeit im Homeoffice:

- Ersparnis von Büros bzw. Arbeitsplätzen im Unternehmen
- Verringerung von Heizungs-, Strom- und Reinigungskosten im Unternehmen
- Anreizinstrument für das Personalmarketing
- verringerte Personalnebenkosten, z.B. Zuschüsse zu Fahrgeld oder Kantinenessen
- weniger Fluktuation bei qualifizierten Mitarbeitern
- geringere Fehlzeiten
- Motivationssteigerung durch Vereinbarung von beruflichen und privaten Interessen
- höhere Kreativität durch ruhigere Arbeitsatmosphäre
- Anpassung der mengenmäßigen und zeitlichen Aufgabenerfüllung an den persönlichen Leistungsrhythmus
- flexiblere Freizeitgestaltung
- höhere Arbeitszufriedenheit

---

[309] Vgl. Pesch (2005), S. 57; Koppel/Sattler (2009), S. 26 ff.

[310] Vgl. Ceballos Becantur et al. (2020), S. 17.

[311] Vgl. Bühner (2004), S. 338; Fauth-Herkner/Leist (2002), S. 76.

- Zeit- und Kostenersparnis für den Mitarbeiter durch Wegfall der Fahrten zum Unternehmen
- Entwicklungschancen für ländliche, strukturschwache Gebiete
- leichtere Eingliederung benachteiligter Arbeitnehmergruppen in ein regelmäßiges Erwerbsleben
- Schonung der Umwelt durch weniger Pendelverkehr
- Entlastung der Verkehrswege

Die **Nachteile** sind:

- zusätzlicher Platzbedarf in der häuslichen Umgebung des Mitarbeiters
- zusätzliche Kosten für Infrastruktur in der häuslichen Umgebung des Mitarbeiters
- mögliche Probleme bei Datenschutz und Datensicherheit
- geringere Kontrollmöglichkeiten bzgl. der Arbeitszeiten
- geringer Kontakt zu Kollegen und Geschäftspartnern
- Gefahr mangelnder Identifikation mit dem Unternehmen und seinen Zielen
- Probleme bei der Trennung zwischen Berufs- und Privatleben
- Gefahr sozialer Isolation
- Gefahr, als Teleworker bei Beförderungen und Personalentwicklungsmaßnahmen übergangen (vergessen) zu werden

Diese **Vor- und Nachteile** des Homeoffice gelten in geringerem Umgang auch für die **Center Based Telework**. Sie ist durch die Einrichtung von **Satellitenbüros** gekennzeichnet, die eine Art ausgelagerte Betriebsstätte darstellen. Dazu fasst man mehrere Telearbeitsplätze zusammen und stellt von Unternehmensseite Arbeitsräume zur Verfügung. Diese befinden sich oft in der Nähe der Wohnorte der Mitarbeiter, meist nicht in Innenstadtlage, sondern am Stadtrand. Häufig werden sie bewusst an der Peripherie von Ballungszentren eingerichtet. Für viele Mitarbeiter verkürzt sich damit der Anfahrtsweg zur Arbeitsstätte sowohl distanzmäßig als auch zeitlich, unter anderem auch weil sie die Innenstadt-Staus vermeiden können. Dem Unternehmen entstehen geringere Mietkosten, da das Mietniveau für die Räume der Satellitenbüros niedriger als in den Innenstädten ist. Datenschutz und Datensicherheit können im Vergleich zur Home Based Telework besser gewährleistet werden. Die Ausstattung mit Hard- und Software ist weniger aufwändig, denn nicht jeder Mitarbeiter muss über alle Komponenten verfügen. So benötigt man nur einen gemeinsamen Kopierer, ein Faxgerät, eine Video-Konferenz-Anlage etc. Außerdem wird die soziale Isolation reduziert. Durch (zumindest zeitweise) Anwesenheitspflicht und den Einsatz von Zeiterfassungssystemen könnten auch die Kontrollmöglichkeiten verbessert werden. Die Kombination mit Desk-Sharing-Konzepten ist möglich und sinnvoll.

Eine Sonderform der Center Based Telework sind **Nachbarschaftsbüros**. Ähnlich wie die Satellitenbüros befinden sie sich außerhalb der Ballungszentren, oft in räumlicher Nähe der Wohnorte der Arbeitnehmer. Sie werden jedoch nicht nur von den Mitarbeitern eines einzigen Unternehmens genutzt. Vielmehr teilen sich mehrere Unternehmen die Räumlichkeiten und meistens auch bestimmte Serviceeinrichtungen wie Sekretariat, Telefondienst, Empfang und Hausmeisterdienst. Auch hier ist die Kombination mit Desk-Sharing-Konzepten möglich und sinnvoll.

Telearbeit, die bei einem Kunden oder Geschäftspartner stattfindet, bezeichnet man als **On-site Telework**. Der Mitarbeiter hat für einen längeren Zeitraum, meist bis zum Abschluss eines umfangreichen Auftrags, keinen Arbeitsplatz im Unternehmen, sondern arbeitet unmittelbar beim Kunden bzw. Geschäftspartner vor Ort. Durch IT ist er mit seinem Unternehmen verbunden. Nach Beendigung des Auftrags arbeitet er entweder bei einem anderen Kunden oder kehrt an einen Arbeitsplatz im Unternehmen zurück.

Bei der weitest gehenden Form von Arbeitsplatzdezentralisierung, der mobilen Telework, hat der Mitarbeiter überhaupt keinen festen Arbeitsplatz mehr, allenfalls kann er sich in der Zentrale einen wechselnden Arbeitsplatz suchen. Den Kontakt zum Unternehmen hält er normalerweise mithilfe von IT aufrecht. Typische Beispiele für solche Stellen sind Außendienstjobs.

Besonders für solche Stellen bietet sich eine neue Entwicklung des mobilen Arbeitens an, das Arbeiten in **Coworking Spaces**. Sie werden nicht nur von angestellten Mitarbeitern eines Unternehmens, sondern in besonderem Maße auch von Freelancern und sog. digitalen Nomaden genützt werden.

Man arbeitet in Räumlichkeiten – den Coworking Spaces –, die optimal mit Infrastruktur ausgestattet sind. Dort kann man sich tage-, wochen- oder stundenweise einmieten. Es besteht meist die Möglichkeit einen Arbeitsplatz oder ein Büro oder auch einen Besprechungsraum zu mieten. Die User sollen durch das Arbeiten in gemeinsamer Umgebung gegenseitig von ihrer Kreativität profitieren können und gleichzeitig räumlich flexibel sein. Man legt bewusst viel Wert darauf, dass man sich mit Gleichgesinnten aus anderen Branchen, Unternehmen oder anderen inhaltlichen Aufgabenbereichen austauschen kann.

Der Unterschied zur Bürogemeinschaft oder Center Based Telework ist die gewünschte enge räumliche Mischung verschiedener Unternehmen und Berufe sowie der grundsätzlich kurzfristige Charakter.

Aktuell existieren weltweit etwa 22.500 Coworking Spaces, die Tendenz ist steigend.[312] Coworkingguide.de gibt für Deutschland einen Überblick und schätzt die Anzahl auf etwa 600 Spaces mit deutlichen Zunahmen in jüngster Zeit.[313]

In den USA gibt es mittlerweile sogar Restaurants, die ihre Räume tagsüber als Coworking Spaces anbieten und abends wieder in Speisegaststätten verwandeln. Sie betrachten die doppelte Nutzung als lukratives Zusatzgeschäft.[314]

Sog. **FabLabs** sind Sonderformen der Coworking Spaces. Es handelt sich um Einrichtungen für Handwerker, Start Ups oder manchmal auch Künstler, die hier Räumlichkeiten, Technologie und Gerätschaften mieten können und auch den Austausch untereinander als fördernd

---

[312] Vgl. Statista (2019).

[313] Vgl. Coworkingguide.de (2019).

[314] Vgl. o.V. (2018), S. 23.

empfinden. Beste technische Ausrüstung und eine möglichst optimale sachliche Arbeitsumgebung sind von entscheidender Bedeutung.

Inwieweit sich dieser Trend fortsetzt und die Coworking Spaces die Arbeitsplätze der Zukunft sind oder die Arbeitgeber die Begeisterung ihrer Mitarbeiter über flexibles Arbeiten überschätzen, wird sich in den nächsten Jahren zeigen.

Nicht zu verwechseln ist das Coworking mit dem **Crowdsourcing**. Dabei geht es darum, dass Aufgaben, die üblicherweise im Unternehmen erfüllt werden, ausgelagert und von freiwilligen Beteiligten i.d.R. über das Internet erledigt werden. Man nutzt die sog. **Schwarmintelligenz** und verspricht sich davon eine bessere Qualität der Ergebnisse, mehr Kreativität und eine schnellere Erledigung der Aufgaben.[315] Zudem hält man die Kosten gering, da die Beteiligten keine bezahlten Mitarbeiter sind und i.d.R. keine oder nur eine relativ kleine Erfolgsprämie erhalten. Das bekannteste Ergebnis eines Crowdsourcings ist Wikipedia.

6.4.3.2.3 Dezentralisierung von Entscheidungen

Da die Kommunikation durch den Einsatz neuer Technologien erleichtert wird, entsteht mehr Spielraum für **Entscheidungsdezentralisierung**.

Die Entscheidungsdezentralisierung ist eng mit der Entscheidungsdelegation verknüpft, bei der es darum geht, dass der Vorgesetzte Entscheidungsbefugnisse an seine Mitarbeiter abgibt. Durch diese Delegation kommt es zur Entscheidungsdezentralisierung, es gibt kein Zentrum der Entscheidung mehr. Auf ihre Vor- und Nachteile wurde bereits in Kapitel 3.5 hingewiesen.

Benötigte Informationen sind heute einfacher und schneller zu bekommen, weshalb **Entscheidungen** von hierarchisch niedrigeren Stellen getroffen werden können, d.h. dort **wo das Problem anfällt**. Unternehmen erwarten, dass sich Entscheidungen durch die Entscheidungsdelegation qualitativ und zeitlich verbessern.[316]

Gleichzeitig wird die **Informationsmacht** der Vorgesetzten, der früher das Vorrecht hatte, Informationen nach seinen Interessen zu verteilen oder auch exklusiv für sich zu behalten, verringert.

Durch die Dezentralisierung werden die Aufgaben für die Mitarbeiter der unteren Hierarchieebenen interessanter und umfassender als früher. Sie sind allerdings auch **stärker gefordert**, da nun ihnen – und nicht mehr ihren Vorgesetzten – die Entscheidungen obliegen und sie aus der Fülle der Informationen die relevanten auswählen und bewerten müssen. Ihre Verantwortung steigt und sie können sich nicht mehr darauf berufen, dass „der Vorgesetzte so entschieden hat". Deshalb muss auch ihre Qualifikation höher sein als früher. Von der Entscheidungsdezentralisierung erwartet man eine höhere Motivation, da die Mitarbeiter komplexere Aufgaben bearbeiten, Eigeninitiative ergreifen und ihre Kreativität entfalten können. Man spricht in diesem Zusammenhang auch von **Empowerment**.

---

[315] Vgl. Ehrhardt (2018), C 2.

[316] Vgl. Bühner (2004), S. 340 ff.

6.5 Zusammenfassung und Ausblick

Im Rahmen der Prozessorganisation wird der Ablauf der Leistungserstellung festgelegt, ohne dass dabei von vorneherein Abteilungsgrenzen berücksichtigt werden. Gut organisierte Prozesse werden als wichtige Voraussetzung für die Zielerreichung des Unternehmens gesehen. Sie sollen einerseits die Zufriedenheit der Kunden mit den Gütern und Dienstleistungen des Unternehmens steigern und andererseits den Lieferanten zeigen, dass sie mit einem zuverlässigen Partner zusammenarbeiten. Außerdem erleichtern sie es den Führungskräften, sich stärker taktischen und strategischen Aufgaben und nicht nur dem Tagesgeschäft zu widmen. Aus Sicht der Mitarbeiter verbessern gut strukturierte Prozesse die Arbeitssituation, indem sie Handlungssicherheit schaffen.

Aus diesen Gründen ist die Prozessorganisation immer stärker ins Blickfeld organisatorischer Überlegungen gerückt. Die Ausrichtung der Organisation am Leistungserstellungsprozess ist nicht neu. Innovativ ist allerdings die **konsequente Ausrichtung aller Prozesse am Kunden** sowie die unternehmensübergreifende, ganzheitliche Sichtweise verbunden mit einem prozessorientierten Anreiz- und Kontrollsystem. Die heutigen IT-Möglichkeiten zur Abbildung und Steuerung von Prozessen erleichtern diese Aufgaben erheblich.

Die Prozessgestaltung erfolgt in den Schritten Prozessdefinition und -analyse, -strukturierung, -einführung und -optimierung. Dabei reicht es nicht aus, Prozesse einmalig zu organisieren. Vielmehr sind ständige Überprüfungen der Qualität der Prozesse und deren regelmäßige Anpassung an neue Marktgegebenheiten notwendig.

Bei der Prozessorganisation geht es nicht allein darum, **wie** die Prozesse durchgeführt werden, sondern auch **ob** sie im eigenen Haus abgewickelt werden oder ob **Outsourcing**, also die Ausgliederung bislang selbst erbrachter Leistungen, eine Alternative darstellt. In diesem Fall kann man unternehmensfremde Zulieferer suchen oder Mitarbeiter und Ressourcen in rechtlich selbständige Einheiten auslagern und Teilprozesse dorthin übertragen.

Die Bedeutung der Prozessorganisation wird in den nächsten Jahren deutlich weiter steigen. Je härter der Wettbewerb ist und je wichtiger die Berücksichtigung von Kundenwünschen ist, desto weniger kann es sich ein Unternehmen leisten, Prozesse zu vernachlässigen und damit Ressourcen zu verschwenden. Gleichzeitig müssen die Mitarbeiter davon überzeugt werden, dass bislang übliche funktionsorientierte Vorgehensweisen zugunsten einer ganzheitlichen Sichtweise aufgegeben werden müssen. Um ihre neuen Aufgaben zu erfüllen, müssen sie entsprechend qualifiziert und mit einem passenden Handlungsspielraum ausgestattet werden. Das lässt langfristig auch positive Auswirkungen auf ihre Motivation erwarten.

Sehr wahrscheinlich werden strukturierte Unternehmenskooperationen mit Kunden und Lieferanten in nächster Zeit weiter stark zunehmen und bislang getrennte, **unternehmensspezifische Prozesse stärker mit Prozessen anderer Unternehmen verzahnt** und aufeinander abgestimmt werden. Die Schnittstellenoptimierung muss also in zunehmendem Maße nicht nur bei Teilprozessen im Unternehmen, sondern auch zwischen kooperierenden Unternehmen sowie zwischen Unternehmen und Markt stattfinden.

6.6 Wiederholungsfragen

1. Welche Vorteile sind mit einer stärkeren Prozessorientierung verbunden?

2. Was versteht man unter einer Prozessorganisation, die als Sekundärorganisation gestaltet wird?

3. Wie wird ein Prozess definiert?

4. Welche Merkmale kennzeichnen einen Prozess?

5. Nach welchen Gesichtspunkten werden Prozesse systematisiert?

6. Worin unterscheiden sich materielle von informationellen Prozessen?

7. Worin besteht der Unterschied zwischen primären und sekundären Prozessen?

8. Was ist ein Geschäftsprozess?

9. Was versteht man unter einer Prozesshierarchie?

10. Welche Prozesse können im Allgemeinen nicht organisatorisch gestaltet werden?

11. Welche Ziele hat die Prozessorganisation?

12. Was versteht man unter dem magischen Viereck der Prozessgestaltung?

13. Von welchen Komponenten hängt die Minimierung der Durchlaufzeiten ab?

14. Was versteht man unter dem Dilemma der Prozessorganisation?

15. Worin unterscheiden sich objektive und subjektive Qualität?

16. Wann spricht man von einem Total Quality Management?

17. Was bedeutet KVP?

18. Welche Auswirkungen haben schlecht gestaltete Prozesse?

19. Welche Vorgehensweisen bieten sich bei der Prozessdefinition an?

20. Aus welchen Phasen besteht die Prozessstrukturierung?

21. Welche Vorgehensweisen gibt es bei der Prozessimplementierung?

22. Wie hängen Prozessverbesserungen und abrupte Prozessreorganisation zusammen?

23. Was versteht man unter Arbeitsorganisation?

24. Worum geht es bei der personalen Synthese im Rahmen der Arbeitsorganisation?

25. Welche Grundformen von logischen Folgen gibt es?

26. Welche Aufgabe hat die temporale Synthese?

27. Welche Aufgabe haben PPS-Systeme?

28. Worum geht es bei der lokalen Synthese in der Fertigung?

29. Unter welchen Bedingungen ist eine Werkstattfertigung sinnvoll?

30. Welche Nachteile hat die Werkstattfertigung?

31. Was versteht man unter Reihenfertigung?

32. Was sind teilautonome Gruppen?

33. Was versteht man unter Fertigungsinseln?

34. Welche Leistungstypen der Fertigung gibt es?

35. Welcher Zusammenhang besteht zwischen Organisations- und Leistungstypen?

36. Welche Voraussetzungen müssen bei einer Serienfertigung gegeben sein?

37. Welche Besonderheiten weisen Sorten auf?

38. Welche Entwicklungen im Verwaltungs- und Dienstleistungsbereich werden durch die Informations- und Kommunikationstechnik beschleunigt?

39. Welche Vorteile hat Desk-Sharing?

40. Welche Formen der Telearbeit kennen Sie?

7 Darstellungstechniken der Prozessorganisation

7.1 Überblick

Die Darstellungstechniken bilden organisatorische Sachverhalte verdichtet ab und beschreiben Zusammenhänge überblicksmäßig. Sie werden sowohl zur Illustration von Ist- als auch von Sollzuständen verwendet.

Die **Dokumentation von Istzuständen** dient dem besseren Verständnis von organisatorischen Sachverhalten und fördert eine einheitliche Wahrnehmung bei den Betrachtern. Schwachstellen können schneller erkannt und Verbesserungsmaßnahmen eingeleitet werden.[317] Die **Darstellung von Sollzuständen** ermöglicht es, angestrebte Änderungen festzuhalten und den Betrachtern zu veranschaulichen. Neben der Dokumentationsaufgabe haben die Darstellungstechniken der Prozessorganisation eine **verhaltenssteuernde Wirkung**. Sie bieten den Mitarbeitern die Möglichkeit, sich über Prozesse, Zusammenhänge, Aktivitäten, Verantwortungsbereiche etc. und die damit verbundenen Erwartungen umfassend zu informieren.

Prozessorganisatorische Sachverhalte können auf unterschiedliche Weise dargestellt werden:

- **verbale Darstellungen**: Der Schwerpunkt der verbalen Dokumentation liegt auf der ausführlichen Beschreibung und Erklärung einzelner Strukturmerkmale und Regelungen. Es handelt sich normalerweise um fortlaufende Texte, die der besseren Übersichtlichkeit wegen durch Absätze, Hervorhebungen, Aufzählungen etc. gegliedert werden.
- **grafische Darstellungen**: Sie zielen darauf ab, organisatorische Zusammenhänge in übersichtlicher und oft vereinfachter Form aufzuzeigen. Dazu werden bildhafte Elemente wie geometrische Formen, Linien und Symbole verwendet, die durch Schlagwörter ergänzt werden.
- **mathematische Darstellungen**: Hier werden organisatorische Regeln anhand von mathematischen Formeln und Auswertungen verdeutlicht.

Diese Darstellungstechniken der Prozessorganisation sind in der Praxis weit verbreitet und werden näher beschrieben:

- einfache Pfeildiagramme
- verbale Prozessbeschreibungen und Arbeits- und Verfahrensanweisungen
- Prozessdiagramme
- Flussdiagramme
- Prozesslandkarten

---

[317] Vgl. Schulte-Zurhausen (2013), S. 565.

Die verschiedenen Techniken geben unterschiedliche Inhalte der Prozessorganisation wieder. Die Abb. 7-1 zeigt die Zusammenhänge.

Darstellungstechniken der Prozessorganisation

Inhalte	Techniken
Zusammenhänge zwischen Prozessketten und Abhängigkeiten zwischen Teilprozessen	einfache Pfeildiagramme
Arbeitsprozesse im Detail	Prozessbeschreibungen mit Arbeits- und Verfahrensanweisungen
Leistungsbeziehungen der Stellen	Prozessdiagramme
Arbeitsfolgen eines Prozesses	Flussdiagramme
Zusammenhang zwischen Prozessen	Prozesslandkarten

Abb. 7-1: Zusammenhang zwischen Darstellungstechniken und Inhalten der Prozessorganisation

Die Darstellungen der Prozessorganisation werden in das **Organisationshandbuch** aufgenommen, das auch die Regelungen zur Aufbauorganisation enthält. Nichtorganisatorische Informationen wie Aussagen zu Unternehmenszielen und zur Unternehmenspolitik, Ausschnitte aus der Satzung, Geschäftsbedingungen oder Lage- und Wegepläne sind meistens ebenfalls Bestandteil des Organisationshandbuches. Sie sollen das Verständnis für die Vorgehensweisen erhöhen.

7.2   Einfache Pfeildiagramme

Einfache Pfeildiagramme zeigen stark vereinfacht die Zusammenhänge zwischen Prozessketten und die Abhängigkeiten zwischen Teilprozessen auf.[318] Auf diese Weise kann man sich schnell einen groben Überblick verschaffen. Etliche **Beispiele** sind in Kapitel 6 zu finden, so etwa die Abb. 6-4: Grundlegende Geschäftsprozesse in einem Industrieunternehmen und die Abb. 6-5: Prozesshierarchie am Beispiel des Geschäftsprozesses Auftragserfüllung.

Vorteile einfacher Pfeildiagramme sind insbesondere[319]:

- Grundverständnis bzgl. der Prozessstruktur wird verbessert
- schnelle und leichte Erstellbarkeit

---

[318] Vgl. Klimmer (2016), S. 173.
[319] Vgl. ebd., S. 175.

- Prozessabhängigkeiten sind im Überblick ersichtlich
- leichte Erlernbarkeit und Verständlichkeit

Nachteilig an einfachen Pfeildiagrammen erweisen sich diese Punkte:[320]

- Zuständigkeiten können nicht eingezeichnet werden
- Wechselwirkungen mit anderen Plänen sind nicht darstellbar
- komplexe Ursache-Wirkungs-Zusammenhänge sind nicht erkennbar

7.3 Verbale Prozessbeschreibungen und Arbeits- und Verfahrensanweisungen

Die strukturierte Darstellung eines Arbeitsprozesses mit allen relevanten Informationen bezeichnet man als Prozessbeschreibung. Sie kann rein verbal in Form eines fortlaufenden Textes erfolgen oder mit Grafiken kombiniert werden. Einrückungen, Unterstreichungen, Aufzählungen und andere Gestaltungen des Textlayouts sind üblich und fördern die Übersichtlichkeit. Der Detailgrad einer Prozessbeschreibung hängt von den unternehmensspezifischen Anforderungen ab.

In der Praxis haben sich diese **Inhalte** als sinnvoll erwiesen:[321]

- **Zweck**: Die Prozessaufgabe wird erläutert und der Prozess grob definiert.
- **Prozessziele**: Es wird möglichst genau beschrieben, was mit dem Prozess erreicht werden soll. Dazu sind Messgrößen für die Zielerreichung anzugeben und Kontrollintervalle festzulegen. Auch diejenigen Stellen, die für die Überprüfung verantwortlich sind, werden aufgeführt.
- **Verwendete Begriffe**: Abkürzungen und Fachbegriffe werden kurz erläutert, damit sichergestellt ist, dass die Regelungen für die Mitarbeiter verständlich sind.
- **Ablaufbeschreibung**: Sie bildet den Kern der verbalen Prozessbeschreibung und enthält die ausführliche Darstellung aller anfallenden Tätigkeiten sowie einen Überblick über die jeweiligen Zuständigkeiten. Für eine bessere Anschaulichkeit und Verständlichkeit werden Prozessbeschreibungen oft durch Ablauf- und Flussdiagramme ergänzt.
- **Geltungsbereich**: Hier wird aufgeführt, in welchem Bereich des Unternehmens und in welcher Situation der Prozess durchgeführt werden soll.
- **Weitere Dokumente**: Sofern andere Dokumente, z.B. Beschreibungen angrenzender Prozesse, Arbeits- und Verfahrensanweisungen, gesetzliche Vorschriften etc. berücksichtigt werden müssen, werden sie entweder in die Prozessbeschreibung mit aufgenommen oder es wird darauf verwiesen.

---

[320] Vgl. Klimmer (2016), S. 175.
[321] Vgl. ebd., S. 180; Jung (2006), S. 46.

Eine Prozessbeschreibung muss derart gestaltet und formuliert sein, dass die betroffenen Mitarbeiter sie vollständig verstehen können, sich schnell zurechtfinden und sich verpflichtet fühlen, entsprechend zu handeln. Das gilt vor allem dann, wenn die Prozessbeschreibung ein Bestandteil des Qualitätsmanagements ist und z.B. auch bei einer Zertifizierung nach den ISO-Normen herangezogen wird.

In der Praxis wird meist mit **standardisierten Prozessdefinitionsblättern** gearbeitet.[322] So ist gewährleistet, dass alle Prozessbeschreibungen gleich aufgebaut sind und die Mitarbeiter sich schnell in den Unterlagen zurechtfinden. Ein Beispiel zeigt die Abb. 7-2.

Definitionsblatt für den Teilprozess

Prozesskategorie:		Hauptprozess:
Auslösendes Ereignis:	Abschließendes Ereignis:	Menge/Periodizität:

Relevante Umwelten (Interessenpartner, andere Prozesse):

Wesentliche Outputs:		Wesentliche Inputs:
Hauptaktivitäten:	Beteiligte Funktionen:	Stärken/Schwächen:

Abb. 7-2: Prozessdefinitionsblatt[323]

Vorteile:

- guter Überblick über den Gesamtablauf
- eindeutige, leicht verständliche Informationen
- kaum Akzeptanzprobleme
- gute Basis für Einarbeitung neuer Mitarbeiter

---

[322] Vgl. Klimmer (2016), S. 182.
[323] Entnommen aus: Jung (2002), S. 46.

Nachteile:

- aufwändige Erstellung
- regelmäßige Überprüfungen und Änderungen notwendig
- Zusammenhänge mit anderen Prozessen werden (wenn überhaupt) nur knapp erläutert und sind deshalb oft nicht im Blickfeld der Betroffenen

Während bei der **Prozessbeschreibung** eher der **Überblick über einen Prozess** im Vordergrund steht, geht es bei den **Arbeits- und Verfahrensanweisungen** ins **Detail**. Sie ergänzen die Prozessbeschreibungen und verdeutlichen, wie bestimmte Tätigkeiten auszuführen sind, wie die Ergebnisse der Aktivitäten dokumentiert werden müssen und welche Informationen auf welchem Wege, wann und wohin weiterzuleiten sind.

Arbeitsanweisungen sind in der Regel an eine einzelne Stelle gerichtet und erläutern dem Stelleninhaber ausführlich, wie er seine Aufgabe zu erfüllen hat.

Verfahrensanweisungen haben dagegen nicht eine Stelle, sondern den Arbeitsprozess im Blickfeld. Sie werden für eine Arbeitsgruppe erstellt und betreffen demnach mehrere Stellen.[324] Es handelt sich um exakte Anleitungen, die oft sehr tief gegliedert sind. Häufig werden die einzelnen Arbeitsschritte mit ganz genauen Anweisungen versehen. Auch die Reihenfolge der Arbeitsschritte sowie die zu verwendenden Werkzeuge und Transportmittel werden vorgeschrieben.

Die Erstellung von Arbeits- und Verfahrensanweisungen ist sehr zeit- und arbeitsaufwändig. Deshalb werden sie vor allem bei solchen Aufgaben angewendet, bei denen **Gesetze und Verordnungen** deren Einsatz verlangen. Auch bei **gefährlichen Arbeiten** können genaue Anweisungen sinnvoll und hilfreich sein, um Schaden von den Mitarbeitern fernzuhalten. Nützlich sind sie zudem, wenn **wechselnde Mitarbeiter** an einem Prozess beteiligt sind und einheitliche Vorgehensweisen unabhängig von den ausführenden Personen erforderlich sind.

Die **Vorteile** von Arbeits- und Verfahrensanweisungen sind:

- hohe Transparenz der Vorschriften
- große Verbindlichkeit durch Schriftform
- gute Grundlage für Qualitätsmanagement
- leichtere Einarbeitung neuer Mitarbeiter

Die **Nachteile**:

- hoher Erstellungsaufwand
- Notwendigkeit ständiger Überprüfung und Aktualisierung
- Gefahr der Demotivation, da Eigeninitiative und Kreativität unterdrückt werden
- Gefahr der Unübersichtlichkeit bei großem Umfang

---

[324] Vgl. Klimmer (2016), S. 188.

Prozessbeschreibungen mit Arbeits- und Verfahrensanweisungen haben in der Prozessorganisation die gleiche Bedeutung wie die **Stellenbeschreibungen** in der Aufbauorganisation.

7.4 Prozessdiagramme

Prozessbeschreibungen und Arbeits- und Verfahrensanweisungen betrachten Details einzelner Prozesse. Sie sind jedoch wenig hilfreich, wenn es darum geht, einen Überblick darüber zu erhalten, welche Stellen an einem Arbeitsprozess beteiligt sind. Dies ist die Aufgabe der **Prozessdiagramme**.

Es handelt sich um Tabellen in Form einer Matrix. In die Zeilen werden Teilprozesse oder bei tieferer Gliederung die Prozessschritte eingetragen, in den Spalten werden die beteiligten Stellen aufgelistet. An den Schnittpunkten wird **mithilfe standardisierter Symbole** die Art der Beteiligung eingetragen. Eine Legende, die die verwendeten Symbole erläutert, gehört zum Verständnis unbedingt mit dazu. Die Abb. 7-3 zeigt ein Beispiel.

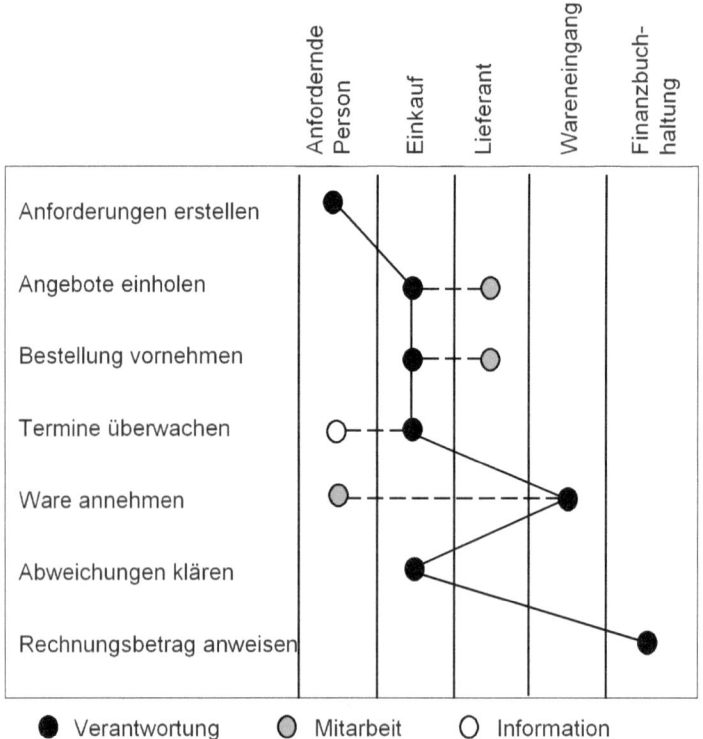

Abb. 7-3: Prozessdiagramm[325]

---

[325] In Anlehnung an: Schulte-Zurhausen (2013), S. 576.

Üblicherweise enthält ein Prozessdiagramm diese Angaben:

- **Verantwortung**: Sie bezieht sich auf die fehlerfreie und termingerechte Durchführung der jeweiligen Aktivitäten. Auch die Kostenverantwortung wird häufig mit einbezogen.

- **Mitarbeit**: Es geht darum aufzuzeigen, welche Stellen in den Prozess einbezogen sind.

- **Entscheidung**: Hier wird deutlich, welche Stelle bei welchem Prozessschritt entscheidungs- und weisungsbefugt ist.

- **Information**: Mit dem Symbol für Information werden Stellen gekennzeichnet, die über getroffene Entscheidungen, mögliche Probleme und erzielte Ergebnisse zu informieren sind.

Bei Bedarf ist jederzeit eine inhaltliche Erweiterung des Prozessdiagramms um zusätzlich relevante Informationen möglich.

Vorteile:

- schnelle Übersicht über die Prozessbeteiligten

- gute Verständlichkeit auch für Laien

- transparenter Überblick über den Ablauf eines größeren Prozesses

- einfache Handhabung

- leichte Anpassung bei Änderungsbedarf

- schnellere Einarbeitung neuer Mitarbeiter

Nachteile von Prozessdiagrammen:

- Probleme bei der Darstellung verzweigter Prozesse

- logische Abhängigkeiten können nicht dargestellt werden

Aufgrund dieser Nachteile ist der Einsatz von Prozessdiagrammen nur **bei einfachen Abläufen** mit wenigen Bearbeitungsobjekten sinnvoll.[326]

Prozessdiagramme in der Prozessorganisation entsprechen den **Funktionendiagrammen** in der Aufbauorganisation.

---

[326] Vgl. Schulte-Zurhausen (2013), S. 577.

7.5 Flussdiagramme

Flussdiagramme oder **Folgepläne** dienen dazu, die logischen und zeitlichen Aufgabenfolgen in einem Prozess darzustellen. Durch Verwendung von Symbolen, Verbindungslinien, Verzweigungen oder Rückkopplungen können auch komplexe Prozesse mit logischen Wenn-Dann-Bedingungen und Abhängigkeiten aufgezeigt werden.[327]

Die Abb. 7-4 gibt einen Überblick über die wichtigsten Symbole von Flussdiagrammen.

Wichtige Symbole von Flussdiagrammen

Symbol	Bedeutung	Symbol	Bedeutung
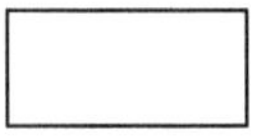	Ablaufelement (Aktivität, Teilprozess, Arbeitsplatz, Arbeitssystem, Untersystem)	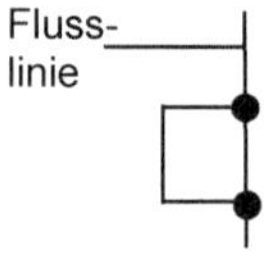 Fluss-linie	Und-Verzweigung mit Und-Zusammenführung
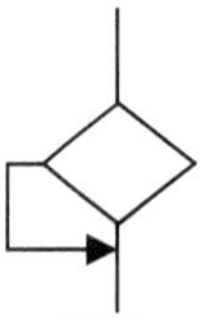	Oder-Verzweigung mit Oder-Zusammenführung	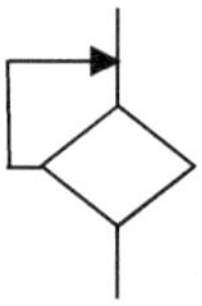	Oder-Rückkopplung
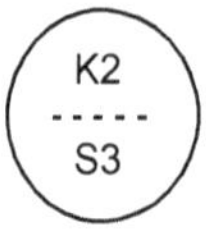 K2 ----- S3	Konnektor (der bei K2 unterbrochene Ablauf wird auf Seite 3 fortgesetzt)	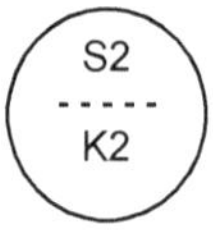 S2 ---- K2	Konnektor (der hier fortgesetzte Ablauf wurde bei K2 auf Seite 2 unterbrochen)
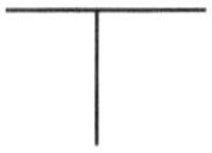	Ablaufbeginn innerhalb des Untersuchungsbereiches (interne Quelle)	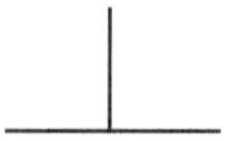	Ablaufende innerhalb des Untersuchungsbereiches (interne Senke)
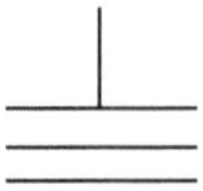	Ablauf soll nicht weiter dargestellt bzw. untersucht werden (Abbruchsenke)	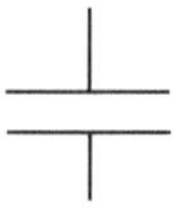	zeitliche Unterbrechung des Ablaufes
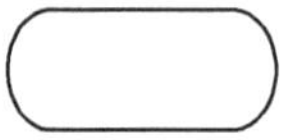	Arena (Ablaufelemente, die außerhalb des Untersuchungsbereiches liegen)		

Abb. 7-4: Symbole von Flussdiagrammen

---

[327] Vgl. Klimmer (2016), S. 182.

Die Abb. 7-5 zeigt als Beispiel den Prozess einer Autoreparatur.

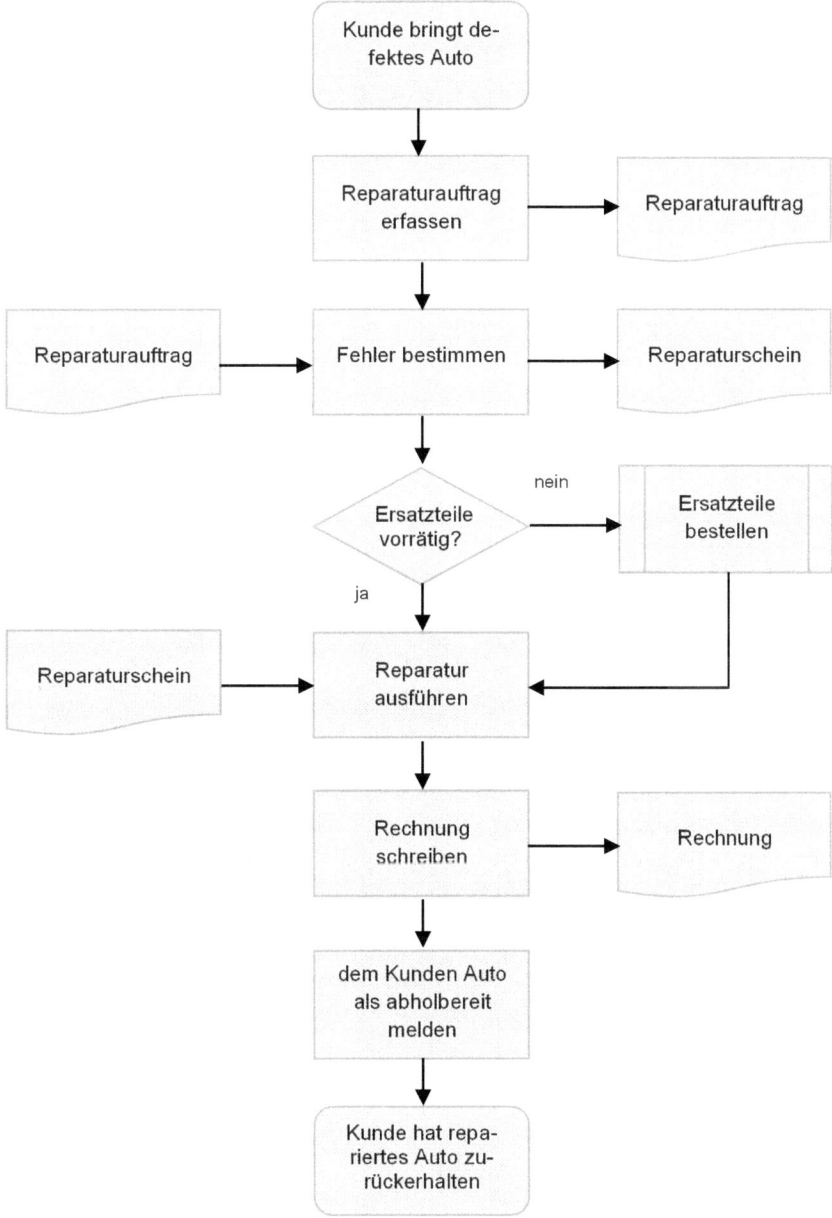

Abb. 7-5: Flussdiagramm für den Prozess einer Autoreparatur[328]

---

[328] Entnommen aus: Wilhelm (2007), S. 54.

Vorteile von Flussdiagrammen:

- übersichtliche Darstellung von Prozessstrukturen
- leichte Verständlichkeit und Erlernbarkeit
- umfangreiche Software zur Erstellung auf dem Markt vorhanden
- Ergänzungen durch weitere Dokumentationen leicht möglich

Nachteile:

- bei komplexen Prozessen großer Platzbedarf
- unübersichtlich bei umfangreichen Prozessen
- hoher Erstellungs- und Änderungsaufwand

7.6 Prozesslandkarten

In einem Flussdiagramm wird jeder Prozess mit seinen einzelnen Schritten und beteiligten Stellen für sich betrachtet. **Prozesslandkarten** fassen mehrere Flussdiagramme zusammen und geben einen Überblick über die Zusammenhänge. Sie stellen laut DIN 9001 die **Abfolge und Wechselwirkung der Prozesse** eines Betriebes dar. Die einzelnen Prozesse werden zuvor in detaillierten Ablaufplänen erläutert.

Diese **Informationen** sind in Prozesslandkarten ersichtlich:

- Input-/Output-Beziehungen zwischen den Prozessen
- Beziehungen zwischen internen und externen Kunden und Lieferanten
- Überblick über die Prozesse zwischen dem Unternehmen und ihren internen und externen Kunden und Lieferanten

Den Zusammenhang zwischen Prozesslandkarte und Flussdiagrammen zeigt die Abb. 7-6.

Die **Vorteile** sind:

- schneller Überblick über die Prozessorganisation
- leicht verständliche Darstellung
- sowohl für Ist- als auch für Soll-Darstellungen einsetzbar

Nachteile von Prozesslandkarten:

- starke Vereinfachung der Strukturen
- hoher Erstellungs- und Änderungsaufwand
- bei Darstellung vieler Prozesse schnell unübersichtlich, deshalb meist nur für Hauptprozesse angewendet

Prozesslandkarten haben in der Prozessorganisation in etwa die gleiche Bedeutung wie **Organigramme** in der Aufbauorganisation.

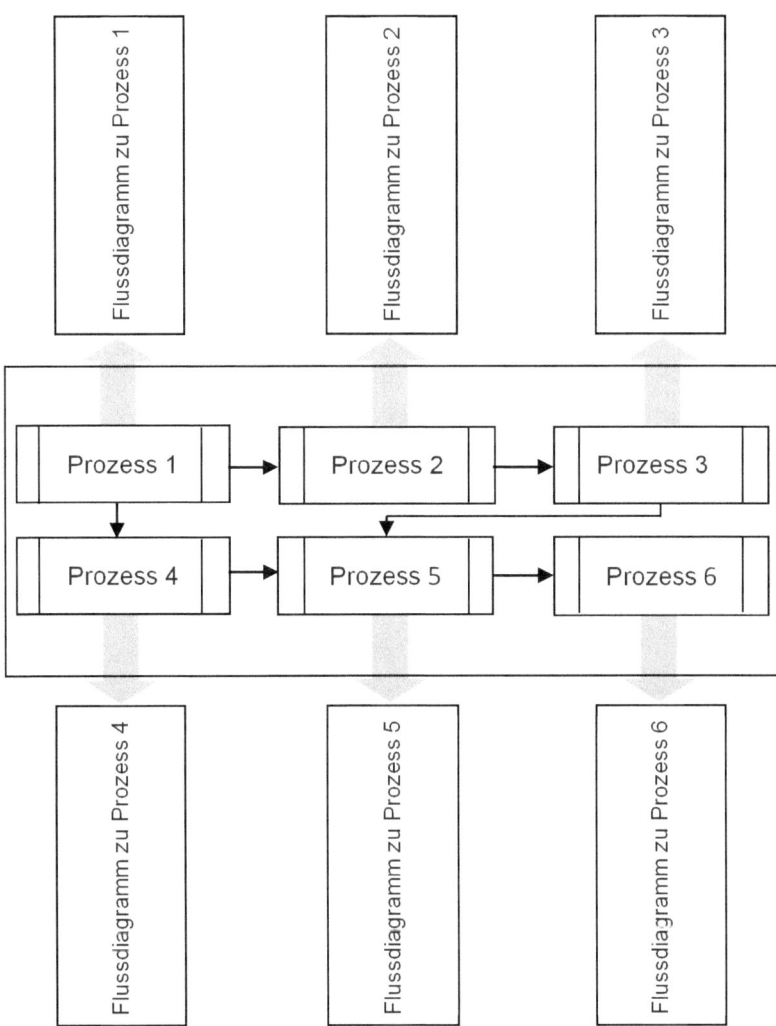

Abb. 7-6: Zusammenhang von Prozesslandkarte und Flussdiagrammen

7.7 Zusammenfassung und Ausblick

Die Darstellungstechniken der Prozessorganisation werden zur Veranschaulichung der Organisation herangezogen. Sie können die Ist-Situation oder Soll-Zustände zeigen. Darstellungen der Ist-Situation haben das Ziel, das Verständnis für organisatorische Sachverhalte zu erhöhen und eine einheitliche Wahrnehmung zu erreichen. Man kann Schwachstellen schnell erkennen und Verbesserungen einleiten. Mit der Darstellung von Soll-Zuständen will man Neuerungen im Überblick veranschaulichen.

Die moderne IT hält Software bereit, sodass sich die Abbildungen leicht erstellen lassen und der zeitliche Änderungsaufwand relativ gering ist, weshalb die Visualisierung prozessorganisatorischer Sachverhalte ein gängiges Instrument der Prozessorganisation ist.

In den meisten Unternehmen können die Mitarbeiter die Unterlagen über das Intranet abrufen. Kleinere Unternehmen haben hier sehr oft noch Nachholbedarf.

7.8 Wiederholungsfragen

1. Wie können prozessorganisatorische Sachverhalte dargestellt werden?

2. Was versteht man unter einfachen Pfeildiagrammen?

3. Welche Nachteile haben einfache Pfeildiagramme?

4. Welche Inhalte enthalten verbale Prozessbeschreibungen?

5. Worin unterscheiden sich Arbeits- und Verfahrensanweisungen?

6. Welcher Darstellungstechnik entsprechen die Prozessbeschreibungen in der Aufbauorganisation?

7. Wozu dienen Arbeits- und Verfahrensanweisungen?

8. Welche Vorteile sind mit Prozessdiagrammen verbunden?

9. Welche Angaben enthält ein Prozessdiagramm?

10. Welche Aufgabe hat ein Flussdiagramm?

11. Geben Sie einen Überblick über die wichtigsten Symbole in Flussdiagrammen.

12. Welche Nachteile haben Flussdiagramme?

13. Was ist eine Prozesslandkarte?

14. Welche Informationen sind in Prozesslandkarten enthalten?

15. Wo werden die Darstellungen der Prozessorganisation zusammengefasst?

8 Informale Organisation

8.1 Abgrenzung von informaler und formaler Organisation

Die **formale Organisation** umfasst alle organisatorischen Regeln, die bewusst von den zuständigen Entscheidungsträgern geschaffen werden. Sie legt den verbindlichen Handlungsspielraum für die Mitarbeiter fest und macht dadurch die Vorgehensweisen und das Verhalten im Unternehmen vorhersehbar und erklärbar.

Zusätzlich zur formalen, offiziellen und bewusst geschaffenen Organisation entwickeln die Mitarbeiter jedes Unternehmens ihre eigenen Regeln, die sie selbst aufstellen, ohne sie bewusst zu planen. Sie entstehen weitgehend ohne Beeinflussung durch das Unternehmen auf Basis von Verhaltensmustern einzelner Mitarbeiter und Arbeitsgruppen, weil die Mitarbeiter ihre Bedürfnisse und Vorstellungen ins Unternehmen mitbringen, z.B. den Wunsch nach Karriere oder das Bedürfnis nach Wertschätzung. So bildet sich von selbst eine **informale Organisation**. Zum Teil ergänzen und unterstützen diese Regeln die formale Organisation, zum Teil widersprechen sie ihr und stören sogar die vorgegebene Ordnung.[329] Auch ist die formale Organisation manchmal fehlerhaft oder unvollständig, es kommt zu sog. **organisatorische Lücken**, die durch die informale Organisation beseitigt werden.

Formale Organisationen mit hoher Regelungsdichte bieten weniger Freiraum für informale Beziehungen als solche mit wenigen formalen Vorgaben.

Zwei Unternehmen, die eine identische formale Organisation hätten, arbeiten dennoch nicht auf dieselbe Weise und sind auch nicht gleich erfolgreich, weil sie unterschiedliche Mitarbeiter mit individuellen Zielen, Bedürfnissen, Beziehungen, Verhaltensweisen und Wertvorstellungen beschäftigen.

Formale und informale Organisation bilden zusammen **die** spezifische **Organisation** eines Unternehmens.[330]

Früher wurde die informale Organisation ausschließlich als Störfaktor angesehen, heute wird sie als natürlicher Bestandteil jeder Organisation akzeptiert. Man versucht sie durch Beeinflussung der **Unternehmenskultur** langsam zu verändern und positiv für das Unternehmen zu gestalten.

Den Zusammenhang zwischen formaler und informaler Organisation zeigt die Abb. 8-1. Das **Eisberg-Modell** verdeutlicht, dass ähnlich wie bei einem tatsächlichen Eisberg, bei dem der größte Teil unter der Wasseroberfläche verborgen bleibt, auch bei einer Organisation wichtige Bestandteile nicht ohne weiteres zu erkennen sind.[331]

---

[329] Vgl. Breisig (2015), S. 12: Schreyögg (2016), S. 146 ff.

[330] Vgl. Kirchler/Meier-Pesti/Hofmann (2005), S. 113 f.

[331] Vgl. Bertels (2008), S. 53.

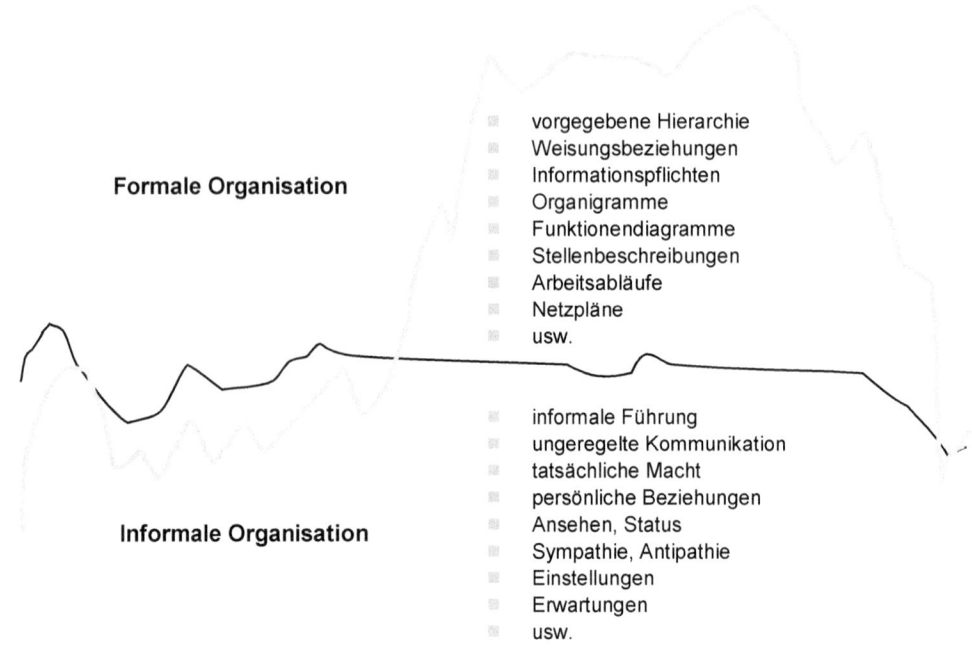

Formale Organisation

- vorgegebene Hierarchie
- Weisungsbeziehungen
- Informationspflichten
- Organigramme
- Funktionendiagramme
- Stellenbeschreibungen
- Arbeitsabläufe
- Netzpläne
- usw.

Informale Organisation

- informale Führung
- ungeregelte Kommunikation
- tatsächliche Macht
- persönliche Beziehungen
- Ansehen, Status
- Sympathie, Antipathie
- Einstellungen
- Erwartungen
- usw.

Abb. 8-1: Eisberg-Modell der Organisation

Wenn ein Unternehmen die informalen Strukturen nicht ausreichend beachtet, besteht die Gefahr des sog. **Titanic-Effektes**[332], d.h. die Unternehmensziele werden trotz optimaler formaler Struktur nicht erreicht. Im Extremfall erleidet das Unternehmen „Schiffbruch".

Die informale Organisation hat diese Erscheinungsformen:[333]

- informale Gruppen
- informale Normen
- informale Kommunikation
- sozialer Status
- informale Führung

Die Formen sind nicht eindeutig voneinander zu trennen. Eine informale Norm kann sich beispielsweise darauf beziehen, in welcher Art und Weise die Mitarbeiter einer Abteilung miteinander kommunizieren und wird dann auch zur informalen Kommunikation.

---

[332] Vgl. Vahs (2019), S. 106.
[333] Vgl. Nicolai (2009), S. 80.

8.2 Formen informaler Organisation

8.2.1 Informale Gruppen

Unternehmensleitung bzw. Instanzen bestimmen, welche Stelle zu welcher formalen Gruppe, z. B. welcher bestimmten Abteilung, gehört. Die Mitgliedschaft in einer formalen Gruppe erfolgt also nicht freiwillig, sondern wird von den Entscheidungsträgern des Unternehmens vorgegeben.[334]

Wenn sich Menschen innerhalb des Unternehmens dagegen aus eigenem Antrieb zusammenschließen, spricht man von einer **informalen Gruppe**. Häufig umfasst sie Mitarbeiter mit ähnlichen sozialen Merkmalen wie Alter, Geschlecht, Ausbildung oder Herkunft. Informale Gruppen werden im Gegensatz zu den formalen Organisationseinheiten nicht vom Unternehmen geplant, sondern **entstehen von selbst**. Mitarbeiter können mehreren informalen Gruppen angehören.

Ausschlaggebend für das Entstehen informaler Gruppen sind persönliche Bedürfnisse, Sympathiegefühle oder gemeinsame Interessen der Gruppenmitglieder. Aber auch ganz konkrete berufliche Ziele wie ein an fachlichen Aufgaben orientiertes Netzwerk können von Bedeutung sein. Dann entstehen Problemlösungsgruppen, oft über Abteilungs- und manchmal sogar Unternehmensgrenzen hinweg, die ein gemeinsames Interesse an der Lösung bestimmter beruflicher Fragen miteinander verbindet. Man nennt sie **Communities of Practice** (CoP). Sie nutzen das Intranet des Unternehmens und kommunizieren über Blogs im Internet.

Informale Gruppen überschneiden sich teilweise mit formalen Gruppen, sie können aus ihnen hervorgehen, aber auch völlig unabhängig von einem Zusammenhang zum betrieblichen Geschehen einfach deshalb entstehen, weil die Gruppenmitglieder sich im Unternehmen kennengelernt haben. In vielen informalen Gruppen sind formale und informale Aspekte so stark vermischt, dass eine eindeutige Abgrenzung nicht mehr möglich ist.

Beim betriebseigenen Sportverein handelt es sich beispielsweise um eine informale Gruppe, deren Mitglieder aus verschiedenen formalen Gruppen unterschiedlicher Unternehmensbereiche stammen. Sie verbindet das gemeinsame Interesse am Sport. Die Mitarbeiter einer Abteilung, die mit ihrem Vorgesetzten einmal im Monat zum Kegeln gehen, gehören einer formalen Gruppe an und bilden zusätzlich eine informale Gruppe. Mitarbeiter verschiedener Abteilungen, die früher zusammen studiert oder auch zeitweise in derselben Abteilung gearbeitet haben und sich nun regelmäßig in der Kantine zum Mittagessen und Gedankenaustausch treffen, bilden eine informale Gruppe, ohne gleichzeitig eine formale Gruppe zu sein. Das gilt ebenso für die Mitglieder einer Fahrgemeinschaft, die im selben Unternehmen arbeiten. Bei ihnen ist einzig die Nähe ihrer Wohnorte der Grund für den Zusammenschluss.

Ein wesentliches Merkmal informaler Gruppen ist ihre **Stabilität**.[335] Wie aus den obigen Beispielen ersichtlich wird, kann es zwar vorkommen, dass die Mitglieder wechseln, die Gruppen selbst aber bleiben in der Regel lange bestehen.

---

[334] Vgl. Kirchler/Schrott (2005), S. 515.
[335] Vgl. Wittlage (1998), S. 245.

Da informale Gruppen nicht vom Unternehmen geplant werden, kommen sie in den offiziellen Darstellungen der Unternehmensorganisation nicht vor.

8.2.2 Informale Normen

Diejenigen Verhaltenserwartungen innerhalb einer Gruppe, die nicht offiziell geregelt und vorgegeben sind, bezeichnet man als informale Normen. Dabei handelt es sich um **Gewohnheiten**, die sich aus den persönlichen Einstellungen und Werten der Gruppenmitglieder entwickeln. Sie sind durch deren private und berufliche Sozialisation geprägt.

Informale Normen gibt es sowohl in formalen als auch in informalen Gruppen. Sie können sich auf die Aufgabenerfüllung beziehen oder private Verhaltensweisen im Unternehmen regeln. Dabei können sich informale und formale Normen ganz oder teilweise entsprechen, aber auch völlig unterschiedlich sein.

Informale Normen regulieren

- das Verhalten der Gruppenmitglieder in der Gruppe,
- die Einstellung gegenüber formalen Regeln, insbesondere bzgl. der zu erbringenden Leistung und
- das Verhalten gegenüber externen Personen.

Ein positives Beispiel ist eine regelmäßige, nicht formal vorgeschriebene Gesprächsrunde, bei der die Gruppenmitglieder die anfallenden Aufgaben der nächsten Zeit besprechen und ihre Teilnahme als selbstverständlich betrachten, ohne dazu von Unternehmensseite verpflichtet zu sein.

Die **informale Norm der Leitungszurückhaltung**, bei der Mitarbeiter aus Solidarität mit ihren Kollegen unter ihrer möglichen Leistung bleiben, zeigt, dass sich informale Normen auch negativ auf die Leistungserstellung auswirken können. Diese Verhaltensweise wurde bereits vor über hundert Jahren von Taylor beklagt.[336]

Auch der in vielen Unternehmen übliche „Einstand" am Ende der Probezeit gehört wie der Geburtstagkuchen zu den informalen Normen.

Ein weiteres Beispiel ist der Casual Friday, der besagt, dass Kleidungsvorschriften am Freitag nicht eingehalten werden müssen und man leger gekleidet zur Arbeit erscheinen kann. Die Idee kommt aus den USA und ist mittlerweile auch in vielen deutschen Unternehmen üblich, ohne dass es dafür eine offizielle Vorschrift gäbe.

Wenn formale und informale Normen, die sich auf die gleiche Situation beziehen, voneinander abweichen, spricht man von einem **Normenkonflikt**, der zwangsläufig dazu führt, dass Mitarbeiter gegen eine der beiden Vorgaben verstoßen.

Problematisch ist es auch, wenn Mitarbeiter mehreren informalen oder formalen Gruppen angehören, in denen sich einander widersprechende informale Normen entwickelt haben. Je

---

[336] Vgl. Bea/Göbel (2019), S. 93.

nachdem, in welcher Gruppe sie sich gerade befinden, müssen sie dann in der gleichen Situation unterschiedliche Verhaltensweisen zeigen.

8.2.3 Informale Kommunikation

Eng verknüpft mit informalen Gruppen und Normen ist die informale Kommunikation. Hierbei handelt es sich um eine Form des Informationsaustausches, die offiziell nicht vorgesehen ist. Die Kommunikation muss nicht mündlich stattfinden, es können auch Blogs, Apps etc. genutzt werden. Auch spezielle Mimik und Gestik können für informale Kommunikation verwendet werden. Häufig sind die Partner gleichzeitig Mitglieder einer gemeinsamen informalen Gruppe.

Wie die Abb. 8-2 zeigt, unterscheidet man **drei Arten informaler Kommunikation**: [337]

- Austausch von Informationen, die die Aufgabenerfüllung anbelangen, jedoch nicht auf den vorgeschriebenen, sondern auf inoffiziellen Kommunikationswegen übermittelt werden

- Weitergabe von Infos, die das Betriebsgeschehen betreffen, aber nicht in direktem Zusammenhang mit den Aufgaben der Beteiligten stehen

- Informationsaustausch, der zwar innerhalb des Unternehmens stattfindet, aber privater Natur ist

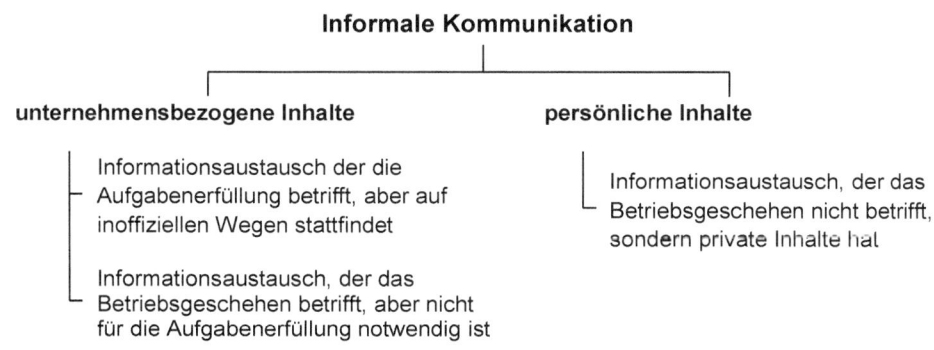

Abb. 8-2: Arten informaler Kommunikation

Bei der ersten Art missachten die Kommunikationspartner die vorgegebene formale Konfiguration bewusst, da sie die formalen Kommunikationswege absichtlich nicht einhalten. Häufig wird in diesem Zusammenhang der Begriff **informaler Dienstweg** oder auch kleiner Dienstweg verwendet. Er funktioniert für gewöhnlich nur, wenn die Beteiligten persönliche Beziehungen bzw. gleichgerichtete Interessen haben. Beispielsweise bittet ein Mitarbeiter des Fertigungsbereichs einen Kollegen aus der Materialausgabe, der ein Vereinskamerad aus

[337] Vgl. Nicolai (2009), S. 81.

dem Fußballklub ist, um die vorgezogene Bearbeitung seines Auftrages, weil er seine Aufgabe sonst nicht fristgemäß erfüllen kann.

Auch **interne soziale Netzwerke** fördern die informale Kommunikation. Dabei stellt jeder interessierte Mitarbeiter seine Aufgaben und Kompetenzen, eventuell ergänzt um private Interessen, in das interne Netz ein. Bei Bedarf kann man dann schnell ermitteln, welcher Kollege die nötige Kompetenz hat, Hilfe bei einem dienstlichen Problem oder auch bei einer privaten Angelegenheit zu leisten. Der offizielle Dienstweg sowie formale Weisungs- und Entscheidungsbefugnisse treten in den Hintergrund. Solche informalen sozialen Netzwerke werden oft von Unternehmensseite unterstützt, da sie die schnellere und bessere Aufgabenerfüllung erleichtern.

Die zweite Art der informalen Kommunikation betrifft zwar das Unternehmensgeschehen, aber nicht unmittelbar die Aufgaben der Kommunikationspartner. Der Mitarbeiter der Materialausgabe berichtet beispielsweise seinem Bekannten aus dem Fertigungsbereich, dass er Informationen über ein geplantes Outsourcing in der Fertigung hat. Diese Kommunikation steht nicht mit der Aufgabenerfüllung in Zusammenhang, gehört aber zum Betriebsgeschehen. Sehr oft handelt es sich dabei um **Gerüchte sowie Klatsch und Tratsch**, wobei meistens persönliche Einschätzungen mit einfließen oder die offiziellen Informationen gefiltert weitergegeben werden.

Kommunikation, die nicht das betriebliche Geschehen betrifft, aber im Unternehmen stattfindet, bildet die dritte Gruppe informaler Kommunikation. Die Partner tauschen Informationen persönlicher Art aus, die zur Erfüllung ihrer Aufgaben nicht erforderlich sind. Der Mitarbeiter der Fertigungsabteilung berichtet beispielsweise seinem Freund aus der Materialausgabe von seinem geplanten Wochenendausflug mit der Familie.

Wenn Mitarbeiter mehreren informalen Gruppen angehören, steigt das Ausmaß der informalen Kommunikation, und es bilden sich **informale Kommunikationsnetze**.

8.2.4 Sozialer Status

Jeder Mitarbeiter hat einen offiziellen Status, d.h. einen formalen Rang, den ihm das Unternehmen zugewiesen hat. Er ergibt sich aus Aufgabenstellung, Hierarchieebene, Entscheidungsbefugnissen, Einkommen etc. Viele Unternehmen gewähren ihren Mitarbeitern bestimmte Statussymbole wie einen Dienstwagen oder ein geräumiges Büro und machen damit den offiziellen formalen Status für andere Mitarbeiter und Außenstehende sichtbar.

Für den Rang, den die **Kollegen** einem Mitarbeiter in seiner Abteilung und/oder informalen Gruppe zubilligen, spielen zusätzliche informale Kriterien wie Hilfsbereitschaft, Ausbildung, soziale Herkunft, Alter oder Freundlichkeit eine große Rolle. Auch die Achtung und die Vorrechte, die ein Vorgesetzter einem Mitarbeiter gegenüber seinen Kollegen einräumt, können von erheblicher Bedeutung sein. Deshalb unterscheidet sich der **soziale Status** häufig stark vom formalen. So könnte es z.B. sein, dass die Abteilungsleiter eines Unternehmens einen jungen, jedoch gleichrangigen Kollegen aufgrund seines Alters und seiner geringeren Berufserfahrung als weniger qualifiziert ansehen (ohne dass dies tatsächlich der Fall ist) und seine Meinung bei Diskussionen weniger beachten als die Aussagen erfahrener Kollegen. Sie räumen ihm einen geringeren sozialen Status ein, obwohl er mit ihnen auf derselben Hierarchieebene steht und denselben formalen Status hat.

Aus Sicht des **Vorgesetzten** kann ein Mitarbeiter einen ganz anderen sozialen Status einnehmen als bei seinen Kollegen. Zum Beispiel könnte der Vorgesetzte die fachlichen Kenntnisse, die Leistungsbereitschaft und die Flexibilität eines Mitarbeiters besonders hoch einschätzen und ihm einen hohen informalen Status einräumen. Häufig ist ein hoher sozialer Status aus Vorgesetztensicht mit besonderen Privilegien verbunden. So holt der Vorgesetzte bei diesem Mitarbeiter z.B. Ratschläge ein, informiert ihn früher und genauer über Änderungen im Betriebsgeschehen oder weist ihm besonders interessante Aufgaben zu. Aufgrund dieser Bevorzugung durch den Vorgesetzten bringen die Kollegen diesem Mitarbeiter oft größeren Respekt entgegen und billigen ihm ebenfalls einen höheren sozialen Status zu. Manchmal wird die besondere Beachtung durch den Vorgesetzten allerdings auch negativ gesehen, der privilegierte Mitarbeiter muss sich dann den Vorwurf der „Ja-Sagerei" und der mangelnden Solidarität gefallen lassen. Die Kollegen geben ihm einen niedrigen sozialen Status.

8.2.5 Informale Führung

Ein besonders hoher sozialer Status bei Kollegen führt oft dazu, dass die anderen Mitglieder der Gruppe diesem Mitarbeiter auch Autorität zubilligen. Sie sind bereit, sich ihm unterzuordnen, obwohl sie hierarchisch auf gleicher Stufe mit ihm stehen. Dieses Phänomen bezeichnet man als **informale Führung**.

Bei der Personalführung nehmen in der Regel Vorgesetzte Einfluss auf das Verhalten ihrer Mitarbeiter. Dies ist bei informaler Führung nur bedingt der Fall, vielmehr räumen die Mitarbeiter jemandem aus ihrer Mitte das Recht ein, ihnen Vorgaben zu machen, obwohl er keinen höheren formalen Rang einnimmt als sie selbst.

Die informale Führung kann sich sowohl auf die Lokomotions- als auch auf die Kohäsionsfunktion der Personalführung beziehen. Bei der **Lokomotionsfunktion** geht es um die Erfüllung der Sach- und Leistungsziele. Mitarbeiter sollen ihr Handeln auf ein gemeinsames, vom Unternehmen gewünschtes Ziel ausrichten. Bei der **Kohäsionsfunktion** stehen der Zusammenhalt und der Bestand der Gruppe im Mittelpunkt. Aufgabe eines Vorgesetzten ist es, beiden Funktionen gleichermaßen gerecht zu werden. Informale Führung bildet sich vor allem in solchen formalen Gruppen heraus, in denen der Vorgesetzte einer der beiden Funktionen zu wenig Aufmerksamkeit widmet. Meistens konzentriert er sich zu sehr auf die Aufgabenerfüllung, und kümmert sich zu wenig um den Gruppenzusammenhalt. Die Gruppe sorgt dann (unbeabsichtigt) dafür, dass eine informale Führungsperson aus ihren eigenen Reihen die Kohäsionsfunktion wahrnimmt und für die Teambildung und -erhaltung sorgt. Es gibt aber auch Fälle, bei denen ein Gruppenmitglied zumindest teilweise für die Lokomotionsfunktion zuständig ist. Insbesondere bei einem Vorgesetztenwechsel kommt es zu Konflikten zwischen formalen und informalen Führungspersonen.

Informale Führung findet man auch in informalen Gruppen. Hier bildet sich häufig aufgrund der hohen Achtung, die einem Mitglied entgegengebracht wird, ein Gruppensprecher heraus. Dieser sorgt – ähnlich wie eine informale Führungsperson in einer formalen Gruppe – dafür, dass die Gruppe zusammenhält und die gemeinsamen Ziele verfolgt.

8.3   Auswirkungen der informalen Organisation auf das Betriebsgeschehen

Die informale Organisation ergänzt und verändert die formale Organisation. Die Auswirkungen auf das Betriebsgeschehen sind vielfältig. Nur wenige informale Erscheinungen haben gar keinen Bezug zum Unternehmen. Viele unterstützen und vereinfachen die Erfüllung der Aufgaben, andere haben negative Effekte. In jedem Fall ist es schwierig, sie zu erkennen und zu erfassen, und noch viel schwieriger ist es, von Unternehmensseite darauf Einfluss zu nehmen.

Zwischenmenschliche Beziehungen in informalen Gruppen verstärken oft die Kooperationsfähigkeit und -bereitschaft. Andererseits müssen sich die Mitglieder an die Normen einer informalen Gruppe halten, um weiter dazuzugehören, auch wenn diese Regeln die Aufgabenerfüllung eher behindern als fördern. Abweichendes Verhalten kann zu Sanktionen der anderen Gruppenmitglieder bis hin zum Ausschluss aus der Gemeinschaft führen. Manchmal bilden sich informale Gruppen sogar eigens mit dem Ziel, die Leistung zu drosseln oder Veränderungen zu blockieren.

Durch informale Kommunikation werden Informationen oft schneller an die richtige Stelle übermittelt. Bei Unklarheiten ist eine sofortige Rückfrage möglich.[338] Sie verbessert unzureichend gestaltete, offizielle Kommunikationswege und hat oft den positiven Effekt, dass sich die Beteiligten gegenseitig Anregungen, Hilfestellungen und Informationen geben, was die Aufgabenerfüllung betrifft.

Informale Kommunikation kann sich auch negativ auswirken, etwa indem die Autorität eines Vorgesetzten untergraben wird, wenn seine Mitarbeiter „über seinen Kopf hinweg" mit anderen, möglicherweise höheren Stellen kommunizieren. Der Vorgesetzte ist dann nicht im Bilde, welche Informationen seine Abteilung verlassen bzw. an seine Mitarbeiter gehen. Informale Kommunikation, die sich auf private Dinge bezieht, sorgt zwar für ein gutes Betriebsklima, verringert jedoch die Zeit, die für die Aufgabenerfüllung zur Verfügung steht. Informale Kommunikation, die Gerüchte und Tratsch weitergibt, ist grundsätzlich negativ zu sehen, da sie zu Informationsverzerrung und -filterung führt. Hier muss das Unternehmen durch eine offene Informationspolitik frühzeitig gegensteuern.

Wenn der Vorgesetzte seine Aufgaben nicht in vollem Umfang erfüllt und eine informale Führungsperson ihn unterstützt, indem sie einen Teil der Führungsaufgaben übernimmt, dann hilft informale Führung der Arbeitsgruppe – trotz der Mängel ihres Vorgesetzten – erfolgreich zu sein.

Anders liegt der Fall, wenn der Vorgesetzte seine Kohäsions- und Lokomotionsfunktion wahrnehmen will, eine dieser beiden Rollen aber bereits von einem der Mitarbeiter informal besetzt ist. Häufig kommt es dann zu einem Machtkampf. Diese Konstellation entsteht oft nach einem Vorgesetztenwechsel, wenn die Gruppe auf die informale Führung nicht verzichten will und

---

[338] Vgl. Wittlage (1998), S. 250 f.

die neuen Verhältnisse nicht akzeptiert und/oder der Kollege nicht bereit ist, seinen informalen Führungsstatus abzugeben und wieder die Funktion eines normalen Gruppenmitglieds einzunehmen.

Zusammengefasst hat eine informale Organisation diese **positiven Auswirkungen**:[339]

- **Orientierungsgewinn**: Die informale Organisation hilft den Mitarbeitern, sich in ihrer Arbeitssituation besser zurechtzufinden, indem sie die möglichen Verhaltensweisen und Interpretationsmuster reduziert und so eine klare und verständliche Grundlage für das tägliche Handeln schafft.

- **Verbesserung der Kommunikation**: Informale Kommunikationsnetzwerke erleichtern die Abstimmungsprozesse zwischen den Aufgabenträgern. Informationsverzerrung und -filterung nehmen teilweise ab, wenn Informationen ohne Umwege direkt weitergegeben werden können.

- **Schnellere Entscheidungsfindung und Umsetzung**: Gemeinsame Werte und Normen fördern die Schnelligkeit der Entscheidungsfindung, da bestimmte Alternativen von vornherein ausgeschlossen sind. Die Ergebnisse werden schneller akzeptiert, da sie auf gemeinsamen Überzeugungen beruhen. Umsetzungsprobleme treten wegen der breiten Akzeptanz seltener auf.

- **Geringere Kontrollnotwendigkeit**: Da sich die Mitarbeiter an anerkannten Handlungs- und Verhaltensmustern orientieren, sind Fremdkontrollen in geringerem Umfang erforderlich.

- **Motivation**: Die Identifikation mit den Werten im Unternehmen steigert die Bereitschaft, sich zu engagieren.

- **Stabilität**: Gemeinsame Werte und Orientierungen reduzieren die Unsicherheit, steigern das Selbstvertrauen und stärken das Zugehörigkeitsgefühl. Fluktuationsraten und Fehlzeiten sinken.

Neben den positiven Effekten gibt es eine ganze Reihe **negativer Auswirkungen**:[340]

- **Tendenz zur Abschottung**: Was im Widerspruch zu den gemeinsamen Wertvorstellungen steht, wird verdrängt oder ignoriert.

- **Mangelnde Flexibilität**: Sinkendes Interesse an Neuerungen und daraus resultierende mangelnde intellektuelle Flexibilität können den langfristigen Unternehmenserfolg in Frage stellen.

- **Aufrechterhalten des Status quo**: Veränderungen werden abgelehnt und ihre Umsetzung wird boykottiert, wenn sie das Wertesystem bedrohen. Die Mitarbeiter sehen ihre Sicherheit gefährdet und befürchten den Verlust von Privilegien.

---

[339] Vgl. Schreyögg (2016), S. 189 f.; Schreyögg/Koch (2014), S. 261ff.

[340] Vgl. Schreyögg (2016), S. 190 f.; Macharzina/Wolf (2017), S. 243 ff.; Schreyögg/Koch (2014), S. 263 ff.

▪ **Vorrang traditioneller Erfolgsmuster**: Vorgehensweisen, die sich in der Vergangenheit bewährt haben, werden beibehalten, auch wenn sich die Umwelt geändert hat. „Das haben wir schon immer so gemacht" wird zum prägenden Motto. Innovationsfähigkeit und selbstkritische Reflexion nehmen ab.

▪ **Konformitätszwang**: Die Mitarbeiter müssen die vorherrschenden Verhaltensnormen und Wertvorstellungen berücksichtigen und sich anpassen, andernfalls haben sie Sanktionen von den anderen Unternehmensmitgliedern zu befürchten. Querdenker sind unerwünscht.

8.4   Unternehmenskultur als Gestaltungsinstrument

Bereits die Hawthorne-Studien in den 1920er und 1930er Jahren haben die besondere Bedeutung der informalen Organisation hervorgehoben. Bis heute ist dieses Thema hochaktuell geblieben.

Während die informale Organisation früher ausschließlich als Störquelle gesehen wurde, die es zu eliminieren galt, wird sie heute als natürlicher Bestandteil der Organisation akzeptiert. Man versucht sie durch die Beeinflussung der Unternehmenskultur zu gestalten.

Unter **Unternehmenskultur** versteht man die Gesamtheit der im Laufe der Zeit in einem Unternehmen entstandenen und akzeptierten Werte und Normen, die über bestimmte Wahrnehmungs-, Denk- und Verhaltensmuster das Entscheiden und Handeln der Mitarbeiter prägen.[341] Sie ist der Ausdruck der informalen Organisation.

In Kapitel 3.3.3.3 wurde auf die Unternehmenskultur als Instrument der Koordination mit Vor- und Nachteilen sowie Ansatzpunkten eingegangen. Die Unternehmenskultur gibt den Mitarbeitern einen relativ stabilen, sich nur langsam verändernden **Orientierungsrahmen**. Sie schafft emotionale Sicherheit bzgl. der akzeptablen Verhaltensweisen und lenkt das Handeln indirekt, ohne dass Vorgesetzte Entscheidungen treffen und Weisungen geben müssen.

Hier werden nun Überlegungen angestellt, ob und inwieweit es gelingen kann, die informale Organisation durch Beeinflussung der Unternehmenskultur zumindest ansatzweise so zu gestalten, dass sie die Unternehmensziele unterstützt.

Empirische Untersuchungen zeigen, dass es einen typischen Verlauf gibt, wie sich Unternehmenskulturen ändern. Er ist in der Abb. 8-3 dargestellt. Dabei ist zu beachten, dass die dargestellten Änderungsverläufe in diesen Untersuchungen stets ungeplante Prozesse gewesen sind.[342]

---

[341] Vgl. Bea/Göbel (2019), S. 435; Müller (2017), S. 225.
[342] Vgl. Schreyögg/Koch (2014), S.266.

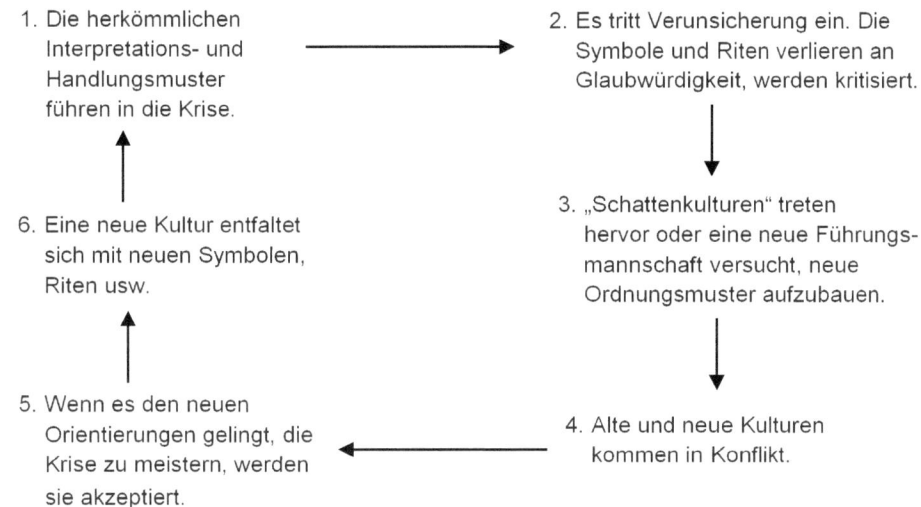

1. Die herkömmlichen Interpretations- und Handlungsmuster führen in die Krise.

2. Es tritt Verunsicherung ein. Die Symbole und Riten verlieren an Glaubwürdigkeit, werden kritisiert.

3. „Schattenkulturen" treten hervor oder eine neue Führungsmannschaft versucht, neue Ordnungsmuster aufzubauen.

4. Alte und neue Kulturen kommen in Konflikt.

5. Wenn es den neuen Orientierungen gelingt, die Krise zu meistern, werden sie akzeptiert.

6. Eine neue Kultur entfaltet sich mit neuen Symbolen, Riten usw.

Abb. 8-3: Typischer Verlauf eines Kulturwandels[343]

Am Beginn eines Kulturwandels steht immer eine Konfliktsituation. Die alten Werte und Verhaltensweisen sind nicht mehr so erfolgreich wie früher, manche Ziele können nicht mehr im vollen Umfang erreicht werden **(Phase 1)**.

Die überkommenen Riten, Symbole, Helden etc. werden immer weniger glaubwürdig und verlieren an Bedeutung. Erste Kritik an bislang akzeptierten informalen Erscheinungen wird laut **(Phase 2)**.

Schattenkulturen, die bereits latent existieren, aber bislang ignoriert oder nicht ernst genommen wurden, gewinnen an Bedeutung. Oft versuchen jüngere Mitarbeiter, die noch nicht intensiv in die bisherigen informalen Strukturen eingebunden sind und die informalen Vorgehensweisen noch nicht so stark verinnerlicht haben, andere Orientierungshilfen und neue Verhaltensmuster zu entwickeln **(Phase 3)**.

Dadurch kommt es zu einem Konflikt zwischen den alten und den neuen Kulturelementen **(Phase 4)**.

Wird die Krise gemeistert und führen die Mitarbeiter diesen Erfolg auf die neue Orientierung zurück, dann werden die neuen Muster akzeptiert. **(Phase 5)**.

Erst jetzt kann sich eine neue Unternehmenskultur mit anderen Normen und Werten bilden und entfalten **(Phase 6)**.

Die **Verankerung einer neuen Unternehmenskultur** ist in der Regel mit **Widerstand** verbunden, da neue Machtverhältnisse entstehen und sich die neue informale Organisation erst noch konkretisieren muss. Diejenigen, die in der alten Kultur Vorteile hatten, versuchen die

---

[343] Entnommen aus Dyer (1985), S. 211.

Veränderung zu verhindern oder wenigstens ihre Auswirkungen abzuschwächen, da sie befürchten müssen, dass sie Privilegien verlieren.

Die Frage, ob der **Kulturwandel** geplant werden kann, wird in der Literatur kontrovers diskutiert. Es existieren drei wesentliche **Meinungsrichtungen**: [344]

- Die erste Auffassung geht davon aus, dass eine bewusste Gestaltung der Unternehmenskultur nicht möglich ist. Man bezeichnet die Anhänger dieser Richtung als **Kulturalisten** oder **kulturelle Puristen**. Sie sehen die informale Organisation als historisch gewachsene Lebenswelt, an deren Entstehen alle Mitarbeiter eines Unternehmens beteiligt sind und die nicht gezielt hergestellt werden kann. Bereits Versuche, sie zu beeinflussen, werden deshalb meist aus Prinzip abgelehnt.

- Eine gegensätzliche Meinung vertreten die **Kulturingenieure**. Sie sind der Auffassung, dass sich informale Strukturen gezielt entwickeln und planmäßig verändern lassen. Das Einwirken auf die informale Organisation, etwa über Unternehmensleitlinien, Führungsanweisungen oder Management by-Prinzipien, sehen sie sogar als eine wesentliche Aufgabe des Managements an.

- Die Vertreter der **Kurskorrektur** akzeptieren zwar die Idee des Wandels der informalen Organisation, interpretieren sie aber anders als die Kulturingenieure. Eine vollständige Neugestaltung durch Führungskräfte halten sie nicht für möglich, dafür sind diese Strukturen ihrer Meinung nach zu komplex. Sie möchten den Wandel vielmehr als einen **offenen Prozess** gestalten, bei dem auf der Grundlage von Kritik an der vorhandenen Kultur Anstöße zu einer Korrektur gegeben werden, der Kurs aber nicht von vornherein feststeht.

Dieser dritten Variante soll hier der Vorzug gegeben werden. Die Auffassung, den Prozess des Erfahrens und Verinnerlichens von Werten bei einer großen Zahl von Personen exakt zu planen, erscheint illusorisch, denn sie **verkennt** die Komplexität und den **Charakter einer informalen Organisation**.

Diese andererseits als Naturereignis anzusehen, das möglichst unangetastet bleiben und einfach hingenommen werden soll und muss, verkennt wiederum den **Charakter eines Unternehmens**, das zur Verwirklichung wirtschaftlicher Ziele gegründet und erhalten wird. Ein Unternehmen lediglich als soziales System zu definieren, dessen Mitglieder nicht beeinflusst werden dürfen, erscheint aus betriebswirtschaftlicher Sicht zu einseitig.

Wählt man das Verfahren der Kurskorrektur, dann werden zunächst Verhaltensmuster mit problematischen Auswirkungen sichtbar gemacht und mögliche **Alternativen aufgezeigt**, dann Beispiele für ihre Wirksamkeit gegeben und die entsprechenden Instrumente zur Verfügung gestellt.

Bei der Kurskorrektur wird wenig direkter Zwang auf die Mitarbeiter ausgeübt, vielmehr leben die Initiatoren neue Verhaltensweisen vor, indem sie bisherige Routinen durchbrechen, alte Rituale beenden und andere Ideale hochhalten. Von einer Vorgabe neuer Werte halten sie

---

[344] Vgl. Macharzina/Wolf (2017), S. 247 ff.; Schreyögg/Geiger (2016), S. 345 f.

nichts, vielmehr initiieren sie Nachahmungs-, Denk- und Diskussionsprozesse, aus denen sich neue Werte und Verhaltensweisen entwickeln sollen.

Wie bei jedem organisatorischen Wandel spielt auch bei der informalen Organisation **Überzeugung** eine wichtige Rolle.

8.5 Darstellungstechniken der informalen Organisation

Die Darstellungstechniken der informalen Organisation haben die Aufgabe, **zwischenmenschliche Beziehungen und Probleme in Arbeitsgruppen** zu verdeutlichen. Sie dienen als Grundlage für Veränderungsprozesse.

Die bekanntesten Techniken sind

- soziometrische Tests und

- Organisationsausstellungen (Systemische Aufstellungen).

8.5.1 Soziometrische Tests

Informale Erscheinungen versucht man mithilfe von soziometrischen Tests zu erfassen. Sie wurden bereits in den 1950er Jahren von Jacob L. Moreno entwickelt und ermitteln anhand von Fragebögen die zwischenmenschlichen Beziehungen innerhalb einer Gruppe, insbesondere Gleichgültigkeit, Bevorzugung und Ablehnung, sowie die Stellung einzelner Personen in dieser Gemeinschaft.[345]

Soziometrische Tests werden durchgeführt, wenn man vermutet, dass Probleme in einer Arbeitsgruppe nicht auf fachliche oder formal-organisatorische Ursachen zurückzuführen sind, sondern auf die zwischenmenschlichen Beziehungen. Da sich die Gruppenmitglieder gut kennen müssen, eignen sich diese Tests nur für relativ kleine Gruppen, in denen die Mitglieder emotionale und soziale Beziehungen aufbauen konnten.[346] Eine vollständige Erfassung aller informalen Erscheinungen ist nicht möglich.

Diese **Voraussetzungen** müssen für die Durchführung soziometrischer Tests vorliegen:

- **Problemidentifikation**: Zunächst muss genau definiert werden, welches Problem die Gruppe hat bzw. welches vermutet wird. Nur dieses wird untersucht. Andere Angelegenheiten bleiben außen vor und können ggf. Inhalt einer weiteren Untersuchung sein.

- **Veränderungswunsch**: Die Teilnehmer sind sich des Problems bewusst und wünschen eine Änderung der Situation, die aber auch zu ihren Ungunsten ausfallen kann.

- **Hypothese für mögliche Ursache**: Die Ursache wird in den sozialen Beziehungen der Mitglieder bzw. einiger Mitglieder vermutet.

---

[345] Vgl. Dollase (2013), S. 15 ff.; Stadler (2013), S. 31 ff.

[346] Vgl. ausführlich zum Thema Soziometrie die Quellen im Herausgeberwerk von Stadler (2013); Pruckner (2004), S. 161 ff.; Brüggen (1974).

- **Umfassende Information**: Da negative Urteile sehr verletzend sein können, ist im Vorfeld und frühzeitig eine umfassende Information darüber notwendig, was mit der Untersuchung bezweckt wird, wie die genaue Vorgehensweise aussieht und welche Konsequenzen möglich sind.

- **Freiwillige Teilnahme**: Kein Gruppenmitglied darf zur Teilnahme gezwungen werden. Jedoch kann man einem informalen Gruppenzwang oft nicht entgehen, sodass es durchaus Teilnehmer gibt, die lieber nicht mitgemacht hätten, sich aber nicht trauen, das auch zu sagen und das Bekanntwerden der Ergebnisse scheuen.

- **Zusicherung von Anonymität**: Auswertungen, die man den Teilnehmern zur Verfügung stellt, werden anonymisiert. Meistens werden deshalb statt der Namen der Beteiligten Ziffern oder Buchstaben verwendet. Je kleiner eine Gruppe ist, desto weniger ist es allerdings gewährleistet, dass die Mitglieder sich nicht über ihre Antworten unterhalten. Die Anonymität der Ergebnisse kann dann kaum aufrechterhalten werden.

Die **notwendigen Daten** werden in der Regel mithilfe einer **Befragung** erhoben. Die Beteiligten werden aufgefordert, für ein bestimmtes Kriterium einige Gruppenmitglieder auszuwählen. In der Regel wird die Auswahlmöglichkeit auf zwei bis fünf Nennungen begrenzt, da die Auswertungen sonst zu unübersichtlich werden.

Die **Fragen** können positiv oder negativ gestellt werden und sich beispielsweise auf Tüchtigkeit oder Beliebtheit beziehen.

Negative Fragen haben den Nachteil, dass sie beim Wähler oft von vorneherein ein Gefühl von Ablehnung erwecken und damit die Skepsis gegenüber dem Verfahren und der Vorgehensweise an sich erhöhen.

Typisch sind Fragen nach

- **den zwischenmenschlichen Beziehungen**:
  - Wer ist Ihnen sympathisch?
  - Wen finden Sie unsympathisch?
- **den Führungsbeziehungen**:
  - Wen würden Sie als direkten Vorgesetzten anerkennen?
  - Welchen Kollegen würden Sie nicht als direkten Vorgesetzten akzeptieren?
- **dem fachlichen Beziehungsgefüge**:
  - Mit wem führen Sie am liebsten eine fachliche Diskussion?
  - Mit wem möchten Sie keine fachlichen Probleme besprechen?
  - Bei wem holen Sie sich fachlichen Rat?
  - Mit wem sprechen Sie nicht über fachliche Fragen?
- **dem persönlichen Beziehungsgefüge**:
  - Mit wem würden Sie am liebsten nach Feierabend etwas unternehmen?
  - Mit wem möchten Sie keinesfalls die Freizeit verbringen?

- Mit wem sprechen Sie über private Angelegenheiten?

- Wer spricht Sie bei privaten Angelegenheiten an?

- Mit wem würden Sie keinesfalls persönliche Dinge besprechen?

- Neben wem würden Sie auf einem Betriebsausflug am liebsten sitzen?

- Neben wen würden Sie sich bei einer Betriebsfeier nur ungern setzen?

- **der Besetzung von Arbeitsgruppen**:

  - Mit wem würden Sie am liebsten zusammenarbeiten?

  - Mit wem möchten Sie gar nicht zusammenarbeiten?

- **den Informationswegen:**

  - Von wem erhalten Sie Informationen?

  - An wen geben Sie Informationen weiter?

Die Ergebnisse der Befragung werden in einer **soziometrischen Matrix** oder einem **Soziogramm** abgebildet. Für beide Darstellungstechniken gibt es Software.

Soziometrische Matrizen geben einen ersten Einblick je nach Fragestellungen in die **Beliebtheits- oder Tätigkeitsrangordnung** innerhalb einer Gruppe. Man kann unmittelbar ablesen, wer wie oft gewählt wurde. Dazu trägt man horizontal die Gewählten und vertikal die Wähler ein. An den Schnittstellen wird mit einem Plus oder Minus gekennzeichnet, wer wen gewählt hat.

Ein Beispiel zeigt die Abb. 8-4.

Die auf den Ergebnissen der Befragung aufbauende **Analyse** kann Auskunft geben über:

- **soziometrische Führer** oder **Stars**, die besonders viele positive Wahlen auf sich vereinen

- von der Gruppe in größerem Umfang **abgelehnte Mitglieder** mit sehr vielen negativen Wahlen

- **Paare**, d.h. zwei Teammitglieder, die sich gegenseitig positiv oder negativ einschätzen

- **Ketten**, bei denen mehrere Gruppenmitglieder durch gegenseitige Wahlen kettenförmig verbunden sind

- **Dreiecke**, bei denen drei Gruppenmitglieder in einer 3er-Kette durch gegenseitige Wahl miteinander verbunden sind

- **Sterne**, die dadurch entstehen, dass eine Person von mehreren, sich untereinander nicht wählenden Mitgliedern positiv eingeschätzt wird

- **Cliquen**, bei denen sich mehr als drei Mitglieder positiv gewählt haben

- **Außenseiter**, die stark abgelehnt werden

- **Isolierte**, die nicht oder kaum gewählt wurden

Soziometrische Matrix

Gewählte / Wähler	1	2	3	4	5	6	7	8	9	10	11	12
1		-				+				+		
2	-					+				-	+	
3	-	+								-		+
4					+	-	+			-		
5				+		-	+			-		
6		+		-			+					
7				+	+	-				-		
8	-	+							+	-		
9							+			-		+
10	+	-		-		+						
11		+										+
12		+								-	+	
positiv	1	5	0	2	2	3	3	1	1	1	2	3
negativ	3	2	0	2	0	3	0	0	0	8	0	0
gesamt	4	7	0	4	2	6	3	1	1	9	2	3

Abb. 8-4: Soziometrische Matrix[347]

Auch **soziometrische Kennzahlen** sollen dabei helfen, das Beziehungsgefüge zu erkennen. Die bedeutendsten sind:[348]

$$\text{Wahlstatus eines Gruppenmitglieds:} \quad \frac{\text{Zahl der Wahlen}}{(N-1)}$$

$$\text{Zurückweisungsstatus:} \quad \frac{\text{Zahl der Zurückweisungen}}{(N-1)}$$

---

[347] In Anlehnung an: Schneider (1978), S. 326.
[348] Vgl. Staehle (1994), S. 302.

$$\text{Gruppenintegration:} \quad \frac{1}{\text{Zahl der isolierten Mitglieder}}$$

$$\text{Index der Isolierung:} \quad \frac{\text{Zahl der Isolierten}}{N}$$

Ein **Soziogramm** bietet die Möglichkeit, die Befragungsresultate noch deutlicher zu visualisieren. Es veranschaulicht Zusammenhänge und macht die Grundformen sichtbar, die für die untersuchte Gruppe charakteristisch sind.

Zur Darstellung verwendet man vor allem diese **Symbole**:[349]

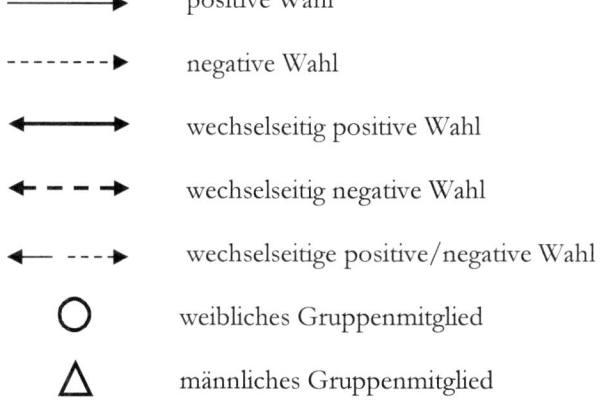

⟶	positive Wahl
⤑	negative Wahl
⟷	wechselseitig positive Wahl
⬌	wechselseitig negative Wahl
⬌	wechselseitige positive/negative Wahl
◯	weibliches Gruppenmitglied
△	männliches Gruppenmitglied

Das Ergebnis der Umwandlung der obigen soziometrischen Matrix in ein Soziogramm zeigt die Abb. 8-5.

Für die Anordnung der Symbole gibt es keine festen Regeln. Man beginnt sinnvollerweise mit den Stars einer Gruppe, die in der Mitte angeordnet werden. Außenseiter und isolierte Mitglieder stellt man an den Rand der Abbildung. Mit zunehmender Gruppengröße wird das Soziogramm unübersichtlicher.[350] Zur besseren und schnelleren Erstellung von Soziogrammen existieren umfangreiche Softwareangebote, die teilweise auch als Freeware heruntergeladen werden können.[351]

---

[349] Vgl. Schlechtriemen (2013), S. 104 ff.

[350] Vgl. ebd. S. 108 ff.

[351] Vgl. Spitzer-Prochazka (2013), S. 271 ff.

Die **Ergebnisse eines Soziometrischen Tests** sollten immer mit der Gruppe besprochen werden. Man geht davon aus, dass ihre Mitglieder durch die freiwillige Teilnahme an der Befragung bereits sensibilisiert und für Veränderungen offen sind. Ihnen wird deutlich gemacht, wie ihre individuelle Situation in der Gruppe ist. Da eine große Anzahl negativer Wahlen sehr verletzend für die Betroffenen sein können, sollten diese Gruppenmitglieder psychologisch begleitet werden.

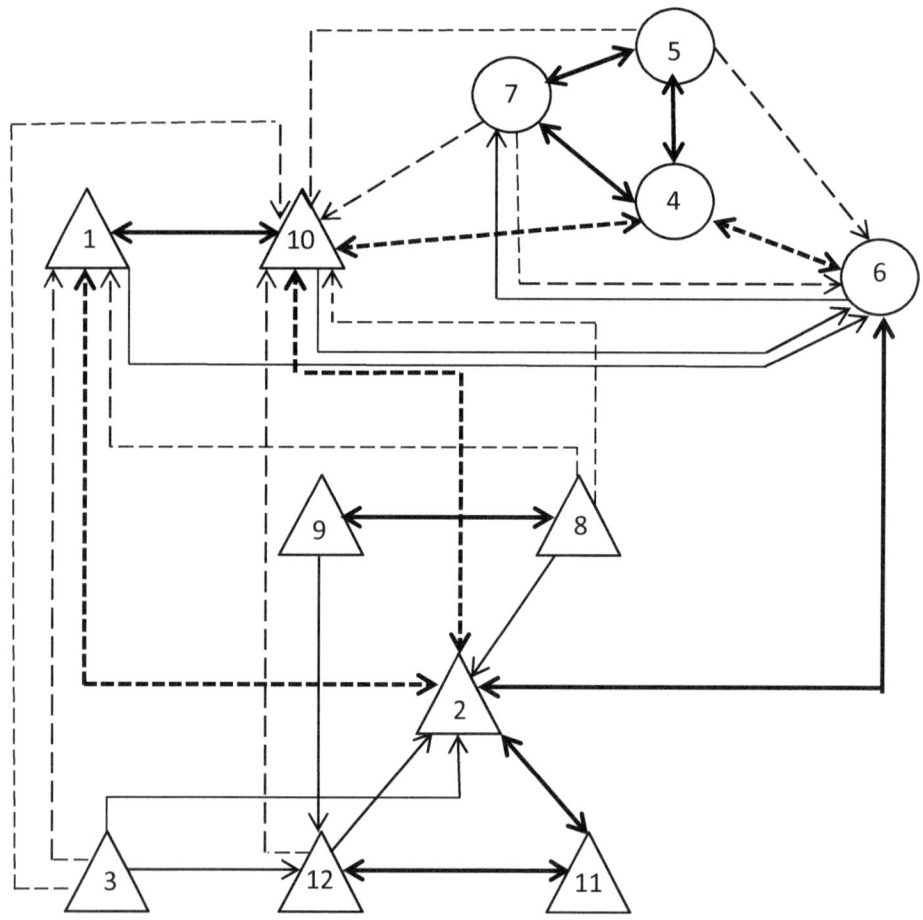

Abb. 8-5: Soziogramm[352]

---

[352] Entnommen aus: Schneider (1978), S. 328.

Grundsätzlich sollten Soziometrische Tests nur von **geschulten Personen** durchgeführt werden. In der Regel führen Fachleute aus spezialisierten Beratungsgesellschaften, meist Soziologen oder Psychologen, die Tests durch. Sie können im Einzelfall fundierte Hilfe leisten.

Leider werden soziometrische Tests auch von wenig qualifizierten Ratgebern angeboten. Ein unsachgemäßer Umgang mit ihnen kann mehr Schaden als Nutzen anrichten, etwa wenn nicht anonymisierte Ergebnisse einer Gruppe vorgestellt und isolierte oder abgelehnte Gruppenmitglieder gebrandmarkt werden.[353] Laiendiagnostik ist hier nicht zielführend. Es besteht die Gefahr, dass sich durch falsche Interpretationen die Situation verschlechtert anstatt verbessert.

Zu bedenken ist außerdem, dass soziometrische Tests immer nur eine Momentaufnahme darstellen. Sie spiegeln nicht die Dynamik einer Gruppe wider, sondern zeigen – entsprechend der gestellten Fragen – nur einen Ausschnitt der Realität.

Im Anschluss an die Erhebung versucht man mithilfe der gewonnenen Erkenntnisse, die Integrationskraft und Stabilität der Gruppe zu verbessern. Führt man mehrere Tests in kürzeren Abständen hintereinander durch, kann man die Entwicklung einer Gruppe nachvollziehen.

8.5.2 Organisationsaufstellung

Bei der Darstellung und Untersuchung informaler Beziehungen rücken Organisationsaufstellungen in den letzten Jahren ins Blickfeld. Sie übertragen die in der Familientherapie seit langem bekannten Familienaufstellungen auf die Unternehmenssituation.[354]

Da Beziehungen innerhalb eines Systems dargestellt werden, bezeichnet man sie auch als **systemische Aufstellungen** oder Systemaufstellungen. Als System wird eine Abteilung, Gruppe, Hierarchieebene etc. angesehen. Die Mitarbeiter sind die Elemente des Systems und stehen in – auf den ersten Blick nicht klar erkennbaren, jedoch konfliktären – Beziehungen zueinander, die es zu ergründen und zu analysieren gilt.[355] Dabei unterstellt man, dass sich ein Körper als Sinnesorgan für zwischenmenschliche Beziehungen nutzen lässt. Metaphern wie „den Rücken stärken", „im Genick sitzen", „von der Seite anreden", „sich von jemandem innerlich entfernen" oder „seelenverwandt sein" deuten darauf hin, dass ein solcher Zusammenhang bestehen könnte, den Menschen auch wahrnehmen können.

Organisationsaufstellungen sollen helfen, komplexe **Beziehungszusammenhänge** zu **erkennen** und Probleme innerhalb und zwischen Abteilungen und Hierarchieebenen aufzudecken.[356] Aufbauend auf den Ergebnissen sollen Veränderungsprozesse initiiert werden.

Systemische Aufstellungen werden **außerdem angewendet**, wenn es um

- die Bildung neuer Teams,
- interorganisationale Konfliktlösung,

---

[353] Vgl. Schneider (1978), S. 305.

[354] Vgl. ausführlich Hellinger (1996).

[355] Vgl. Zorn, (2007), S. 1.

[356] Vgl. Kress/Kern (2013), S. 216 f.; Koller (2004), S. 1 ff.; Kohlhauser/Assländer (2005), S. 7 ff.

- Firmenübergaben, -übernahmen, und -zusammenschlüsse,

- Verkaufsförderung,

- Umstrukturierungen und

- allgemeine Verbesserungen der Kommunikation geht.[357]

In aller Regel wird der Prozess der Organisationsaufstellung von einem (externen) Experten begleitet und moderiert.[358] Die **Vorgehensweise** ist immer ähnlich.

Im **ersten Schritt** werden die zu untersuchende Aufgabe bzw. das vermutete **Problem definiert** und ein **Entscheider** bzw. eine Entscheidergruppe festgelegt.

Immer liegt die **Vermutung** zu Grunde, dass nicht vorrangig fachliche, sondern vielmehr zwischenmenschliche Beziehungen ausschlaggebend sind und dass es einen Zusammenhang zwischen dem Erleben der beruflichen Situation und der Position, die eine Person im Raum einnimmt, gibt.

Anschließend wählt man **Repräsentanten**, die stellvertretend für die beteiligten Mitarbeiter, Produkte, Kunden, etc. stehen. Nun setzt der Entscheider die verschiedenen Repräsentanten intuitiv in eine Beziehung zueinander, d.h. er stellt sie im Raum auf.

Seltener wird eine Organisationsaufstellung mit nur einem Beteiligten in einer Einzelsitzung durchgeführt. Es werden Kissen, Stühle oder andere physische Gegenstände als Platzhalter verwendet.

Im dritten Schritt befragt der Moderator die Repräsentanten, wie sie sich an ihren Plätzen fühlen. Der Entscheider stellt sich nach und nach zu jedem Stellvertreter und wird ebenfalls zu seinen Empfindungen befragt.

Aus den Körperwahrnehmungen der Beteiligten versucht man als **Zwischenergebnis** den momentanen Ist-Zustand des Problems zu entlarven.[359]

Anschließend wird die **optimale Konstellation** gesucht, indem man verschiedene Positionen austestet und feststellt, ob sich die Repräsentanten dabei besser, schlechter, anders oder gleich gut fühlen. Eine belastende Aufstellung soll sich auf diese Weise in eine positive verändern. Je besser die Befindlichkeit am Ende ist, desto besser ist das Ergebnis.

Obwohl es **keine eindeutige wissenschaftliche Erklärung** darüber gibt, wie Systemaufstellungen funktionieren, wenden durchaus namhafte Unternehmen aus dem Automotive-, Dienstleistungs-, Pharma- und Softwarebereich sowie öffentliche Institutionen solche Verfahren an.[360]

---

[357] Vgl. Kress/Kern (2013), S. 216 f.

[358] Vgl. ausführlich Lehmann (2006).

[359] Vgl. Lingg (2004), S. 71 f.

[360] Vgl. Kohlhauser/Assländer (2005), S. 7; Deckstein (2006), S. 1 ff.; Zorn (2007), S. 2.

Die Organisationsaufstellung findet einerseits viele Befürworter, die von einer der bedeutsamsten Innovationen der letzten Jahren sprechen, und andererseits genauso viele, heftige Gegner, die dieses Instrument als unseriös, Humbug und Laienspielinszenierung bezeichnen.[361]

Besonders in der **Kritik** stehen Systemaufstellungen bei denen fremde, unbeteiligte Personen oder Gegenstände als Repräsentanten herangezogen werden, die dann beispielsweise einen Abteilungsleiter, einen Kollegen oder einen Kunden symbolisieren sollen. Körperwahrnehmungen von Menschen, die weder das Problem noch die Beteiligten kennen, und der Einsatz von leblosen Gegenständen führen angeblich zu genau denselben Ergebnissen, wie eine Mitwirkung der betroffenen Personen.

Außerdem wird hervorgehoben, dass systemische Aufstellungen eine persönliche Zumutung für die Betroffenen sein können.[362]

Auch der geringe zeitliche Aufwand von im Durchschnitt ca. 30 Minuten bis zwei Stunden wird negativ gesehen. Es ist eher unwahrscheinlich, dass komplexe Probleme in so kurzer Zeit durchdrungen und Lösungsansätze entwickelt werden können. Eher geht es dann um Schuldzuweisungen und das Finden eines Sündenbocks.

Hinzu kommt die nicht von der Hand zu weisende Besorgnis über die Qualifikation der systemischen Aufsteller. Zwar gibt es Ausbildungen, diese sind aber überaus unterschiedlich und ebenso wenig verpflichtend wie die Mitgliedschaft in Interessenverbänden. Ein einheitliches Berufsbild existiert nicht. Auch vertiefte psychologische und soziologische Kenntnisse werden nicht als zwingend erachtet. Im Grunde kann Jeder ohne jegliche nachgewiesene Qualifikation sich als Organisationsaufsteller betätigen. Entsprechend häufig werden den Beratern manipulative Praktiken und Allmachtsfantasien vorgeworfen.

Außerdem gibt es nur wenige Forschungen zu objektiven Überprüfungen der Wirksamkeit von systemischen Aufstellungen. Sie sind jedoch nötig, um systemische Aufstellungen von ihrem unseriösen und pseudowissenschaftlichen Image zu befreien.

Seit einigen Jahren ist der Trend zu Organisationsaufstellungen schon wieder rückläufig und sie werden weniger oft eingesetzt als früher.[363]

8.6 Zusammenfassung und Ausblick

Formale und informale Organisation bilden zusammen die spezifische Organisation eines Unternehmens. Da sich die informalen Erscheinungen spontan und ungeplant entwickeln, wirken sie sich nicht immer positiv auf das Unternehmensgeschehen aus. Es ist jedoch nur schwer möglich, sie zu steuern oder gar zu unterbinden.

Die informale Organisation findet ihren Ausdruck in der Unternehmenskultur. Einen Kulturwandel zu initiieren ist mit großen Problemen verbunden. Veränderungen gewachsener Struk-

---

[361] Vgl. Deckstein (2007), S. 2; Kohlhauser/Assländer (2005), S. 7; o.V. (2005 a), S. 16.

[362] Vgl. Capgemini Consulting (2008), S. 5.

[363] Vgl. ebd.

turen erzeugen Unsicherheit bei den Mitarbeitern, die oft Angst, Unbehagen, Wut oder Verzweiflung nach sich ziehen.

Die informale Organisation ist ein so vielschichtiges Phänomen, dass es kaum gelingen kann, eine Änderung systematisch und detailliert zu planen und herbeizuführen. Das interpersonale Beziehungsgefüge ist nie vollständig bekannt und zudem häufig instabil. Andererseits sind in einer sich wandelnden Umwelt geplante Veränderungen notwendig. Die bisherige informale Organisation sollte dabei nicht herabgewürdigt werden, stattdessen sollte man ihre positiven Seiten herausstellen und gleichzeitig die Notwendigkeit eines Wandels sorgfältig begründen. Es geht also nicht um Zerschlagung, sondern um Weiterentwicklung. Möglichst viele Mitarbeiter des Unternehmens sollten die Chance haben, sich an der Planung der Veränderungen zu beteiligen, dann kommt es oft zu überraschenden, ungewollten und durchaus positiven Effekten. Diese gilt es festzustellen, zu diskutieren und zu integrieren oder die Veränderung ggf. zu revidieren.

Da zwischen formaler und informaler Organisation Wechselwirkungen bestehen, ist bei einer Veränderung der informalen Organisation eine Überprüfung der formalen Struktur erforderlich. Die formale Organisation ermöglicht und beeinflusst das Entstehen der unternehmensspezifischen informalen Organisation. Umgekehrt lässt eine starke informale Organisation nur bestimmte Modifizierungen der formalen Struktur zu.

Als Instrumente zur Darstellung informaler Beziehungen stehen soziometrische Matrizen, Soziogramme sowie Organisationsaufstellungen zur Verfügung. Von den Unternehmen werden diese Verfahren – obwohl seit langem bekannt – eher zögerlich angewendet, was auch daran liegt, dass die Bedeutung informaler Aspekte häufig unterschätzt wird. Bei den Organisationsaufstellungen fehlt es zudem an einer wissenschaftlichen Fundierung. Auch Konzepte zur Evaluierung sind nicht vorhanden. Sie wären jedoch nötig, um systemische Aufstellungen allseits Achtung zu verschaffen.

8.7   Wiederholungsfragen

1.   Welcher Zusammenhang besteht zwischen formaler und informaler Organisation?

2.   Welche informalen Erscheinungen gibt es?

3.   Welche Situationen werden durch informale Normen reguliert?

4.   Warum kommt es zu informaler Kommunikation?

5.   Worin unterscheiden sich der soziale und der formale Status eines Mitarbeiters?

6.   In welchen Situationen entsteht informale Führung?

7.   Welche Bedeutung haben informale Gruppen im Unternehmen?

8.   Weshalb wird die Unternehmenskultur manchmal als „unsichtbare Barriere" bezeichnet?

9.   Ist es möglich, eine Unternehmenskultur planmäßig zu gestalten?

10. Was versteht man unter soziometrischen Tests und welche Schlüsse lassen sich mit ihrer Hilfe ziehen?

11. Wie ist eine soziometrische Matrix aufgebaut?

12. Was sind Soziogramme?

13. Was versteht man unter Organisationsaufstellungen?

14. In welchen Schritten läuft eine Organisationsaufstellung ab?

15. Weshalb werden systemische Aufstellungen stark kritisiert?

9 Neuere organisatorische Konzepte

9.1 Aktuelle Situation

Wir gehen heute davon aus, dass es sich bei der modernen Welt, in der Unternehmen agieren, um eine VUCA-Welt handelt. Der Begriff VUCA setzt sich zusammen aus

- volatility (Volatilität),
- uncertainty (Unsicherheit),
- complexity (Komplexität) und
- ambiguity (Mehrdeutigkeit).

Eine volatile Welt ist instabil und durch ständige, häufig nicht vorhersehbare Veränderungen gekennzeichnet. In dieser Welt sind Prognosen für die Zukunft, die auf Erfahrungen aus der Vergangenheit beruhen, oft nicht mehr sinnvoll möglich. Gleichzeitig werden entscheidungsrelevante Tatbestände immer umfangreicher und immer weniger in ihrer Bedeutung einschätzbar. In solchen Situationen ist es besonders schwer, Strukturen und Prozesse eines Unternehmens passend oder auch überhaupt zu gestalten.

In den letzten Jahren sind zahlreiche neue Konzepte zur Organisationsgestaltung entstanden.[364] Und ständig kommen weitere hinzu, während über andere – zunächst hochgelobte – gar nicht mehr gesprochen wird.

Die Sichtweise, was eine gute Organisation ausmacht, verändert sich mit der Zeit, es gibt **Modewellen**, die aufkommen und wieder abebben. Unternehmen, die sich dem Zeitgeist anpassen, werden von der internen und externen Öffentlichkeit oft viel weniger kritisch betrachtet. Sie können zudem Probleme mit den (noch vorhandenen) organisatorischen Schwächen und der noch nicht komplett gelungenen praktischen Umsetzung der neuen Vorgehensweisen begründen.[365]

Neue organisatorische Konzepte verbreiten sich in der Praxis allerdings wesentlich langsamer als in der Theorie. Oft versprechen sich Unternehmen keine nennenswerten Verbesserungen oder sie stellen fest, dass das Konzept bei näherem Hinsehen gar nicht wirklich neu ist. Außerdem ist es schwierig, die zentralen Grundgedanken und deren sinnvolle Anwendbarkeit zu überprüfen, da es zwischen den Organisationskonzepten **erhebliche inhaltliche Überschneidungen** gibt. Sie übernehmen Teile und Ideen von anderen Konzepten und sind deshalb nicht eindeutig gegeneinander abgrenzbar.

Deshalb warten Unternehmen häufig zunächst Erfolgsmeldungen anderer Betriebe ab, bevor sie solche Neuerungen selbst einführen. Somit gibt es eine zeitliche Verzögerung, eine sog.

---

[364] Vgl. Bea/Haas (2019), S. 389.
[365] Vgl. Klimmer (2016), S. 209 f.

Umsetzungslücke, zwischen der Zunahme der Publikationen zu einem neuen Organisationskonzept einerseits und dessen großflächiger Umsetzung in der Unternehmenspraxis andererseits.

Allen neuen Konzepten zur Organisationsgestaltung gemeinsam ist der **konsequente Einsatz moderner Informations- und Kommunikationstechnik.**

Hinzu kommen die folgenden Entwicklungen, die die **Schwerpunkte** bilden:[366]

- **Modularisierung**, d.h. es werden kleine und überschaubare Unternehmenseinheiten gebildet. Deren Vorgesetze erhalten oft umfangreiche Entscheidungsbefugnisse und Verantwortung.

- Die Modularisierung und die damit einhergehende **Dezentralisierung** werden auf allen Unternehmensebenen und in allen Bereichen und Prozessen umgesetzt. Die Verbindung der Module zur nächsthöheren Ebene wird durch Zielvereinbarungen und definierte Regelgrößen hergestellt. Schnittstellenprobleme sollen auf diesem Wege verringert und die Reaktionsfähigkeit verbessert werden.

- **Prozessorientierung** bedeutet, dass Unternehmen sich weg von starker Verrichtungsorientierung hin zu Objektorientierung wenden. Die Objekte sind dabei allerdings nicht nur ihre Produkte oder Dienstleistungen, sondern damit sind auch Kunden, Kundengruppen und Marktregionen gemeint. Verrichtungen werden passend zu den Kundenwünschen zu einem Prozess zusammengeführt und einem Prozessverantwortlichen übertragen. So gibt es weniger Schnittstellen. Kosten, Zeit und Qualität sollen mit dieser Vorgehensweise optimiert werden.

- **Selbststeuerung und Teamarbeit** sind weitere wichtige Aspekte. Entscheidungen und Verantwortung werden zunehmend auf teilautonome Arbeitsgruppen oder auf agile Teams übertragen. Die Mitgliederzusammensetzung wechselt je nach Auftrag. Ein Team verfügt über alle notwendigen Qualifikationen und ist das Basiselement der Organisation. Die Beteiligten stimmen sich untereinander ab und erfüllen die vorgegebene Aufgabe gemeinsam.

- **Unternehmensübergreifende Wertschöpfungsketten** führen dazu, dass Unternehmen nicht mehr nur sich selbst im Blickfeld haben. Sie bilden sowohl auf der Beschaffungs- als auch auf der Kundenseite unternehmensübergreifende Wertschöpfungsketten mit ihren Geschäftspartnern.

- **Lebenslanges Lernen** wird nicht nur auf die Mitarbeiter projiziert. Das Unternehmen selbst wird als Einheit gesehen, die sich ständig verbessern, neuen Gegebenheiten anpassen und dazulernen muss.

Im Zusammenhang mit neuen Organisationskonzepten fällt häufig auch der Begriff **hybride Organisation**. Ein Hybrid ist ein Mischwesen, welches nicht eindeutig zuzuordnen ist.

---

[366] Vgl. Klimmer (2016), S. 206 ff.

Bei hybriden Organisationen entstehen durch die **Verschmelzung von Elementen aus Markt und Hierarchie** neue organisatorische Strukturen.[367] Man will einerseits bestimmte Prozesse im Unternehmen „in der **Hierarchie**" halten. Gleichzeitig erscheint eine vollständige Integration aus verschiedenen Gründen nicht sinnvoll, etwa, weil bestimmte Kompetenzen, Technologien, Kontakte zu Kunden oder personelle und finanzielle Ressourcen fehlen. Deshalb baut das Unternehmen seine Kontakte zum **Markt** – vor allem zu Zulieferern und Konkurrenten – aus und bildet mit anderen Unternehmen regionale und überregionale **Kooperationen**. Die Grenzen zwischen dem eigenen und den anderen Unternehmen verschwimmen, es entsteht ein Mischwesen, ein Hybrid.

Die folgenden Ausführungen geben einen Überblick über die bekanntesten Konzepte, ausgewählt nach ihrer praktischen Bedeutung und ihrem Bekanntheitsgrad:

- Modulare Organisation
- Fraktale Organisation
- Netzwerkorganisation
- Virtuelle Organisation
- Lean Management
- Agiles Arbeiten

Es sei nochmals darauf hingewiesen, dass die Konzepte **nicht** immer **eindeutig** voneinander **abgegrenzt** werden können und inhaltliche **Überschneidungen** nicht vermeidbar sind.

9.2 Modulare Organisation

Das Konzept der Modularisierung wird seit langem bei komplexen technischen Systemen angewandt. Man zerlegt eine Gesamtheit in mehrere kleine, überschaubare und weitgehend geschlossene Einheiten, die man als Module oder Segmente bezeichnet. Sie sind kombinierbar und **über definierte Schnittstellen miteinander verbunden**.

Diese Vorgehensweise lässt sich auch auf die organisatorische Gestaltung von Unternehmen übertragen. Dazu bildet man Module, die konsequent an den Prozessen und den Anforderungen der Kunden ausgerichtet sind. Auf diese Weise sollen Schnittstellenprobleme, die durch Hierarchien und Abteilungsgrenzen entstehen, verringert werden. Das Ergebnis sind vergleichsweise unkomplizierte Strukturen, die dazu beitragen sollen, Fehlerraten, Kosten und zeitlichen Aufwand zu reduzieren. Zu diesem Zweck wird jedes Modul mit Entscheidungskompetenz und Ergebnisverantwortung ausgestattet. Die für ein Modul verantwortlichen Organisationseinheiten werden als **Moduleigner** bezeichnet.

Modularisierung kann **auf allen Organisationsebenen** betrieben werden. Sie bezieht sich auf Stellen, Teams, Abteilungen, Geschäftsbereiche, Prozesse etc. Auch ganze Unternehmen können als Module eines Verbundes mit anderen Unternehmen angesehen werden.

---

[367] Vgl. Wiechermann/Nieberding (2004), S. 92.; Sydow/Möllering (2004), S. 209.

Das **Ergebnis der Modularisierung** ist ein **System weitgehend autonomer Einheiten**, die sich selbst steuern, mit ihren internen und externen Zulieferern und Kunden verbunden sind und Leistungen austauschen.[368]

Eine modulare Organisation ist vor allem für Unternehmen mit komplexem Produktionsprogramm geeignet, die viele Produktvarianten anbieten und global agieren.[369]

Typische **Merkmale** von modularisierten Unternehmen sind:[370]

- **Prozessorientierung**: Die Ausrichtung aller Aktivitäten an den wertschöpfenden Prozessen bildet die Grundlage jeder Modularisierung.

- **Kundenorientierung**: Mit der Neuausrichtung auf Prozesse ist auch die Fokussierung auf die Kunden, d.h. sowohl auf interne als auch externe Module, verbunden.

- **Integration**: Ähnliche Teilaufgaben, d.h. solche mit hohem Interdependenz- und Wiederholungsgrad, werden zu einem Modul verknüpft.

- **Beherrschbare Einheiten**: Die Integration ist so vorzunehmen, dass die entstehenden Module nicht zu umfangreich werden. Sie müssen beherrschbar und überschaubar sein, damit die einbezogenen Stellen den Blick für die sachlichen Zusammenhänge innerhalb ihres Moduls nicht verlieren. Deshalb hängt die Größe eines Moduls nicht nur von der Art des Prozesses ab. Ebenso sind die Kompetenzen der Prozessbeteiligten zu berücksichtigen.

- **Entscheidungskompetenz und Ergebnisverantwortung**: Zur ganzheitlichen Abwicklung eines Moduls gehört es, dass die Mitarbeiter Entscheidungen selbständig treffen und dementsprechend für die Ergebnisse ihres Handelns verantwortlich sind.

Um die Module zu integrieren, müssen die beteiligten Mitarbeiter sämtliche benötigten Informationen schnell zur Hand haben, stärker als bislang kommunizieren und sich häufiger selbst untereinander abstimmen.[371] Deshalb ist Modularisierung immer mit dem Einsatz moderner **Informations- und Kommunikationstechnik** verbunden.

Einen Überblick über häufige Formen der modularen Organisation gibt die Abb. 9-1.

Bei einer **unternehmensübergreifenden Modularisierung** werden Unternehmen, Zulieferer, Kreditgeber, Großhändler etc. als **Module eines Gesamtsystems** gesehen, die gemeinsam kundenorientiert arbeiten.

Auf **Unternehmensebene** lassen sich beispielsweise die Sparten einer divisionalen Organisation als Module interpretieren. Voraussetzung ist dabei ihre weitgehende Selbständigkeit, d.h. sie müssen als **Profit- oder Investment-Center** strukturiert sein. Wenn diese Module ganz bestimmte Eigenschaften aufweisen, werden sie auch als **Fraktale** bezeichnet. Sie wurden im Kapitel 8.3 näher betrachtet.

---

[368] Vgl. Picot/Neuburger (2004), Sp. 897.

[369] Vgl. Vahs (2019), S. 540.

[370] Vgl. Picot/Neuburger (2004), Sp. 898 f.

[371] Vgl. ebd., Sp. 897 f.

Formen der modularen Organisation

Ebene	Organisationsform
unternehmensübergreifende Wertschöpfungskette	externe Netzwerke
Gesamtunternehmen	weitgehend selbständige Profit-Center und Investment-Center Fraktale
Prozesse	teilautonome Arbeitsgruppen Fertigungsinseln Fertigungssegmente
Teilprozesse	autarke Arbeitsweisen kooperative Arbeitsweisen virtuelle Teams

Abb. 9-1: Formen der modularen Organisation

Auf **Prozessebene** werden Module relativ häufig gebildet. Ein Beispiel sind die **teilautonomen Arbeitsgruppen,** die mit genau festgelegten Autonomiebereichen und -graden ihre vorgegebenen Ziele selbständig und eigenverantwortlich erreichen sollen (vgl. Kapitel 6.4.2.3.2.3). Weitere Beispiele sind **Fertigungsinseln**, bei denen die organisatorischen Einheiten auch räumlich zusammengefasst sind, und **Fertigungssegmente**. Dabei handelt es sich um mehrere aufeinander aufbauende Module, die verschiedenen Wertschöpfungsstufen angehören und zu einer größeren Einheit zusammengefasst werden.

Segmente und Insellösungen findet man mittlerweile nicht mehr nur im Produktionsbereich. Vor allem im **Vertrieb** werden sie oft eingeführt, um die optimale ganzheitliche Betreuung eines Kunden zu gewährleisten.

Bei **Teilprozessen** kann die Modularisierung auf diese drei Arten erfolgen:

- Bei **autarken Formen** wird einer einzelnen Organisationseinheit ein Modul vollständig und eigenverantwortlich übertragen. Häufig werden standortunabhängige Formen der Arbeitsstrukturierung, z.B. Telework, eingesetzt.

- Wenn das Modul einem Team, das sich weitgehend selbst organisiert, übertragen wird, handelt es sich um eine **kooperative Vorgehensweise.**

- Von **virtuellen Teams** spricht man, wenn die Zusammenarbeit der Mitglieder mithilfe der IT erfolgt und eine face-to-face-Kommunikation nur in Ausnahmefällen stattfindet. Dies ist beispielsweise bei Crowdsourcing und der Arbeit in Coworking Spaces der Fall (vgl. Kapitel 6.4.3.2.2).

Vorteile modularer Organisation:

- hohe Markt- und Kundenorientierung
- hohe Kompetenz der Mitarbeiter
- hohe Motivation der Mitarbeiter
- optimale Berücksichtigung des Kongruenzprinzips
- schnelle Aufgabenerfüllung durch Verringerung von Schnittstellenproblemen
- hohe Kreativität und Flexibilität

Nachteile modularer Organisation:

- sehr hohe fachliche und soziale Anforderungen an die Mitarbeiter
- hohe Personalkosten für gut qualifizierte Mitarbeiter
- Probleme bei der Festlegung der Modulgrößen und deren Zuordnung zu den beteiligten Einheiten
- Konflikte an den Modulschnittstellen aufgrund unterschiedlicher Interessen der Moduleigner
- Abstimmungsprobleme, wenn nicht teilbare Ressourcen (z.B. Maschinen) durch mehrere Module genutzt werden

Häufig diskutierte **Resultate der Modularisierung auf Unternehmensebene** bzw. auf der **Ebene der Wertschöpfungskette** sind:

- Fraktale
- Netzwerke
- virtuelle Unternehmen

9.3 Fraktale Organisation

Der Begriff Fraktale stammt aus der Mathematik. Es handelt sich um weitgehend autonome Teile eines Ganzen, die sich aufgrund ihres Wertesystems und ihrer Zielsetzung selbstähnlich sind und innerhalb eines komplexen Systems möglichst autonom agieren. Jedes Fraktal enthält die Gesamtstruktur des Ganzen, es verfolgt dessen Ziele und organisiert und optimiert sich weitgehend selbst.

Von einer **fraktalen Organisation** spricht man, wenn die unternehmensinterne Modularisierung so weit vorangetrieben wurde, dass im Ergebnis selbständige, eigenverantwortliche Unternehmenseinheiten – sog. **Fraktale** – entstehen, die eindeutig beschreibbare Ziele und Leistungen haben.

Fraktale können Unternehmensbereiche, Abteilungen, Teams oder auch einzelne Stellen sein. Wichtig ist nur, dass sie unternehmerisch handeln und ihre Aufgaben selbständig in Abstimmung mit anderen Fraktalen erfüllen. Dabei orientieren sie sich immer **an den Wünschen der internen oder externen Kunden**.

Durch Fraktale sollen die Komplexität und die Regelungsdichte reduziert und gleichzeitig die Anpassungsfähigkeit des Systems sowie Motivation, Kreativität und Flexibilität der Mitarbeiter erhöht werden. Ein gemeinsames **Wertesystem**, nach dem alle Fraktale handeln, ist eine wichtige **Voraussetzung** für das Funktionieren einer fraktalen Organisation.

Fraktale weisen diese **Eigenschaften** auf:

- **Selbstähnlichkeit**: Fraktale weisen untereinander eine große Ähnlichkeit auf, was die konstruktive Zusammenarbeit fördert. Sie erbringen in ähnlicher Art und Weise Dienstleistungen und können deshalb meist sehr gut nachvollziehen, was die anderen Fraktale tun.

- **Selbstorganisation**: Idealerweise strukturieren sich Fraktale ohne äußere Eingriffe selbst. Deshalb sollten sie eine bestimmte Größe nicht überschreiten.

- **Selbstoptimierung**: Fraktale können sich je nach Bedarf verändern, auflösen oder neu zusammensetzen. Sie richten sich dabei an den Unternehmenszielen und internen und externen Einflussfaktoren aus.

- **Ganzheitlichkeit**: Jedes Fraktal erbringt für seine internen oder externen Kunden ganzheitliche, weitgehend homogene Leistungen, die zu den Leistungen der anderen Fraktale passen und diesen vor- oder nachgelagert sind.

- **Neue Formen der Arbeitsstrukturierung**: Für die betroffenen Mitarbeiter bedeutet diese Ganzheitlichkeit, dass auf hochgradige Arbeitsteilung verzichtet wird. Stattdessen werden neue Formen der Arbeitsstrukturierung wie teilautonome Arbeitsgruppen und agile Temas eingesetzt werden. Generalisten werden Spezialisten vorgezogen.

- **Kernkompetenz**: Ein Fraktal erstellt nur diejenigen Leistungen, für die es die passenden Kompetenzen hat. Alle anderen Leistungen bezieht es von internen oder externen Fraktalen.

- **Zielorientierung**: Ihre Ziele leiten Fraktale aus dem Zielsystem des Unternehmens ab. Sie sind mit den Zielen der anderen Fraktale abzustimmen.

- **Dynamik**: Fraktale besitzen ein hochentwickeltes, vernetztes Informations- und Kommunikationssystem, das es ihnen ermöglicht, sich schnell an veränderte Rahmenbedingungen anzupassen.

Fraktale sind nicht voneinander unabhängig, sondern arbeiten auf gemeinsame Ziele hin. Es handelt sich gewissermaßen um **Unternehmen im Unternehmen**, die „jeweils als Ganzes die Ziele, die Struktur und die Kultur des übergeordneten Ganzen in sich abbilden und durch vielfältige, dynamische und selbstorganisierte Informations- und Leistungsbeziehungen miteinander vernetzt sind".[372]

Da sich die Fraktale selbst organisieren und untereinander vernetzt sind, verringert sich der Koordinationsbedarf durch Vorgesetzte. Deshalb werden weniger Führungskräfte als in einer klassischen Organisation benötigt und **flachere Hierarchien** gebildet.[373]

Das Führungsverhalten und die eingesetzten Führungsinstrumente müssen angepasst werden. Kooperativer Führungsstil, ausführliche Kommunikation, Teamarbeit und Delegation sind notwendig. Die **Führungskraft** fungiert nicht mehr in erster Linie als Weisungsgeber, sondern wird zum **Coach**.

Unabdingbar ist ferner ein ausgereiftes **Qualitätsmanagement**, welches für fehlerfreie Prozesse sorgt und es ermöglicht, fehlerfreie Leistungen zu erbringen.

Des Weiteren sind **Zielvereinbarungen** – z.B. mittels **Management by Objectives** – erforderlich. Sie sind ggf. mit Gruppenzielen zu verbinden und mit einem passenden **Entgeltsystem** zu gestalten.

9.4 Netzwerkorganisation

Netzwerke sind komplexe, mehrdimensionale Beziehungen zwischen selbständigen Einheiten. Sie werden normalerweise gebildet, um **Wettbewerbsvorteile zu realisieren** und **Marktrisiken zu verringern**.[374] Sie sind durch eine relativ stabile, arbeitsteilige Zusammenarbeit und gemeinsame Ziele gekennzeichnet. Man unterscheidet zwischen

- **internen (intraorganisationalen) und**
- **externen (interorganisationalen) Netzwerken**.

Interne Netzwerke dienen der Koordination von unternehmensinternen Aktivitäten. Sie bestehen aus mehreren Unternehmenseinheiten mit intensiven horizontalen und/oder vertikalen Beziehungen. Die internen Netzwerke dienen der Förderung der kollegialen Zusammenarbeit zwischen Fachleuten, die als gleichwertig und gleichberechtigt angesehen werden. Die unternehmensinterne hierarchische Position ist innerhalb des Netzwerks von untergeordneter Bedeutung.

Interne Netzwerke überlagern und ergänzen die vorhandenen primären Organisationsstrukturen. Sie sind eine Art **Sekundärorganisation**, die oft zunächst nicht bewusst geschaffen wird, sondern sich im Laufe der Zeit von selbst herausbildet und dann zum festen Bestandteil der informalen oder später auch der formalen Organisation eines Unternehmens wird. Wenn das Unternehmen die Vorteile erkennt, werden im Nachhinein häufig formale Regeln zur Nutzung des Netzwerks festgelegt oder die Bildung weiterer interner Netzwerke gefördert.

---

[372] Vahs (2019), S. 542.

[373] Vgl. Wittlage (1998), S. 231 f.

[374] Vgl. Vahs (2019), S. 544; Bea/Göbel (2019), S. 399 f.

Bei **externen Netzwerken** geht es um die Abstimmung von Beziehungen zwischen selbständigen Unternehmen. Es handelt es sich um eine Kooperation von Unternehmen, die an einem gemeinsamen, **unternehmensübergreifenden Wertschöpfungsprozess** beteiligt sind. Solche Netzwerke unterstützen die Zusammenarbeit, die auf langfristiger Kooperation und auf dem gegenseitigen Vertrauen der Beteiligten beruht. Auch Verbesserungsaktivitäten und die Verwirklichung gemeinsamer Ziele sind Gegenstand. Oft wird zudem ein gemeinsamer **Wissenspool** aufgebaut, auf den alle Mitglieder bei Bedarf zurückgreifen können. Das Wissen, die Ideen und die Erfahrungen aller Beteiligten werden über die Grenzen einzelner Unternehmen hinweg ausgetauscht.

Anders als beispielsweise bei einer Holding gibt es in der Regel bei diesen Netzwerken **keine Kapitalverflechtungen** und keine Mutter-Tochter-Beziehungen der Unternehmen, die Zusammenarbeit beruht vielmehr vor allem auf dem gegenseitigen **Vertrauen** der Beteiligten.

In der Literatur findet man für interorganisationale Netzwerke auch die Bezeichnungen **grenzenlose Organisation**, **Business Web**, **Supply Chain Management**, **Strategische Allianzen oder Joint Ventures**. Sie enthalten Netzwerke und unterscheiden sich inhaltlich nur geringfügig.[375]

Diese **Merkmale** sind für externe Netzwerke typisch:[376]

- **Unternehmensübergreifende Planung und Steuerung**: Die gemeinsame Gestaltung der Wertschöpfungskette soll dazu führen, dass alle Beteiligten ihre Interessen verwirklichen können.

- **Permanente Verbesserung**: Alle Aktivitäten der Netzwerkpartner werden regelmäßig im Hinblick auf Verbesserungsmöglichkeiten überprüft.

- **Gemeinsames Zielsystem**: Die Gestaltung der Wertschöpfungskette orientiert sich am Nutzen für den Endkunden. Davon werden die gemeinsamen Ziele und Aktivitäten abgeleitet.

- **Aufbau eines gemeinsamen Wissensmanagements**: Misstrauen und Konkurrenzdenken werden in den Netzwerken von einer aus Vertrauen ausgerichteten Partnerschaft abgelöst. Dazu gehört auch, dass alle Beteiligten Wissen, Ideen und Erfahrungen austauschen und bestrebt sind, aufgrund dieser Informationen ihre Leistungen innerhalb des Netzwerkes zu verbessern.

- **Einsatz von Informations- und Kommunikationstechnik**: Die ausgefeilten Planungs-, Steuerungs- und Kontrollsysteme von Netzwerken basieren auf dem Einsatz hochentwickelter Informations- und Kommunikationstechnik.

Jedes Unternehmen der Netzwerkorganisation ist auf ganz bestimmte Aktivitäten spezialisiert und besitzt dort seine Kernkompetenzen.

---

[375] Vgl. Bea/Göbel (2019), S. 399; Bühner (2004), S. 176 ff.; Breisig (2015), S. 175 ff.; Bea/Haas (2017) S. 436 ff.

[376] Vgl. Klimmer (2016), S. 201 f.

Die Unternehmensgrenzen sind durchlässig und lösen sich zum Teil ganz auf. Die **Beziehungsintensität** in externen Netzwerkorganisationen reicht von losen, nicht vertraglich geregelten Informationsbeziehungen bis zu sog. **fokalen Netzen**, in denen ein dominanter Partner die Art und den Umfang der Einbindung der anderen Unternehmen bestimmt, wie es in der Automobilindustrie zwischen Herstellern und Zuliefererbetrieben oft der Fall ist.[377]

In der Praxis findet man sowohl Netzwerke international agierender Unternehmen als auch kleine regionale Netzwerke.[378]

Mittelständische Unternehmen bilden externe Netzwerke z.B. um ein Großprojekt, das ein einzelnes Unternehmen alleine nicht bewältigen kann, aufzuteilen und das finanzielle Risiko zu streuen. Da sie nun gemeinsam wie ein großes Unternehmen agieren können, ohne dabei ihre wirtschaftliche und rechtliche Selbständigkeit zu verlieren, nimmt die **Unternehmensgröße** als Wettbewerbsfaktor an Bedeutung ab. Stattdessen werden **Beziehungen** zu anderen Unternehmen immer wichtiger.

Zunehmend schließen sich mittelständische Unternehmen zu sog. **Branchenclustern** zusammen, wie dies beispielsweise bei österreichischen Automobilzulieferern der Fall ist. Das Netzwerk ACstyria besteht aus rund 250 Unternehmen, die durch Bündelung von Leistungen und Kompetenzen gemeinsam im Automotivebereich erfolgreich sein wollen.[379] Ein weiteres Beispiel ist das Cluster der optischen Technologie und Mikrosystemtechnik im Raum Berlin-Brandenburg, dem etwa 500 Unternehmen und Forschungsinstitute angehören.[380] Die steigende Bedeutung der Branchencluster zeigt sich an der starken Zunahme der Mitgliederzahl. Vor wenigen Jahren waren in diesen beiden Clustern nur 180 bzw. 90 Kooperationspartner.[381]

Auch im **Non Profit-Bereich** bildet man Netzwerke. Die Clusterbildung von benachbarten **Kommunen** mit dem Ziel der Wirtschaftsförderung gehört z.B. inzwischen zum Alltag.[382]

Vorteile der Netzwerkorganisation:

- Optimierung der gesamten Wertschöpfungskette
- Konzentration auf die Kernkompetenzen
- Zugang zu Ressourcen, Märkten und Know-how der Netzwerkpartner
- Möglichkeit, größere Aufträge zu übernehmen
- Risikobegrenzung
- Beibehaltung der Selbständigkeit
- Erschließung von Kostensenkungspotenzialen

---

[377] Vgl. Albers/Wolf (2003), S. 53.

[378] Vgl. Brüning (2006), S. 456 ff.

[379] Vgl. ACstyria Autocluster, www.acstyria.com, abgerufen am 20.02.2017.

[380] Vgl. Cluster Optik, www.optik-bb.de/de/ueber-cluster-otptik, abgerufen am 20.02.2017.

[381] Vgl. Seiser (2009), S. 12; Sydow/Zeichenhardt (2008), S. 156 ff.

[382] Vgl. Harriehausen (2009), C 17.

- hohe Flexibilität, Kreativität und Anpassungsfähigkeit

- schnelle Reaktion auf geänderte Kundenwünsche

- höhere Marktpräsenz

Nachteile von Netzwerken sind:

- schwierige Vertrauensbildung bei den Mitgliedern

- höherer Koordinations- und Kommunikationsaufwand

- schwierige Zusammenführung divergierender Ziele der Partner zu einem gemeinsamen Zielsystem des Netzwerks

- Gefahr von Know-how-Verlust

- Gefahr der Vernachlässigung eigener Strategien

- Kontrollverluste durch die Integration der Partner

In Japan ist es üblich, interorganisationale Netzwerke durch gegenseitige **Minderheitsbeteiligungen** zu festigen. Auch wird besonders viel Wert auf informale Beziehungen und Familienbande gelegt. Diese Form der Netzwerkorganisation bezeichnet man als **Keiretsu**.[383]

9.5 Virtuelle Organisation

Virtuell ist eine Situation oder ein Gebilde, wenn es zwar der Wirkung, aber nicht dem Wesen nach existiert. Es sind alle Merkmale eines realen Objektes vorhanden – außer der Situation oder dem Gebilde selbst.

Der Begriff der **virtuellen Organisation** wurde erstmals in der BWL von Davidow und Malone Anfang der 1990er Jahre verwendet.[384] Es handelt sich um anpassungsfähige, **temporäre Kooperationen** von Unternehmen, die wirtschaftlich und rechtlich selbständig sind und es auch bleiben, aber nach außen als Einheit auftreten.

In der Regel geht es darum, ein größeres Projekt kooperativ und arbeitsteilig abzuwickeln. Dabei kann es sich um Dienstleistungen oder um physische Objekte handeln. Aus Sicht des Kunden scheint die Leistungserbringung „aus einer Hand" zu kommen. Nachdem die gemeinsame Aufgabe erfüllt ist, wird die virtuelle Organisation aufgelöst, oder die Beteiligten gruppieren sich für ein neues Projekt um und kooperieren erneut. Die virtuelle Organisation wird deshalb auch als **dynamisches Netzwerk** bezeichnet und bisweilen als eine **Unterform der Netzwerkorganisation** mit weniger stabilen, auftragsorientierten Beziehungen gesehen.[385]

Beispiele für Zusammenhänge zwischen realen und virtuellen Unternehmen und Kunden zeigt die Abb. 9-2.

---

[383] Vgl. Jones/Bouncken (2008), S. 178 f.

[384] Vgl. Davidow/Malone (1992).

[385] Vgl. Jones/Bouncken (2008), S. 194; Picot/Neuburger (2004), Sp. 899.

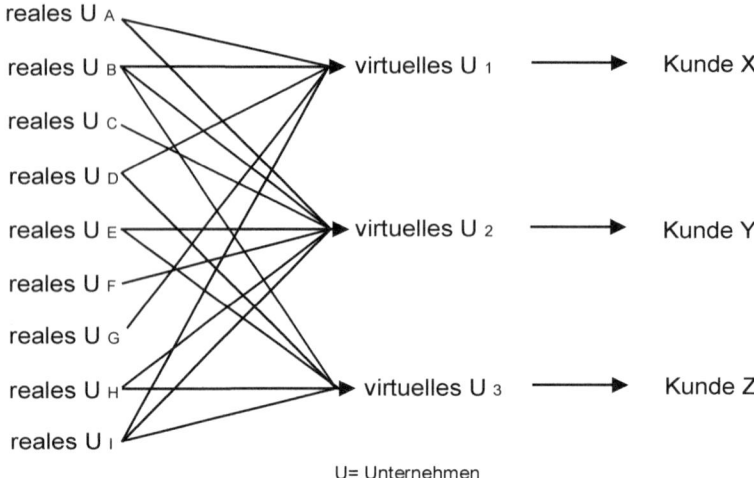

Abb. 9-2: Beispiele für Zusammenhänge zwischen realen und virtuellen Unternehmen

Virtuelle Organisationen sind durch diese **Merkmale** gekennzeichnet:[386]

- **Temporäre Kooperation für ein bestimmtes Projekt**: Die Zusammenarbeit der Partner beschränkt sich auf zuvor definierte Aufgaben. Anschließend können sich neue Projekte ergeben. Die Konstellation der Beteiligten kann dabei variieren.

- **Selbständige Einheiten**: Die Partner legen Wert darauf, dass ihre rechtliche und wirtschaftliche Unabhängigkeit gewahrt bleibt.

- **Spezifische, unterschiedliche Kompetenzen der Beteiligten**: Jedes beteiligte Unternehmen bringt seine Kernkompetenzen ein. Sie ergänzen sich zu einer Gesamtkompetenz der virtuellen Organisation, die die Ressourcen und Kompetenzen der einzelnen Partner bei weitem übersteigt.

- **Keine hierarchischen Beziehungen und keine zentrale Organisation**: Zwar treten die virtuellen Partner gegenüber Dritten als Einheit auf, doch auf eine formale Organisation und hierarchische Struktur wird in der Regel ebenso verzichtet wie auf umfangreiche vertragliche Regelungen. Man vertraut darauf, dass jeder Partner die internen Absprachen einhält.

- **Räumliche Verteilung**: Die Standorte der Partner befinden sich oft nicht innerhalb einer Region, sondern sind weit verstreut. Es kann sich sowohl um nationale als auch um internationale Kooperationen handeln.

- **Unterstützung durch Informations- und Kommunikationstechnik**: Sie dient der Koordination der Aufgaben und dem schnellen Austausch von Informationen zwischen den beteiligten Einheiten.

---

[386] Vgl. Bea/Göbel (2019), S. 407 ff.

Eine virtuelle Organisation weist zwar keine feste hierarchische Struktur auf, meist gibt es aber ein (wechselndes) Unternehmen, das die Koordination der Aktivitäten übernimmt. Es wird als **broker** oder **hub firm** bezeichnet.[387]

Vorteile der virtuellen Organisation sind:

- Lösung von komplexen Aufgaben, die ein Unternehmen alleine nicht angehen kann oder will
- hohe Flexibilität
- schnelle Reaktionsfähigkeit
- große Kreativität
- Kostenreduzierung
- Kundenorientierung
- bessere Marktchancen durch Zusammenfassung der Kernkompetenzen
- größere Unabhängigkeit von Standort und Zeit

Nachteile sind vor allem:

- hoher Koordinationsaufwand
- schwierige Vertrauensbildung
- Gefahr, dass sich einzelne Partner als Trittbrettfahrer erweisen
- hohe Vorbereitungs- und Anlaufkosten
- Probleme bei der Zuweisung von Verantwortung
- komplizierte Steuerung wegen fehlender formaler Struktur

Neben virtuellen Organisationen, die aus selbständigen Unternehmen bestehen, gibt es auch **intraorganisationale Formen**. Dabei handelt es sich um eine Variante der **Projektorganisation**, bei der die Organisationseinheiten eines Unternehmens problembezogen und standortübergreifend vernetzt werden, wobei häufig **Telearbeit** eingesetzt wird.

Wenn das Projekt beendet ist, werden die Mitarbeiter passend für das nächste Projekt wieder neu zusammengefasst. Die Vernetzung der Mitarbeiter erfolgt über eine elektronische Informations- und Kommunikationsplattform. Diese besondere Art von Projektorganisation ist die vorrangige Struktur der Aufgabenerfüllung und wird damit zur **Primärorganisation**.

Die Unternehmensberatung Accenture wird beispielsweise oft als **interner virtueller Verbund** bezeichnet. Ihre Mitarbeiter werden je nach Auftrag und Kompetenzen immer wieder neu zu Teams kombiniert.[388] Gebräuchlich sind die Bezeichnungen virtuelles Unternehmen, virtuelle Organisation oder virtueller Verbund aber eher bei der überbetrieblichen Vernetzung von Unternehmen bzw. bei großen Unternehmensteilen.

---

[387] Vgl. Jones/Bouncken (2008), S. 195; Bea/Göbel (2019), S. 408.
[388] Vgl. Bea/Göbel (2019), S. 408; Picot/Neuburger (2001), S. 816.

9.6 Lean Management

Lean Management wird im Deutschen meistens mit „schlanke Organisation" übersetzt. Das Konzept geht jedoch weit über organisatorische Tatbestände hinaus. Es erfordert neben der **strukturellen** auch die **personelle** und die **strategische Umorientierung** eines Unternehmens.

Auslöser für die Entwicklung des Lean Managements war eine **MIT-Studie zur Automobilindustrie** in den 1980er Jahren. Dabei ging es um einen Leistungsvergleich zwischen europäischen, japanischen und amerikanischen Unternehmen, bei dem die japanischen Betriebe in nahezu allen Bereichen bei Produktivität, Flexibilität, Schnelligkeit, Qualität und Kundenorientierung am besten abschnitten.[389]

Der „Japanese way of production" wurde daraufhin in umfangreichen Untersuchungen analysiert. Viele Elemente wurden ab Mitte der 1990er Jahre zunächst unter der Bezeichnung **Lean Production** auf den Produktionsbereich von amerikanischen und europäischen Automobilherstellern und später auch auf die Produktion von anderen Industriezweigen und auf andere Unternehmensbereiche übertragen.

Später wurde das Konzept unter der Bezeichnung **Lean Management** auf alle Unternehmensbereiche ausgedehnt. Vor allem Forschung und Entwicklung, Beschaffung, Marketing und Verwaltung sollten ebenfalls verschlankt werden. Auch die Beziehungen zu Lieferanten und Kunden wurden einbezogen.

Ziele des Lean Managements sind:

- Verschwendung in allen Unternehmensbereichen vermeiden
- Produktivität und Vielfalt der angebotenen Güter und Dienstleistungen kundenorientiert steigern

Für Lean Production bzw. Lean Management sind insbesondere diese **Merkmale** maßgeblich:

- **Null-Fehler-Prinzip**: Jeder Fehler wird mithilfe einer festgelegten Vorgehensweise identifiziert, auf seine letzte Ursache zurückgeführt und beseitigt. Mitarbeiter sollen aus ihren Fehlern lernen, um sie künftig zu vermeiden.

- **Beseitigung von unnötigen Arbeitsschritten**: Alle Aktivitäten, die nicht unbedingt notwendig sind, werden als unproduktiv und wertschöpfungsmindernd angesehen. Folglich müssen sie systematisch aufgedeckt und beseitigt werden.

- **Maximum an Inhalten und Verantwortlichkeit für die Arbeitskräfte**: Diejenigen Mitarbeiter, die die Wertschöpfung erbringen, sollen auch die Produktionsprozesse planen und steuern und sind für deren Qualität verantwortlich. Fremdkoordination wird zugunsten der Selbstkoordination reduziert. So wird das gesamte Mitarbeiterpotenzial genutzt.

---

[389] Vgl. Unger (2008), S. 178 f.

- **Teamorientierung**: Aufgaben und Prozesse werden nicht einem Einzelnen, sondern einem Team übertragen. Die Mitglieder sind multifunktional ausgebildet. Deshalb verstehen sie die Aufgaben der anderen Beteiligten und den Zusammenhang der Aktivitäten und können sich gegenseitig vertreten.

- **Hohe Bedeutung von Verbesserungsvorschlägen**: Durch die Implementierung eines Prozesses der permanenten Verbesserung der Qualität in allen Unternehmensbereichen und auf allen Ebenen (KVP, Kaizen) soll jeder Mitarbeiter als „Unternehmer im Kleinen" agieren und Verantwortung für seine Entscheidungen und Handlungen übernehmen. Er soll stets nach Optimierung streben.

- **Umfangreiche Informationen**: Die Vorgesetzten informieren ihre Mitarbeiter ausführlich, sodass diese die Entscheidungen nachvollziehen können.

- **Passendes Entgeltsystem**: Der Einsatz der Mitarbeiter wird durch ein leistungsorientiertes Entgeltsystem honoriert.

- **Wertschätzung der Mitarbeiter**: Aktive, leistungsorientierte, motivierte Mitarbeiter werden als die wertvollste Ressource angesehen. Lob und Umsetzung vorgeschlagener Änderungswünsche sollen ihnen zeigen, dass sie ein wichtiger Bestandteil sind.

- **Vermeidung von Verschwendung jeder Art (Munda)**: Dies betrifft Materialien, Maschinen, Werkzeuge und personelle Ressourcen.

- **Verflachung der Hierarchie**: Auf diese Art und Weise wird die Selbstverantwortlichkeit der Teams und des einzelnen Mitarbeiters gesteigert.

Zur Zielerreichung werden vor allem diese **Vorgehensweisen** eingesetzt:

- **Teamarbeit**: Beim Lean Management spielt die Motivation der Mitarbeiter eine ganz besonders wichtige Rolle. Durch den Einsatz von Teamarbeit und anderer neuerer Formen der Arbeitsstrukturierung verspricht man sich eine Motivationssteigerung. Es geht bei der Teamarbeit aber nicht nur darum, die Motivation und Zufriedenheit der Mitarbeiter zu erhöhen. Man erwartet vor allem **handfeste ökonomische Vorteile**. So sollen die Quantität und die Qualität der Arbeitsergebnisse gesteigert werden.

- **Verflachung der Hierarchie**: Da die Mitarbeiter für ihre Aufgabenerfüllung in stärkerem Maße als bisher selbst verantwortlich sind und ihre Aktivitäten (zumindest teilweise) auch selbst planen und kontrollieren, werden zwangsläufig weniger Führungskräfte als bei klassischen Strukturen benötigt. Im Produktionsbereich überträgt man beispielsweise einen Großteil der Aufgaben, die bei anderen Organisationsstrukturen von Meistern und Vorarbeitern erfüllt werden, auf teilautonome Arbeitsgruppen. In der Verwaltung führt die Entscheidungsdelegation zu einer geringeren Zahl von Vorgesetzten, sodass im Ergebnis ganze Hierarchieebenen wegfallen und die verbleibenden stark ausgedünnt werden. Diese Vorgehensweise wird auch als **Downsizing** bezeichnet.[390] Aus Mitarbeitersicht spricht man aufgrund der anspruchsvolleren Aufgaben von **Empowerment**.

---

[390] Vgl. Jones/Bouncken (2008), S. 625.

■ **Kaizen**: Es handelt sich um einen Prozess der permanenten Verbesserung der Qualität in allen Unternehmensbereichen und auf allen Ebenen. Dabei sollen die Potenziale aller Mitarbeiter – nicht nur der Führungskräfte – bestmöglich genutzt werden. Im Mittelpunkt stehen nicht dramatische Umgestaltungen, sondern **viele kleine Verbesserungsschritte**, die jeder Mitarbeiter in seinem Aufgabenbereich feststellen und umsetzen kann. Ständige, schrittweise, Veränderungen bringen die gesamte Struktur auf dem Weg zum Optimum vorwärts. Kaizen ist somit mehr als nur ein Instrument des Lean Managements. Es handelt sich vielmehr um eine **besondere Einstellung zur Arbeit**, die zu einer Bewusstseinsänderung im gesamten Unternehmen führen soll. Im deutschsprachigen Raum wird neben der Bezeichnung Kaizen auch der Begriff KVP (kontinuierlicher Verbesserungsprozess) verwendet. Kaizen wird durch diese Maßnahmen umgesetzt:[391]

- Total Quality Control: Qualität bezieht sich nicht nur auf die Fehlerfreiheit des Produkts oder der Dienstleistung, sondern ebenso auf die Genauigkeit, mit der Kundenwünsche erfüllt werden. Auch die Motivation der Mitarbeiter und das Ansehen des Unternehmens sind Bestandteile der Qualität.

- Total Quality Management: Aufgabe der Vorgesetzten ist die übergeordnete Steuerung der Prozesse und Ressourcen. Die Kontrolle der Qualität ist Aufgabe jedes Einzelnen.

- Time-Quality-Money-Prinzip: Als bedeutende Merkmale eines Prozesses werden Durchlaufzeiten, Termintreue, Qualität des Endproduktes und seine Herstellkosten angesehen. Deren Optimierung muss man bei allen Entscheidungen im Auge behalten.

- Festschreibung von Qualitätsstandards: Da die Mitarbeiter Verantwortung für die Qualität der Prozesse und Produkte übernehmen sollen, ist es erforderlich, genau festzulegen, was darunter zu verstehen ist. Nur so können die Mitarbeiter sinnvolle Soll-Ist-Vergleiche anstellen und Veränderungen vornehmen.

- Jidoka: Dieses japanische Wort bedeutet Automatisierung. Es ist so zu verstehen, dass Maschinen, welche die Mitarbeiter von einfachen Aufgaben entlasten, verstärkt eingesetzt werden. Ausführende menschliche Arbeitsleistung wird zunehmend durch maschinelle Arbeitsleistung substituiert. So bleibt den Mitarbeitern mehr Zeit für qualitativ hochwertigere Aktivitäten.

■ **Munda**: Munda besagt, dass Verschwendung jeglicher Art zu vermeiden ist. Dies betrifft Materialien, Maschinen und Werkzeuge und in besonderem Maße auch personelle Ressourcen. Verschwendung wird immer dann vermutet, wenn Kosten für Leistungen entstehen, deren Beitrag zur Wertschöpfung niedrig oder nicht unmittelbar ersichtlich ist.

---

[391] Vgl. Unger (2008), S. 181; Traeger (1994), S. 92.

- **Kundenorientierung**: Der Zufriedenheit der Kunden kommt eine herausragende Bedeutung zu. Sie wird als wesentliche Voraussetzung für den langfristigen Erfolg eines Unternehmens betrachtet. Deshalb ist der gesamte Herstellungsprozess, angefangen von der Beschaffung benötigter Materialien oder Dienstleistungen bis hin zum Absatz des fertigen Produkts, im Hinblick auf den Kunden und seine Wünsche zu optimieren.

In der **Aufbauorganisation** eines Unternehmens, das sich am Lean Management orientiert, müssen diese **Änderungen** vorgenommen werden:

- Verringerung der Hierarchieebenen
- Reduzierung der Führungskräfte auf einer Hierarchieebene
- Verminderung des Einsatzes von Leitungshilfsstellen, z.B. Stäben oder Ausschüssen
- Verringerung von Stellen, die mit Koordinationsaufgaben befasst sind
- Erhöhung der Leitungsspannen
- Erhöhung der Anzahl von Teams (Mehrpersonen-Stellen)
- Betonung der Selbstkoordination
- Verringerung der funktionalen Spezialisierung
- Steigerung der objekt- bzw. prozessbezogenen Spezialisierung
- Entscheidungsdelegation

Die **Prozessorganisation** ist im Lean Management geprägt durch:

- Betonung der ganzheitlichen Aufgabenerfüllung durch Integration von Lieferanten und Kunden
- abnehmende Standardisierung
- Just-in-time-Produktion

Die Einführung von Lean Management ist außerdem mit umfangreichen **Personalentwicklungsmaßnahmen** auf allen Hierarchieebenen verbunden. Auch eine Anpassung der **Unternehmenskultur** ist notwendig.

In letzter Zeit wird diskutiert, ob der Prozess der Verschlankung und des Downsizing nicht übertrieben wird und dadurch gewissermaßen „**magersüchtige Unternehmen**" entstehen, deren Überlebensfähigkeit nicht mehr gesichert ist. Im Ergebnis kommt es dann nicht zur Produktivitäts- und Qualitätssteigerung. Viele Mitarbeiter fühlen sich gestresst und überfordert und die erwartete Motivationssteigerung bleibt aus. Auch besteht die Gefahr, dass sich durch die Verflachung der Hierarchie zu wenige Führungskräfte mit der langfristigen, strategischen Ausrichtung des Unternehmens befassen[392] und die kurzfristige Zielerreichung überbetont wird.

---

[392] Vgl. Jones/Bouncken (2008), S. 625

9.7 Agiles Arbeiten

Agiles Arbeiten ist die neue Zauberformel für unternehmerischen Erfolg. Es gilt als Inbegriff einer neuen Art zu arbeiten. Damit ist das agile Arbeiten ein wesentlicher Teil der **Arbeitswelt 4.0** oder **New Work 4.0**.

Man geht davon aus, dass es in der heutigen VUCA-Welt nicht mehr möglich ist, Aufgaben vollständig steuern und beherrschen zu können. Anstatt ein Produkt oder ein Endergebnis zu definieren, orientiert man sich strikt am Kunden und seinen Wünschen. Strategisches und langfristiges Denken sind nicht mehr en vogue. Man geht also völlig anders als früher an die Problemlösung heran.

In dieser unsicheren Umwelt werden Aufgaben als dynamische Probleme interpretiert. Zu ihrer Lösung werden umfangreiches, diffuses Wissen und Erfahrungen benötigt. Die Zeit für die Aufgabenerfüllung ist stark begrenzt.[393]

Zunächst wurden agile Arbeitsformen seit Anfang der 2000er Jahre im IT-Bereich eingesetzt. Sie basieren auf Ideen von Informatikern, die ihre bisherigen kleinteiligen Arbeitsweisen nicht mehr akzeptieren wollten. Sie formulierten das **agile Manifest**.[394]

Die Kernaussagen lauten:[395]

"Wir erschließen bessere Wege, Software zu entwickeln, indem wir es selbst tun und anderen dabei helfen. Durch diese Tätigkeit haben wir diese Werte zu schätzen gelernt:

1. Individuen und Interaktionen mehr als Prozesse und Werkzeuge

2. Funktionierende Software mehr als umfassende Dokumentation

3. Zusammenarbeit mit dem Kunden mehr als Vertragsverhandlung

4. Reagieren auf Veränderung mehr als das Befolgen eines Plans"

Aufbauend auf diesen vier Manifestpunkten ergibt sich eine völlig neue Arbeitsform für die Mitarbeiter und für die Vorgesetzten. Agile Arbeitsformen beinhalten die flexible und kreative Gestaltung von Aufgaben. Führung wird als sozialer Prozess verstanden, Machtbasen wie Identifikations- Informations- und Expertenmacht rücken gegenüber Legitimations- und Sanktionsmacht in den Vordergrund. Aber auch sie werden nur spärlich – und nur, wenn unbedingt notwendig – eingesetzt.[396] Flache Hierarchien, eigenverantwortliches Handeln, regelmäßige kurze Absprachen mit Teammitgliedern sowie Kunden und Lieferanten sind Wesensmerkmale.

Entscheidungen werden nach unten delegiert und auf derjenigen Ebene getroffen, die das passende Fachwissen besitzt. Es handelt sich also auch um eine Art modernes, teamorientiertes

---

[393] Vgl. Schermuly (2019).

[394] Vgl. ebd.

[395] ebd.

[396] Vgl. Schmidt (2019), 79 ff.

MbD (Management by Delegation), jedoch werden die internen oder externen Kunden im Gegensatz zu früher von Anfang an in den Aufgabenerfüllungsprozess intensiv einbezogen. Es soll also ein neues Miteinander und damit auch eine völlig neue **Unternehmenskultur** entstehen.

Die übliche Arbeitsform ist **Teamwork**. Man geht dabei insbesondere nach der **Scrum-Methode** vor. Beim Rugby bedeutet Scrum „Drängelei". Sie ist die weitaus am häufigsten eingesetzte Methode in der Praxis.[397]

Es gibt bei der Scrum-Methode **drei Rollen**:[398]

- **Scrum-Team**: Die Basiseinheit ist ein Team aus ca. 10 Mitgliedern. Selbstabstimmung ist die vorherrschende Koordinationsform. Das Team legt anhand seiner Aufgabe selbständig fest, welche Kompetenzen und Ressourcen notwendig sind und ob dazu weitere Mitglieder integriert werden müssen. Auch die jeweils optimale Vorgehensweise wird durch das Team festgelegt und nicht von einem Vorgesetzten bestimmt. Es gibt keine vorgeschriebene Vorgehensweise mehr.

- **Product Owner**: Er ist für die fachliche Koordination zuständig und besorgt die notwendigen Ressourcen. Er erstellt eine „Produktvision", aus der er die fachlichen Anforderungen an das Produkt ableitet, und bestimmt die Reihenfolge, in der Produkteigenschaften entwickelt werden sollen. Er legt die Priorität der Aufgaben fest und ermittelt, ob die selbstgesteckten Ziele erreicht wurden. Auch hält er den Kontakt zum Kunden. Er hat jedoch keine klassische Vorgesetztenrolle inne, sondern setzt als eine Art „Primus inter Pares" vorrangig auf Expertenmacht.

- **Scrum Master**: Er agiert als eine Art Coach für den Product Owner und das Team. Er achtet insbesondere darauf, dass die Mitglieder nicht in alte Rollen zurückfallen und standardisierte frühere Aufgabenerfüllungsprozesse heranziehen. Ebenso wie der Product Owner agiert als Experte und nicht als Vorgesetzter.

Das Team teilt seine Arbeit in sog. Sprints ein und hat i.d.R. für einen **Sprint** 30 Tage Zeit. Nach dem ersten Sprint soll ein schon funktionsfähiges Zwischenprodukt vorliegen. Dann gibt es ein Kundenfeedback und eine Plananpassung und der nächste Sprint beginnt. Diese Vorgehensweise wiederholt sich, Produkt und Plan entwickeln sich im Laufe der Zeit immer weiter. Am Ende aller Sprints steht das fertige Produkt für den Kunden.[399] **Während** des Sprints findet ein **tägliches 15-minütiges Scrum-Meeting** immer zum gleichen Zeitpunkt statt. Um die Dauer wirklich kurz zu halten, bleibt man normalerweise während des Meetings stehen. Jedes Teammitglied muss jeden Tag über die gleichen Fragen Rechenschaft ablegen. Es geht darum, was es seit gestern getan hat, plant bis morgen zu tun und was seine Arbeit behindert oder fördert. So weiß jeder, was der andere tut und ob er Hilfe benötigt. **Am Ende**

---

[397] Vgl. o.V. (2016).

[398] Vgl. Tillmann (2019); Schermuly (2019).

[399] Vgl. Tillmann (2019).

jeden Sprints gibt es außerdem ein zusätzliches Meeting im Beisein des Kunden, in dem der aktuelle Stand präsentiert und die weitere Planung präzisiert wird.[400]

Die Hochschule Karlsruhe erhebt seit einigen Jahren regelmäßig die Studie „Status Quo Agile" zu Verbreitung und Nutzen agiler Methoden. Sie werden in der Praxis insb. im Vergleich zum klassischen Projektmanagement häufig als effektiver angesehen und zunehmend nicht nur in IT-Projekten, sondern überall im Unternehmen eingesetzt. Die Beteiligten sehen den Aufwand für die Einführung ganz überwiegend als gerechtfertigt und die Vorteile als deutlich größer als die Nachteile an. Jedoch nimmt der anfängliche Enthusiasmus bereits wieder leicht ab.[401]

Unternehmen versprechen sich von agilem Arbeiten vor allen diese Vorteile:[402]

- Anpassungsfähigkeit
- Schnelligkeit
- höhere Produktivität
- genauere Erfüllung der Kundenwünsche
- Klima der Kreativität
- höhere Mitarbeitermotivation
- kontinuierliche Lernprozesse
- Risikominimierung
- kurze Produkteinführungszeiten

Allerdings gibt es in der Praxis durchaus nicht nur positive Erfahrungen. Statt des erwarteten Erfolgs stellt sich häufig zunächst Chaos ein. Auch der oft fehlende Gesamtüberblick über ein Projekt trägt dazu bei. Die Mitarbeiter sind unzufrieden und weniger produktiv als vorher, sie sind eben doch nicht so agil, wie die Theorie es uns glauben machen will. Sie fühlen sich oft nicht reif für solche umfassenden Veränderungen und nicht in ihrer neuen Arbeitssituation aufgehoben. Die große Selbständigkeit der Scrum-Teams erschwert zudem die Koordination von Teilprojekten. Auch die ungeklärte Rolle der Führungskräfte wird manchmal zum Problem, sowohl für die Führungskräfte selbst als auch für die Mitarbeiter.[403]

In letzter Zeit machen einige Unternehmen ihre Schritte in Richtung Agilität sogar wieder rückgängig.[404]

Verringerte starre Strukturen und ein agiles Vorgehen sind somit nicht grundsätzlich konflikt-senkend und produktivitätsfördernd, sondern begünstigen Konflikte durchaus allein schon

---

[400] Vgl. Schermuly (2019).

[401] Vgl. o.V. (2016).

[402] Vgl. Hofert (2017); Schermuly (2019); o.V. (2016).

[403] Vgl. Würzburger (2019), S. 41.

[404] Vgl. ebd.

aufgrund der Unsicherheit für Mitarbeiter und Führungskräfte.[405] Agiles Arbeiten muss also gelernt werden.

Ca. vierzig Prozent der Fach- und Führungskräfte können mit dem Thema wenig anfangen und viele kennen zudem gar keine agilen Arbeitsmethoden.[406]

Die Direktbank ING begann 2016 agiles Arbeiten einzuführen. Bei einer Mitarbeiterbefragung gaben die Mitarbeiter nun an, sich stark überfordert zu fühlen und äußerten ihren erheblichen Unmut in Form von sehr stark zurückgegangener Zufriedenheit.[407]

Auch die Kunden sind häufig längst nicht so agil, wie manche Unternehmen es sich wünschen und stehen der ungewohnten Arbeitsweise skeptisch gegenüber.[408]

Zudem geht der notwendige Wandel der Unternehmenskultur oft deutlich langsamer als erwartet von statten. Hier sei auf die Überlegungen zu Hemmnissen bei geplantem organisatorischem Wandel in Kapitel 10.4 verwiesen.

Die Sichtweise, was eine gute Organisation ausmacht, verändert sich mit der Zeit. Ob es sich bei agilem Arbeiten um eine Modewelle handelt, die bald wieder abebbt, muss die Zeit zeigen.

Insbesondere wird zu klären sein, was man ganz genau unter Agilität sowie. einer agilen Arbeit bzw. Organisation versteht: Wenn ein Herunterbrechen auf Mitarbeiterebene der unbedingte Schwerpunkt ist, dann müsste man sich überlegen, worin es sich wirklich deutlich vom allseits bekannten und teilweise schon wieder vergessenen Business Reengineering der 1990er Jahre unterscheidet (vgl. Kapitel 10.3.2.2), außer natürlich in den Begrifflichkeiten.

Auch Anklänge an verschiedene Managementkonzepte, z.B. das Management by Delegation (MbD) sind vorhanden.

Wenn die Agilität bereits darin besteht, Strukturen, Prozesse, Ressourcen und Methoden immer so aktuell zu halten, dass man sich besonders schnell und erfolgreich an Wettbewerbsveränderungen anpassen und diese auch ein Stück weit selbst gestalten kann, dann wäre es ja nur ein alter Wein in neuen Schläuchen und hätte sehr große Überschneidungen zum organisationalen Lernen.

Wenn wir bisherige Strukturen mit agilem Arbeiten kombinieren, sind wir wieder bei den bereits bekannten hybriden Organisationen angelangt.

9.8 Zusammenfassung und Ausblick

In unserer VUCA-Welt wird es immer schwerer eine sinnvolle Unternehmensstruktur zu gestalten. Diese Welt ist instabil, Prognosen für die Zukunft können oft nicht mehr sinnvoll auf

---

[405] Vgl. Würzburger (2019), S. 42 ff.

[406] Vgl. Tillmann (2019).

[407] Vgl. ebd.

[408] Vgl. Rahn (2018), S. 59.

Erfahrungen aus der Vergangenheit basieren. Die entscheidungsrelevanten Tatbestände werden immer umfangreicher und immer schwerer in ihrer Bedeutung einschätzbar.

In den letzten Jahren sind viele neue Konzepte der Organisationsgestaltung entwickelt worden. Sie kommen und gehen und überschneiden und ergänzen sich und sind somit nicht eindeutig voneinander abgrenzbar. Allen gemeinsam ist jedoch, dass immer die Interessen der Kunden im Mittelpunkt stehen und moderne Informations- und Kommunikationstechnik umfassend genutzt wird. Häufig werden neue Gedanken als **Work 4.0** oder **Arbeitswelt 4.0** bezeichnet.

Der aktuelle Trend geht weg von der hierarchisch geprägten Organisation, stattdessen stehen zunehmend Prozesse im Mittelpunkt. Die Organisationsgestaltung ist auf Horizontalisierung, Dynamisierung und Entbürokratisierung ausgerichtet und strebt nach größerer Flexibilisierung, Modularisierung und Teamorientierung. Zudem werden unternehmensübergreifende Kooperationsformen und Netzwerke auch bei mittelständischen und kleinen Unternehmen immer selbstverständlicher.

9.9   Wiederholungsfragen

1. Was versteht man unter einer hybriden Organisation?

2. Erläutern Sie den Begriff VUCA-Welt.

3. Welche Merkmale kennzeichnen eine modulare Organisation?

4. Geben Sie einen Überblick über mögliche Formen der Modularisierung.

5. Welche Vorteile sind mit einer modularen Organisation verbunden?

6. Was sind Fraktale?

7. Welche Eigenschaften weisen Fraktale auf?

8. Was versteht man unter intraorganisationalen Netzwerken?

9. Welche Merkmale sind für externe Netzwerke typisch?

10. Was versteht man unter fokalen Netzen?

11. Wozu werden Branchencluster gebildet?

12. Welche Nachteile können mit Netzwerken verbunden sein?

13. Was ist eine virtuelle Organisation?

14. Was versteht man im Zusammenhang mit virtuellen Organisationen unter einer hub firm?

15. Welche Beziehungen bestehen zwischen der Projektorganisation und der virtuellen Organisation?

16. Welche Vor- und Nachteile können bei virtuellen Organisationen auftreten?

17. Was war der Auslöser für die Entstehung des Lean Managements?

18. Welche Merkmale kennzeichnen das Lean Management?

19. Weshalb spielen Gruppenarbeit und flache Hierarchien im Lean Management eine so große Rolle?

20. Was versteht man unter Kaizen?

21. Welche aufbauorganisatorischen Änderungen müssen bei der Einführung des Lean Managements vorgenommen werden?

22. Erläutern Sie die Kernaussagen des agilen Manifests.

23. Was versteht man unter der Scrum-Methode?

24. Erläutern die die Begriffe Product Owner und Scrum Master.

25. Was versteht man unter einem Sprint in Zusammenhang mit agilem Arbeiten?

10 Geplanter organisatorischer Wandel

Die Auseinandersetzung mit dem Wandel der Organisation und den notwendigen Veränderungsprozessen ist ein so komplexes und vielschichtiges Thema, dass es den Umfang dieses Buches sprengen würde, alle Aspekte aufzuarbeiten. Dennoch kann es nicht außen vor bleiben. Deshalb gibt dieses Kapitel einen Überblick zu den wichtigsten Fragestellungen.

10.1 Ursachen für organisatorischen Wandel

Organisation ist auf Dauer und Stabilität angelegt. Die Regelungen sollen dazu dienen, dass alle Aufgaben möglichst effizient und effektiv erfüllt werden. Außerdem sollen stabile Strukturen den Mitarbeitern Sicherheit bei ihrer Aufgabenerfüllung geben. Dabei sind fortwährende Änderungen wenig hilfreich.

Andererseits agieren Unternehmen nicht in einer statischen, immer gleichbleibenden Umwelt, sondern in einer **VUCA-Welt**, die durch

- Volatilität (volatility),
- Unsicherheit (uncertainty),
- Komplexität (complexity) und
- Mehrdeutigkeit (ambiguity)

gekennzeichnet ist.

Deshalb müssen sie ihre formalen Regeln ständig überprüfen und anpassen, um sicherzustellen, dass sie weiterhin wettbewerbsfähig und flexibel bleiben. Da es keine universell einsetzbaren organisatorischen Regelungen, die in jeder Situation optimal wären, gibt, erfordern größere Änderungen der Umweltbedingungen immer einen organisatorischen Wandel.

Das **Ziel** des organisatorischen Wandels muss es sein, Veränderungen und Innovationen so zu initiieren und durchzuführen, dass

- die neue Organisation so gut wie möglich zur Zielerreichung des Unternehmens beiträgt und
- das Unternehmen auch in der Zeit der Umstrukturierung wettbewerbsfähig bleibt.

Es gibt viele **Ursachen**, die einen Wandel notwendig machen. Man unterscheidet zwischen **externen** Variablen, deren Anlässe außerhalb des unternehmerischen Gestaltungs- und Entscheidungsspielraums liegen, und **internen** Gründen, die das Unternehmen selbst beeinflussen kann.

Die wichtigsten **externen Gründe** für organisatorischen Wandel sind:

- **Wandel der Märkte**: Globalisierung und Deregulierung der Märkte haben zu einer höheren Wettbewerbsintensität geführt. Außerdem wirken sich konjunkturelle

Schwankungen heute oft stärker aus als in früheren Zeiten. Daneben spielt die Verkürzung der Produktlebenszyklen eine bedeutende Rolle. Auch der Kampf um knappe Ressourcen hat in den letzten Jahren zugenommen. Um in diesem Umfeld bestehen zu können, muss eine Organisation deutlich flexibler und innovationsfähiger gestaltet und häufiger auf ihre Sinnhaftigkeit überprüft werden als früher.[409] Die steigende Komplexität der Beziehungen fördert die Entstehung neuer Organisationsstrukturen.

- **Gesellschaftlicher Wandel**: Der Wertewandel hat zu einer stärkeren Berücksichtigung humanitärer Aspekte in der Arbeitssituation geführt. Die Forderung nach Work-Life-Balance ist nicht mehr wegzudenken. Heute geht man zudem davon aus, dass sich nicht nur Menschen, sondern auch Unternehmen **ethisch korrekt** verhalten können und sollen (**Corporate Governance**). Viele Unternehmen fühlen sich diesen Gedanken verpflichtet und setzen deshalb umfangreiche organisatorische Veränderungsprozesse in Gang. Dazu müssen die bisherigen Arbeitsprozesse umgestaltet, Entscheidungsstrukturen neu festgelegt und auch ganz neue Organisationsformen umgesetzt werden.[410]

- **Demografische Entwicklung**: Sie ist ein weiterer sozialer Aspekt, den es zu beachten gilt. Unternehmen werden in absehbarer Zukunft noch stärker gezwungen sein, die Veränderung der Altersstruktur bei der Gestaltung der Arbeitssituation zu beachten. Die jungen Generationen bringen neue Werte und Ziele mit bzw. setzen die Schwerpunkte anders als frühere Generationen. Unternehmen müssen sich frühzeitig um den Aufbau eines Pools an eigenen qualifizierten Mitarbeitern kümmern und auch dafür sorgen, dass ihnen ihre älteren Mitarbeiter möglichst lange erhalten bleiben. Der externe Arbeitsmarkt gibt immer häufiger nicht mehr genug geeignete Bewerber her. Dies macht den Einsatz neuer Formen der Personalentwicklung und neuer Formen der Arbeitsorganisation erforderlich.

- **Neue Gesetze und Verordnungen**: Gesetzesänderungen und neue Verordnungen erfordern oft ebenfalls einen organisatorischen Wandel. So müssen z.B. Umweltschutzbestimmungen bei der Strukturierung von Produktionsprozessen berücksichtigt oder Änderungen der gesetzlichen Mitbestimmungsregeln in die Gestaltung von Entscheidungsprozessen einbezogen werden. Die Einführung des Allgemeinen Gleichbehandlungsgesetzes (AGG) und die zugehörige Rechtsprechung führten beispielsweise dazu, dass Verwaltungsprozesse hinsichtlich möglicher Diskriminierungen untersucht und ggf. neugestaltet werden mussten.

- **Technischer Fortschritt**: Um wettbewerbsfähig zu bleiben, muss regelmäßig überprüft werden, ob neue Produktions-, Informations- und Kommunikationstechniken eingesetzt werden sollen. Der technische Fortschritt geht in der Regel mit organisatorischen Veränderungen einher, da Aktivitäten neu strukturiert und angepasst werden müssen und Mitarbeiter andere Aufgaben erhalten.

---

[409] Vgl. Bea/Göbel (2019), S. 436.
[410] Vgl. Jones/Bouncken (2008), S. 605.

Als wichtigste **interne Einflussfaktoren** beim organisatorischen Wandel sind zu nennen:

- **Veränderung des Zielsystems**: Wenn sich Unternehmensziele ändern, muss geprüft werden, ob die bestehenden organisatorischen Strukturen weiterhin zielführend sind. Dies ist beispielsweise bei der Privatisierung staatlicher Betriebe dringend nötig, wenn eine ehemals öffentlich-rechtliche, an nicht-erwerbswirtschaftlichen Zielen ausgerichtete Non Profit Organisation ein Zielsystem etablieren muss, bei dem Gewinn und Rentabilität eine wichtige Rolle spielen. Sämtliche Prozesse und hierarchischen Strukturen müssen auf die Ziele der neuen Shareholder ausgerichtet werden. Auch bei Fusionen oder der Erschließung neuer Märkte ändert sich i.d.R. das Zielsystem des Unternehmens, sodass die Organisation entsprechend angepasst werden muss.

- **Änderung der Unternehmensstrategie**: Bereits 1962 zeigte Chandler anhand einer empirischen Langzeituntersuchung in den USA, dass die Organisationsstruktur eines Unternehmens seiner Wachstumsstrategie folgt. Seitdem gilt das Motto: **Structure follows strategy**. Die Struktur, d.h. die Organisation, ändert sich reaktiv im Anschluss an die Einführung einer neuen Strategie, weil die bestehende Organisation sich unter den neuen Voraussetzungen als nicht mehr effizient erweist.[411]

- **Neue Kundenstruktur**: Die Kunden eines Unternehmens werden normalerweise zu Kundengruppen zusammengefasst. Die Zusammensetzung dieser Kundengruppen – z.B. Groß- oder Privatkunden, europäische oder asiatische Kunden, jüngere oder ältere Menschen, junge Familien oder Alleinstehende – muss bei der Gestaltung der organisatorischen Regelungen berücksichtigt werden, damit jede Gruppe optimal betreut werden kann. Änderungen in der Kundenstruktur erfordern häufig auch eine organisatorische Anpassung, da neue bzw. anders gewichtete Anforderungen seitens der Kunden, etwa bei den Lieferzeiten, den Preisen oder der Qualität, zu beachten sind. Die Internationalisierung der Geschäftsbeziehungen stellt in diesem Zusammenhang eine weitere Herausforderung dar, weil Kenntnis und Verständnis anderer Kulturen in vielen Unternehmen noch verbessert werden müssen[412] und in den bisherigen Strukturen noch zu wenig Berücksichtigung finden.

- **Veränderung der Unternehmenskultur**: Hier gilt: **Culture follows structure**. Jede Organisationsstruktur erfordert eine unterschiedliche Unternehmenskultur und eigene Denk- und Verhaltensmuster, die sich erst im Laufe der Zeit entwickeln. So benötigt z.B. die Matrixorganisation eine Kultur, in der die Mitarbeiter gut mit Konflikten umgehen können.[413] Wenn die passende Unternehmenskultur nicht vorhanden ist, sind neue Organisationskonzepte auch nicht erfolgreich. Die bestehende Kultur kann nur langsam verändert und angepasst werden.

Welche Bedeutung Unternehmen den organisatorischen Änderungsprozessen beimessen, offenbart die „Changemanagement Studie 2019" der Unternehmensberatung Capgemini. Die

---

[411] Vgl. Chandler (1962); Bea/Göbel (2019), S. 449; Utikal/Ebel (2006), S. 170 ff.

[412] Vgl. Wagner (2008), S. 36.

[413] Vgl. Bea/Göbel (2019), S. 360.

Befragung deutscher, europäischer und internationaler Unternehmen ergab, dass der organisatorische Wandel in allen Branchen und Unternehmen jeder Größe als eine **zentrale Managementaufgabe** gesehen wird. Agilität in der VUCA-Welt halten die Unternehmen für sehr bedeutsam.[414]

Für die nächsten Jahre wird eine sehr stark zunehmende Wichtigkeit des organisatorischen Wandels in Richtung Agilität und Dexterity (so nennt Capgemini die mentale Anpassungsfähigkeit oder Adaptiviät) erwartet. Der Wandel wird als zwingend notwendig aufgrund eines fundamentalen Änderungsbedarfs angesehen.[415]

Die wichtigsten **Anlässe** zeigt die Abb. 10-1.

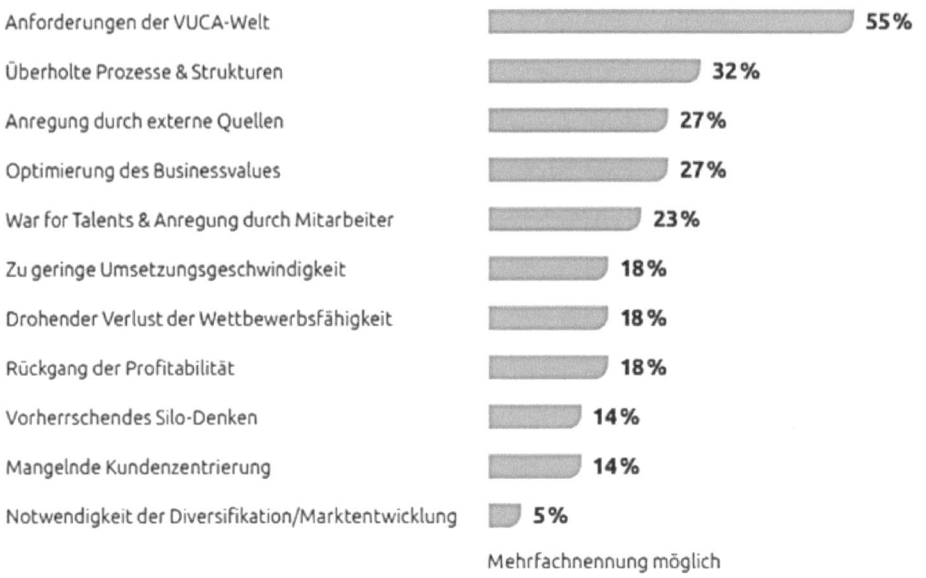

Abb. 10-1: Anlässe des organisatorischen Wandels[416]

In den letzten Jahren hat sich „**der Wandel selbst gewandelt**". Während es früher vornehmlich um einzelne schnelle, eher reaktive Anpassungsmaßnahmen ging, stehen heute die ständigen Veränderungsprozesse im Vordergrund. Im Hinblick auf eine **nachhaltige Zukunftssicherung** ist der **geplante organisatorische Wandel** zu einer **Daueraufgabe** geworden.

Neue Situationsvariablen erfordern nicht zwangsläufig eine ganz bestimmte Vorgehensweise bei der organisatorischen Änderung. Vielmehr legen die unternehmensinternen Entscheidungsträger die Art und den Grad des Wandels fest. Etliche Unternehmen orientieren sich

---

[414] Vgl. Capgemini Consulting (2019), S. 7 ff.

[415] Vgl. ebd.

[416] Entnommen aus: Capgemini Consulting (2019), S. 42.

dabei an **Modeerscheinungen**, die oft nur deshalb nachgeahmt werden, weil erfolgreiche Unternehmen bereits so vorgehen. Eine Überprüfung, ob deren Erfolg tatsächlich auf dieser neuen Organisationsstruktur beruht, unterbleibt jedoch in vielen Fällen.

10.2 Formen des organisatorischen Wandels

In der einschlägigen Literatur findet man im Zusammenhang mit organisatorischem Wandel eine solche Vielzahl von Definitionen, dass es schwerfällt, sich einen Überblick zu verschaffen und sie überhaupt auseinanderzuhalten.[417]

Hier soll organisatorischer Wandel als übergeordnete Bezeichnung für alle Veränderungen der Organisationsstrukturen verstanden werden, seien es grundsätzliche Neuausrichtungen, tiefgreifende Restrukturierungen oder Beseitigungen kleinerer Schwachstellen.

Man unterscheidet diese **Formen** des organisatorischen Wandels, zwischen denen die Übergänge fließend sind:

- **Wandel 1. und 2. Ordnung**: Der Unterschied zwischen den beiden Formen liegt im Umfang, der Geschwindigkeit und der Radikalität der Veränderung. Bei einem Wandel 1. Ordnung bleiben die Grundwerte des Unternehmens und seine strategische Ausrichtung unberührt. Prozesse und aufbauorganisatorischen Strukturen werden modifiziert, ohne dass der Bezugsrahmen verändert wird. Es handelt sich also um schrittweise, kontinuierliche und langsame Anpassungen mit überschaubarer Intensität und Komplexität. In der Regel sind zunächst nur einige Abteilungen bzw. wenige Hierarchieebenen betroffen. Dagegen ist der Wandel 2. Ordnung von fundamentalen Änderungen geprägt. Der bisherige Bezugsrahmen gilt allenfalls noch in Teilen, die Ausrichtung des Unternehmens wird deutlich verändert, es kommt zu einem Bruch mit der Vergangenheit, die Organisation wird auf allen Ebenen gleichzeitig und komplett umgestaltet.

- **ungeplanter und geplanter Wandel**: Ungeplanter organisatorischer Wandel vollzieht sich unbeabsichtigt und zufällig. Er ist ein Nebeneffekt der täglichen Handlungsprozesse, bei denen – aus welchen Gründen auch immer – Aufgaben manchmal anders als bisher erfüllt werden. Wenn die neuen Vorgehensweisen sinnvoll erscheinen, werden sie häufiger angewendet und schließlich einfach beibehalten. Improvisation und Zufälligkeit sind wesentliche Merkmale des ungeplanten Wandels. Für den geplanten organisatorischen Wandel ist die Einsicht in die Veränderungs**notwendigkeit** eine wichtige Voraussetzung. Es handelt sich um eine systematische, beabsichtigte, strukturierte und kontrollierte Vorgehensweise. Sie ist darauf ausgerichtet, den Herausforderungen in einem sich ständig wandelnden Unternehmensumfeld zukünftig gewachsen zu sein. Geplanter organisatorischer Wandel schafft also die Möglichkeit, sich auf bestimmte Situationen im Vorhinein einzustellen, frühzeitige Veränderungen einzuleiten und langfristig für die Sicherung des Unternehmenserfolgs zu sorgen.

---

[417] Vgl. Steinle/Schmidt (2007), S. 59; Klimmer (2016), S. 231 f.

▨ **Fundamentaler und inkrementaler Wandel**: Die beiden Formen bauen aufeinander auf und wechseln sich ab. Fundamentaler Wandel beinhaltet sehr weitreichende und tiefgreifende Änderungen der Organisation. Es werden kaum Einschränkungen vorgenommen und das gesamte Unternehmen wird komplett neu strukturiert. Damit beginnt eine neue Unternehmensepoche. Anschließend folgen regelmäßig inkrementale Veränderungen, d.h. ständige, kleinere Verbesserungen innerhalb dieser Epoche, bis wieder ein fundamentaler Wandel ansteht und das Unternehmen in eine neue Epoche eingeht.[418]

10.3 Bereiche und Konzepte des geplanten organisatorischen Wandels

10.3.1 Bereiche des geplanten organisatorischen Wandels

Geplanter organisatorischer Wandel betrifft insbesondere diese Bereiche:

▨ aufbauorganisatorische Strukturen

▨ Prozesse

▨ Human Resources

▨ technische Fähigkeiten

▨ Wettbewerbsstrategien

Der organisatorische Wandel der **aufbauorganisatorischen Strukturen** befasst sich vorrangig mit der **Verbesserung des hierarchischen Systems**. Es geht um die zielorientiertere Gestaltung der Kommunikations-, Entscheidungs- und Weisungsbeziehungen in den und zwischen den Organisationseinheiten sowie die dazu passende Veränderung der Aufgaben von Vorgesetzten und Mitarbeitern.

Die Umstrukturierung der **Prozesse** betrifft die vorgegebenen Arbeitsroutinen und institutionalisierten Verhaltensmuster bei der Durchführung von Prozessen. Sie sind daraufhin zu überprüfen, ob sie noch zeitgemäß sind und in Zukunft der Zielerreichung und dem Unternehmenserfolg eher förderlich oder hinderlich sind.

Neben der Umgestaltung aufbauorganisatorischer Strukturen und Prozesse in der **Primärorganisation** gehört auch die Implementierung bzw. die Anpassung der aufbauorganisatorischen Strukturen und Prozesse der **Sekundärorganisationen** zum organisatorischen Wandel.

Zunehmend betrachten Unternehmen ihre **Human Resources** als wichtigsten Erfolgsfaktor. Deshalb muss man kontinuierlich prüfen, ob das Potenzial der Mitarbeiter bestmöglich ausgeschöpft wird, andernfalls würde man hinsichtlich der optimalen Ressourcenallokation unwirtschaftlich arbeiten und Ressourcen verschwenden. Es gilt, die Qualifikation der (Stamm-)Belegschaft an derzeitige und künftige Aufgaben anzupassen und ihre Motivation aufrechtzuer-

---

[418] Vgl. Klimmer (2016), S. 216.

halten. Wichtige Maßnahmen sind in diesem Zusammenhang die Gestaltung der Arbeitsbeziehungen, die strategische Ausrichtung des Führungs- und Personalentwicklungssystems und die Schaffung neuer, an den Bedürfnissen der Mitarbeiter ausgerichteter Anreizsysteme. Dazu gehört auch und insbesondere die aktive Beeinflussung der informalen Beziehungen und der **Unternehmenskultur**.

Geplante Veränderungen der **technischen Kompetenzen** sollen die Innovationsfähigkeit erhalten. Ziel ist es, die Produkte und Dienstleistungen immer weiter zu verbessern. Die Kundenwünsche stehen dabei im Mittelpunkt.

Die weitest gehende Form des organisatorischen Wandels bezieht auch die **Wettbewerbsstrategien** des Unternehmens mit ein. Die eigenen Marktpositionen und die Beziehungen zu den Konkurrenten werden dabei auf den Prüfstand gestellt.[419] Man denkt darüber nach, welche Veränderungen in diesem Zusammenhang zu besseren Ergebnissen führen könnten. Beispielsweise konzentriert man sich auf Kernkompetenzen, lagert bestimmte Prozesse aus oder bildet strategische Allianzen.

Die genannten Bereiche des geplanten organisatorischen Wandels sind nicht unabhängig voneinander zu sehen. So erfordert der technische Fortschritt regelmäßig Änderungen der Arbeitsprozesse und der aufbauorganisatorischen Strukturen. Häufig initiiert er seinerseits Personalentwicklungsprozesse. Ein Wandel der Wettbewerbsstrategie macht meist auch Veränderungen der Führungssysteme und des Führungsverhaltens notwendig.

10.3.2 Konzepte des Wandels

Die in der Literatur dargestellten Konzepte zur Bewältigung des geplanten organisatorischen Wandels sind vielfältig. Es gibt zahlreiche Parallelen und Überschneidungen. Sie betrachten Probleme aus unterschiedlicher Perspektive, setzen verschiedene Schwerpunkte oder legen ein unterschiedliches Verständnis von Organisation zugrunde. Die bekanntesten Konzepte des Wandels sind:

- Reorganisation
- Business Reengineering
- Organisationsentwicklung
- Change Management

10.3.2.1   Reorganisation

Als Reorganisation bezeichnet man eine geplante, **tiefgreifende Umgestaltung** der bestehenden Aufbau- und Prozessorganisation eines Unternehmensbereichs oder seltener des Gesamtunternehmens. Ziel ist die Effektivitätssteigerung.

Reorganisation setzt immer einen **bedeutenden Anlass** voraus, etwa die umfangreiche Änderung des Leistungsprogramms, neue Marktverhältnisse oder rechtliche Rahmenbedingungen

---

[419] Vgl. Wagner (2008), S. 34.

oder die Neuausrichtung des Unternehmens nach einer Fusion mit einem anderen Unternehmen oder nach einer Insolvenz.

Der organisatorische Wandel wird bei einer Reorganisation in erster Linie als ein **vom Management zu bewältigendes Planungsproblem** verstanden. Nachdem das Problem erkannt, die Ist-Situation bewertet und der Soll-Zustand formuliert ist, entwickeln die Unternehmensleitung bzw. deren Beauftragte mehrere Lösungswege, die anschließend nach erwünschten und unerwünschten Wirkungen bewertet werden. Dazu wendet man häufig **Nutzwertanalysen** und **Kosten-Nutzen-Analysen** an. Die beste Alternative wird von der **Unternehmensleitung** ausgewählt. Die erfolgreiche Umsetzung ist dann nur noch eine Abfolge von korrekten Anweisungen.

Damit sichergestellt ist, dass die Mitarbeiter den neuen Aufgaben gewachsen sind, müssen in der Regel zusätzlich **Personalentwicklungsmaßnahmen** durchgeführt werden. Sie werden als notwendige **Folge der Reorganisation** betrachtet. Die Reorganisation endet mit einer **Ergebniskontrolle**. Bei Bedarf schließen sich weitere Reorganisationsmaßnahmen an.

Reorganisationsprojekte werden immer federführend von **Organisatoren** durchgeführt. Das können ausgewählte Führungskräfte, spezialisierte Stäbe und/oder interne bzw. externe Berater sein. Sie entwerfen die neuen aufbauorganisatorischen Strukturen und die neuen Prozesse nach den Vorgaben der Unternehmensleitung. Anschließend sorgen sie i.d.R. auch für die Umsetzung des von der Unternehmensleitung genehmigten Konzepts.

Da es sich um eine Experten-basierte, neuartige, zielgerichtete, komplexe und zeitlich befristete Maßnahme handelt, treffen alle Merkmale eines Projekts auf die Reorganisation zu. Sie wird deshalb idealerweise **im Rahmen eines Projektes** durchgeführt (vgl. Kapitel 4.2.7). Je nach Umfang erfolgt eine Aufteilung in mehrere Unterprojekte, die nacheinander oder auch parallel bearbeitet werden.

Reorganisationsmaßnahmen beziehen sich in der Regel auf die Lösung einzelner (jedoch komplexer) Probleme, weshalb zu vermuten ist, dass des Öfteren übergeordnete Zusammenhänge und die Unternehmensstrategie zu wenig Beachtung finden. Ein weiterer wesentlicher Kritikpunkt ist der geringe Einbezug der betroffenen Mitarbeiter in die Entscheidungsfindung. **Akzeptanzprobleme** sind deshalb häufig.

10.3.2.2 Business Reengineering

Wenn sich die Organisationsänderung nicht in kleinen Schritten, sondern als **radikaler Umbruch** vollzieht, spricht man von Business Reengineering. Entwickelt wurde dieses Konzept in den 1980er und 1990er Jahren in den USA. Wesentlich geprägt haben es Hammer und Champy,[420] die

- Unternehmenszweck,
- bestehende Strategien,

---

[420] Vgl. Hammer/Champy (1993); Hammer/Champy (1995); Champy (1995); Hammer/Stanton (1995).

- Unternehmenskultur,
- Geschäftsprozesse,
- Unternehmensleitung und
- Mitarbeiter

gleichzeitig verändern wollen.

Damit steht die **gesamte Unternehmenssituation** auf dem Prüfstand. Es soll ein **fundamentales Umdenken** stattfinden.[421]

Das Ergebnis ist ein **radikales Redesign von Unternehmensprozessen** mit dem Ziel, **Spitzenleistungen** zu erzielen. Die Prozesse werden ohne jede Rücksicht auf Mitarbeiter, bestehende Strukturen und Abteilungsgrenzen analysiert, auseinandergenommen und unter der Prämisse einer konsequenten **Kundenorientierung** neu zusammengefügt. Die neuen Prozesse durchschneiden bisherige Abteilungen, die danach nicht mehr existieren, und sollen das Unternehmen als Ganzes optimieren.

Bei der Integration und Koordination der neuen Prozesse wird der Einsatz hochwertiger Informations- und Kommunikationstechnik als selbstverständlich angesehen.[422]

Durch Business Reengineering soll es insbesondere bei den Kosten, der Produktqualität und der Dauer von Prozessen zu Leistungssteigerungen in **erheblichem Umfang** kommen, sodass von bahnbrechenden Veränderungen oder regelrechten **Quantensprüngen** gesprochen werden kann.[423]

Die **Schlüsselkomponenten** des Business Reengineering sind (vgl. Abb. 10-2):

- **Fundamentaler Wandel**: Business Reengineering akzeptiert keinerlei Einschränkungen. An die Stelle von kontinuierlichen Veränderungen tritt eine völlige Neugestaltung. Dadurch sollen Steigerungen in immenser Größenordnung erreicht werden. Erwartet werden durchschnittlich 30 Prozent Verbesserungen bei Kosten, Qualität, Zeit und Service gleichzeitig.

- **Radikales Vorgehen**: Alles, was die bisherige Organisation ausmacht, wird bewusst ignoriert. Man zieht einen Schlussstrich unter die Vergangenheit und zerschlägt die bisherigen Strukturen.

- **Redesign**: Es geht hier nie um die Veränderung althergebrachter Vorgehensweisen, sondern man konzentriert sich stets auf die Entwicklung völlig neuer Wege der Zielerreichung.

- **Prozessorientierung**: Die gesamte Organisation wird an Prozessen ausgerichtet. Einzelne Mitarbeiter oder interdisziplinäre Arbeitsgruppen – sog. Case Workers bzw.

---

[421] Vgl. Champy (1995), S. 19 f. und 53 ff.

[422] Vgl. Unger (2008), S. 206.

[423] Vgl. Hammer/Stanton (1995), S. 21 ff.

Case Teams mit einem Case Manager an der Spitze – übernehmen komplette Prozesse, die sich an bestimmten Produkten oder Kunden orientieren und störende Abteilungsgrenzen überwinden. Abteilungen im herkömmlichen Sinn gibt es gar nicht mehr. Man verspricht sich von dieser funktionsübergreifenden Vorgehensweise auch eine höhere Motivation der Beteiligten.

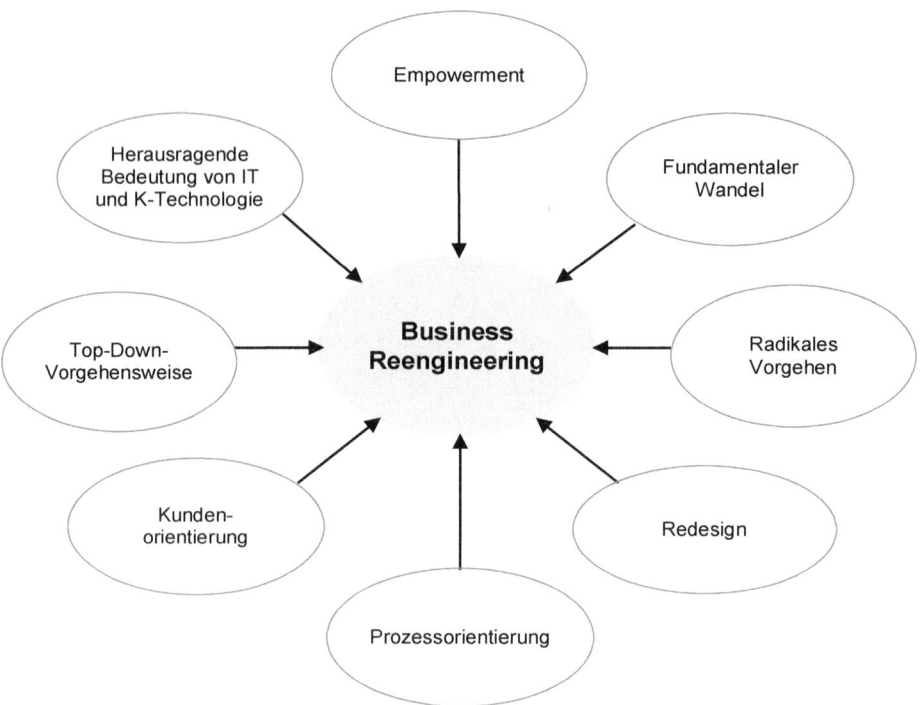

Abb. 10-2: Schlüsselkomponenten des Business Reengineering

- **Kundenorientierung**: Alle Prozesse werden an den Interessen der externen und internen Kunden ausgerichtet. Als interne Kunden gelten alle nachgelagerten Prozesse innerhalb des Unternehmens. Jede Änderung der Organisation muss den Kundennutzen im Blick haben.

- **Herausragende Bedeutung der Informations- und Kommunikationstechnologie**: Der Einsatz modernster Informations- und Kommunikationstechnik wird als grundlegende Voraussetzung für das Gelinden des Business Reengineering angesehen. Man betrachtet es als notwendig, dass man alle Daten aus allen Unternehmensbereichen jederzeit abrufen und verarbeiten kann. Erst dadurch ist es möglich, völlig neue Arbeitsweisen zu entwickeln und die radikalen organisatorischen Veränderungen umzusetzen.

- **Empowerment**: Die Case Teams erhalten umfangreiche Entscheidungsbefugnisse und steuern die Aufgabenerfüllung über konkrete Zielvorgaben weitgehend selbst.

Deshalb benötigt man weniger Vorgesetzte und eine geringere Anzahl an Hierarchie-ebenen. Die verbleibenden Führungskräfte werden in der neuen Struktur zu Prozess-eignern oder Case Managern, ihre Aufgabe wandelt sich vom Weisungsgeber und Kontrolleur zum Coach. Abstimmungsprobleme zwischen den Prozesseignern wer-den durch Schnittstellenmanager gelöst, die dafür sorgen, dass das Gesamtziel im Auge behalten wird.

- **Top-Down-Vorgehensweise**: Die Unternehmensleitung initiiert und unterstützt den Reengineering-Prozess. Sie setzt bewusst ihre hierarchische Macht ein, um den Wandel durchzusetzen, und lebt ressortübergreifendes und ganzheitliches Denken und Han-deln vor. Fremdorganisation durch Organisatoren hat den Vorrang vor Selbstorgani-sation durch die betroffenen Mitarbeiter. Ihnen traut man einen fundamentalen Wan-del nicht zu und geht davon aus, dass sie zu sehr in ihren bisherigen Strukturen ver-haftet sind.

Business Reengineering unterstellt, dass früher alles schlecht gemacht wurde. Die bisherige Arbeitsweise und alle Strukturen werden als völlig unpassend und unangemessen angesehen und müssen deshalb sofort abgeschafft und nicht etwa nur verändert werden.

Der organisatorische Wandel in Form einer „**Bombenwurfstrategie**" wie er beim Business Reengineering durchgeführt wird, birgt jedoch ein weitaus höheres **Risiko**, dass die Verände-rungen scheitern, als die kontinuierliche Verbesserung vorhandener Strukturen. Alle Vorteile der derzeitigen Organisation werden aufgegeben. Die Werte, Einstellungen und Verhaltens-weise der Mitarbeiter und ihre Bedenken gegenüber Neuerungen sowie mögliche Akzeptanz-probleme finden hier keinerlei Beachtung. Vielmehr wird den Betroffenen von Seiten der Re-organisatoren zu verstehen gegeben, dass sie bislang alles falsch gemacht haben und nun ein neuer Wind weht.

Business Reengineering unterstellt, dass die neuen Strukturen grundsätzlich erheblich besser als die alte Organisation sind. Mögliche unerwünschte Konsequenzen des Wandels werden weitgehend ignoriert. Dass jede Organisation grundsätzlich immer Vor- und Nachteile hat, bleibt unbeachtet.

Nach anfänglich großer Begeisterung für dieses Konzept hat sich die Praxis wieder stärker dem Wandel in kleinen Schritten zugewandt.

„Gewaltakte" wie sie das Business Reengineering vorsieht, werden zunehmend als **realitäts-fern** betrachtet. Auch die zusätzliche Motivation der Mitarbeiter, die man sich davon verspro-chen hat, ist in der Praxis weitgehend ausgeblieben. Zahlreiche Untersuchungen haben zudem gezeigt, dass die erwarteten Quantensprünge eher selten eingetreten sind.[424] Unger spricht gar von Bocksprüngen statt Quantensprüngen.[425]

Deshalb bleibt das Business Reengineering heutzutage meistens auf **Notsituationen** be-schränkt.

---

[424] Vgl. Koch/Hess (2003), S. 6 ff.; Unger (2008), S. 210.

[425] Vgl. Unger (2008), S. 209.

10.3.2.3   Organisationsentwicklung

Während sich Reorganisation und Business Reengineering vorrangig an ökonomischen Größen orientieren, werden bei der Organisationsentwicklung humanitäre Aspekte von Anfang an als bedeutende Komponente einbezogen. Die **Verbesserung der Arbeitsbedingungen** ist ein wesentlicher Inhalt.

Organisationsentwicklung (OE) ist die langfristig angelegte, umfangreiche Entwicklung und Veränderung der **Organisation** eines Unternehmens **und** seiner **Mitarbeiter**. Sie betrifft aufbauorganisatorische Strukturen und Prozesse und zielt zudem gleichzeitig und **gleichrangig** auf die Entwicklung der Mitarbeiter und die Anpassung der Unternehmenskultur ab. Die Veränderung von Einstellungen und Verhaltensweisen sowie die Personalentwicklung sind deshalb bedeutende integrative Bestandteile.[426]

Die Organisation wird hier weniger im instrumentalen als im institutionalen Sinn verstanden, d.h. sie wird nicht als System von dauerhaften, zielgerichteten, generellen Regelungen, sondern als **sozio-technisches System** angesehen, das es insgesamt zu verändern gilt.

Wichtige **Ziele** der Organisationsentwicklung sind:[427]

- Verbesserung der aufbauorganisatorischen Strukturen
- Prozessoptimierung
- Selbständigkeit der Mitarbeiter
- Entscheidungsdelegation
- Selbstverwirklichung des Einzelnen durch den Erwerb fachlicher und sozialer Kompetenzen
- materielle Existenzsicherung der Mitarbeiter
- Gesundheitsschutz

Organisationsentwicklung beruht in erster Linie auf dem Lernen und der Mitwirkung aller Mitarbeiter auf allen Hierarchieebenen. Sie wird dabei nicht als ein notwendiges Übel, das man schnell hinter sich bringen muss, angesehen. Vielmehr handelt es sich um einen **erwünschten langfristigen Prozess**. Damit unterscheidet sich die Organisationsentwicklung von der Reorganisation und vom Business Reengineering vor allem in diesen Punkten:

- Gleichrangigkeit von ökonomischen und humanitären Zielen
- Aufbau eines gemeinsamen Problembewusstseins bei Unternehmensleitung, Führungskräften und Mitarbeitern
- Partizipation der Betroffenen aller Hierarchieebenen
- erfahrungsorientiertes Lernen der Mitarbeiter und der Organisation als Ganzes
- kein eindeutiges Prozessende

---

[426] Vgl. Trebesch (2004 a), S. 72 ff.; ders. (2004 b), Sp. 988.

[427] Vgl. ders. (2004 b), Sp. 988 ff.

- Personalentwicklung als gleichwertige und nicht als nachgelagerte Aufgabe
- eher Bottom-Up- als Top-Down-Vorgehensweise
- Hilfe zur Selbsthilfe anstelle eines fertigen, von Organisatoren erstellten Konzepts

Auch wenn die Einbindung der Betroffenen stark betont wird, haben die **Organisatoren** dennoch eine **zentrale Rolle** im Veränderungsprozess,[428] allerdings weniger auf der fachlichen als auf der Verhaltensebene. Da verhaltenswissenschaftliche Instrumente wie Coaching, Supervision, Teamentwicklung etc. häufig zum Einsatz kommen, sind die soziologischen und psychologischen Kenntnisse von versierten Fachleuten unverzichtbar.

Organisationsentwicklung ist in vielen Unternehmen alltäglich geworden. Die Berücksichtigung von Unternehmenskultur und Mitarbeiterinteressen wird heutzutage immer selbstverständlicher. Gemeinsame Lernprozesse und die Beteiligung aller Betroffenen steigern die Akzeptanz für den organisatorischen Wandel erheblich. Sie nehmen allerdings auch **viel mehr Zeit** in Anspruch als die anderen Vorgehensweisen. Deshalb ist zu vermuten, dass in der Praxis häufig die Bottom-Up-Orientierung zugunsten einer stärkeren Top-Down-Vorgehensweise abgeändert wird.

Zudem wäre es naiv zu glauben, dass in der Praxis – wie von der Theorie propagiert – tatsächlich ökonomische und humanitäre Aspekte als gleichwertig angesehen werden. Dies würde den Aufgaben der Unternehmensleitung und dem Zweck eines Unternehmens, das Gewinne erwirtschaften soll, zuwiderlaufen. Gerade in wirtschaftlich schwierigen Zeiten muss davon ausgegangen werden, dass die Interessen der Mitarbeiter gegenüber den Zielen der Shareholder an Bedeutung verlieren, weshalb von Gleichrangigkeit ökonomischer und humanitärer Ziele in der Praxis keine Rede sein kann. Gleichwohl gehört es aber zum Konzept, grundsätzlich die Interessen der Mitarbeiter nicht außer Acht zu lassen.

10.3.2.4 Change Management

Seit einigen Jahren setzt sich die Bezeichnung Change Management für die aktive Gestaltung des organisatorischen Wandels zunehmend durch. Change Management wird inzwischen als **Oberbegriff** für alle Arten von geplanten Restrukturierungen der Organisation im weitesten Sinne verwendet und schließt auch die Veränderung der Anreizsysteme und die Personalentwicklung mit ein. Es baut auf der Überzeugung auf, dass erfolgreiche Veränderungen aus der Kombination von systematischer, zielgerichteter Arbeit und der kreativen Suche nach praktikablen Lösungen entstehen.

Als Hauptaufgabe des Change Managements wird nicht mehr die Verbesserung der Prozesse im Hinblick auf eine bessere Verwirklichung von Kundenwünschen angesehen. Vielmehr hat Change Management heutzutage vorrangig die **Kompetenzorientierung** im Blickfeld.[429] Gemeint sind sowohl die Kompetenzen des Unternehmens als Ganzes als auch diejenigen der Mitarbeiter.

---

[428] Vgl. Breisig (2015), S. 133.
[429] Vgl. Vahs (2019), S. 272.

Ziel ist es, die Kompetenzen der Mitarbeiter so zu entwickeln, dass das Unternehmen dauerhaft im Wettbewerb bestehen kann und so die **Gesamtkompetenz des Unternehmens** zu optimieren. Es soll in der Lage versetzt werden, auf Veränderungen zu reagieren, sie zu antizipieren und vorausschauend zu steuern.[430]

Dazu bedarf es einer umfassenden Abstimmung zwischen

- Strategien,
- Strukturen,
- Unternehmenskultur,
- Ressourcen und
- Kompetenzen.[431]

Change Management geht zudem davon aus, dass der **permanente Wandel** ein wesentlicher **Erfolgsfaktor** eines Unternehmens ist. Führungskräfte haben deshalb die Aufgabe, eine stabile und dauerhafte Organisation zu etablieren, die sich jedoch gleichzeitig als anpassungsfähig und wandlungsfreundlich erweist. Dazu können Reorganisation, Business Reengineering und andere Konzepte verwendet werden und sich abwechseln. Bottom-Up- und Top-Down-Vorgehensweisen werden nicht mehr als sich ausschließende Maßnahmen verstanden, sondern je nach Problemlage variabel eingesetzt.

Die **Schwerpunkte** des Change Managements liegen heutzutage in diesen Bereichen:[432]

- Qualitätsmanagement
- Lean Management
- Virtualisierung von Unternehmensbereichen
- Bildung von Team- und Netzwerkstrukturen

Die am Change Management Beteiligten können aktiv mitarbeiten, Prozesse initiieren und vorantreiben oder eine eher passive, abwartende Rolle einnehmen und nur bei Bedarf mitwirken. Ihre Rolle wechselt je nach Wandlungsbereich. Die Akteure werden als **Change Agents** bezeichnet. Ihre Aufgaben reichen von der Analyse, ob ein Wandel überhaupt notwendig ist, über die Lösungssuche bis zur Umsetzung der Vorgaben.

Oft werden neben den internen auch **externe Change Agents**, z.B. Unternehmensberater oder Interim Manager, eingesetzt. Von ihnen verspricht man sich größere Problemdistanz und Objektivität sowie verwertbare Erfahrungen aus Change Management-Prozessen, die sie in anderen Unternehmen begleitet haben. Ein weiterer Vorteil externer Change Agents ist deren größere Bereitschaft, unbequeme und unangenehme Lösungen vorzuschlagen. Außerdem sind viele Mitarbeiter eher bereit, Veränderungsnotwendigkeiten und Vorschläge zu akzeptieren, wenn sie von Außenstehenden kommen.

---

[430] Vgl. Kirchler/Meier-Pesti/Hofmann (2005), S. 176 ff.

[431] Vgl. Bea/Göbel (2019), S. 465.

[432] Vgl. Scherm/Pietsch (2007), S. 270.

In Großunternehmen relativieren sich die Vorteile externer Change Agents, da hier auch interne Berater meist genügend Problemdistanz und Erfahrungen aus anderen Unternehmensbereichen mitbringen. Gleichzeitig ist es von Vorteil, dass die internen Change Agents mit der Unternehmenskultur vertraut sind und bei den betroffenen Mitarbeitern auf weniger Skepsis stoßen. Als ideales **Change Team** wird in der Literatur deshalb eine Mischung aus Führungskräften, internen und externen Beratern sowie betroffenen Mitarbeitern gesehen.[433]

10.4 Hemmnisse bei geplantem organisatorischem Wandel

10.4.1 Ursachen für Hemmnisse

Organisatorische Veränderungen erweisen sich oft als viel schwieriger und langwieriger als geplant. Manchmal scheitern sie ganz. Die Ursache liegt häufig in der Unfähigkeit und/oder dem Unwillen von Mitarbeitern, die in den anstehenden Neuerungen keine Chance, sondern eine Bedrohung sehen. Auch externe Umstände stehen dem organisatorischen Wandel oft im Wege. Die Abb. 10-3 gibt einen Überblick über mögliche Ursachen für Hemmnisse.

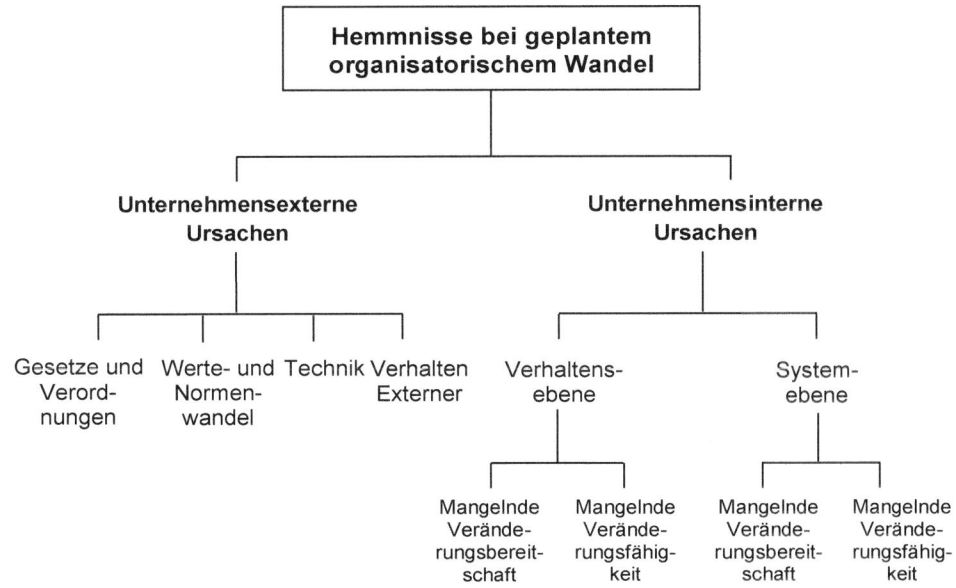

Abb. 10-3: Ursachen für Hemmnisse bei geplantem organisatorischem Wandel[434]

Wichtige **unternehmensexterne Ursachen** sind **Gesetze und Verordnungen** sowie gesellschaftliche **Werte und Normen**, die es bei der Strukturierung von Aufgaben und Prozessen

---

[433] Vgl. Scherm/Pietsch (2007), S. 266.

[434] Vgl. Bea/Göbel (2019), S. 475 ff.; Kieser/Hegele (1998), S. 121 ff.

einzuhalten gilt. Organisatorische Änderungen müssen darauf geprüft werden, ob sie gesetzlichen Vorschriften entsprechen, ansonsten sind sie nicht realisierbar. Sie müssen auch den sozialen Normen gerecht werden, ansonsten reagieren Mitarbeiter misstrauisch du ablehnend gegenüber neuen Organisationsformen.

Manchmal haben Unternehmen gute neue Ideen, haben aber dann Probleme, die passende **innovative Technik** zu finden, denn Technologieanbieter orientieren sich eher an bekannten Strukturen und dem üblichen Bedarf ihrer Kunden. Sie offerieren Neuerungen oft nur in kleinen Schritten, denn große neue Lösungen verkaufen sich schlechter und werden deshalb seltener angeboten.

Externe Shareholder sind meist wenig experimentierfreudig und fürchten bei organisatorischen Änderungen um ihren Gewinnanteil. Sie fördern damit konservatives Verhalten. Ein umfassender Wandel der Organisation wird z.B. gerade von **Kreditgebern** oft nicht als Chance, sondern als erhöhtes finanzielles Risiko eingestuft.

Auch **unternehmensinterne Faktoren** behindern den organisatorischen Wandel.

Mangelnde Fähigkeit oder auch fehlende Bereitschaft, das Verhalten zu ändern, sind die **häufigsten unternehmensinternen Hemmnisse des geplanten organisatorischen Wandels**. Das gilt nicht nur für die Mitarbeiter aller Hierarchieebenen, sondern auch für das Unternehmen an sich.[435]

Viele **Mitarbeiter** wollen ihre gewohnten Arbeitsroutinen und ihren Status nicht aufgeben. Sie schätzen die vertrauten Denk- und Handlungsmuster und scheuen das Risiko und die Unsicherheit, die mit neuen Vorgehensweisen verbunden sind.[436] Hinzu kommen oft fehlendes Know-how und mangelndes Vorstellungsvermögen. Die Hemmnisse können also sowohl in mangelnder Veränderungsbereitschaft als auch in mangelnder Veränderungsfähigkeit liegen. Je umfassender die Veränderungen sind, desto weniger können Mitarbeiter einschätzen, was am Ende des Veränderungsprozesses auf sie zukommt. Teilweise haben sie auch Angst, ihre Stelle zu verlieren. Und Angst erzeugt **Widerstand**. Er ist nicht auf bestimmte Hierarchieebenen begrenzt, sondern tritt bei einfachen Arbeitern ebenso wie bei leitenden Angestellten auf.

Zudem weisen die Vertreter der Systemtheorie seit langem darauf hin, dass nicht nur Individuen, sondern auch Systeme – in unserem Fall das **Unternehmen – nach Stabilität und Kontinuität streben** und deshalb einem organisatorischen Wandel häufig ablehnend gegenüberstehen. Die Autoren sprechen in diesem Zusammenhang von **organisatorischem Konservatismus**.[437]

Die Organisation fördert durch ihre stabilen, generellen und dauerhaften Regelungen geradezu das systemkonforme Denken und Handeln. Sie belohnt stabiles Verhalten und Verlässlichkeit und trägt dazu bei, dass sich eine **Unternehmensidentität** herausbildet. Abweichungen wer-

---

[435] Vgl. Klimmer (2016), S. 221.

[436] Vgl. Schewe (2008), S. 269.

[437] Vgl. Oechsler/Paul (2019), S. 507; Kieser/Hegele (1998), S. 122; Bamberger/Wrona (2004), S. 438.

den dann häufig als Störung des Gleichgewichts empfunden und Änderungen als etwas grundsätzlich Negatives angesehen. Oft kommen noch fehlende Ressourcen auf Seiten der Führungskräfte und mangelnde Durchsetzungsmacht hinzu und verstärken das Problem.

Erstaunlicherweise ist manchmal auch der **wirtschaftliche Erfolg** eines Unternehmens ein großes Hemmnis für den geplanten organisatorischen Wandel. Er lässt die Entscheidungsträger misstrauisch gegenüber Veränderungen werden. Sie behaupten, dass der wirtschaftliche Erfolg schließlich zeige, dass sich die derzeitigen Strukturen bewährt hätten und folglich auch nicht verändert werden sollten. Sie verlieren dabei die Notwendigkeit einer langfristigen Erfolgssicherung aus den Augen. Stabilität und Verlässlichkeit mutieren dann zu Starrheit und **Änderungsresistenz**. Man spricht deshalb auch von der **erfolgsgefährdenden Wirkung des Erfolgs**.[438]

10.4.2 Argumentation und Vorgehensweise der Betroffenen

So vielfältig die Hemmnisse auch sind, der interne Widerstand der betroffenen Mitarbeiter ist die **zentrale Barriere** für organisatorischen Wandel und deshalb Schwerpunkt der folgenden Betrachtungen.

In jedem Veränderungsprozess muss man mit Widerständen rechnen, die jedoch häufig nicht offen zu Tage treten, weshalb sie oft erst sehr spät bemerkt werden. Zunächst müssen die Entscheidungsträger **auf Anzeichen** achten. Dann gilt es, sich mit den **Begründungen** und **Verhaltensweisen** auseinander zu setzen. Schließlich muss man sich Gedanken über den **Umgang mit den Widerständen** machen.

Diese **Anzeichen** deuten auf Widerstände gegen einen organisatorischen Wandel hin:[439]

- aggressiver werdendes Betriebsklima
- Zunahme lustloser Besprechungen und zäher Entscheidungsfindungsprozesse
- häufige Diskussionen über Nebensächlichkeiten
- Zunahme verhaltener Reaktionen und Schweigepausen
- sinkendes Leistungsniveau bei steigendem Desinteresse
- Zunahme von Krankenstand und Fluktuation
- häufige Unruhe und Gerüchtebildung
- zunehmende Kommunikationsprobleme, etwa ungenaue Antworten auf eindeutige Fragen
- absichtliches Zurückhalten von Informationen
- Dienst nach Vorschrift

---

[438] Vgl. Vahs (2019), S. 336.
[439] Vgl. Doppler/Lauterburg (2014), S. 354 ff. f.; Vahs (2019), S. 342.

Die betroffenen Mitarbeiter führen verschiedene **Begründungen** an, weshalb sie gegen Veränderungen sind. Diese lassen sich drei Kategorien zuordnen. Meist begegnet man ihnen – häufig bei ein und derselben Person – gleichzeitig: [440]

- **Rationale Argumente**: Sie sind logisch, nachvollziehbar und begründet und stellen deshalb das kleinste Problem dar. Der Mitarbeiter ist vernünftigen Erläuterungen gegenüber aufgeschlossen, und häufig weicht der Widerstand im Laufe der Zeit der **Einsicht** in die Notwendigkeit. Frühzeitige Information und Beteiligung am Veränderungsprozess sind hilfreich.

- **Politische Argumente**: Hier ist der Widerstand mit der Angst verbunden, die bisherige hierarchische Stellung bzw. Einfluss und Macht zu verlieren. Die Argumente sind darauf ausgerichtet, die eigene Position zu sichern. Da solche Begründungen selten offen geäußert, sondern allenfalls angedeutet werden, ist nicht vorhersehbar, welche Maßnahmen der Betroffene ergreift, um seine Besitzstände zu wahren.

- **Emotionale Argumente**: Hier besteht eine grundsätzliche Angst vor Veränderungen. Der Mitarbeiter hat das Gefühl, dass sich diese für ihn generell negativ auswirken. Eine genaue Begründung kann er nicht geben, es handelt sich lediglich um ein Gefühl. Emotionalem Widerstand kann man nicht mit sachlichen und logischen Argumenten begegnen, da er auf subjektivem Empfinden beruht. Er kann nur Schritt für Schritt abgebaut werden, indem man die Sorgen und Befürchtungen ernst nimmt, offen anspricht und langsam Vertrauen schafft.

Die Betroffenen drücken ihren Widerstand durch unterschiedliche **Verhaltensweisen** aus:[441]

- **Aktives/passives Verhalten**: Aktiver Widerstand wird durch Reden und Handeln zum Ausdruck gebracht. Beispiele sind sowohl durchdachte Gegenargumente als auch abfällige Bemerkungen oder unhöfliches Benehmen. Passiver Widerstand äußert sich z.B. in höherem Krankenstand, Fernbleiben von Sitzungen, Vergessen von Aufgaben und Dienst nach Vorschrift.

- **Offenes/verdecktes Verhalten**: Offener Widerstand bedeutet, dass die ablehnende Haltung für Dritte sichtbar ist. Bei verdecktem Verhalten ist sie nur indirekt erkennbar, beispielsweise indem Ideen lächerlich gemacht oder Gerüchte über Personen oder Konzepte gestreut werden.

- **Destruktives/konstruktives Verhalten**: Scheinargumente, die auf den ersten Blick sachlich und logisch erscheinen, werden bei destruktivem Widerstand gezielt eingesetzt, um den organisatorischen Wandel zu behindern. Diese Mitarbeiter kennen nur „Verhinderungsargumente" und Kritik. Sie stellen keine Überlegungen an, wie man eine Lösung finden könnte oder wie diese aussehen müsste. Bei konstruktivem Verhalten wird zwar auf mögliche Schwachstellen hingewiesen, aber auch nach Wegen zu deren Bewältigung gesucht. Die Notwendigkeit des Wandels wird grundsätzlich akzeptiert.

---

[440] Vgl. Vahs (2015), S. 334 f.
[441] Vgl. Klimmer (2016), S. 219 f.; Rockrohr/Glazinski (2003), S. 53 f.

Erfahrungen aus der Praxis zeigen, dass etwa ein Drittel der Betroffenen einem geplanten organisatorischen Wandel positiv und offen gegenübersteht. Ein weiteres Drittel verhält sich abwartend und neutral. Die anderen Mitarbeiter lehnen einen Wandel ab. Skeptische Einstellungen sind häufiger auf den unteren Hierarchiestufen, beim Betriebsrat und den Gewerkschaften als auf den oberen Ebenen zu finden.[442]

10.4.3 Umgang mit Widerständen

In Theorie und Praxis existiert eine Vielzahl von Empfehlungen, wie mit Widerständen umzugehen ist.[443] Sie beruhen auf Erfahrungen von Organisatoren und werden häufig als die **goldenen Regeln** des erfolgreichen organisatorischen Wandels bezeichnet.

Wichtige Grundsätze sind:

- **Politik der offenen Tür**: Eine umfassende, frühzeitige und fortwährende Informationspolitik verhindert das Entstehen von Gerüchten und entzieht Spekulationen die Grundlage. Die Bedrohung ist von den Betroffenen leichter einzuschätzen. Häufig erweist sie sich als viel geringer als zunächst angenommen. Laufendes Feedback und vor allem Ansprechpartner, an die man sich jederzeit wenden kann, fördern ein offenes, vertrauensvolles Arbeits- und Kommunikationsklima und mindern die Angst vor Neuerungen.

- **Aktive Teilnahme der Betroffenen**: Die Partizipation an Veränderungsbeschlüssen macht aus den Betroffenen Beteiligte. Ihre Mitwirkung kann sich auf Vorschläge, Planung und/oder Implementierung von Neuerungen beziehen. Sie hat zudem den Vorteil, dass auf diesem Wege die Kreativität und das Potenzial der Mitarbeiter genutzt werden.[444]

- **Frühzeitige Qualifizierung**: Die Angst vor Veränderungen wird wesentlich gemindert, wenn die Mitarbeiter durch Personalentwicklungsmaßnahmen rechtzeitig auf Neuerungen vorbereitet werden und den Eindruck haben, den neuen Bedingungen gewachsen zu sein.

- **Systematische Veränderung alter Gewohnheiten**: Prozesse des organisatorischen Wandels benötigen laut Lewin eine Phase der Auflockerung, auch Tauphase (unfreezing) genannt, in der die Bereitschaft zur Veränderung entwickelt wird. Es folgt ein Wandlungsprozess, der die Aufgaben und die Arbeits- und Sozialbeziehungen umgestaltet (moving). Den Abschluss bildet eine möglichst rasche Stabilisierungsphase (refreezing). Sie dient der Verinnerlichung der Neuerungen und soll verhindern, dass alte Strukturen wieder aufleben.[445]

---

[442] Vgl. Vahs (2019), S. 335.

[443] Vgl. Schreyögg/Koch (2016), S. 367 ff.; Vahs (2019), S. 344 ff.; Schmidt (2014), S. 178 f.

[444] Vgl. Schulte/Müller (2006), S. 358 ff.

[445] Vgl. Schreyögg (2016), S. 209 f.; Lewin (1958), S. 210 f.

░   **Belohnung für die Förderer des Wandels**: Mitarbeiter, die dem Wandel positiv gegenüberstehen und ihn aktiv mitgestalten, erhalten sichtbare materielle oder immaterielle Anreize bzw. Vergünstigungen. So sollen die Unentschlossenen zur Teilnahme
motiviert werden.

░   **Beratereinsatz**: Interne oder externe Consultants und Coaches unterstützen den Veränderungsprozess und vermitteln überzeugend, dass die Neuerungen sinnvoll sind
und zweckmäßig umgesetzt werden. Neben der fachlichen kommt der sozialen Kompetenz der Berater wesentliche Bedeutung zu.

░   **Zulassen von Fehlern**: Wenn Fehler und das Lernen aus Fehlern als etwas Normales
angesehen werden, lassen sich Mitarbeiter eher auf einen organisatorischen Wandel
ein, entwickeln eigene Vorschläge und setzen neue Lösungen engagierter um.

10.5 Erfolgsfaktoren und Fehler des organisatorischen Wandels

Erfolg und Misserfolg eines geplanten organisatorischen Wandels lassen sich auf eine ganze
Reihe von Faktoren zurückführen. Diese Vorgehensweisen findet man häufig bei **erfolgreich**
durchgeführten Veränderungsprozessen:[446]

░   **Klare Vision**: Eine genaue Vorstellung, wie das Unternehmen künftig aussehen soll,
gibt den Anstoß für den organisatorischen Wandel.

░   **Konkrete Zielvorgaben**: Je besser die Vision in verständlichen Zielen, Teilzielen und
Maßnahmen konkretisiert wird, desto schneller ergeben sich Teilerfolge. Sie stärken
das Selbstvertrauen der Mitarbeiter und fördern die Bereitschaft, sich auf weitere Veränderungen einzulassen.

░   **Umfangreiche Mitarbeiterbeteiligung**: Betroffene aller Bereiche und Hierarchieebenen setzen sich frühzeitig mit dem Änderungsvorhaben auseinander. So können
Widerstände verringert und das Mitarbeiterpotenzial genutzt werden.

░   **Einleitung eines Kulturwandels**: Die formalen organisatorischen Veränderungen
machen häufig auch einen Wandel der Unternehmenskultur erforderlich. Wichtige
Voraussetzung für dessen Gelingen ist eine von Vertrauen und Offenheit geprägte
Kommunikations- und Partizipationsstrategie. Und dieser Wandel benötigt Zeit.

░   **Integratives Vorgehen**: Statt Optimierungsversuche in einzelnen Abteilungen zu
starten, ist es geschickter, zunächst Abhängigkeiten festzustellen und miteinander ver-
zahnte Bereiche als Einheit aufzufassen. Sie werden anschließend gemeinsam verändert und optimiert.

░   **Unterstützung durch das Top Management**: Veränderungsprozesse sind dann am
erfolgreichsten, wenn sie von Anfang an die deutliche gezeigte Unterstützung der Unternehmensleitung besitzen. Dadurch ist die Bedeutung des Wandels und dessen Un-
abwendbarkeit für alle Mitarbeiter klar erkennbar.

---

[446] Vgl. Vahs (2019), S. 410 ff.

Zum **Scheitern** eines organisatorischen Wandels tragen vor allem diese Faktoren bei:[447]

- **Unverständliche Vision**: Wenn den Mitarbeitern ein klares Leitbild fehlt, der Weg unklar ist und sie keine Orientierungshilfen haben, führt dies regelmäßig zum Misslingen organisatorischer Veränderungsprozesse. Die Ziele des organisatorischen Wandels sind dann meistens zu wenig durchdacht bzw. werden schlecht verdeutlicht.

- **Zu kurzer Zeithorizont**: Der Zeitbedarf für organisatorischen Wandel wird häufig unterschätzt. Wegen des dadurch entstehenden Zeitdrucks werden Veränderungsprozesse nicht sorgfältig vorbereitet und suboptimale Lösungen zu hastig und unzweckmäßig umgesetzt.

- **Mangelndes Problemverständnis**: Das Bewusstmachen der Probleme und ihrer möglichen Folgen sind Voraussetzungen für das Gelingen des Wandels. Mitarbeiter, die nicht verstehen, weshalb Veränderungen überhaupt notwendig sind, engagieren sich auch nicht im Wandlungsprozess.

- **Zu geringe Abstimmung**: Je unvollständiger die Kommunikation ist, desto verunsicherter sind die Betroffenen. Sie wissen nicht, was auf sie zukommt und reagieren mit Ablehnung, Angst und Unsicherheit.

- **Fehlende ganzheitliche Sichtweise**: Nicht abgestimmte Optimierungsversuche einzelner Bereiche, die zudem zaghaft durchgeführt werden, ziehen Änderungsmaßnahmen an anderer Stelle nach sich. Das Resultat ist ein Flickwerk mit begrenzter Haltbarkeit.

Engagement und Glaubwürdigkeit des Managements, klare, realistische Visionen und Ziele sowie eine offene Kommunikation sind wichtige Faktoren für einen erfolgreichen organisatorischen Wandel.

10.6 Zusammenfassung und Ausblick

Der **geplante** organisatorische Wandel nimmt in den letzten Jahren immer mehr an Bedeutung zu. Er schafft die Möglichkeit, sich in der VUCA-Welt auf neue Situationen frühzeitig einzustellen und eine entsprechende Anpassung einzuleiten.

Schwerpunkte des geplanten Wandels sind Prozesse und aufbauorganisatorische Strukturen sowie Änderungen der Human Resources und der technischen Fähigkeiten. Auch die Entwicklung und Veränderung der Unternehmenskultur wird wichtiger.

Die in der Literatur beschriebenen Konzepte zur Bewältigung des organisatorischen Wandels überschneiden sich in vielen Bereichen, bauen aufeinander auf oder gehen ineinander über. Die wichtigsten sind Reorganisation, Business Reengineering, Organisationsentwicklung und **Change Management**. Letzteres wird zunehmend als **Oberbegriff** für alle Konzepte des Wandels benutzt und vereint dann alle Schwerpunkte.

---

[447] Vgl. Vahs (2019), S. 410 ff.

Angesichts des steigenden Änderungsbedarfs wird der geplante organisatorische Wandel immer mehr zur **Daueraufgabe**, die alle Mitarbeiter aller Hierarchieebenen betrifft.

Unternehmen, die sich dieser Herausforderung stellen, müssen sich zu einer **lernenden Organisation** weiterentwickeln. Diese Idee gründet auf der Vorstellung, dass nicht nur ein Mensch, sondern auch ein System, d.h. hier ein **Unternehmen**, **lernfähig** ist.[448] Es ist in der Lage, auf Veränderungen zu reagieren, sie zu antizipieren und vorausschauend zu steuern.[449]

Die Problemlösungskompetenz eines Unternehmens hängt sehr stark vom Wissen und den Erfahrungen der Unternehmensmitglieder ab. Deshalb ist es wichtig, dass sich sowohl Führungskräfte als auch Mitarbeiter ständig weiterentwickeln. Sämtliche Strukturen sind so zu gestalten, dass Lernen als selbstverständlich angesehen wird und **organisatorischer Wandel** nicht als einmal zu lösendes Sonderproblem, sondern **als normaler Zustand** empfunden wird.

Der Personalentwicklung und der Kommunikation wird in einer lernenden Organisation große Bedeutung beigemessen. Hier liegt das Menschenbild des **self-actualizing man** zugrunde, das davon ausgeht, dass der Mensch sich in seiner Arbeitssituation entfalten will und lebenslanges Lernen als natürlichen Prozess betrachtet.[450]

Das Reagieren auf Umweltsituationen wird von der **Vorwegnahme der Wandlungserfordernisse** abgelöst.

Als **lernfördernde Elemente** einer Organisation haben sich erwiesen:

- weitgehende Entscheidungsdezentralisation
- Freiraum für Selbstregulierung
- Förderung von systemischem Denken über die eigenen Aufgabengrenzen hinweg
- Verringerung detaillierter Verfahrensvorschriften und Arbeitsanweisungen
- Einsatz neuer Formen der Arbeitsstrukturierung, insbesondere Teamarbeit
- flache Hierarchien
- Einsatz von Zielvereinbarungen
- Information und Kommunikation über Hierarchiegrenzen hinweg
- Betonung der Selbstverständlichkeit des organisatorischen Wandels
- Rekrutierung von Mitarbeitern mit hoher Sozialkompetenz
- hohe Bedeutung der Personalentwicklung in Bezug auf fachliche Aspekte und insb. Persönlichkeitsentwicklung
- Einsatz von Anreizsystemen, die innovative Vorgehensweisen belohnen, wie langfristorientierte Boni, pay-for-performance und Teamprämien

---

[448] Vgl. Breisig (2015), S. 135.
[449] Vgl. Kirchler/Meier-Pesti/Hofmann (2005), S. 176 ff.
[450] Vgl. Blickle (2004), Sp. 836 ff.; Kirchler/Meier-Pesti/Hofmann (2005), S. 95 ff.

10.7 Wiederholungsfragen

1. Was versteht man unter organisatorischem Wandel?

2. Welche externen Faktoren beeinflussen den organisatorischen Wandel?

3. Welche internen Situationsvariablen kennen Sie?

4. Worin unterscheiden sich Wandel erster und zweiter Ordnung?

5. Auf welche Bereiche bezieht sich der geplante organisatorische Wandel?

6. Was versteht man unter Reorganisation?

7. Welche Schlüsselkomponenten sind beim Business Reengineering maßgeblich?

8. Worum handelt es sich bei radikalem Redesign?

9. Wie geht Business Reengineering mit der bestehenden Organisation um?

10. Was bedeutet Empowerment?

11. Was versteht man unter Quantensprüngen im Zusammenhang mit Business Reengineering?

12. Warum hat sich das Business Reengineering in der Praxis nicht durchgesetzt?

13. Welche Ziele hat die Organisationsentwicklung?

14. Was versteht man unter Change Management?

15. Was ist ein Change Agent, und welche Aufgaben hat er?

16. Welche Ursachen hat der organisatorische Konservatismus?

17. Was versteht man unter der erfolgsgefährdenden Wirkung des Erfolgs?

18. Welche Anzeichen deuten auf Widerstände gegen den organisatorischen Wandel hin?

19. Welche Argumente bringen Betroffene gegen organisatorischen Wandel vor?

20. Wie gehen die Betroffenen gegen den Wandel vor?

21. Wie sollten Unternehmen mit Widerständen umgehen?

22. Welche Maßnahmen fördern einen erfolgreichen organisatorischen Wandel?

23. Welche Faktoren tragen zum Scheitern eines organisatorischen Wandels bei?

24. Was versteht man unter einer lernenden Organisation?

25. Welche lernfördernden Elemente einer Organisation kennen Sie?

11 Ausblick: Organisation - Trends

Unternehmen agieren heute in einem Umfeld mit ständig wechselnden Bedingungen. Man spricht von einer VUCA-Welt, die durch Volatilität, Unsicherheit, Komplexität und Mehrdeutigkeit gekennzeichnet ist. Turbulente Marktentwicklungen aufgrund rasanter technischer Veränderungen, steigender Vernetzungsdruck, zunehmende Bedeutung der Human Resources und nicht zuletzt auch die veränderten gesellschaftlichen Werte und die demografische Entwicklung prägen die aktuelle Situation.

Organisation ist unter diesen Umständen zu einem bedeutenden strategischen Erfolgsfaktor geworden und trägt entscheidend dazu bei, die Wettbewerbsfähigkeit eines Unternehmens zu erhalten und zu verbessern (Abb. 11-1).

Abb. 11-1: Rahmenbedingungen der Organisation

Die **technischen Innovationen und die Dynamik des Marktes** führen zu immer kürzeren Innovationszeiten und Produktlebenszyklen. In vielen Bereichen werden aufgrund technischer Neuerungen immer weniger geringqualifizierte Arbeitskräfte benötigt. Andererseits steigt aufgrund der höheren Anforderungen an die Flexibilität der Bedarf an gut qualifizierten Mitarbeitern und an effizienten Strukturen. **Digitalisierung** ist in diesem Zusammenhang das große Thema unserer Zeit. Führungskräfte werden immer mehr zu **Managern der Veränderung**.[451]

---

[451] Vgl. Doppler/Lauterburg (2014), S. 74 ff.

Da räumliche Entfernungen unbedeutender werden, fällt es Unternehmen heute leichter, auf neue Märkte vorzudringen. Die größeren Wirtschafts- und Währungsräume unterstützen diese Entwicklung. Bisher erfolgreiche Unternehmen werden von anderen Betrieben überholt, die durch geplanten organisatorischen Wandel besser mit den Herausforderungen der Digitalisierung und der **Globalisierung** umgehen können.[452]

Der **Wertewandel** gilt bereits seit längerem als wichtiger Impuls für den Wandel der Organisation. Sie muss den geänderten Ansprüchen und Vorstellungen der Mitarbeiter durch die Entwicklung passender Strukturen Rechnung tragen. So verlieren bürgerliche Arbeitstugenden wie Disziplin und Strebsamkeit an Bedeutung, stattdessen nimmt die Freizeitorientierung zu. Viele Menschen engagieren sich heute stärker in ihrem privaten als in ihrem beruflichen Umfeld und sind weniger karriereorientiert. Zugleich werden immaterielle Werte wie Selbstverwirklichung, aber auch Solidarität, wichtiger.[453]

Es gibt viele Thesen, was den Wertewandel ausgelöst hat. Sie reichen von der höheren Bildung breiter Bevölkerungsschichten über die veränderte Altersstruktur bis zur Prägung durch Multiplikatoren. Wie sich die gegenwärtigen wirtschaftlichen und politischen Entwicklungen auf organisatorische Strukturen auswirken, bleibt abzuwarten. Aus organisatorischer Sicht müssen in jedem Fall neue Entscheidungs-, Kommunikations- und Prozessstrukturen, Arbeitszeit- und Arbeitsortmodelle, Karrierewege sowie Entgeltsysteme implementiert werden. Auch neue Führungsstrukturen, die auf Eigenverantwortung und Selbständigkeit der Mitarbeiter setzen, müssen stärker verankert werden.[454]

Angesichts steigenden Kostendrucks, Finanzierungsproblemen und gesättigter Märkte wird das Klima in vielen Branchen rauer. Die Deckungsbeiträge sinken, gleichzeitig steigt die Notwendigkeit **effektiven und effizienten Handelns**. Auch die **Qualitätsanforderungen** nehmen zu. Damit wächst auch die Bedeutung organisatorischer Regelungen.

Unternehmen versuchen zunehmend, durch **Vernetzung** den Anforderungen der Umwelt gerecht zu werden. Der Trend zu Joint Ventures, strategischen Allianzen und anderen Kooperationsformen verstärkt sich, Auslandskontakte werden ausgebaut, intraorganisationale und unternehmensübergreifende Netzwerke gebildet und Kunden, Lieferanten und auch Wettbewerber in die Wertschöpfungsketten miteinbezogen.

Betrachtet man die **demografische Entwicklung** auf dem deutschen Arbeitsmarkt, fällt zunächst die gestiegene Erwerbsbeteiligung der Frauen auf. Außerdem wandern ausländische Erwerbspersonen in großem Umfang zu. Dieser Zunahme steht die Verringerung junger Erwerbspersonen aufgrund der geburtenschwachen Jahrgänge gegenüber. Die Zahl der Jugendlichen, die auf den Arbeitsmarkt drängen, nimmt trotz Zuwanderung ab. In vielen Bereichen und Regionen herrscht ein Mangel an Lehrstellensuchenden.

Wie sich die Zahl der Erwerbspersonen tatsächlich auf Dauer entwickeln wird, bleibt abzuwarten, zumal sich das Renteneintrittsalter und damit die durchschnittliche Lebensarbeitszeit

---

[452] Vgl. Wunderer (2006), S. 540 f.

[453] Vgl. Scholz (2014), S. 21 ff.

[454] Vgl. Heidbrink/Jenewein (2008), S. 317 ff.; Picot/Reichwald/Wigand (2003), S. 4.

erhöhen. Die zunehmende Akademisierung führt allerdings zu einem späteren Eintritt ins Erwerbsleben, wodurch diese Effekte abgemildert werden. Auch hier hat sich die Organisation mit neuen Arbeitsstrukturen den veränderten Rahmenbedingungen anzupassen.

Human Resources werden künftig noch stärker zur betrieblichen Wertschöpfung beitragen. Ihre Entwicklung und insgesamt **Organisationales Lernen** sind Daueraufgaben.[455] Neue Arbeitsformen und -methoden wie **agiles Arbeiten** und die **Scrum-Methode** sowie permanente Lernbereitschaft und kontinuierliches Lernen sind wesentliche Grundlagen eines langfristigen Unternehmenserfolgs. Die **Flexibilisierung** der Arbeitszeit und insbesondere des Arbeitsortes wird immer selbstverständlicher.

Diese aufgezeigten Bedingungen machen das Umfeld aus, in dem sich bestimmte **organisatorische Trends** herausbilden und verstärken. Sie sind eng miteinander verbunden und nicht immer genau zu trennen:

- **Prozess- und Kundenorientierung**: Die Prozessorientierung ist ein fundamentaler Bestandteil aller neuen Organisationsmodelle. Die Wertschöpfungskette wird unter Verringerung organisatorischer Schnittstellen auf die Bedürfnisse der Kunden zugeschnitten. Innerbetriebliche, nachgelagerte Organisationseinheiten werden als Kunden und nicht als lästige Bittsteller angesehen. Die konsequente Abstimmung der Prozesskettenglieder bezieht viel häufiger als früher Lieferanten und externe Kunden mit ein (Supply Chain Management). Auch neue Vorgehensweisen – wie agiles Arbeiten – sind hier zu verorten.

- **Modularisierung und Flexibilisierung**: Stark hierarchisch strukturierte Unternehmen werden in kleinere, überschaubare Einheiten aufgeteilt. Dabei wird die funktionsorientierte Ausrichtung zugunsten einer objektbezogenen Vorgehensweise aufgegeben. Die auf diesem Weg entstehenden Sparten oder Business Units werden mit weitreichenden Entscheidungsbefugnissen und Ergebnisverantwortung ausgestattet. Man verspricht sich davon vor allem ein schnelleres Reaktionsvermögen auf sich ändernde Marktbedingungen. Die Koordination der Einheiten wird noch stärker als bislang über Zielvereinbarungen erfolgen.[456]

- **Teamorientierung**: Die Selbstabstimmung gewinnt als Koordinationsinstrument an Bedeutung. Vorgesetzte greifen seltener in die Erfüllung täglicher Routineaufgaben ein. Außerdem werden Aufgaben nicht mehr im Detail für einen einzelnen Mitarbeiter festgelegt. Vielmehr werden Gruppenaufgaben und -ziele definiert, die beteiligten Mitglieder regeln die Aufgabenerfüllung dann weitgehend selbst untereinander. Dazu müssen sie neben den erforderlichen Informationen und technischen Hilfsmitteln über die nötigen fachlichen und sozialen Kompetenzen verfügen. Der Teamgedanke geriet nach einer ersten Hochphase in den 1970er Jahren zunächst wieder in Vergessenheit. Heute spielt er allein schon wegen der zunehmenden Prozessorientierung und dem Trend zu agilem Arbeiten eine zentrale Rolle bei der organisatorischen Gestaltung.

---

[455] Vgl. Scholz/Scholz (2019), S. 447 ff.

[456] Vgl. Klimmer (2007), S. 141 f.

- **Empowerment**: Entscheidungsdelegation und Empowerment führen zu einer Verlagerung von Entscheidungsbefugnissen und -verantwortung von oben nach unten. Die Organisation ist so anzupassen, dass die Mitarbeiter mehr Handlungsspielraum und größere Autonomie für eigene Entscheidungen erhalten. Gefordert ist ganzheitliches, problemorientiertes Denken und Handeln. Die Trennung zwischen ausführenden und dispositiven Aufgaben auf den unteren Hierarchieebenen wird zunehmend aufgehoben. Dazu sind entsprechende, regelmäßige Personalentwicklungsmaßnahmen erforderlich, die die Mitarbeiter befähigen, selbständiger und unabhängiger zu arbeiten. Auch von den Führungskräften wird ein anderes Selbstverständnis verlangt, hierarchische Macht wird zunehmend von kooperativem Miteinander abgelöst. Bereits bei der Personalauswahl müssen Sozialkompetenz und Lernbereitschaft bei allen Mitarbeitergruppen stärker berücksichtigt werden.

- **Horizontalisierung**: Die genannten Entwicklungen führen dazu, dass weniger Führungskräfte benötigt und Hierarchiestufen abgebaut werden, die Unternehmenspyramide flacht ab. Die neue Rolle der Manager erfordert, dass sie einen kooperativen Führungsstil umsetzen, ihren Mitarbeitern größere Entscheidungsbefugnisse einräumen und sie zu eigenständigem Handeln und Lösen von Problemen befähigen und motivieren.[457] Fremdkontrollen und Anweisungen treten gegenüber Selbstkoordination und -steuerung in den Hintergrund. Gleichzeitig müssen neue Karrierewege in der Organisation verankert werden, mit denen es gelingt, Führungs- und Nachwuchskräfte trotz geringerer hierarchischer Aufstiegsmöglichkeiten im Unternehmen zu halten. Beispiele sind Fach- und Funktionshierarchien sowie Projektlaufbahnen.

- **Dynamisierung und Entbürokratisierung**: Die Notwendigkeit von Veränderungen wird stärker als bisher betont. Sowohl geplanter als auch ungeplanter organisatorischer Wandel gewinnen an Bedeutung. Das gilt auch für die informale Organisation. Selbstorganisation steigt gegenüber der Fremdorganisation im Ansehen. Letztere legt oft nur noch die Grenzen fest, in denen sich die Selbstorganisation bewegen kann. Man geht von der Lernfähigkeit einer Organisation an sich aus und spricht in diesem Zusammenhang von **organisationalem Lernen**. Dadurch soll das Unternehmen seine Fähigkeit behalten und ausbauen, frühzeitig Marktchancen und Umweltveränderungen zu erkennen und sich neuen Marktgegebenheiten schnell anzupassen.

- **Unternehmensübergreifendes Vorgehen**: Die Grenzen eines Unternehmens werden immer durchlässiger. Unternehmensübergreifende Kooperationen sind nicht nur in Großunternehmen, sondern auch in vielen mittleren Betrieben bereits heute Standard und werden weiter zunehmen. Kundenorientierte Forschung und Entwicklung, wie sie in der Automobilindustrie längst selbstverständlich ist, gewinnt an Bedeutung. Langfristige Bindungen zu Kunden, Lieferanten und gut qualifizierten Mitarbeitern werden als positiv angesehen. Aber auch die Kooperation mit Personalleasing-Unternehmen, die für einen begrenzten Zeitraum Arbeitskräfte zur Verfügung stellen, gehört immer mehr zum normalen organisatorischen Handeln.

---

[457] Vgl. Vahs (2019), S. 552.

- **Agiles Arbeiten**: Es greift die oben aufgeführten Trends auf und verbindet sie. Im Zentrum steht das durch die Mitarbeiter selbstorganisierte Arbeiten in Teams. Die Koordination untereinander und innerhalb der Teams erfolgt weitgehend durch Selbstabstimmung der Teammitglieder. Hierarchie und feste Strukturen sind von untergeordneter Bedeutung und die Mitarbeiter übernehmen selbst die Verantwortung für ihr Handeln und für die Ergebnisse. Der Schwerpunkt liegt auf raschen, kleinteiligen und kurzfristigen Resultaten. Schnelle Anpassungsfähigkeit an Umweltbedingungen tritt gegenüber strategischem Vorgehen in den Vordergrund.

In der Praxis zeigt sich, dass Unternehmen häufig bei der Umsetzung dieser Trends keine radikalen Änderungen, sondern langsame und stetige Verbesserungen bevorzugen. Zu bedenken ist allerdings, dass sich ein Unternehmen umso besser im Wettbewerb behauptet, je frühzeitiger und schneller eine Anpassung der organisatorischen Strukturen an geänderte Rahmenbedingungen erfolgt.

Beim Experimentieren mit neuen Lösungen werden Risiken eingegangen und Fehler gemacht. Die systematische Suche nach den Fehlerursachen und das Lernen aus Fehlern gehören zum organisatorischen Wandel dazu.

Obwohl die Bedeutung der Dynamik und der Anpassung an neue Gegebenheiten betont werden muss, darf doch die Notwendigkeit der Stabilisierung des Unternehmens durch die Organisation nicht außer Acht gelassen werden.

Neben den strukturellen Maßnahmen sind weitere Veränderungsschritte nötig, die bei der Erläuterung der organisatorischen Trends bereits betrachtet wurden. Die Informations- und Kommunikationsstrukturen müssen den neuen Gegebenheiten ebenso angepasst werden wie das Planungs-, Steuerungs- und Kontrollsystem. Das Schlagwort **Digitalisierung** wird noch lange in aller Munde bleiben. Personalentwicklungsmaßnahmen, die sich auf fachliche und soziale Kompetenzen beziehen, sind ebenfalls erforderlich, denn der Abstimmungsbedarf zwischen der Organisation und den anderen Subsystemen des Managements wird künftig weiter zunehmen.

Literaturverzeichnis

A

ACstyria Autocluster, in: www.acstyria.com, abgerufen am 20.02.2017.

Albers, S., Wolf, J. (2003): Management virtueller Unternehmen, Wiesbaden 2003.

Allewell, D. (2004): Arbeitsteilung und Spezialisierung, in: Schreyögg, G., Werder, A. v. (Hrsg.) (2004): Handwörterbuch Unternehmensführung und Organisation, 4. Aufl., Stuttgart 2004, Sp. 37-45.

Antoni, C.H. (1994): Gruppenarbeit – mehr als ein Konzept: Darstellung und Vergleich unterschiedlicher Formen der Gruppenarbeit, in: Antoni, C.H. (Hrsg.) (1994): Gruppenarbeit in Unternehmen: Konzepte, Erfahrungen, Perspektiven, Weinheim 1994, S. 19-48.

Antoni, C.H. (Hrsg.) (1994): Gruppenarbeit in Unternehmen: Konzepte, Erfahrungen, Perspektiven, Weinheim 1994.

Astheimer, S. (2008): Die virtuelle Dienstreise, in: Frankfurter Allgemeine Zeitung v. 14.12.2008, C 4.

B

Bamberger, I., Wrona, T. (2004): Strategische Unternehmensführung, München 2004.

Bea, F.X., Friedl, B., Schweitzer, M. (Hrsg.) (2005): Allgemeine Betriebswirtschaftslehre, Band 2: Führung, 9. Aufl., Stuttgart 2005.

Bea, F.X., Göbel, E. (2019): Organisation: Theorie und Gestaltung, 5. Aufl., Stuttgart 2019.

Bea, F.X., Haas, J. (2019): Strategisches Management, 10. Aufl., München 2019.

Bertels, T. (2008): Die Lernende Organisation: Modell für das Management des Wandels im Wissenszeitalter, in: Kremin-Buch, B., Unger, F., Walz, H. (Hrsg.) (2008): Lernende Organisation, 3. Aufl., Sternenfels (2008), S. 47-99.

Berthel, J., Becker, F.G. (2003): Personalmanagement: Grundzüge für Konzeptionen betrieblicher Personalarbeit, 7. Aufl., Stuttgart 2003.

Bleicher, K. (1991): Organisation: Strategien, Strukturen, Kulturen, 2. Aufl., Wiesbaden 1991.

Blickle, G. (2004): Menschenbilder, in: Schreyögg, G., Werder, A. v. (Hrsg.) (2004): Handwörterbuch Unternehmensführung und Organisation, 4. Aufl., Stuttgart 2004, Sp. 836-843.

Blohm, H., Beer, T., Seidenberg, U., Silber, H. (2016): Produktionswirtschaft, 5. Aufl., Herne 2016.

Bloß-Barkowski, R. (2003): Vier Werte für die Neuorientierung, in: Personal Magazin, Heft 11/2003, S. 60-62.

Blum, E. (2000): Grundzüge anwendungsorientierter Organisationslehre: mit Übungen, München, Wien 2000.

Bock, F. (2008): Lernen als Element der Wettbewerbsstrategie, in: Kremin-Buch, B., Unger, F., Walz, H. (Hrsg.) (2008): Lernende Organisation, 3. Aufl., Sternenfels (2008), S. 9-45.

Braunschweig, C. (1998): Unternehmensführung, München, Wien 1989.

Breisig, T. (2015): Betriebliche Organisation, 2. Aufl., Herne 2015.

Brenner, W., Keller, G., (Hrsg.) (1995): Business Reengineering mit Standardsoftware, Frankfurt a. M., New York 1995.

Brüggen, G. (1974): Möglichkeiten und Grenzen der Soziometrie. Ein Beitrag zur Gruppendynamik der Schulklasse, Neuwied, Berlin 1974.

Brüning, R. (2006): Strategische Kooperationen, in: WISU – Das Wirtschaftsstudium, Heft 4/2006, S. 456-458.

Bruhn, M. (2002): Customer-Relationship-Management – die personellen und organisatorischen Anforderungen, in: Zeitschrift Führung und Organisation, Heft 3/2002, S. 132-140.

Bruhn, M., Meffert, H. (Hrsg.) (2001): Dienstleistungsmanagement, 2. Aufl., Wiesbaden 2001.

Bühner, R. (2004): Betriebswirtschaftliche Organisationslehre, 10. Aufl., München, Wien 2004.

Burr, W. (2005): Chancen und Risiken der Modularisierung von Dienstleistungen aus betriebswirtschaftlicher Sicht, in: Herrmann, T., Kleinbeck, U., Krcmar, H. (Hrsg.) (2005): Konzepte für das Service Engineering. Modularisierung, Prozessgestaltung und Produktivitätsmanagement, Heidelberg 2005, S. 17-44.

C

Capgemini Consulting (2008): Change Management Studie 2008, in: www.de-capgemini.com/m/de/tl/Change_Management-Studie_2008.pdf; abgerufen am 20.12.2008.

Capgemini Consulting (2018): Insight & News, in: www.capgemini.com/de-de/insight-news/ abgerufen am 02.07.2018.

Capgemini Consulting (2019): Auf dem Sprung – Wege zur Organizational Dexterity. Change Management Studie 2019, in: https://www.capgemini.com/de-de/wp-content/uploads/sites/5/2019/10/Change-Management-Studie-2019_18.11.2019_Online.pdf, abgerufen am 15.12.2019.

Ceballos Betancur, K., et al. (2020): Zu Hause ist es am schönsten, in: Die Zeit vom 10.06.2020, S. 17.

Champy, J. (1997): Reengineering im Management: Die Radikalkur für die Unternehmensführung, Frankfurt a. M. 1997.

Chandler, A.D. (1962): Strategy and Structure, Chapters and the History of the Industrial Enterprise, Cambridge, London 1962.

Cluster Optik, in: www.optik-bb.de/de/ueber-cluster-optik, abgerufen am 20.02.2017.

Coworkingguide.de (2019): Megatrend Coworking: Was ist das?, in: https://coworking-guide.de/coworking/, abgerufen am 12.12.2019.

D

Davidow, W., Melone, M. (1992): The Virtual Corporation, Structuring and Revitalizing the Corporation for the 21st Century, New York 1992.

Deckstein, D. (2006): Therapie für die Firma, in: www.sueddeutsche.de/wirtschaft/artikel/214/81133/print.html; abgerufen am 07.11.2008.

Diem, V.; Nezik, A.-K. (2020): Ein Land voller Stubenhocker, in: Die Zeit vom 12.03.2020, S. 26.

Dillerup, R., Stoi, R. (2016): Unternehmensführung: Management und Leadership, München 5. Aufl., München 2016.

Dögl, R. (2008): Plädoyer und methodischer Ansatz für eine Technikorientierung im Innovationsmanagement, in: Kremin-Buch, B., Unger, F., Walz, H. (Hrsg.) (2008): Lernende Organisation, 3. Aufl., Sternenfels (2008), S. 101-133.

Dollase, R. (2013): Soziometrie – Anfänge, historische Entwicklung und Aktualität, in: Stadler, C. (Hrsg.) (2013): Soziometrie: Messung, Darstellung, Analyse und Intervention in sozialen Beziehungen, Wiesbaden (2013), S. 15-29.

Doppler, K., Lauterburg, C. (2014): Change Management – den Unternehmenswandel gestalten, 13. Aufl., Frankfurt a. M., New York 2014.

Dyer, W.G.J. (1985): The cycle of cultural evolution in organizations, in: Kilmann, H.R., Saxton, M.J., Serpa, R. (Hrsg.) (1985): Gaining control of the corporate culture, San Francisco 1985, S 200-229.

E

Ehrhardt, C. (2018): Zeigt her eure Ideen, in: Frankfurter Allgemeine Zeitung, v. 07.02.2018, C 2.

Eigler, J. (2004): Aufgabenanalyse, in: Schreyögg, G., Werder, A. v. (Hrsg.) (2004): Handwörterbuch Unternehmensführung und Organisation, 4. Aufl., Stuttgart 2004, Sp. 54-61.

Eversheim W. (1995): Prozessorientierte Unternehmensorganisation: Konzepte und Methoden zur Gestaltung schlanker Organisationen, Berlin, Heidelberg 1995.

F

Fayol, H. (1929): Allgemeine und industrielle Verwaltung, München, Berlin 1929.

Fiedler, R. (2014): Organisation kompakt, 3. Aufl., München 2014.

Fischermanns; G., Liebelt, W. (2000): Grundlagen der Prozessorganisation, 5. Aufl., Gießen 2000.

Fleisch, E., Müller-Stewens, G. (2008): High-Resolution-Management: Konsequenzen des „Internet der Dinge" auf die Unternehmensführung, in: Zeitschrift Führung und Organisation, Heft 5/2008, S. 272-281.

Flüter-Hoffmann, C., Solbrig, J. (2003): Wie flexibel ist die deutsche Wirtschaft, in: IW-Trends, Heft 4/2003, S. 1-18.

Frank, H. (2008): Kostendruck treibt Outsourcing voran, in: MediaPlanet, Heft 7/2008, S. 12.

Franz, P., Kajüter, P. (Hrsg.) (2002): Kostenmanagement, 2. Aufl., Stuttgart 2002.

Frese, E. (2004): Interne Märkte, in: Schreyögg, G., Werder, A. v. (Hrsg.) (2004): Handwörterbuch Unternehmensführung und Organisation, 4. Aufl., Stuttgart 2004, Sp. 552-560.

Frese, E. (2005): Grundlagen der Organisation: Entscheidungsorientiertes Konzept der Organisationsgestaltung, 9. Aufl., Wiesbaden 2005.

Frese, E., Graumann, M., Talaulicar, T., M., Theuvsen, L. (2019): Grundlagen der Organisation: Entscheidungsorientiertes Konzept der Organisationsgestaltung, 11. Aufl., Wiesbaden 2019.

Fürst, J., Ottomeyer, K., Pruckner, H. (Hrsg.) (2004): Psychodramatheraphie. Ein Handbuch, Wien 2004.

G

Gaitanides, M. (2007): Prozessorganisation: Entwicklung, Ansätze und Programme des Managements von Geschäftsprozessen, 2. Aufl., München 2007.

Gauss, G. (2008): Rücken frei fürs Kerngeschäft, in: MediaPlanet Heft 7/2008, S. 6.

Grochla, E. (1983): Unternehmensorganisation, 9. Aufl., Opladen 1983.

Gsteiger, F. (1996): Nomaden im Büro, in: Die Zeit v. 10.05.1996, S. 71.

Günther, H.-O., Tempelmeier, H. (2005): Produktion und Logistik, 6. Aufl., Berlin 2005.

Gutenberg, E. (1983): Grundlagen der Betriebswirtschaftslehre; Erster Band: Die Produktion, 24. Aufl., Berlin, Heidelberg, New York 1983.

H

Häring, K.; Mynarek, F. (2020): Arbeitswelt 4.0, in: WISU – Das Wirtschaftsstudium, Heft 2/2020, S. 175-180.

Hamel, W. (2004): Funktionale Organisation, in: Schreyögg, G., Werder, A. v. (Hrsg.) (2004): Handwörterbuch Unternehmensführung und Organisation, 4. Aufl., Stuttgart 2004, Sp. 324-332.

Hammer, M., Champy, C. (1993): Reengineering the Corporation, New York (1993).

Hammer, M., Champy, C. (1995): The Reengineering Revolution, New York (1995).

Hammer, M., Stanton, S. (1998): Die Reengineering Revolution: Handbuch für die Praxis, München 1998.

Harriehausen, C. (2009): Netzwerke für den Erfolg, in: Frankfurter Allgemeine Zeitung, v. 17.01.2009, S. V 17.

Heidbrink, M., Jenewein, W. (2008): Individualisierung der Führung, in: Zeitschrift Führung und Organisation, Heft 5/2008, S. 317-323.

Helfrich, C. (2002): Business Reengineering. Organisation als Erfolgsfaktor: Mehr verkaufen – billiger produzieren, München, Wien 2002.

Hellinger, B. (1996): Anerkennen, was ist., München 1996.

Helming, A., Buchholz, W. (2008): Identifikation von Kernkompetenzen in der Produktentwicklung, in: Zeitschrift Führung und Organisation, Heft 5/2008, S. 301-309.

Hentze, J., Graf, A. (2005): Personalwirtschaftslehre 2: Personalerhaltung und Leistungsstimulation, Personalfreistellung und Personalinformationswirtschaft, 7. Aufl. Bern, Stuttgart, Wien 2005.

Hentze, J., Heinecke, A., Kammel, A. (2001): Allgemeine Betriebswirtschaftslehre aus Sicht des Managements, Bern, Stuttgart, Wien 2001.

Hentze, J., Kammel, A. (2001): Personalwirtschaftslehre 1: Grundlagen, Personalbedarfsermittlung, -beschaffung, -entwicklung, -einsatz, 7. Aufl., Bern, Stuttgart, Wien 2001.

Herrmann, T., Kleinbeck, U., Krcmar, H. (Hrsg.) (2005): Konzepte für das Service Engineering. Modularisierung, Prozessgestaltung und Produktivitätsmanagement, Heidelberg 2005.

Hinterhuber, H. H., Matzler, K. (1995): Reengineering, in: WISU – Das Wirtschaftsstudium, Heft 2/1995, S. 132-139.

Hofert, S. (2017): Agile Führung: Warum jetzt alle auf den Zug springen – und 6 Gründe, die Finger davon zu lassen, in: https://www.informatik-aktuell.de/management-und-recht/projektmanagement/agile-fuehrung-6-gruende-die-finger-davon-zu-lassen.html, abgerufen am 15.12.2919.

Horváth & Partners (Hrsg.) (2005): Prozessmanagement umsetzen. Durch nachhaltige Prozessperformance Umsatz steigern und Kosten senken, Stuttgart 2005.

Horváth, P. (2006), Controlling, 10. Aufl., München 2006.

Hungenberg, H. (2004): Strategisches Management im Unternehmen, 3. Aufl., Wiesbaden 2004.

I

Imai, M. (2001): KAIZEN. Der Schlüssel zum Erfolg im Wettbewerb, München 2001.

J

Johnson, G., Whittington, R., Scholes, K., Angwin, D., Regnér, P. (2018): Strategisches Management – Eine Einführung, 11. Aufl., Hallbergmoos 2018.

Jones, G.R., Bouncken, R.B. (2008): Organisation: Theorie, Design und Wandel, 5. Aufl., München 2008.

Jung, B. (2002): Prozessmanagement in der Praxis: Vorgehensweisen, Methoden, Erfahrungen, Köln 2002.

Jung, B. (2006): Prozessmanagement in der Praxis: Vorgehensweisen, Methoden, Erfahrungen, 2. Aufl., Köln 2006.

Jung, H. (2017): Personalwirtschaft, 10. Aufl., Berlin, Boston 2017.

Jung, R.H., Heinzen, M., Quarg, S. (2018): Allgemeine Managementlehre: Lehrbuch für die angewandte Unternehmens-und Personalführung, 7. Aufl., Berlin 2018.

K

Kahle, E. (2004): Ausschüsse, in: Schreyögg, G., Werder, A. v. (Hrsg.) (2004): Handwörterbuch Unternehmensführung und Organisation, 4. Aufl., Stuttgart 2004, Sp. 71-78.

Kals, U. (2020): Private Profis, in: Frankfurter Allgemeine Zeitung vom 23.05.2020, C 1.

Kajüter, P. (2002): Prozesskostenmanagement, in: Franz, P., Kajüter, P. (Hrsg.) (2002): Kostenmanagement, 2. Aufl., Stuttgart 2002, S. 249-278.

Kanning, T.; Neuscheler, T.; Preuß, S.; Schubert, C. (2020): Homeoffice für immer, in: Frankfurter Allgemeine Zeitung vom 08.05.2020, S. 22.

Keller, T. (2004): Holding, in: Schreyögg, G., Werder, A. v. (Hrsg.) (2004): Handwörterbuch Unternehmensführung und Organisation, 4. Aufl., Stuttgart 2004, Sp. 421-428.

Kieser, A. (2004): Organisation, in: Kieser, A., Oechsler, W.A. (Hrsg.) (2004): Unternehmenspolitik, 2. Aufl., Stuttgart 2004, S. 172-231.

Kieser, A., Hegele, C. (1998): Kommunikation im organisatorischen Wandel, Stuttgart 1998.

Kieser, A., Oechsler, W.A. (Hrsg.) (2004): Unternehmenspolitik, 2. Aufl., Stuttgart 2004.

Kieser, A., Walgenbach, P. (2010): Organisation, 6. Aufl., Stuttgart 2010.

Kilmann, H.R., Saxton, M.J., Serpa, R. (Hrsg.) (1985): Gaining control of the corporate culture, San Fransisco 1985.

Kirchler, E. (Hrsg.) (2005): Arbeits- und Organisationspsychologie, Wien 2005.

Kirchler, E., Hölzl, E. (2005): Arbeitsgestaltung, in: Kirchler, E. (Hrsg.) (2005): Arbeits- und Organisationspsychologie, Wien 2005, S. 199-316.

Kirchler, E., Meier-Pesti, K., Hofmann, E. (2005): Menschenbilder, in: Kirchler, E. (Hrsg.) (2005): Arbeits- und Organisationspsychologie, Wien 2005, S. 17-195.

Kirchler, E., Schrott, A. (2005): Entscheidungen, in: Kirchler, E. (Hrsg.) (2005): Arbeits- und Organisationspsychologie, Wien 2005, S. 487-581.

Kirst, A. (2020). Management by Objectives, in: WISU – Das Wirtschaftsstudium, Heft 2/2020, S. 160-164.

Klimmer, M. (1996): Kein Patentrezept für den Erfolg – kritische Anmerkungen zum Business Reengineering, in: FB/IE 1996, S. 21 ff.

Klimmer, M. (2016): Unternehmensorganisation: Eine kompakte und praxisnahe Einführung, 4. Aufl., Herne 2016.

Knebel, H., Schneider, H. (2000): Die Stellenbeschreibung, 7. Aufl., Heidelberg 2000.

Kohlhauser, M., Assländer, F. (2005): Organisationsaufstellung evaluiert. Studie zur Wirksamkeit von Systemaufstellungen in Management und Beratung, Heidelberg 2005.

Koller, C. (2004): Aus der Familienpsychologie in die Unternehmensumwelt, in: www.handelsblatt.com/unternehmen/strategie/aus-der-familienpsychologie-in-die-unternehmensumwelt; 724659; abgerufen am 07.11.2008.

König, M. (2008): Erfolgreiches Managen von Kundenzufriedenheit als Basis zur Steigerung der organisatorischen und prozessualen Leistungsfähigkeit von Unternehmen, in: Kremin-Buch, B., Unger, F., Walz, H. (Hrsg.) (2008): Lernende Organisation, 3. Aufl., Sternenfels (2008), S. 135-174.

Köppel, P., Sattler, A. (2009): Virtuelle Kooperation, in: Personal, Heft 1/2009, S. 26-28.

Kosiol, E. (1976): Organisation der Unternehmung, 2. Aufl., Wiesbaden 1976.

Kremin-Buch, B., Unger, F., Walz, H. (Hrsg.) (2008): Lernende Organisation, 3. Aufl., Sternenfels (2008).

Kress, B., Kern, E. (2013): Soziometrische Aufstellungsarbeit mit Gruppen und Teams im Unternehmenskontext, in: Stadler, C. (Hrsg.) (2013): Soziometrie: Messung, Darstellung, Analyse und Intervention in sozialen Beziehungen, Wiesbaden (2013), S. 213-236.

Kröger, M., Dürand, D., Seeger, H. (1998): Wie Ihr wollt: Die klassische Unternehmens-zentrale bekommt Konkurrenz. Netzwerke machen's möglich, in: Wirtschaftswoche, Heft 12/1998, S. 106-112.

Krüger, W. (2005): Organisation, in: Bea, F.X., Friedl, B., Schweitzer, M. (Hrsg.) (2005): Allgemeine Betriebswirtschaftslehre, Band 2: Führung, 9. Aufl., Stuttgart 2005, S. 140-134.

Krüger, W., v. Werder, A., Grundei, J. (2007): Center-Konzepte: Strategieorientierte Organisation von Unternehmensfunktionen, in: Zeitschrift Führung und Organisation, Heft 1/2007, S. 4-11.

Küpper, H.-U. (2004): Planung, in: Schreyögg, G., Werder, A. v. (Hrsg.) (2004): Handwörterbuch der Unternehmensführung und Organisation, 4. Aufl., Stuttgart 2004, Sp. 1149-1164.

L

Lehmann, K. (2006): Umgang mit komplexen Systemen. Perspektivenerweiterung durch Organisationsaufstellungen. Eine empirische Studie, Heidelberg 2006.

Lewin, K. (1958): Group decision and social change, in: Macoby, E.E., Newcomb, T.M., Hartley, E.L. (Hrsg.) (1958): Readings in social psychology, 3. Aufl., New York 1958, S. 197-211.

Lingg, H.K. (2004): Beziehungen auf das Wesentliche reduzieren, in: Personal Magazin, Heft 2/2004, S. 70-72.

M

Macharzina, K. (2003): Unternehmensführung. Das internationale Managementwissen: Konzepte – Methoden – Praxis, 4. Aufl., Wiesbaden 2003.

Macharzina, K., Wolf, J. (2017): Unternehmensführung. Das internationale Managementwissen: Konzepte – Methoden – Praxis, 10. Aufl., Wiesbaden 2017.

Macoby, E.E., Newcomb, T.M., Hartley, E.L. (Hrsg.) (1958): Readings in social psychology, 3. Aufl., New York 1958.

Majer, C., Mayrhofer, W. (2007): Konsequent Karriere machen, in: Personal, Heft 11/2007, S. 36-39.

Martini, J.T. (2007): Verrechnungspreise zur Koordination und Erfolgsermittlung, Wiesbaden 2007.

Mayer, R., Coners, A., Hardt, G. v.d. (2005): Anwendungsfelder und Aufbau einer Prozesskostenrechnung, in: Horváth & Partners (Hrsg.) (2005): Prozessmanagement umsetzen. Durch nachhaltige Prozessperformance Umsatz steigern und Kosten senken, Stuttgart 2005, S. 123-140.

Meier, H. (2019): Unternehmensführung: Aufgaben und Techniken betrieblichen Managements, Herne 2019.

Mellewigt, T. (2004): Stellen- und Abteilungsbildung, in: Schreyögg, G., Werder, A. v. (Hrsg.) (2004): Handwörterbuch Unternehmensführung und Organisation, 4. Aufl., Stuttgart 2004, Sp. 1356-1365.

Mentzel, W. (2015): Personalentwicklung. Erfolgreich motivieren, fördern und weiterbilden, 7. Aufl., Freiburg 2015.

Modi, J., Tschabrun, H. (2004): Attraktive Projektlaufbahnen, in: Personal, Heft 12/2004, S. 38-40.

Mudra, P. (2004): Personalentwicklung. Integrative Gestaltung betrieblicher Lern- und Veränderungsprozesse, München (2004).

Müller, H.-E. (2017): Unternehmensführung: Strategie – Management – Praxis, 3. Aufl., Berlin, Boston 2017.

Müller-Stewens, G., Lechner, C. (2016): Strategisches Management: Wie strategische Initiativen zum Wandel führen, 5. Aufl., Stuttgart 2016.

N

Neilson, G.L., Pasternack, B.A. (2006): Erfolgsfaktor Unternehmens-DNA: Die vier Bausteine für effektive Organisationen, Frankfurt a. M., New York 2006.

Neu, Matthias (1995): Informationsverarbeitung und Business Process Reengineering (BPR), in: WISU – Das Wirtschaftsstudium, Heft 5/1995, S. 421-422.

Neuwirth, S. (2004): Stäbe, in: Schreyögg, G., Werder, A. v. (Hrsg.) (2004): Handwörterbuch Unternehmensführung und Organisation, 4. Aufl., Stuttgart 2004, Sp. 1349-1356.

Nicolai, C. (2004): Stellenbeschreibungen als Führungsinstrument, in: WISU – Das Wirtschaftsstudium, Heft 2/2004, S. 177-180.

Nicolai, C. (2007): Personalbedarfsplanung, in: WISU – Das Wirtschaftsstudium, Heft 7/2007, S. 508–520.

Nicolai, C. (2009): Informale Organisation, in: WISU – Das Wirtschaftsstudium, Heft 1/2009, S. 79–86.

Nicolai, C. (2012): Grundlagen der Unternehmensorganisation, Berlin 2012.

Nicolai, C. (2019): Personalmanagement, 6. Aufl., Konstanz und München 2019.

Nippa, M., Picot, A., (Hrsg.) (1995): Prozeßmanagement und Reengineering: Die Praxis im deutschsprachigen Raum. Frankfurt a. M., New York 1995.

Nippa, M., Scharfenberg, H., (Hrsg.) (1997): Implementierungsmanagement: Über die Kunst Reengineeringkonzepte erfolgreich umzusetzen, Wiesbaden 1997.

Nordsieck, F. (1934): Grundlagen der Organisationslehre, Stuttgart 1934.

Nordsieck, F. (1962): Betriebsorganisation, 4. Aufl. Stuttgart 1962.

O

o.V. (2002): Schöne, neue Brose Arbeitswelt, in: Personal Magazin, Heft 5/2002, S. 54 f.

o.V. (2002): Neuausrichtung mit Werten und Prinzipien, in: Personal Magazin, Heft 1/2002, S. 12 f.

o.V. (2004): Das Dilemma der Laufbahnplanung, in: Personal Magazin, Heft 2/2004, S. 55.

o.V. (2005 a): Jeder versteht die Beziehungsgeometrie, in: Personal Magazin, Heft 7/2005, S. 16.

o.V. (2005 b): Flexiblere Produktion und weniger Leerlauf, in: Personal Magazin, Heft 12/2005, S. 18.

o.V. (2016): Status Quo Agile (2016/17): in: https://www.hs-koblenz.de/wirtschaft/forschung-projekte-weiterbildung/forschungsprojekte/bpm-labor/status-quo-scaled-agile-2019/, abgerufen am 18.12.2019.

o.V. (2018): Co-Working statt Brunch, in: Frankfurter Allgemeine Zeitung vom 20.10.2018, S. 23.

o.V.: Facebook setzt permanent auf Homeoffice, in: Frankfurter Allgemeine Zeitung vom 23.05.2020, S. 23.

Oberhuber, N. (2017): Schreibtisch verzweifelt gesucht!, in: Frankfurter Allgemeine Zeitung v. 10.12.2017, S. 39.

Oechsler, W.A., Paul, C. (2019): Personal und Arbeit, 11. Aufl., Berlin/München/Boston 2019.

Olesch, G. (2003): Eine Alternative zur Führungskräftekarriere, in: Personal Magazin, Heft 7/2003, S. 72 f.

Olfert, K. (2019): Organisation, 18. Aufl., Herne 2019.

Opaschowski, H.W. (2004): Wie wir morgen leben – Voraussagen der Wissenschaft zur Zukunft unserer Gesellschaft, Wiesbaden 2004.

Otto, A. (2002): Management und Controlling von Supply Chain, Wiesbaden 2002.

P

Pechlaner, H., Hinterhuber, H.H., Holzschuher, W. v., Hammann, E.-M. (Hrsg.) (2007): Unternehmertum und Ausgründung. Wissenschaftliche Konzepte und Erfahrungen, Wiesbaden 2007.

Peitsmeier, H. (2009): Bilanz des Scheiterns, in: Frankfurter Allgemeine Zeitung v. 27.02.2009, S. 11.

Pennekamp, J. (2020): Stressfalle Homeoffice, in: Frankfurter Allgemeine Zeitung vom 12.04.2020, S. 20.

Pesch, U. (2005): Ein Trend ist zum Standard geworden, in: Personal Magazin, Heft 8/2005, S. 56-58.

Peters, T.J., Waterman, R.H. (1982): In Search of Excellence, Lessons from America's Best-Run Companies, New York et al. 1982.

Peters, T.J., Waterman, R.H. (1984): Auf der Suche nach Spitzenleistungen – Was man von den bestgeführten US-Unternehmen lernen kann, 9. Aufl., Landsberg am Lech 1984.

Pfähler, W., Vogt, M. (2008): Profit-Center-Organisation und interne Verrechnungspreise: Eine mikroökonomische Analyse (I), in: WISU – Das Wirtschaftsstudium, Heft 5/2008, S. 746-753.

Picot, A., et al. (2015): Organisation: Eine ökonomische Perspektive, 7. Aufl., Stuttgart 2015.

Picot, A., Neuburger, R. (2001): Virtuelle Organisationsformen im Dienstleistungssektor, in: Bruhn, M., Meffert, H. (Hrsg.) (2001): Dienstleistungsmanagement, 2. Aufl., Wiesbaden 2001, S. 803-823.

Picot, A., Neuburger, R. (2004): Modulare Organisationsformen, in: Schreyögg, G., Werder, A. v. (Hrsg.) (2004): Handwörterbuch der Unternehmensführung und Organisation, 4. Aufl., Stuttgart 2004, Sp. 897-904.

Picot, A., Reichwald, R., Wiegand, R.T. (2003): Die grenzenlose Unternehmung. Information, Organisation und Management, Wiesbaden 2003.

Porter, M.E. (2000): Wettbewerbsvorteile (Competitive Advantage): Spitzenleistungen erreichen und behaupten, 6. Aufl., Frankfurt a. M. 2000.

Pruckner (2004): Soziometrie: Eine Zusammenschau von Grundlagen, Weiterentwicklungen und Methodik, in: Fürst, J., Ottomeyer, K., Pruckner, H. (Hrsg.) (2004): Psychodramatherapie. Ein Handbuch, Wien 2004, S. 161-192.

R

Rahn, H.-J., Mintert, S. (2019): Unternehmensführung, 10. Aufl., Herne 2019.

Rahn, M. (2018): Agiles Personalmanagement. Die Gestaltung von klassischen Personalinstrumenten in agilen Organisationen. Wiesbaden 2018.

Rehbehn, R., Yurdakul, Z.B. (2005): Mit Sic Sigma zu Business Excellence: Strategien, Methoden, Praxisbeispiele, 2. Aufl., Erlangen 2005.

Reichwald, R., Höfer, C., Weichselbaumer, J. (1996): Erfolg von Reorganisationsprozessen: Leitfaden zur strategieorientierten Bewertung, Stuttgart 1996.

Reiter, G. (1996): Business Reengineering, in: WiSt –Wirtschaftswissenschaftliches Studium, Heft 6/1996, S. 320-321.

Remer, A., Hucke, P. (2007): Grundlagen der Organisation, Stuttgart 2007.

Ringlstetter, M.J. (1997): Organisation von Unternehmen und Unternehmensverbindungen: Einführung in die Gestaltung der Organisationsstruktur, München, Wien 1997.

Robbins, S.P. (2001): Organisation der Unternehmung, 9. Aufl., München 2001.

Rockrohr, G., Glazinski, B. (2003): Unternehmen brauchen dringend erfolgreiche Veränderungsprozesse!, in: Personal, Heft 12/2003, S. 52-54.

S

Sauermann, H. (2005): Anreizsysteme für Wissensarbeiter, in: Personal, Heft 3/2005, S. 36-38.

Schanz, G. (2000): Personalwirtschaftslehre: Lebendige Arbeit in verhaltenswissenschaftlicher Perspektive, 3. Aufl., München 2000.

Schermuly, C.C. (2019): Agile Methoden zur Arbeitsgestaltung, in: https://www.haufe.de/personal/hr-management/new-work-moderne-formen-der-arbeitsgestaltung/agile-methoden-zur-arbeitsgestaltung_80_406702.html, abgerufen am 20.12.2019.

Schewe, G. (2008): Widerstände – ein Wesensmerkmal der Innovation, in: Zeitschrift Führung und Organisation, Heft 5/2008, S. 269.

Schlechtriemen, T. (2013): Morenos Soziogramme, in: Stadler, C. (Hrsg.) (2013): Soziometrie: Messung, Darstellung, Analyse und Intervention in sozialen Beziehungen, Wiesbaden (2013), S. 101-120.

Schierenbeck, H., Wöhle, C.B. (2016): Grundzüge der Betriebswirtschaftslehre, 19. Aufl., München 2016.

Schmelzer, H.J., Sesselmann, W. (2004): Geschäftsprozessmanagement in der Praxis: Kunden zufriedenstellen – Produktivität steigern – Wert erhöhen, 4. Aufl., München, Wien 2004.

Schmidt, G. (2014): Organisatorische Grundbegriffe, 15. Aufl., Gießen 2014.

Schmidt, G.; Konz, C. (2019): Organisation gestalten: Stabile und dynamische Unternehmensstrukturen, 6. Aufl., Gießen 2019.

Schmidt, S. (2019): Agilität und Selbstverantwortung, in: Thomaschewski, D., Völker, R. (Hrsg.) (2019): Agiles Management, Stuttgart 2019, S. 79-114.

Schneider, H.J. (1978): Fallstudie zur Soziogramm-Analyse: „Das gestörte Betriebsklima", in: Personal, Heft 8/1978, S. 323-330.

Scholz, C. (2002): Virtuelle Teams – Neuer Wein in alten Schläuchen, in: Zeitschrift Führung und Organisation, Heft 1/2002, S. 26-33.

Scholz, C. (2014): Personalmanagement: Informationsorientierte und verhaltenstheoretische Grundlagen, 6. Aufl., München 2014.

Scholz, C., Scholz, T. (2019): Grundzüge des Personalmanagements, 3. Aufl., München 2019.

Schreyögg, G. (2016): Grundlagen der Organisation: Basiswissen für Studium und Praxis, 2. Aufl., Wiesbaden 2016.

Schreyögg, G., Geiger, D. (2016): Organisation: Grundlagen moderner Organisationsgestaltung. Mit Fallstudien, 6. Aufl., Wiesbaden 2016.

Schreyögg, G., Koch, J. (2014): Grundlagen des Managements, 3. Aufl., Wiesbaden 2014.

Schreyögg, G., Werder, A. v. (2004): Organisation, in: Schreyögg, G., Werder, A. v. (Hrsg.) (2004): Handwörterbuch der Unternehmensführung und Organisation, 4. Aufl., Stuttgart 2004, Sp. 966-977.

Schreyögg, G., Werder, A. v. (Hrsg.) (2004): Handwörterbuch Unternehmensführung und Organisation, 4. Aufl., Stuttgart 2004.

Schulte, M., Müller, W. (2006): Das lassen wir dann auf!, in: Zeitschrift Führung und Organisation, Heft 6/2006, S. 358-363.

Schulte-Zurhausen, M. (2013): Organisation, 6. Aufl., München 2013.

Schwarz, H. (1983): Betriebsorganisation als Führungsaufgabe: Organisation – Lehre und Praxis, 9. Aufl., Landsberg am Lech 1983.

Schwarz, H. und Mitarbeiter: Arbeitsplatzbeschreibungen 13. Aufl., Freiburg, i. Br. 1995.

Schwarze, J. (2006): Projektmanagement mit Netzplantechnik, 9. Aufl., Herne/Berlin 2006.

Seidenbiedel, G. (2001): Organisationslehre, Stuttgart, Berlin, Köln 2001.

Seiser, M. (2009): Robuste Zwerge im Verbund, in: Frankfurter Allgemeine Zeitung v. 09.01.2009, S. 12.

Smith, A. (1789): An Inquiry into the Nature and Causes of the Wealth of Nations, 5. Aufl., London 1789, in der Übersetzung von: Recktenwald, C.H. (1974): Der Wohlstand der Nationen. Eine Untersuchung seiner Natur und seiner Ursachen, München 1974.

Spitzer-Prochazka, S. (2013): Computergestützte Soziometrie, in: Stadler, C. (Hrsg.) (2013): Soziometrie: Messung, Darstellung, Analyse und Intervention in sozialen Beziehungen, Wiesbaden (2013), S. 269-282.

Stadler, C. (Hrsg.) (2013): Soziometrie: Messung, Darstellung, Analyse und Intervention in sozialen Beziehungen, Wiesbaden (2013).

Stadler, C. (2013): Was ist Soziometrie?, in: Stadler, C. (Hrsg.) (2013): Soziometrie: Messung, Darstellung, Analyse und Intervention in sozialen Beziehungen, Wiesbaden (2013), S. 31-82.

Statista (2019): Anzahl der Coworking Spaces weltweit von 2005 bis 2018 und Prognose bis 2020, in: https://de.statista.com/statistik/daten/studie/674101/umfrage/anzahl-der-coworking-spaces-weltweit/, abgerufen am 10.12.2019.

Steinle, C., Krummaker, S. (2004): Profit-Center, in: Schreyögg, G., Werder, A. v. (Hrsg.) (2004): Handwörterbuch Unternehmensführung und Organisation, 4. Aufl., Stuttgart 2004, Sp. 1190-1195.

Steinle, C., Schmidt, K. (2007): Bedeutung von Ausgründungen zur Unternehmensvitalisierung – Perspektiven, Ressourcenstrommodell und Gestaltungsherausforderungen, in: Pechlaner, H., Hinterhuber, H.H., Holzschuher, W.v., Hammann, E.-M. (Hrsg.) (2007): Unternehmertum und Ausgründung. Wissenschaftliche Konzepte und Erfahrungen, Wiesbaden 2007, S. 56-86.

Steinle, C., Schmidt, K., Lederer, I. (2004): Geschäftsprozessoptimierung von Finanzdienstleistungsunternehmen, in: Controlling, Heft 1/2004, S. 13-18.

Steinmann, H., Schreyögg, G., Koch, J. (2013): Management: Grundlagen der Unternehmensführung, 7. Aufl., Wiesbaden 2013.

Stevens, F., ten Have, S., ten Have, W., van der Elst, M. (2006): Kaizen, in: WISU – Das Wirtschaftsstudium, Heft 4/2004, S. 472.

Strunz, H. (2001): Die Fraktale Unternehmensorganisation macht IT-Dienstleistungsunternehmen fit für den Wettbewerb. Auch der Kunde profitiert, in: ExperPraxis 2001/2002, 20.03.2001, in: www.themenmanagement.de/ressources/fraktaleorga.htm; abgerufen am 04.01.2009.

Sydow, J., Möllering, G. (2004): Produktion in Netzwerken, München 2004.

Sydow, J., Zeichhardt, R. (2008): Führung in neuen Kontexten: Netzwerke und Cluster, in: Zeitschrift Führung und Organisation, Heft 3/2008, S. 156-162.

Szyperski, N., Winand, U (1979): Duale Organisation – Ein Konzept zur organisatorischen Integration der strategischen Geschäftsplanung., in: zfbf, Heft 10/11, S. 195-205.

T

Theuvsen, Ludwig (1996): Business Reengineering, in: zfbf, Heft 1/1996, S. 65-81.

Thomaschewski, D., Völker, R. (2019): Agiles Management, Stuttgart 2019

Thomaschewski, D., Völker, R. (Hrsg.) (2019): Agilität und Agilitätsmanagement – eine Einführung, in: Thomaschewski, D., Völker, R. (Hrsg.) (2019): Agiles Management, Stuttgart 2019; S. 15-28.

Thommen, J.-P., Achleitner, A.-K., Gilbert, D.U., Hachmeister, D., Kaiser, G. (2017): Allgemeine Betriebswirtschaftslehre. Umfassende Einführung aus managementorientierter Sicht, 8. Aufl., Wiesbaden 2017.

Thommen, J.-P., Richter, A. (2004): Matrix-Organisation, in: Schreyögg, G., Werder, A. v. (Hrsg.) (2004): Handwörterbuch Unternehmensführung und Organisation, 4. Aufl., Stuttgart 2004, Sp. 828-836.

Tillmann, R. (2019): Gelähmt vor lauter Beweglichkeit, in: https://www.sueddeutsche.de/karriere/agiles-arbeiten-kritik-ing-1.4571035, abgerufen am 15.12.2019.

Traeger, D.H. (1994): Grundgedanken der Lean Production, Stuttgart 1994.

Trebesch, K. (2004 a): Das Wurzelholz und neue Triebe: Ursprünge, Zielsetzungen und Methoden der Organisationsentwicklung und kritische Analyse, in: Organisationsentwicklung, Heft 4/2004, S. 72-79.

Trebesch, K. (2004 b): Organisationsentwicklung, in: Schreyögg, G., Werder, A. v. (Hrsg.) (2004): Handwörterbuch der Unternehmensführung und Organisation, 4. Aufl., Stuttgart 2004, Sp. 988-997.

U

Ulbig, Hans-Jürgen (1996): Prozeßumbrüche oder Prozeßoptimierung, in: FB/IE Nr. 45 (1996), S. 305-308.

Ulmer, G. (2019): Führen mit Rollenbildern. Neue Stellenbeschreibungen für die Führungs-praxis, 3. Aufl. Berlin 2019.

Unger, A. (2008): Neue Ansätze der Organisation, in: Kremin-Buch, B., Unger, F., Walz, H. (Hrsg.) (2008): Lernende Organisation, 3. Aufl., Sternenfels (2008), S. 175-213.

Utikal, H., Ebel, B. (2006): Reorganisation eines mittelständischen Unternehmens, in: Zeitschrift Führung und Organisation, Heft 3/2006, S. 170-176.

V

Vahs, D. (2019): Organisation: Einführung in die Organisationstheorie und -praxis, 10. Aufl., Stuttgart 2019.

W

Wagner, D. (2008): Den Wandel managen, in: Personal, Heft 9/2008, S. 34-37.

Weidner, W., Freitag, G. (1998): Organisation in der Unternehmung: Aufbau- und Ablaufor-ganisation, Methoden und Techniken praktischer Organisationsarbeit, 6. Aufl., München, Wien 1998.

Weiner, S., Hill, R. (2008): Zwei Firmen – eine Identität, in: Personal Magazin, Heft 10/2008, S. 38-41.

Wenzel, R., Fischer, G., Mentze, G., Nieß, P.S. (2001): Industriebetriebslehre. Das Manage-ment des Produktionsbetriebs, Leipzig 2001.

Wichermann, C., Nieberding, A. (2004): Die industrielle Revolution. Eine Einführung in die deutsche Wirtschaftsgeschichte des 19. und 20. Jahrhunderts, Stuttgart 2004.

Wilhelm, R. (2007): Prozessorganisation, 2. Aufl., Munchen, Wien 2007.

Winker, G. (2001): Telearbeit und Lebensqualität. Zur Vereinbarkeit von Beruf und Familie, Frankfurt a. M. 2001.

Wittlage, H. (1993): Methoden und Techniken praktischer Organisationsarbeit, 3. Aufl., Herne, Berlin 1993.

Wittlage, H. (1998): Unternehmensorganisation. Eine Einführung mit Fallstudien, 6. Aufl., Herne, Berlin 1998.

Wolf, J. (2000): Strategie und Struktur 1955-1999: Ein Kapitel der Geschichte deutscher nati-onaler und internationaler Unternehmen, Wiesbaden 2000.

Wolf, S. (2006): Permanente Prozessverbesserung, in: Personal Magazin, Heft 10/2006, S. 70 f.

Würzburger, T. (2019): Die Grenzen der Agilität, in: managerSeminare, Heft 261, S. 40-48.

Wunderer, R. (2006): Führung und Zusammenarbeit, 6. Aufl., München 2006.

Z

Zorn, S. (2007): Von der Randfigur zum Mitspieler, in: www. tagesspiegel.de/magazin /karri-ere/Organisationsaufstellung;art292,2379936; abgerufen am 07.11.2008

Stichwortverzeichnis